普通高等教育"十二五"规划教材 · 艺术与设计

# After Effects 影视特效实例教程（第2版）

## Effects Examples Tutorial for After Effects (Second Edition)

程明才　编著

電子工業出版社
Publishing House of Electronics Industry
北京 · BEIJING

## 内 容 简 介

After Effects是一个功能强大的影视合成和特效制作软件，除影视制作外，在网页、游戏、动画、媒体出版等领域也有着广泛的应用。本书是一本对After Effects CS6进行系统教学的初、中级教材，由Adobe认证教师与影视制作专家总结多年教学与制作经验编著。全书按教学流程分为20章，前15章介绍软件的合成操作及特效制作，理论结合实践，每章设置专项的理论知识与应用实例；后5章为综合性实例演练，帮助读者将所学知识尽快应用到实际的工作中去。

本书适合各类相关专业学校的学员及广大自学人员学习使用，精简出重要的、关键的和实用的知识点，内容循序渐进，并有一定的深度，对正在使用After Effects软件的朋友来说也有参考和借鉴的作用。

本书附光盘一张，内容为书中案例的项目文件及素材等，以及本书实例的电子杂志文件。



**图书在版编目(CIP)数据**

After Effects CS4影视特效实例教程 / 程明才编著. —2版. —北京：电子工业出版社，2013.10
普通高等教育“十二五”规划教材·艺术与设计
ISBN 978-7-121-20511-8
I. ①A… Ⅱ. ①程 … Ⅲ. ①图像处理软件－高等学校－教材 Ⅳ. ①TP391.41

中国版本图书馆CIP数据核字（2013）第110141号

策划编辑：章海涛
责任编辑：章海涛　　特约编辑：何　雄
印　　刷：中国电影出版社印刷厂
装　　订：三河市良远印务有限公司
出版发行：电子工业出版社
北京市海淀区万寿路173信箱　邮编　100036
开　　本：787×1092　1/16　印张：18.75　字数：470 千字
版　　次：2013年10月第1版
印　　次：2016年12月第3次印刷
定　　价：62.00元（含光盘1张）

凡所购买电子工业出版社图书有缺损问题，请向购买书店调换。若书店售缺，请与本社发行部联系，联系及邮购电话：(010) 88254888。
质量投诉请发邮件至zlts@phei.com.cn，盗版侵权举报请发邮件至dbqq@phei.com.cn。
服务热线：(010) 88258888。

# 前言 PREFACE

## 读者对象

本书面向学习After Effects的相关专业学生和视频编辑制作人员、电影电视制作者、多媒体制作者、Web设计者、动画设计者、游戏制作者、DV制作爱好者。After Effects是一个菜单和面板众多、操作和设置较为复杂的软件，但了解其关键知识点后，用户也会很容易上手，是一个功能强大但易学易用的软件。本书精简出重要的、关键的和实用的知识点，内容由基础循序渐进，并有一定的深度，对正在使用After Effects CS6软件的朋友来说也有参考和借鉴的意义。

## 本书的结构及教学流程

本书以循序渐进的教学课程流程，设置了20章的内容。前15章从基础的基本操作流程开始，介绍软件的合成操作及特效制作，理论结合实践，每章设置专项的理论知识与应用实例，全面讲解After Effects CS6的知识点。后5章为综合性实例演练，帮助读者将所学知识尽快应用到实际的工作中去。

全书的内容结构及教学流程如下：

第1章　AE概述及基本操作流程 → 第2章　素材的合成与管理 → 第3章　关键帧动画 → 第4章　时间编辑与渲染输出 → 第5章　图层的模式、蒙板与遮罩 → 第6章　三维合成 → 第7章　文字动画模块 → 第8章　内置特效综述 → 第9章　调色与风格组特效 → 第10章扭曲与生成组特效 → 第11章　键控与蒙板特效组 → 第12章　仿真效果 → 第13章　运动跟踪和稳定 → 第14章　表达式 → 第15章　外挂插件 → 第16章　文字特效综合实例 → 第17章　三维合成综合实例 → 第18章　Logo动画综合实例 → 第19章　影视广告综合实例 → 第20章　栏目包装综合实例。

## 彩页、附录与光盘

本书除了为读者提供20章的教材外，还附有以下重要内容。

1．彩页特效缩略图示

对于After Effects中众多的内置特效，我们不可能也没有必要对每个特效都了如指掌。制作中通常会出现这样两种情况：一、创意，即一段视频能做出什么效果来；二、实现，即某个创意效果如何制作出来。对于特效也是如此，我们需要了解某个特效具有什么效果，也要知道某个效果用哪些特效来实现。适当了解一些常用特效，不管遇到第一种情况还是第二种情况，都不至于不知所措。本书在前面的彩页中收集了After Effects内置特效中大多数特效的效果缩略图，供读者在日常制作中参考。此外，对于键控、时间、音频等特效，因其缩略图意义不大、缩略图中不易表现及不太常用等原因，没有列出。

2．常用快捷键

After Effects的合成操作是一个烦琐的操作过程，其中涉及大量的图层、属性、关键帧等操作，快捷键在这些操作中扮演着重要的角色。熟练使用After Effects软件，大量快捷键的操作是不可避免的。在Help → Keyboard Shortcuts下可以看到After Effects所设置的快捷键数量惊人，附录A精选出一些常用的快捷键，测试并牢记其中的一部分，对于熟练操作After Effects十分必要。

3．光盘内容

本书附带光盘一张，内容为书中案例的项目文件及素材等，并附有本书实例的电子杂志文件。有关本书中所使用的软件和插件，可以在相关网站购买或下载，After Effects软件的购买或下载推荐登录www.adobe.com或www.adobe.com.cn。对于插件的购买或下载，读者可以登录各插件的网站查看相关内容。

作者

# 目录 CONTENTS

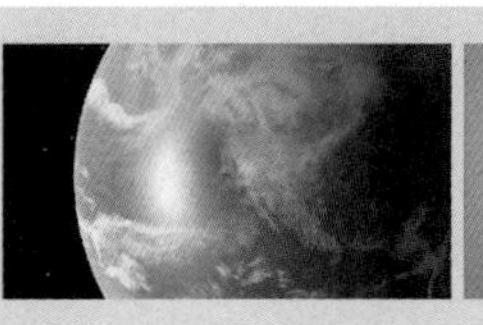

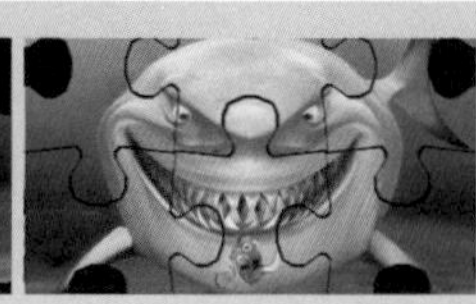

新旅游
NEW TOURISM

ADOBE

VX3

Starglo

# 第1章 AE概述及基本操作流程

01 Chapter

## 1.1 影视后期制作简介及常用软件

影视媒体已经成为当前最大众化、最具影响力的媒体形式。从好莱坞大片所创造的幻想世界，到电视新闻所关注的现实生活，再到铺天盖地的电视广告，无一不深刻地影响着我们的生活。过去，影视节目的制作是专业人员的工作，对大众来说似乎还笼罩着一层神秘的面纱。十几年来，数字技术全面进入影视制作领域，计算机逐步取代了许多原有的影视设备，并在影视制作的各环节中发挥了重大作用。之前，影视制作使用的一直是价格极其昂贵的专业硬件和软件，非专业人员很难见到这些设备，更不用说熟练使用这些工具来制作自己的作品了。随着PC性能的显著提高和价格的不断降低，影视制作从以前专业的硬件设备逐渐向PC上转移，原先非常专业的软件也逐步移植到PC平台上，价格也日益大众化。同时，影视制作的应用也从专业影视制作扩大到计算机游戏、多媒体、网络、家庭娱乐等更广阔的领域。许多在这些行业的制作人员和影视爱好者们都可以利用自己手中的计算机来制作自己的影视节目。

目前常用的专业影视后期制作软件有Adobe After Effects、Adobe Premiere、Final Cut Pro、Vegas、Edius等，其中Adobe After Effects和Adobe Premiere在国内使用较为普遍。Adobe After Effects更擅长于特效制作与视觉合成，Adobe Premiere则专注于视音频剪辑制作。Adobe After Effects针对合成元素较多、效果非常复杂的精致包装，通常有几十个制作图层，制作的对象以秒计算，可以理解为纵向合成概念。Adobe Premiere主要针对视频剪辑、辅助效果调整，通常只用几个视音频轨道，制作的对象以分钟计算，可以理解为横向剪辑概念。

## 1.2 After Effects CS6简介

Adobe After Effects，简称AE，是Adobe公司开发的一个专注于视觉合成及特效制作的视频软件，应用范围广泛，涵盖电影、电视、广告、多媒体及网页制作等领域，是制作动态影像设计不可或缺的辅助工具。用户可以使用Adobe After Effects创建引人注目的动态图形和出众的视觉效果，节省时间并实现无与伦比的创新。

### 1.2.1 Adobe After Effects主要功能

① 图形视频处理。Adobe After Effects软件可以帮助您高效且精确地创建无数种引人注目的动态图形和震撼人心的视觉效果。利用与其他Adobe软件无与伦比的紧密集成和高度灵活的2D和3D合成，以及数百种预设的效果和动画，为您的电影、视频、DVD和Flash作品增添令人耳目一新的效果。

② 强大的路径功能。就像在纸上画草图一样，使用Motion Sketch可以轻松绘制动画路径，或者加入动画模糊。

③ 强大的特技控制。After Effects使用多达几百种的插件修饰增强图像效果和动画控制。可以同其他Adobe软件或三维软件结合使用。After Effects在导入Photoshop和Illustrator文件时，保留层信息。

④ 高质量的视频。After Effects支持从4×4到30000×30000像素分辨率，支持从普通的网页视频、高清晰度电视（HDTV）到高分辨率电影（4K Film）的制作。

⑤ 多层剪辑。无限层电影和静态画面使After Effects可以实现电影和静态画面无缝的合成。

⑥ 高效的关键帧编辑。关键帧支持具有所有层属性的动画，After Effects可以自动处理关键帧之间的变化。

⑦ 无与伦比的准确性。After Effects可以精确到一个像素点的6‰，可以准确地定位动画。

⑧ 高效的渲染效果。After Effects可以执行一个合成在不同尺寸大小上的多种渲染，或者执行一组任何数量的不同合成的渲染，等等。

### 1.2.2 Adobe After Effects CS6新增功能

① 输入。矢量图形直接转换成Shape图层；基于Automatic Duck技术的从第三方程序，如从Final Cut Pro和Avid中导入项目到AE中；能够从ARRIFLEX D-21或者Alexa数字相机中导入场景文件到AE中。

② 合成。3D摄像机跟踪；可变宽度的遮罩羽化；提升与mocha-AE的整合度。

③ 挤出图形与3D动画。基于光线追踪的挤出文字与形状；在3D环境中混合2D图层；3D环境贴图；新3D材质选项；新的图层边界框与选择指示；新草图预览模式。

④ 特效与色彩。许多特效升级到16-bpc与32-bpc色彩深度，包括Drop Shadow、Spill Suppressor、Timewarp、Transform、Set Matte、Photo Filter、Fill、Linear Wipe、Iris Wipe和Radial Wipe特效；包含在Cycore X HD套装内的新CC特效，全部支持16-bpc或者32-bpc；滚动快门（果冻效应）修复特效；扩展支持LUT色彩特效到使用Adobe SpeedGrade的.Look files、cineSpace .csp files和超范围的IRIDAS .cube文件。

⑤ 执行效率。全局执行能力缓存，会把中间结果帧缓存下来，AE就不必再重新渲染任何已经缓存的部分了；持久磁盘缓存，会把不同部分与跨项目之间的内容缓存下来；后

台区域缓存，会把一个或者多个部分缓存下来以便你可以做其他的事情；新GPU加速预览特性；新GPU加速的光线追踪渲染引擎。

⑥ 其他。添加并提升许多脚本语言，包括支持新的可变宽度遮罩羽化特性，等等。

### 1.2.3 Adobe After Effects CS6的系统要求

Adobe After Effects CS6对Windows系统的要求如下：

- 需要支持64位 Intel Core2 Duo或AMD Phenom II 处理器。
- Microsoft Windows 7 Service Pack 1（64 位）。
- 4 GB 的 RAM（建议分配 8 GB）。
- 3 GB 可用硬盘空间；安装过程中需要其他可用空间（不能安装在移动闪存存储设备上）。
- 用于磁盘缓存的其他磁盘空间（建议分配 10 GB）。
- 1280×900 显示器。
- 支持 OpenGL 2.0 的系统。
- 用于从 DVD 介质安装的 DVD-ROM 驱动器。
- QuickTime 功能需要的 QuickTime 7.6.6 软件。

Adobe After Effects CS6对Mac OS系统的要求如下：

- 支持 64 位多核 Intel 处理器。
- Mac OS X v10.6.8 或 v10.7。
- 4 GB 的 RAM（建议分配 8 GB）。
- 4 GB 可用硬盘空间，安装过程中需要其他可用空间（不能安装在使用区分大小写的文件系统卷或移动闪存存储设备上）。
- 用于磁盘缓存的其他磁盘空间（建议分配 10 GB）。
- 1280×900 显示器。
- 支持 OpenGL 2.0 的系统。
- 用于从 DVD 安装的 DVD-ROM 驱动器。
- 具有QuickTime 功能需要的 QuickTime 7.6.6 软件。

## 1.3 After Effects CS6的操作界面

### 1.3.1 After Effects CS6启动界面

启动After Effects CS6时的加载画面更简洁，在进入软件操作界面之前出现新的向导界面，如图1-1所示。在其左上部为Recent Projects（历史项目）内容，显示有最近几次所操作的项目文件名，单击之，可以直接打开；左下部是相关的向导内容；右侧是Tip of the Day（每日提示），其下面显示有提示贴的总数、当前序数及上翻和下翻按钮。

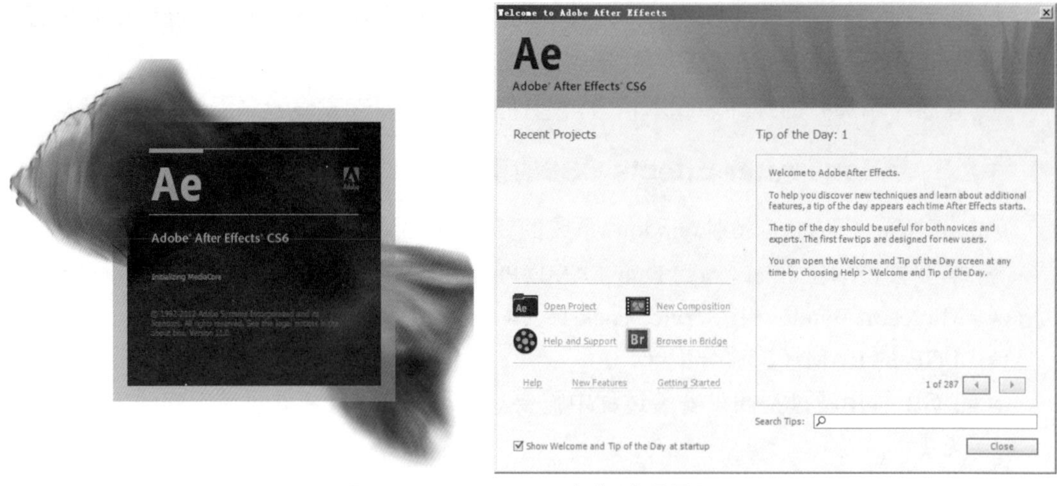


图1-1　After Effects CS6 启动及向导界面

### 1.3.2　进入After Effects CS6后的操作界面

After Effects 从CS3到CS6版本，操作界面一直保持着整体相同的风格，如图1-2所示。

图1-2　After Effects CS6界面

### 1.3.3　After Effects CS6的界面布局

After Effects CS6的操作界面由菜单、工具栏和多个功能面板构成，其中Project（项目）面板、Timeline（时间线）面板和Composition（合成）面板这三个大的面板占据大部分面积，除此之外还有Info（信息）、Time Controls（时间控制）等小一些的面板，在制作中可以随时显示或关闭这些面板。After Effects CS6默认界面布局如图1-3所示。

After Effects CS6默认的界面布局是一种简洁的布局方式，其隐藏了一些功能面板。如果在软件界面右上角的Workspace处选择下拉菜单中的All Panels，可以将所有面板显示出来，由于面板众多，很多面板只能显示其标题，如图1-4所示。

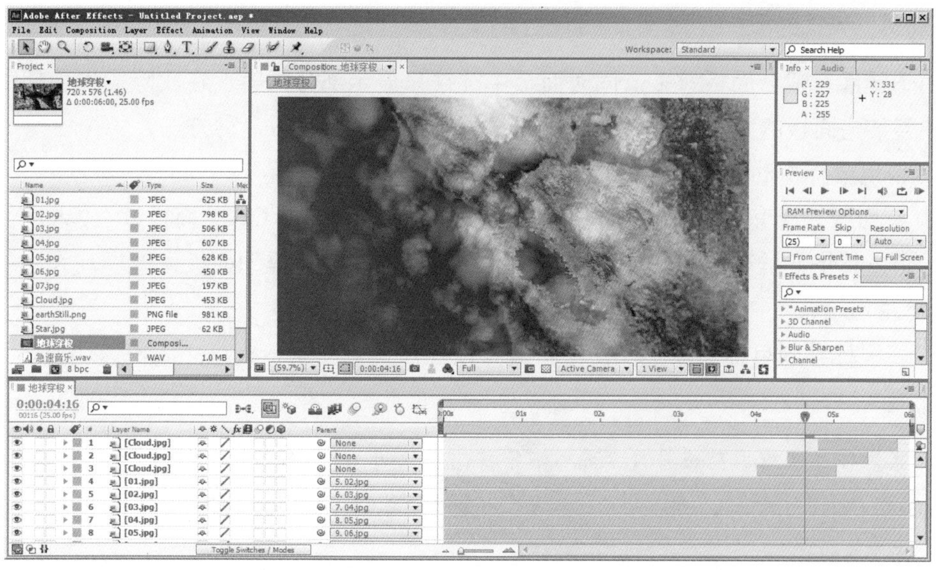


图1-3　After Effects CS6默认界面布局

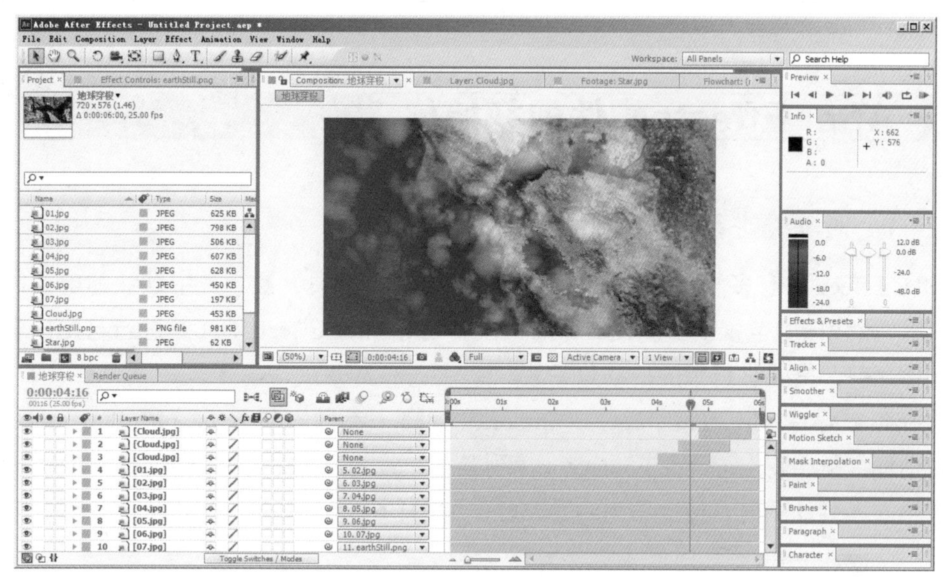


图1-4　显示多面板时的状态

针对不同的制作目的需要使用不同的功能面板，软件在Standard（标准）下为用户预置了多种不同面板搭配的工作界面布局，如编辑文字时选择Text布局可以显示出文字编辑的相关面板、进行运动跟踪时选择Motion Tracking（运动跟踪）布局可以显示运动跟踪的面板。如果想恢复到After Effects CS6默认的标准界面布局方式，可以在软件界面右上角的Workspace（工作区）后选择下拉菜单中的Standard（标准）。如果某个预置的界面布局被改变，还可以用Reset（重设）来还原。例如，Standard（标准）布局中有几个面板被关闭或移动，可以从Workspace（工作区）选择下拉菜单中的Reset“Standard”(重置“标准”）来还原，如图1-5所示。

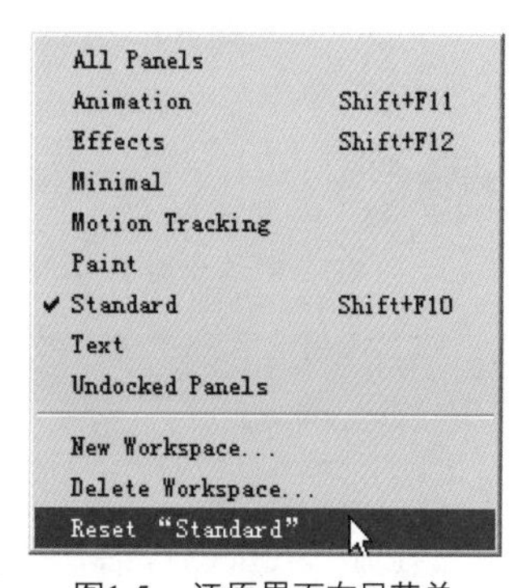


图1-5　还原界面布局菜单

### 1.3.4 After Effects CS6面板操作

由于屏幕有限、面板较多，同时面板中往往只显示部分内容，在实际操作使用时经常需要调整某些面板的大小。改变面板大小的操作可以使用以下几种方法。

① 使用鼠标拖动面板的边缘或一角进行缩放。

② 在面板左上角处选择右键快捷菜单中的Undock Panel（解除面板），或者按住面板的左上角将其拖至屏幕顶部，都可以将其单独分离出来成为浮动面板，这样其大小将不受其他面板的影响。

③ 将鼠标移到目标面板上，使用～键可以在最大化与当前大小之间快速切换。

提示

当操作界面被调整得面目全非时，不要忘记使用 Workspace（工作区）下拉菜单中的 Standard（标准）来恢复为标准布局，或者进一步使用 Reset "Standard"（重置“标准”）来还原默认的标准布局。

## 1.4 After Effects软件的初始化

### 1.4.1 对软件进行初始化设置

After Effects中有多种针对不同制作标准和要求的选项设置。其中默认的电视制式为NTSC制，而我国的电视制式为PAL制式，在安装好After Effects CS6并进行与国内电视相关的制作之前，需要进行相应的初始设置。

选择菜单命令Edit→Preferences→Import（编辑→参数→导入），打开Preferences（参数）对话框，从中将Sequence Footage（序列素材）设为25 Frames Per Second（25帧/秒），这样在导入序列动画时，帧速率为每秒25帧，如图1-6所示。

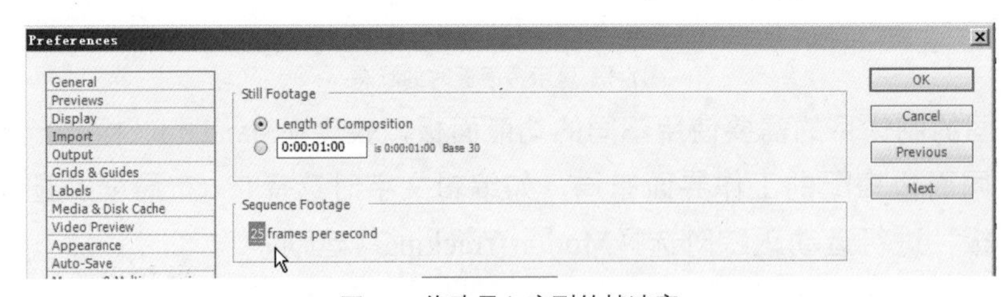


图1-6 修改导入序列的帧速率

提示

AE在制作中常会导入序列动画文件，如果以默认 NTSC制式的 30帧 /秒的方式导入序列动画，在 PAL制的合成中使用时，则会出现动画长度的问题，因为 PAL制所使用的正确的序列动画应该是 25帧 /秒。

在Preferences对话框中还可以根据自己的需要进行自定义设置，如在General中设置软件操作的撤销级别，默认为32级，可以增大到99级；在Auto-Save中可以将Automatically

Save Projects（自动保存项目文件）勾选，并设置间隔时间和保存为几个不同时间的版本，如图1-7所示。

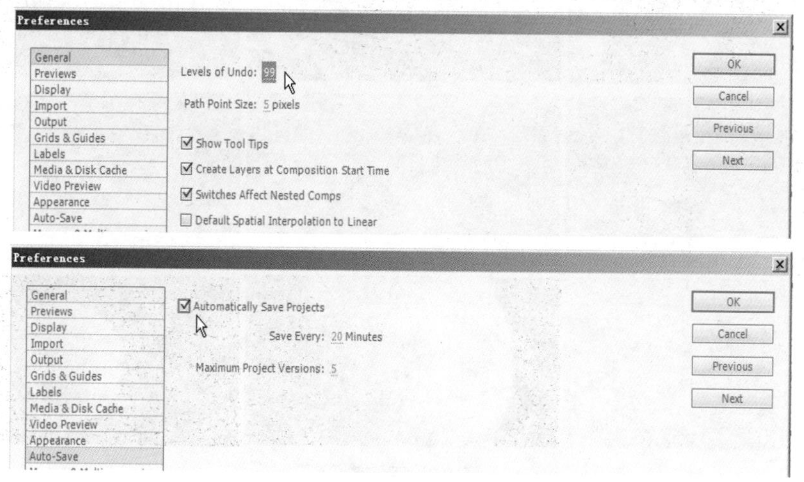


图1-7　修改撤销级别和自动保存选项

### 1.4.2　恢复初始设置的方法

在对After Effects进行相应的预设后，如果想恢复到刚安装时的初始状态，可以在启动After Effects的同时按住Ctrl+Alt+Shift组合键不放，这样会弹出一个对话框，提示：Are you sure you want to delete your preferences file?（确定要删除参数文件吗？）单击OK按钮即可删除参数文件，而这个参数文件是改动过的。没有参数文件后，软件在启动时会自动重新生成，重新生成的参数文件会使软件的参数设置重新回到默认的状态，如图1-8所示。

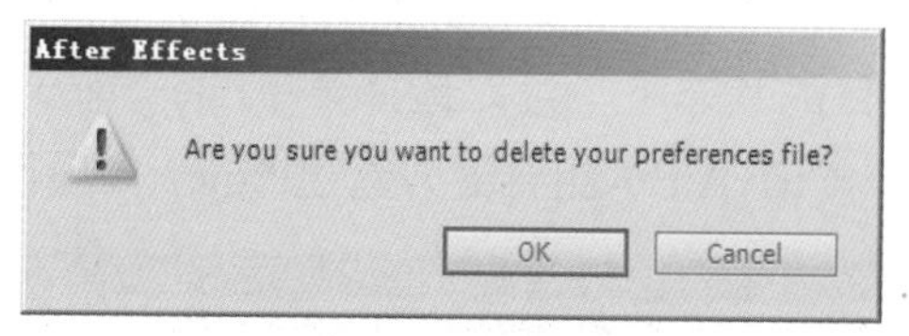


图1-8　恢复初始设置时的确认提示

## 1.5　After Effects基本操作流程实例

After Effects的应用为调用素材、进行制作并输出这样一个过程，具体可划分为以下基本操作流程：新建Project项目→调用素材到Project项目面板→新建Composition合成→将素材放置到Timeline时间线面板→结合Composition合成预览面板进行合成和特效制作→添加合成到渲染队列面板，输出结果。

### 1.5.1　实例简介

本实例通过使用图片文件和音频文件来制作和输出一段视音频动画，从而演示After Effects的基本操作流程。这里制作一个类似“推拉镜头”的画面内容缩放效果，只不过这个“推拉”的距离显得过于超长，镜头从城市房顶开始，往上“拉”到天空中鸟瞰大地，再从云雾中穿梭至太空，将整个地球尽收眼底。效果如图1-9所示。

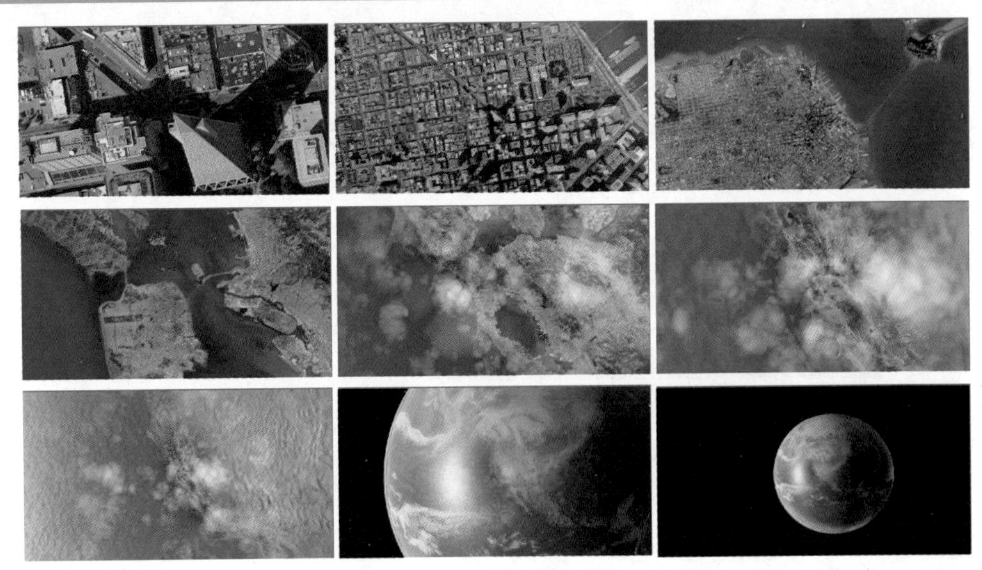

图1-9　实例效果

技术要点

使用图层的父子层关系来制作图片的关联动画，使用羽化的Mask将一个图片融入另一个图片之中，设置缩放动画产生“推拉镜头”的效果。

## 1.5.2　实例步骤

### 1. 新建Project（项目）

启动After Effects CS6软件，进入其操作界面后，自动处于空白的新Project（项目）状态下。如果在打开已有项目的状态下，可以选择菜单File→New→New Project（文件→新建→新建项目，快捷方式为Ctrl+Alt+N组合键）新建Project（项目），如图1-10所示。

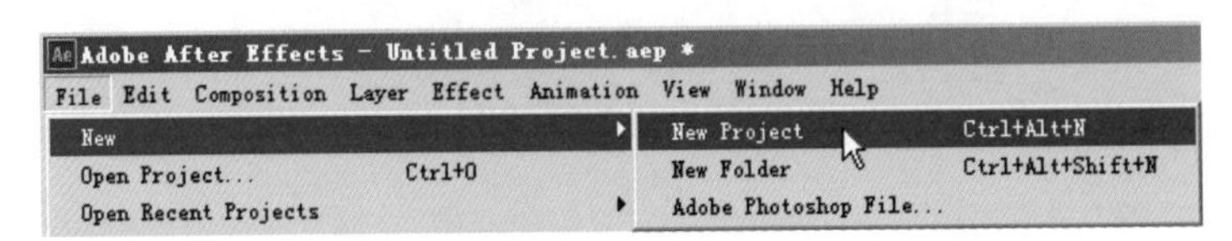


图1-10　新建项目菜单

### 2. 调用素材到Project（项目）面板

在Project（项目）面板中的空白处双击鼠标左键，打开Import File（导入文件）对话框，从中选择本例中所准备的图片和音频素材文件，将其全部选中，单击“打开”按钮，将其导入到Project（项目）面板中，如图1-11所示。

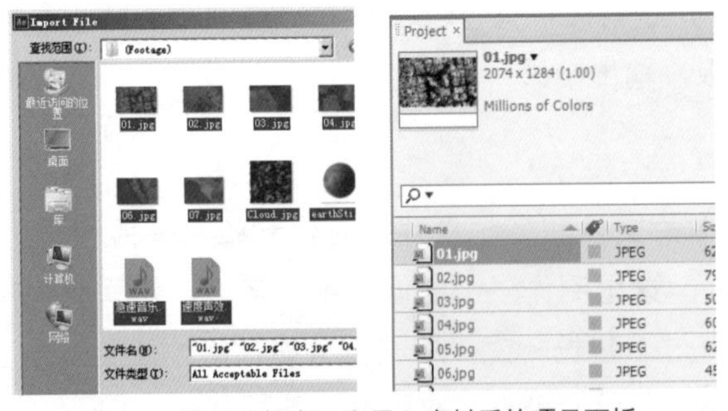


图1-11　素材选择窗口和导入素材后的项目面板

### 3. 新建Composition（合成）

选择菜单Composition→New Composition（合成→新建合成，快捷键为Ctrl+N），打开Composition Settings（合成设置）对话框，在其中设置如下：Composition Name（合成名称）为“地球穿梭”，Preset（预置）为PAL D1/DV Widescreen，Duration（持续时间）为6秒，如图1-12所示。单击OK按钮。

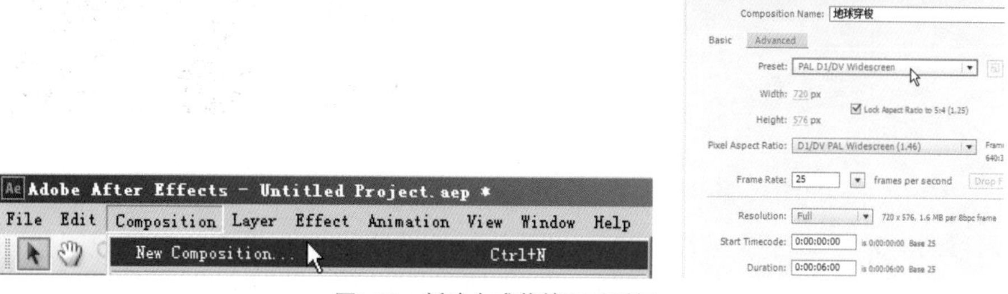


图1-12 新建合成菜单和对话框

### 4. 将素材放置到Timeline（时间线）面板

从Project（项目）面板中，配合Shift键或Ctrl键选择图片01.jpg～07.jpg及图片earthStill.png，将其拖至合成“地球穿梭”的时间线中，按从上至下的顺序放置，在时间线的右上角处单击▾≡，从中将Columns→Parent（栏目→父级层）勾选，这样在时间线中显示出Parent（父级层）栏，如图1-13所示。

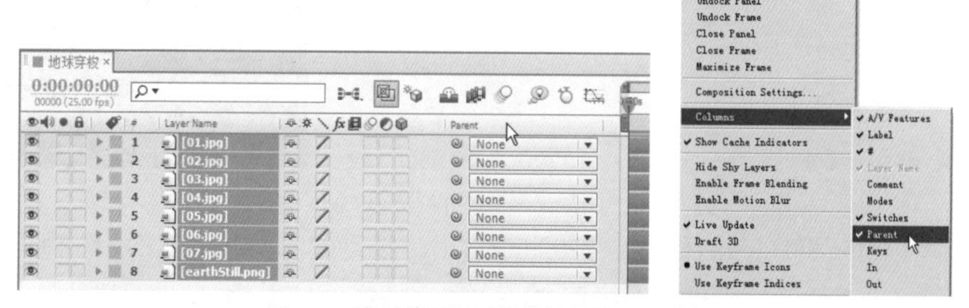


图1-13 素材放置到时间线并显示Parent栏

### 5. 结合Composition（合成）预览面板进行预览和合成制作

**步骤 01** 查看和分析01.jpg至07.jpg图片素材。01.jpg图片是02.jpg图片内容中的局部放大，以此类推，前一个图片均为后一个图片的局部放大画面。这里准备对每个图片中相同部分进行对齐，先挑选出其中共同的一点，将其放置在视图的中心，以方便制作。

**步骤 02** 在Composition（合成）预览面板底部单击⊡，从中将Title/Action Safe勾选，这样在Composition（合成）预览面板中心点处显示有十字形的参考线。选中01.jpg图层，从工具栏中选择⊡工具，将画面中原来的轴心点移至画面中建筑物的一个明显位置处，这里选择房子的顶点处，如图1-14所示。

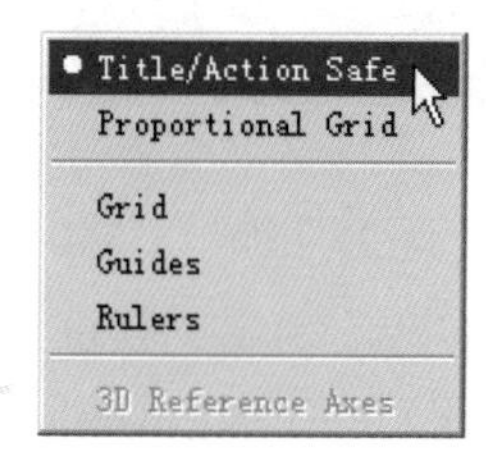

图1-14 参考合成视图移动图像轴心点

**步骤 03** 此时01.jpg图层的Anchor Point（轴心点）数值为(775,478)。相应地，Position（位置）的数值也自动发生变化。这里需要将其重新设为(360,288)，这样可以保证房子的顶点移至视图的中心处，如图1-15所示。

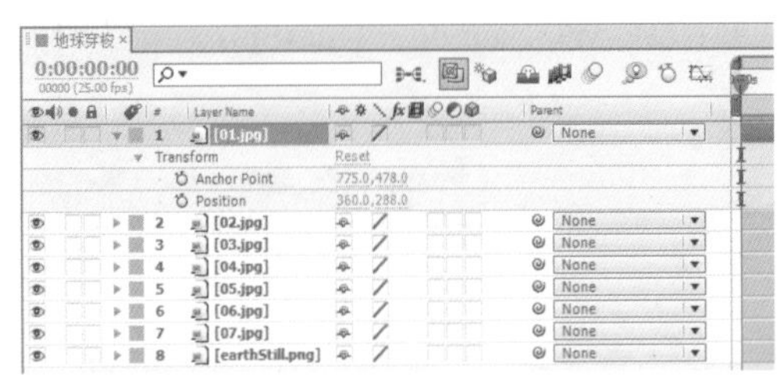

图1-15　重设图像位置

**步骤 04** 比较01.jpg和02.jpg的图像，因为01.jpg为02.jpg中的一部分，将01.jpg缩小至合适的大小，然后移动02.jpg图像的位置，将02.jpg图像相同的部分与01.jpg重合，同时将02.jpg图像的轴心点移至视图中心。这里的操作结果为：01.jpg图层的Scale（比例）为(25,25%)，02.jpg图层的Anchor Point（轴心点）为(883,587)，Position（位置）为(360,288)。

等这些参数设置完毕后，将01.jpg图层的Parent（父级层）栏设为02.jpg，这样02.jpg在接下来的缩放变化会连同01.jpg一起变化，01.jpg图像大小和位置将与02.jpg保持相对一致，如图1-16所示。

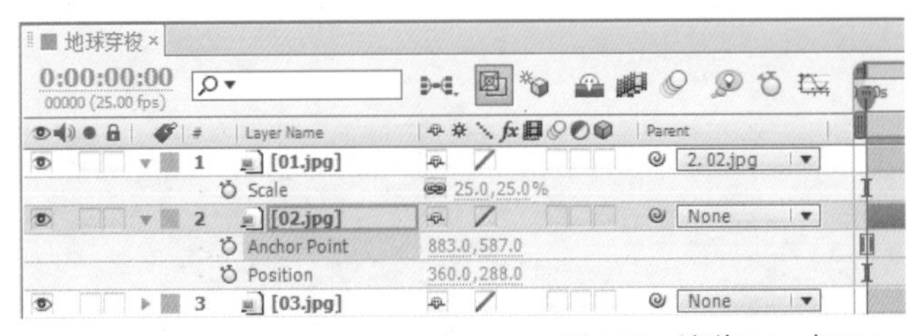

图1-16　关联01.jpg与02.jpg

**步骤 05** 比较02.jpg和03.jpg的图像，将02.jpg缩小，移动03.jpg图像，使两图相同的部分重合，同时将03.jpg图像的轴心点移至视图中心。这里的操作结果为02.jpg图层的Scale（比例）为(25,25%)，03.jpg图层的Anchor Point（轴心点）为(905,614)，Position（位置）为(360,288)。参数设置完毕后，将02.jpg图层的Parent（父级层）栏设为03.jpg。可以在02.jpg图像上绘制一个椭圆Mask（遮罩），并设置Mask Feather（遮罩羽化值）为(300,300)，使02.jpg与03.jpg图像更好地融合到一起而不出现明显的边缘，如图1-17所示。

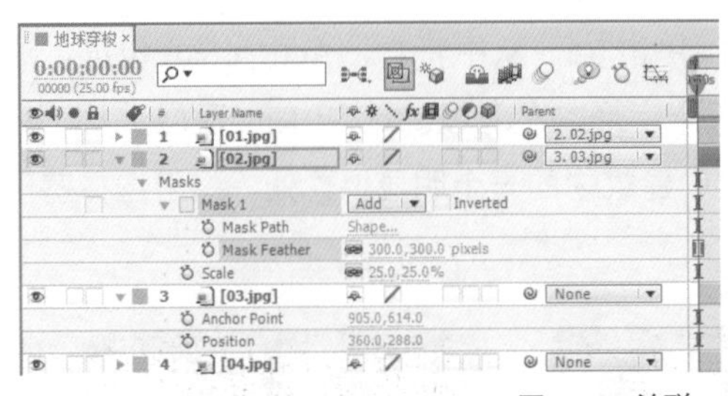

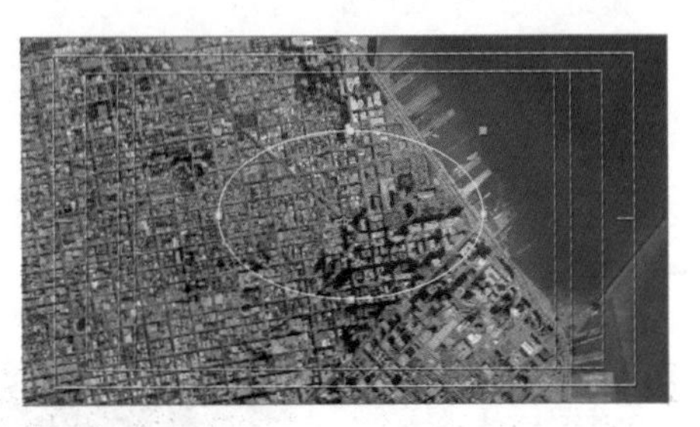

图1-17　关联02.jpg与03.jpg

**步骤 06** 比较03.jpg和04.jpg的图像，将03.jpg图层的Scale（比例）设为(25,25%)，将04.jpg图层的Anchor Point（轴心点）设为(909,619)，Position（位置）设为(360,288)。参数设置完毕后，将03.jpg图层的Parent（父级层）栏设为04.jpg。在03.jpg图像上绘制一个椭圆Mask（遮罩），并设置Mask Feather（遮罩羽化值）为(300,300)，如图1-18所示。

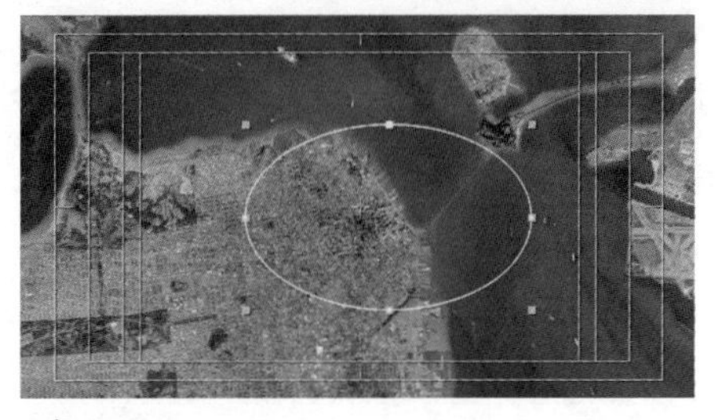

图1-18 关联03.jpg与04.jpg

**步骤 07** 比较04.jpg和05.jpg的图像，将04.jpg图层的Scale（比例）设为(25,25%)，将05.jpg图层的Anchor Point（轴心点）设为(908,624)，Position（位置）设为(360,288)。参数设置完毕后，将04.jpg图层的Parent（父级层）栏设为05.jpg。在04.jpg图像上绘制一个椭圆Mask（遮罩），并设置Mask Feather（遮罩羽化值）为(300,300)，如图1-19所示。

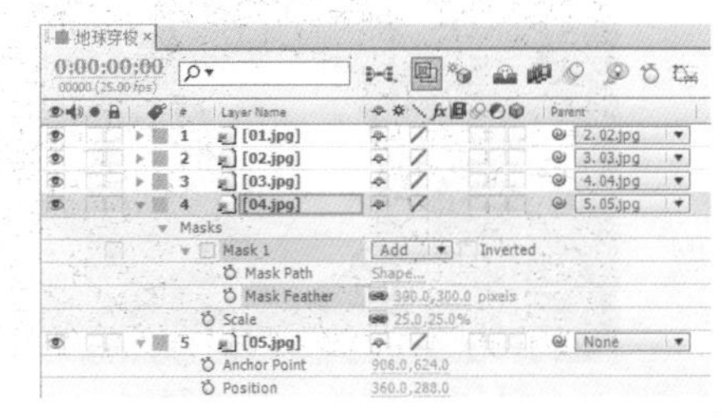


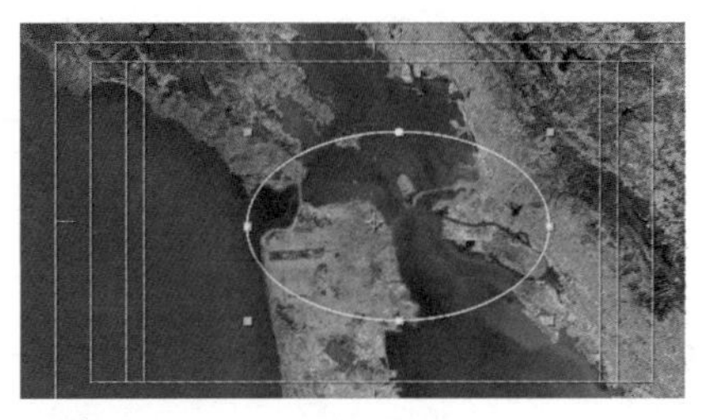

图1-19 关联04.jpg与05.jpg

**步骤 08** 比较05.jpg和06.jpg的图像，将05.jpg图层的Scale（比例）设为(12.5,12.5%)，将06.jpg图层的Anchor Point（轴心点）设为(906,626)，Position（位置）设为(360,288)。参数设置完毕后，将05.jpg图层的Parent（父级层）栏设为06.jpg。在05.jpg图像上绘制一个椭圆Mask（遮罩），并设置Mask Feather（遮罩羽化值）为(300,300)，如图1-20所示。

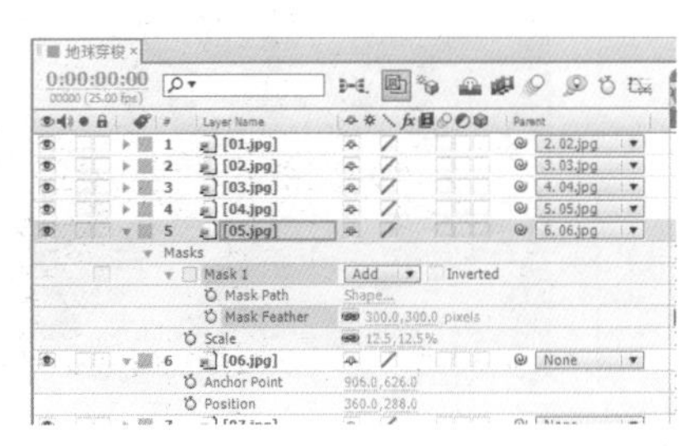

图1-20 关联05.jpg与06.jpg

**步骤 09** 比较06.jpg和07.jpg的图像，将06.jpg图层的Scale（比例）设为(12.5,12.5%)，将07.jpg图层的Anchor Point（轴心点）设为(895,662)，Position（位置）设为(360,288)。参数设置完毕后，将06.jpg图层的Parent（父级层）栏设为07.jpg。在06.jpg图像上绘制一个椭圆Mask（遮罩），并设置Mask Feather（遮罩羽化值）为(300,300)，如图1-21所示。

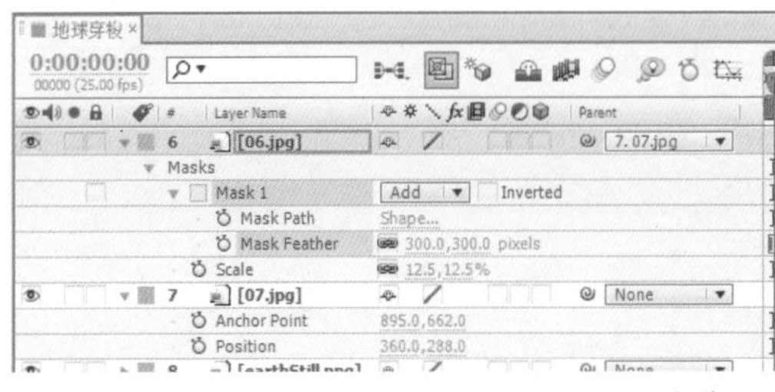


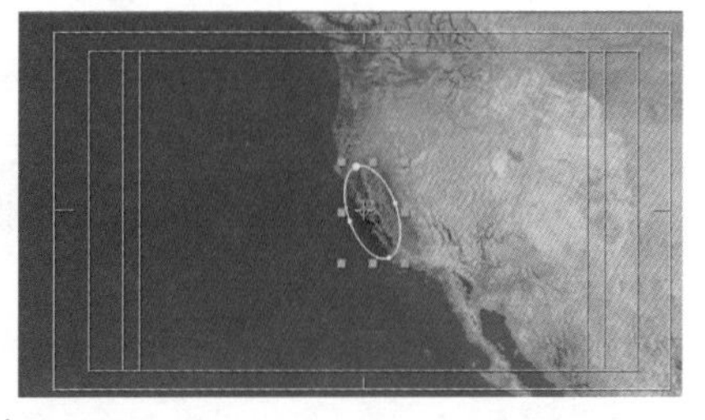

图1-21 关联06.jpg与07.jpg

**步骤 10** 比较07.jpg和earthStill.png的图像，将07.jpg图层的Scale（比例）设为(75,75%)，将

earthStill.png图层的Anchor Point（轴心点）设为(909,1111)，Position（位置）设为(360,288)，并设置Rotation（旋转）为–8°。参数设置完毕后，将07.jpg图层的Parent（父级层）栏设为earthStill.png。在07.jpg图像上绘制一个椭圆Mask（遮罩），并设置Mask Feather（遮罩羽化值）为(300,300)，如图1-22所示。

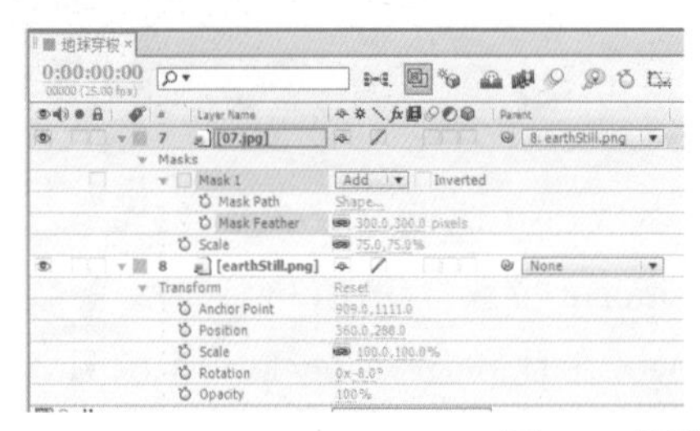
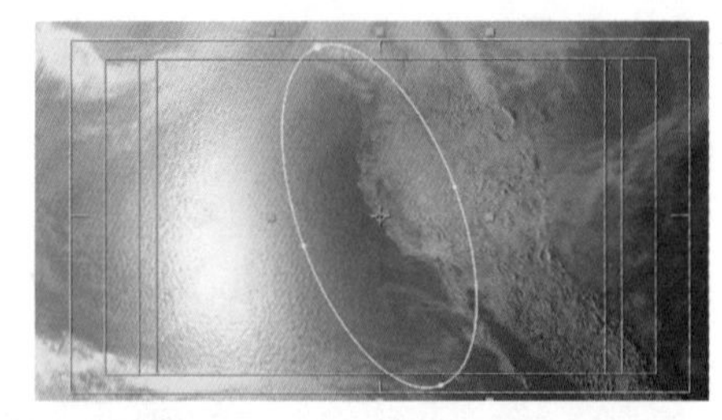

图1-22　关联07.jpg与earthStill.png

**步骤 11**　将earthStill.png图层的Scale（比例）设为(20,20%)，绘制一个圆形的Mask（遮罩），使其隐藏底色而只显示圆形的地球，如图1-23所示。通过按顺序对这些参数的准确设置，为后面的动画做好充分的准备。

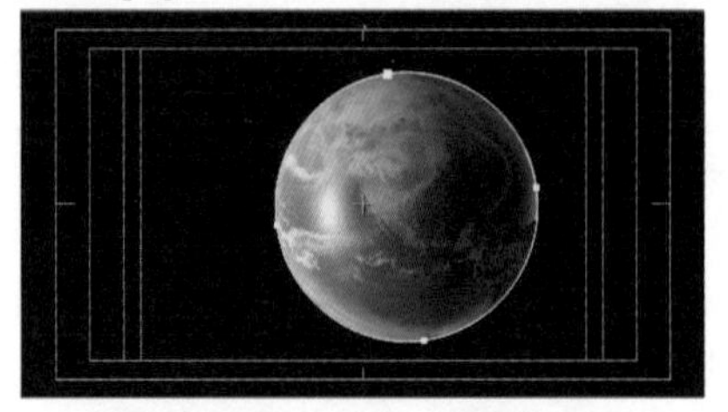

图1-23　为earthStill.png添加Mask

**步骤 12**　将时间移至第5秒20帧处，将earthStill.png图层的Scale（比例）设为(20,20%)，单击打开Scale（比例）前面的码表，记录动画关键帧。然后将时间移至最开始处，将Scale（比例）放大，观察Composition（合成）预览视图，一直放大到01.jpg图像清晰地显示出来，此处Scale（比例）的数值为(2000000,2000000%)，如图1-24所示。

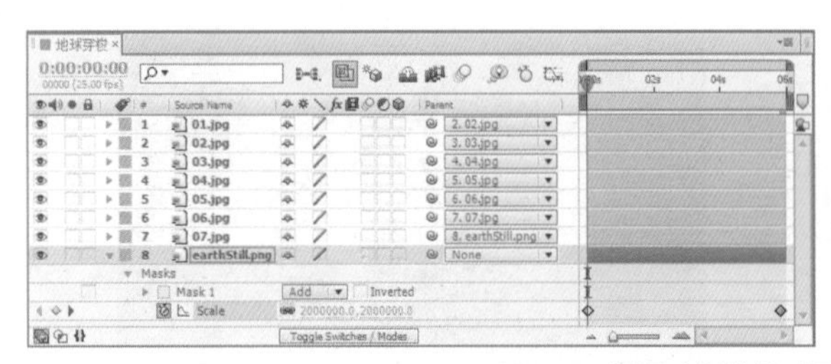

图1-24　设置比例缩放动画关键帧

**步骤 13**　按小键盘的0键进行预览，动画速度前慢后快，需要调节。单击时间线面板上部的，打开关键帧曲线编辑器，双击Scale（比例），将关键帧选中，然后单击关键帧曲线编辑器底部的，显示出黄色的关键帧曲线调节手柄，用鼠标将左上部的手柄向下拖至靠近0的位置，配合Shift键将右下部的手柄向左拖至靠近0的位置，如图1-25所示。此时再按小键盘的0键进行预览，整个动画过程中前后速度的分配得到了改善。调整完毕后，单击，切换回时间线的图层显示状态。

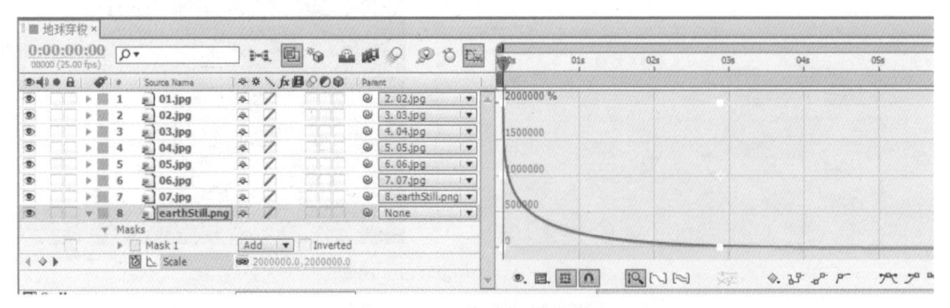

图1-25　调节关键帧曲线

**步骤 14** 在动画过程中添加云雾效果。从Project（项目）面板中将Cloud.jpg拖至时间线的顶层，将其Mode（模式）栏设置为Screen（屏幕）方式，为其添加一个圆形的Mask（遮罩），并设置Mask Feather（遮罩羽化值）为(500,500)。然后将时间移至第4秒处，按Alt+[组合键剪切入点，将时间移至第5秒处按Alt+]组合键剪切出点。将时间移至第4秒处，打开Scale（比例）前面的码表，设为(1000,1000%)；然后将时间移至第5秒处，设为(30,30%)。再将时间移至第4秒处时，单击打开Opacity（不透明度）前面的码表，设为0%；将时间移至第4秒05帧处，设为100%；将时间移至第4秒15帧处，单击◇图标添加一个关键帧，数值为100%；将时间移至第5秒处，设为0%，如图1-26所示。

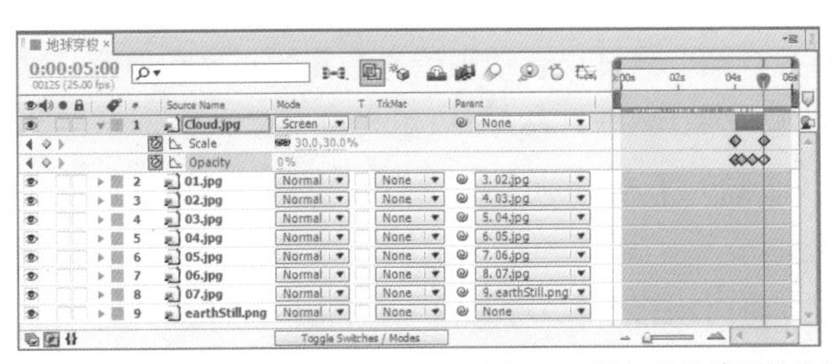
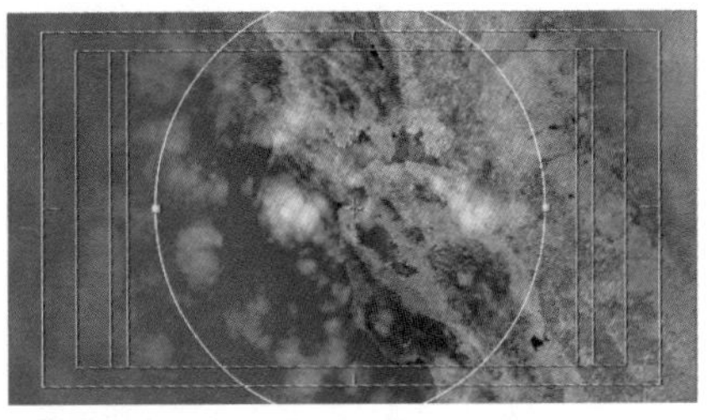

图1-26　添加云雾效果并设置关键帧

**步骤 15** 将云雾的比例缩放动画调整为先快后慢的效果。单击时间线面板上部的图标，打开关键帧图表编辑器，双击Cloud.jpg的Scale（比例），将关键帧选中，然后单击关键帧图表编辑器底部的，显示出黄色的关键帧曲线调节手柄，用鼠标将左上部的手柄向下拖至靠近0的位置，配合Shift键，将右下部的手柄向左拖至靠近0的位置，如图1-27所示。此时再按小键盘的0键进行预览，整个动画过程中前后速度的分配得到了改善。调整完毕后单击图标切换回时间线的图层显示状态。

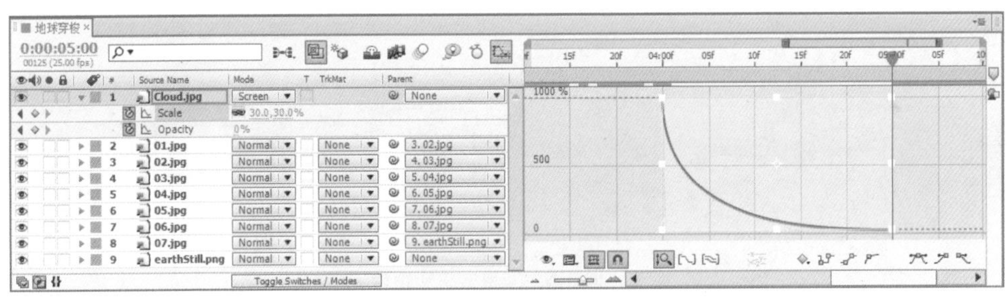

图1-27　调整关键帧曲线

**步骤 16** 选中Cloud.jpg图层，按Ctrl+D组合键两次，创建两个副本，分别修改两个副本的Rotation（旋转）依次为90°和180°，并调整入点依次为4秒10帧和4秒20帧，如图1-28所示。

图1-28　复制云层

**步骤 17** 为最终的地球效果添加星空背景。从Project（项目）面板中将Star.jpg拖至时间线的底层，将时间移至最后的位置，显示最终的地球效果，然后将Star.jpg图层的Parent（父级层）栏设为earthStill.png层，如图1-29所示。

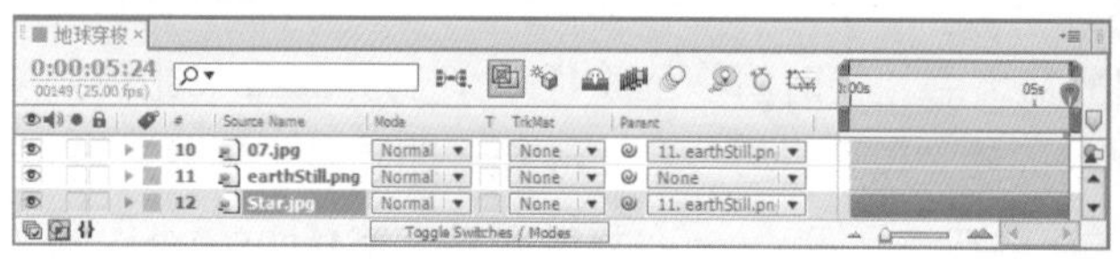

图1-29　添加星空效果

**步骤 18**　最后为整个动画添加背景音乐和声效。从Project（项目）面板中将“急速音乐.wav”拖至时间线的底层，由于长度较短，这里按Ctrl+D组合键创建一个副本，按小键盘的Del键单独监听音频，或按小键盘的0键预览整个视音频，这样结合动画调整音频的长度和位置。这里选中上一层的“急速音乐.wav”，将时间移至第1秒处，按Alt＋[组合键剪切入点，然后将其新入点移至第1秒22帧处。打开其Audio（音频）下Audio Levels（音量级别）前面的码表，设为–8；第2秒07帧处设为0；第5秒15帧处单击 ◇，添加一个关键帧，数值为0，第5秒24帧处设为–8。再选择下一层“急速音乐.wav”，将时间移至第1秒22帧处，打开其Audio（音频）下Audio Levels（音量级别）前面的码表，数值为0；将时间移至第2秒07帧处设为–8，并按Alt＋]组合键剪切出点。

**步骤 19**　从Project（项目）面板中将“速度声效.wav”拖至时间线的底层，放置在时间线的末尾。这样完成动画的配乐，如图1-30所示。

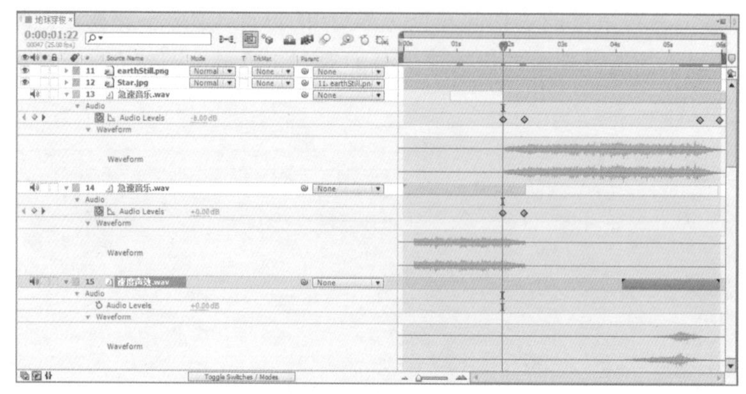

图1-30　添加背景音乐和声效

### 6. 添加合成到渲染队列面板，设置并输出结果

按Ctrl+M组合键，将“地球穿梭”合成添加到Render Queue（渲染队列）面板中，在Output Module后单击▼，在弹出的菜单中选择AVI DV PAL 48kHz，如图1-31所示，然后单击Render按钮，输出结果。

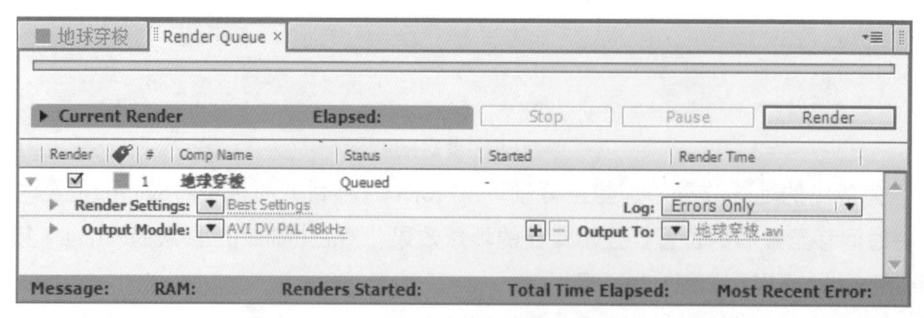


图1-31　输出结果

# 思考与练习

一、思考题：

1．阐述非线性编辑与线性编辑的区别、特点及常用软件。

2．什么是After Effects软件的初始化？怎样初始化？

3．After Effects的操作界面被打乱后，怎样恢复到标准界面？

4．After Effects的合成制作是怎样进行的？基本操作流程是什么？

二、练习题：

1．对After Effects进行初始化设置，并试用恢复默认设置操作。

2．本章基本操作流程实例中制作了从地面到太空的穿梭动画，请使用相同的素材独立制作从太空到地面的穿梭动画。

3．组织合适的素材，如使用相机拍摄多级缩放的图片，或使用网上搜索工具查找某个地区的多级缩放地图，制作类似基本操作流程实例中的效果。

# 第2章 素材的合成与管理

## 2.1 调用素材

### 2.1.1 调用素材的方法

After Effects CS6导入素材文件的操作有多种方式。

- 选择菜单File→Import→File（文件→导入→文件），打开Import File（导入文件）对话框。
- 按快捷键Ctrl+I键，打开Import File（导入文件）对话框。
- 在Project（项目）面板的空白处单击鼠标右键，在弹出的菜单中选择Import→File（导入→文件），打开Import File（导入文件）对话框。
- 在Project（项目）面板的空白处双击鼠标左键，打开Import File（导入文件）对话框。
- 选择菜单File→Import Recent Footage（文件→导入新近素材）的下级菜单，从最近导入过的素材中选择素材进行导入。
- 选择菜单File→ Import→Multiple Files（文件→导入→多个文件），快捷键为Ctrl+Alt+I，可以打开Import Multiple File（导入多个文件）对话框，分多次导入文件，对话框中增加了Done按钮，单击Done（完成）按钮，退出对话框。
- 从系统的“我的电脑”等程序中选中需要的文件，可以将其直接拖至After Effects CS6的Project（项目）文件面板中。

其中，Import→Multiple Files（导入→多重文件）与Import→Files（导入→文件）的区别在于：后者只能执行一次导入操作就退出对话框，而前者能执行多次操作，直到单击Done（完成）按钮才退出对话框，更适合从多个文件夹中导入素材，如图2-1所示。

### 2.1.2 预览视频和音频素材

导入到项目面板中的视频和音频素材可以放置到时间线中进行合成制作，在合成视图中预览其效果，或者在时间线中播放并监听其音频。在时间线中对素材进行播放和预览时，简单的视频播放只要按一下空格键即可，当需要监听声音时就需要按小键盘的.（小数点）键，当同时预览视频和音频时，可以按小键盘的0键。而使用Preview（预览面板），可以更加灵活地控制预览方式，如图2-2所示。

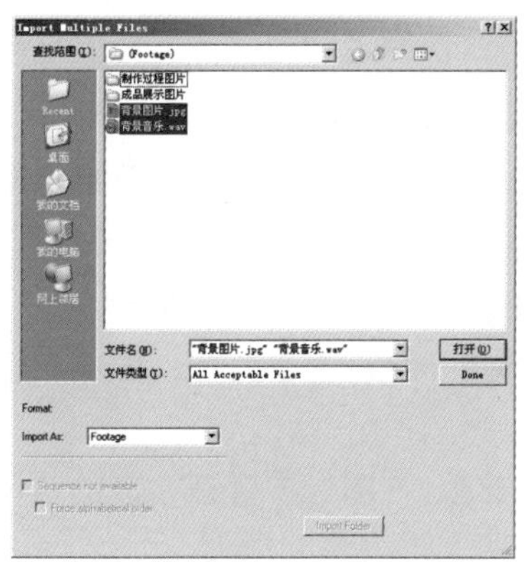

图2.1 Import Multiple Files与Import Files对话框

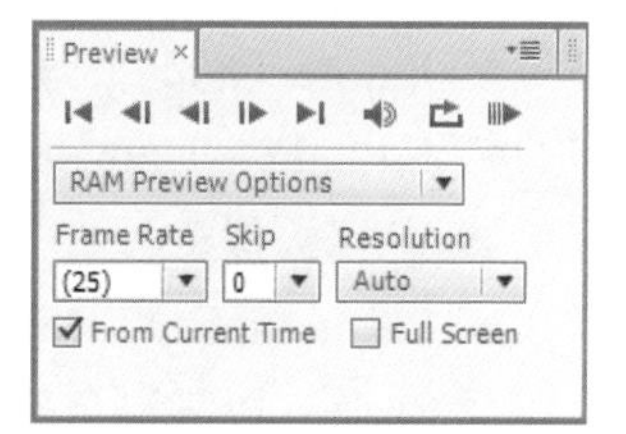


图2.2 Preview面板

### 2.1.3 可利用的文件格式

After Effects CS6可以导入多种格式的视频和音频文件、图像文件以及相关项目方案等关联格式的文件，可以选择菜单File→Import→File（文件→导入素材→文件），打开Import File（导入文件素材）对话框，在对话框的文件类型下拉选项中会列出所能导入的文件格式，如图2-3所示。

Adobe Dynamic Link (*.prproj)
Adobe Soundbooth (*.asnd)
After Effects Project (*.aep;*.aepx)
After Effects Project Template (*.aet)
AIFF (*.aif;*.aiff)
ARRI (*.ari)
Automatic Duck (*.xml;*.omf;*.aaf)
AVI (*.avi)
BMP (*.bmp;*.rle;*.dib)
Camera Raw (*.tif;*.crw;*.nef;*.raf;*.orf;*.mrw;*.dcr;*.mos;*.raw;*.pef;*.srf;*.dng;*.x3f;*.cr2;*.erf;*.sr2;*.kdc;*.mfw;*.mef;*.arw;*.nrw;*.rw2;*.rwl;*.iiq;*.3fr;*.fff;*.srw)
Direct Show (*.avi)
DPX/Cineon (*.cin;*.dpx)
ElectricImage IMAGE (*.img;*.ei)
Flash Video (*.flv)
Form 2 OBJ Files (*.obj)
IFF (*.iff;*.tdi)
Illustrator/PDF/EPS (*.ai;*.pdf;*.eps)
JPEG (*.jpg;*.jpeg)
Maya Scene (*.ma)
MP3 (*.mp3;*.mpeg;*.mpg;*.mpa;*.mpe)
MPEG (*.vob;*.m2v;*.m2p;*.mpa;*.mp2;*.m2a;*.mpeg;*.mod;*.mpe;*.mpg;*.mpv;*.m2t;*.m2ts;*.mts;*.ts;*.mlv;*.mla;*.mp4;*.m4v;*.m4a;*.aac;*.3gp;*.3gpp;*.avc;*.264;*.f4v;*.mxf)
MPEG Optimized (*.mpeg;*.mpe;*.mpg;*.m2v;*.mpa;*.mp2;*.m2a;*.mpv;*.m2p;*.m2t;*.ts)
MXF (*.mxf)
OpenEXR (*.exr;*.sxr;*.mxr)
Photoshop (*.psd)
PNG (*.png)
QuickTime (*.mov;*.3gp;*.3g2;*.mp4;*.m4v;*.m4a;*.qt;*.avi;*.dif;*.dv;*.flc;*.fli;*.gif;*.m15;*.mla;*.mls;*.mlv;*.m75;*.mpa;*.mpeg;*.mpg;*.mpg4;*.mpm;*.mpv;*.pct;*.pict;*.vfw;*.aif;*.aif
Radiance (*.hdr;*.rgbe;*.xyze)
RED (*.r3d)
RLA/RPF (*.rla;*.rpf)
SGI (*.sgi;*.bw;*.rgb)
Softimage PIC (*.pic)
SWF (*.swf)
Targa (*.tga;*.vda;*.icb;*.vst)
TIFF (*.tif;*.tiff)
WAV (*.wav;*.bwf)
Windows Media (*.wmv;*.wma;*.asf;*.asx)
All Footage Files
All Acceptable Files
All Files (*.*)

图2-3 导入文件格式的查看

### 2.1.4 文件像素比问题

全球各国视频的标准并非一家机构制定，存在不同的制式，这也造成了不同的分辨率和像素比，如果像素比设置不当会造成画面的变形。After Effects CS6可以为所导入的视频和图像进行像素比修改设置。

一些图像处理软件所制作的图像像素比通常为1:1，即常规的方形像素。而NTSC DV制式的纵横像素比为1:0.9，PAL D1/DV制式的纵横像素比为1:1.07，PAL D1/DV Widescreen制式的纵横像素比则达到1:1.42。

在After Effects CS6 中进行像素比修改的方法是：在Project（项目）面板中选中素材，选择菜单File→Interpret Footage→Main（文件→解释素材→主要），打开Interpret Footage（解释素材）对话框，在Main Options（主要选项）面板中的Other Options（其他选项）下对Pixel Aspect Ratio（像素比）进行选择。

### 2.1.5 文件透明信息

After Effects中可以导入一些带有透明背景信息的图像，如常见的带有Alpha通道背景的图像文件。在导入这些文件时，After Effects软件会提示是否使用透明背景方式，确认导入这些透明背景的图像后，对于合成时的制作处理有很大的意义。

After Effects CS6在导入带Alpha通道素材时，会弹出Interpret Footage（解释素材）对话框，其中有三种类型的Alpha选择项。

- Ignore（忽略）：忽略Alpha通道的存在，即导入的图像带有不透明的黑背景。
- Straight – Unmatted（直接 – 无蒙板）：直接以图像中的Alpha通道为准，图像不存在蒙板信息。
- Premultiplied – Matted With Color（合成通道 – 色彩蒙板）：图像中存在合成的透明通道，以某种色彩为蒙板来对图像进行透明背景处理。

大多情况下，单击Guess（自动设置）按钮，软件会自动判断和选择合适的Alpha选项。

### 2.1.6 序列文件

对于拍摄或制作的序列图像，在后期制作中也经常使用，特别是三维动画软件会经常渲染输出一些序列图像形式的动画文件。After Effects CS6可以将序列图像文件以多个静态图像的方式导入，也能将其以一个完整动态视频的方式导入，而且序列图像文件也能与视频文件有相似的属性设置。

当在Import File（导入文件）对话框中准备导入序列图像时，这里以导入JPEG格式序列文件为例，需要在对话框下方勾选JPEG Sequence（JPEG 序列）选项，如果不勾选，则以单帧图像的方式将文件导入，如图2-4所示。

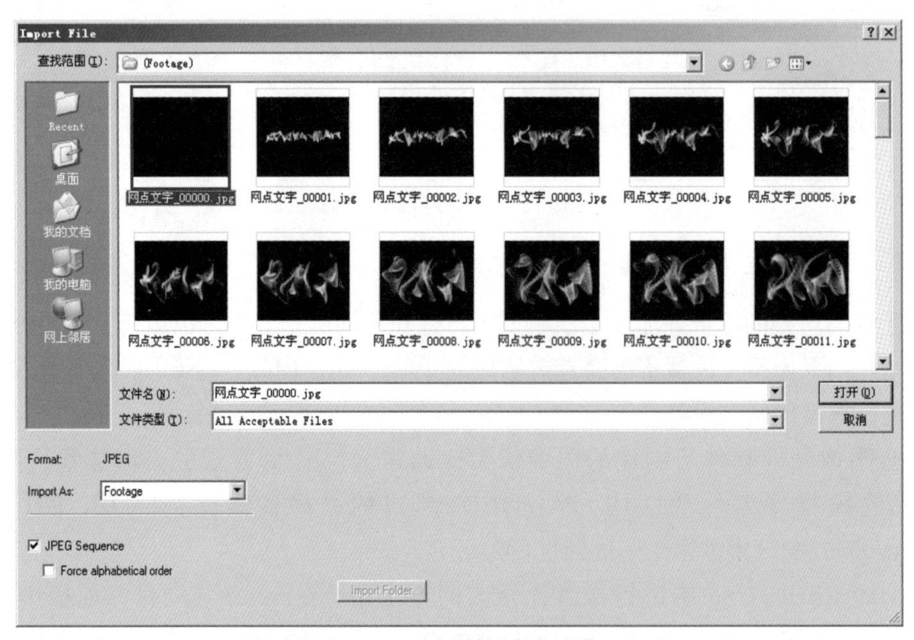


图2-4 导入序列文件的勾选项

如果序列文件的序号中有间断的文件，如“网点文字00005.jpg”后接着是“网点文字00015.jpg”，这时导入这个序列有以下两种情况。

- 不勾选Force alphabetical order（强制为字母顺序）：可以用彩条来代替缺少的部分。
- 勾选Force alphabetical order（强制为字母顺序）：强制按数字或字母的先后顺序，并且以中间不添加彩条的方式，将序列文件导入。

After Effects CS6在初次使用时，导入图像序列默认为NTSC制式的30 Frames Per Second的帧速率，选择菜单Edit→ Preferences→ Import（编辑→参数→导入），打开Preferences（参数设置）面板，在其中将Sequence Footage（序列素材）下的30 Frames Per Second（30帧/秒）更改为25 Frames Per Second（25帧/秒）。

## 2.1.7 分层图像文件

对于分层图像素材，After Effects CS6能在导入之后保持其分层状态，这样便于对其中各个图层进行合成制作。例如，Photoshop格式的PSD文件，如果包含多个图层，在导入到After Effects CS6之后，可以合并为普通的单层图像方式导入，也能以多个图层的形式存在。例如，以下是一个PSD分层图像，在Photoshop中的图层如图2-5所示。

图2-5 PSD图像及Photoshop中的图层

在After Effects CS6中导入这个图像文件，在打开的对话框中将Import Kind（导入类型）选择为Footage（素材），将Layer Options（图层选项）选择为Merged Layers（合并图层），此时导入的会是一个普通的单层图像，如图2-6所示。

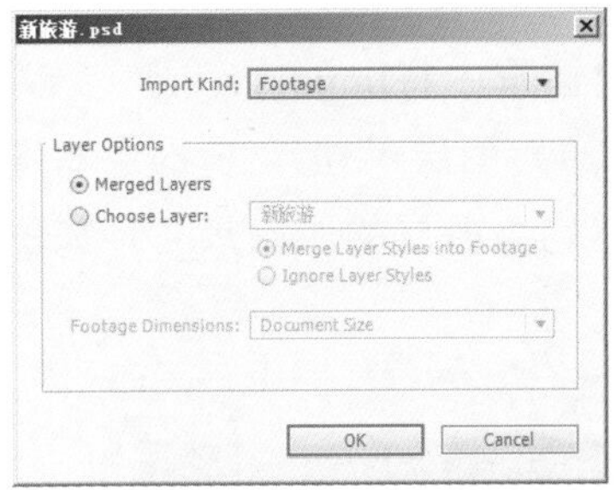

图2-6 合并图层方式导入PSD文件

在After Effects CS6中导入这个图像文件，在打开的对话框中将Import Kind（导入类型）选择为Footage（素材），将Layer Options（图层选项）选择为Choose Layer（选择图层），并选择“祥云”图层，将Footage Dimensions（素材尺寸）选择为Layer Size（图层尺寸），此时会将“祥云”作为一个普通的单层图像导入，并且以“祥云”的实际大小为图像的尺寸，如图2-7所示。

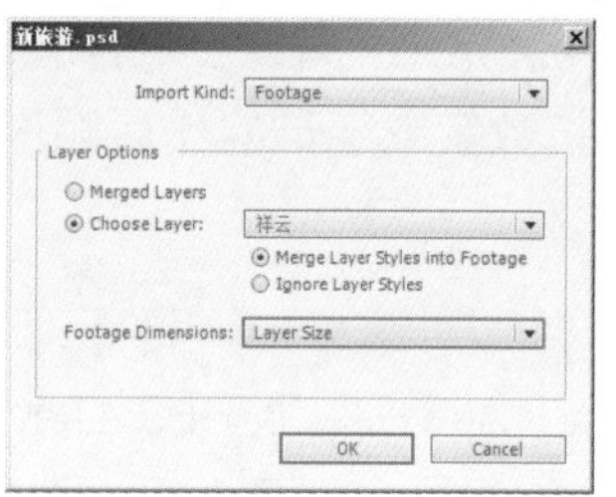

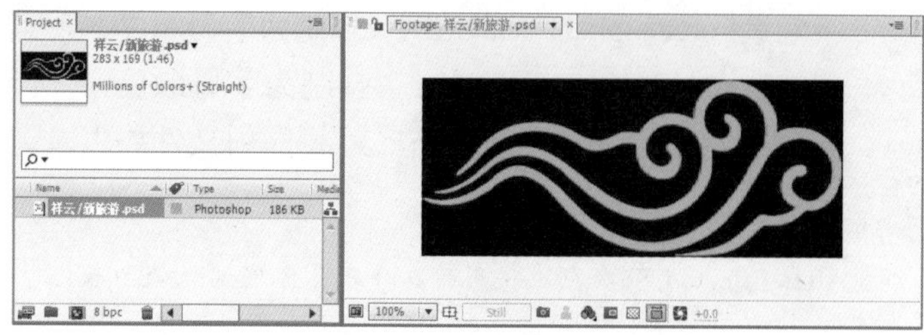


图2-7　以实际尺寸导入PSD分层图像的单层图像

如果将Footage Dimensions（素材尺寸）选择为Document Size（文档尺寸），此时会将“祥云”作为一个普通的单层图像导入，并且以当前分层图像统一的文档尺寸的大小为图像的尺寸，如图2-8所示。

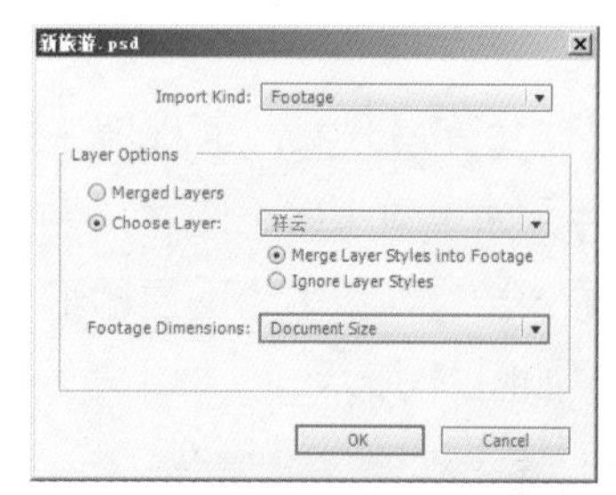

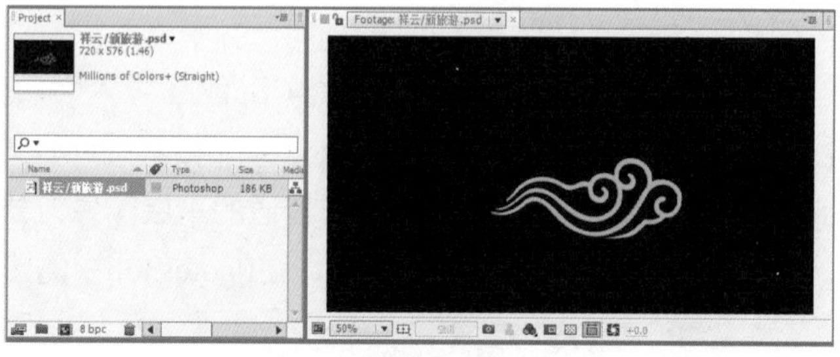


图2-8　以统一尺寸导入PSD分层图像的单层图像

在After Effects CS6中导入这个图像文件，在打开的对话框中将Import Kind（导入类型）选择为Composition（合成），此时会将图像中的所有图层都导入，并且以当前分层图像统一的文档尺寸的大小为图像的尺寸，如图2-9所示。

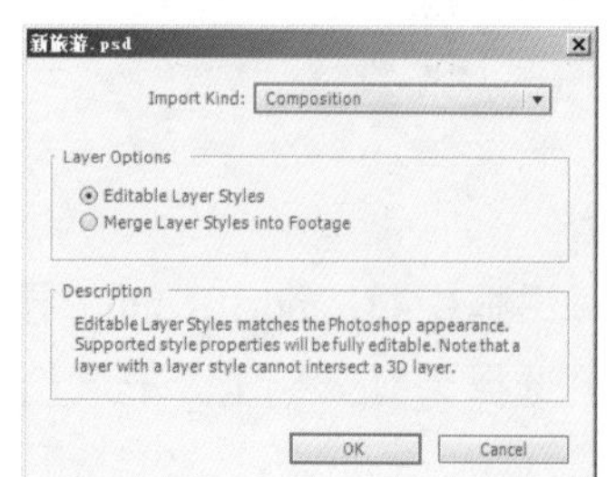

图2-9　以统一尺寸导入PSD分层图像的所有图层

在After Effects CS6中导入这个图像文件，在打开的对话框中将Import Kind（导入类型）选择为Composition-Retain Layer Sizes（合成-保留原始图层尺寸），此时会将图像中的所有图层都导入，并且分层图像中各个图层的大小均为各层的原始尺寸，如图2-10所示。

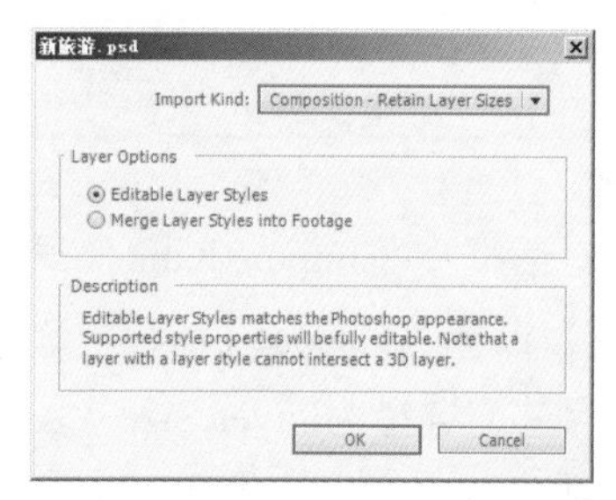

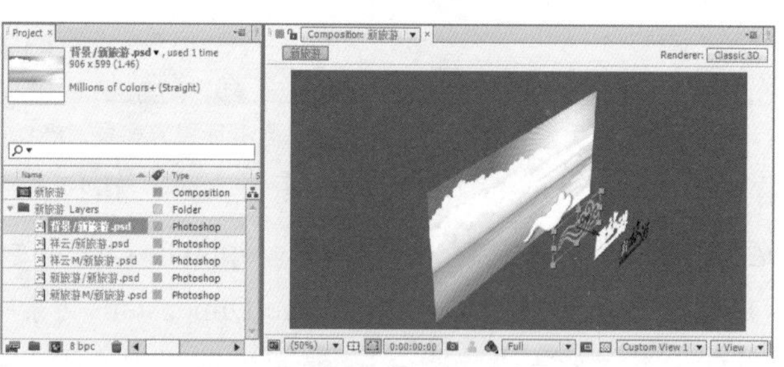


图2-10　以各层的原始尺寸导入PSD分层图像的所有图层

### 2.1.8 其他相关文件

与导入Photoshop图层文件相似，After Effects CS6在Project（项目）面板中也可以将其他After Effects项目文件导入进来，对于导入的项目文件中包含的“外来的”素材和合成，与Project（项目）面板中的素材和合成在使用上完全一样，并且不影响导入项目的源文件。

After Effects CS6还可以调用Premiere项目文件，可以将在Premiere中剪辑好的素材导入到After Effects CS6中进行合成制作。

## 2.2 软件的面板

### 2.2.1 Project（项目）面板

在After Effects CS6中要对素材进行合成，需要了解组成软件界面的各个面板。首先来了解Project（项目）面板，用户可以在这里对素材进行管理，素材首先被导入到这里，创建的合成也位于这个面板中。可以在这里对素材进行替换、删除、更改注解等操作。这个面板可以向右侧拖拉，显示出更多的栏目。单击右上角的▾≡，将显示Project（项目）面板相关选项，如图2-11所示。

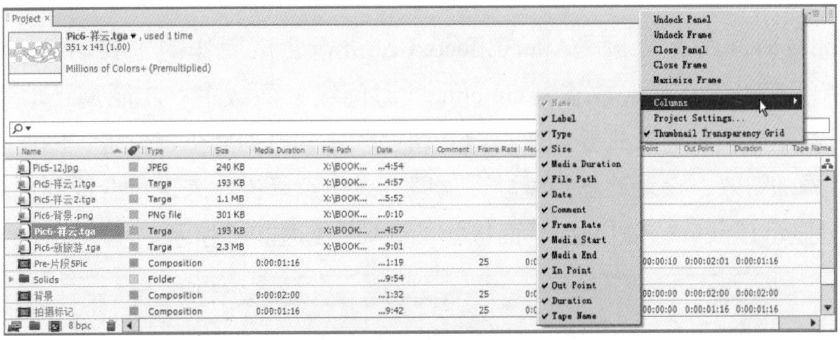

图2-11 项目面板

项目面板的左上方是面板内所选中目标的缩略图预览及尺寸、颜色等基本信息。

项目面板的上方是素材的信息栏，分别有Name（名称）、Type（类型）、Size（尺寸）、Media Duration（媒体持续时间）、File Path（文件路径）、Date（日期）、Comment（注释）、Frame Rate（帧速率）、Media Start（媒体开始时码）、Media End（媒体结束时码）、In Point（入点）、Out Point（出点）、Duration（持续时间）、Type Name（磁盘名称）等，从左到右显示素材的这些信息。

- ▾≡按钮为弹出菜单按钮，在项目面板的右上角，单击之，可以打开项目面板的相关菜单，在此处可以对项目面板进行分离、最大化、设置及关闭等相关操作。
- Undock Panel（解除面板）：将面板的一体状态解除，变成浮动面板。
- Undock Frame（全部解除）：将一组面板中的各个面板全部解除一体状态，变成浮动面板。
- Close Panel（关闭面板）：将当前的一个面板关闭显示。
- Close Frame（全部关闭）：将当前的一组面板关闭显示。

- Maximize Frame（最大化面板）：将当前的面板最大化显示。
- Columns（队列）：项目面板中所显示的素材信息栏队列内容，其下级菜单中勾选上的内容均被显示在项目面板中。
- Project Settings（项目设置）：打开项目设置对话框，从中进行相关的项目设置。
- Thumbnail Transparency Grid（缩略图透明网格）：当素材具有透明背景时，勾选此项能以透明网格的方式来显示缩略图的透明背景部分。
- 搜索栏：在项目面板中搜索符合条件的条目，当项目面板中有较多的素材、合成或文件夹时，可以用这个功能快速查找到。
- （Interpret Footage）按钮：解释素材，以前版本中由选择File→Interpret Footage（解释素材）→Main（主要的）菜单来打开，用来设置选择素材的透明通道、帧速率、上下场、像素比及循环次数。
- （Create a new Folder）按钮：新建文件夹，单击之，可以在项目面板中新建一个文件夹。
- （Create a new Composition）按钮：新建合成功能，单击之后，可以在项目面板中新建一个合成。
- （Delete Selected Project items）按钮：删除选择的项目条目，单击之，可以将项目面板中所选择的素材删除。

### 2.2.2 Timeline（时间线）面板

Timeline（时间线）面板是After Effects CS6进行合成制作的主要场所，Project（项目）面板中所有的素材需要放置到Timeline（时间线）面板中，才能真正地参与合成制作，素材在这里以图层的形式叠加在一起，通过改变素材的大小、位置、图层叠加模式、建立遮罩、添加特效、设置动画关键帧、调整入点出点等操作来进行合成制作。单击右上角的，将显示Timeline（时间线）面板相关选项，如图2-12所示。

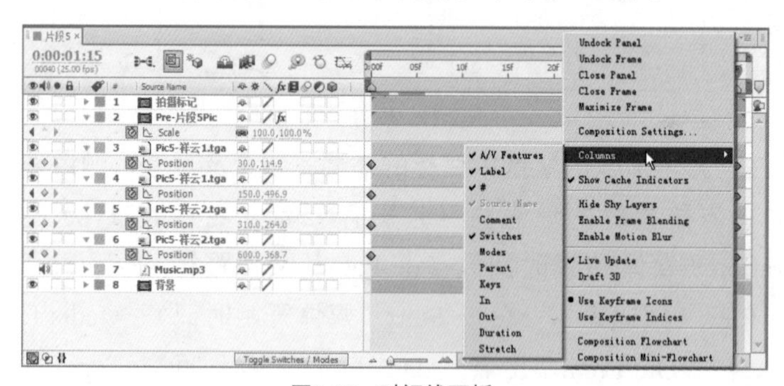


图2-12　时间线面板

- 按钮：弹出菜单按钮，在时间线面板的右上角，单击之，可以打开时间线面板的相关菜单，在此处可以对时间线面板进行分离、最大化、设置及关闭等操作。
- Undock Panel（解除面板）：将面板的一体状态解除，变成浮动面板。
- Undock Frame（全部解除）：将一组面板中的各个面板全部解除一体状态，变成浮动面板。
- Close Panel（关闭面板）：将当前的一个面板关闭显示。
- Close Frame（全部关闭）：将当前的一组面板关闭显示。
- Maximize Frame（最大化面板）：将当前的面板最大化显示。

- Composition Settings（合成设置）：打开合成设置对话框。
- Columns（专栏）其子菜单如下：
  A/V Features：A/V功能；Label：标签；#：图层序号；Source Name：来源名称；Comment：注释；Switches：转换开关；Modes：模式；Parent：父子；Keys：键；In：入点；Out：出点；Duration：持续时间；Stretch：伸缩。
- 0:00:01:15 00040 (25.00 fps) Current Time(Click to edit)：当前时间（单击编辑），下部数字为当前对应的帧数及括弧内的当前帧速率。
- Composition Mini-Flowchart(tap Shift)：合成迷你流程图。
- Live Update：实时更新。
- Draft 3D：草稿三维场景画面的显示。
- Hides all layers for which the ‘shy’ switch is set：用躲藏设置开关隐藏全部对应图层。
- Enables Frame Blending for all layers with the Frame Blend switch set：帧混合设置开关，打开或关闭全部对应图层中的帧混合。
- Enables Motion Blur for all layers with the Motion Blur switch set：用运动模糊开关打开或关闭全部对应图层中的运动模糊。
- Brainstorm：对所设置的参数同时展示多种效果可能性，以从中选择最佳设置的效果。
- Auto-keyframe properties when modified：修改属性参数时自动添加关键帧。
- Graph Editor：打开或关闭对关键帧进行图表编辑的面板。

### 2.2.3 Composition（合成）面板

Composition（合成）面板是After Effects CS6的效果监视面板，从原始效果到合成制作中的每一个改动，直致合成的最终完成，都可以在Composition（合成）面板中体现出来。可以用一个视图来查看合成效果，也可以选择多视图来查看。单击右上角的 ，将显示Composition（合成）面板相关选项，如图2-13所示。

图2-13 合成面板

在左上方的下拉选项中可以选择要显示的合成。

- 按钮：弹出菜单按钮，在合成视图面板的右上角，单击之，可以打开合成视图的相关菜单，在此处可以对合成视图进行分离、最大化、视图选项、设置及关闭等相关操作。
- Undock Panel（解除面板）：将面板的一体状态解除，变成浮动面板。
- Undock Frame（全部解除）：将一组面板中的各个面板全部解除一体状态，变成浮动面板。

- Close Panel（关闭面板）：将当前的一个面板关闭显示。
- Close Frame（全部关闭）：将当前的一组面板关闭显示。
- Maximize Frame（最大化面板）：将当前的面板最大化显示。
- View Options（视图选项）：其对话框如图2-14所示。

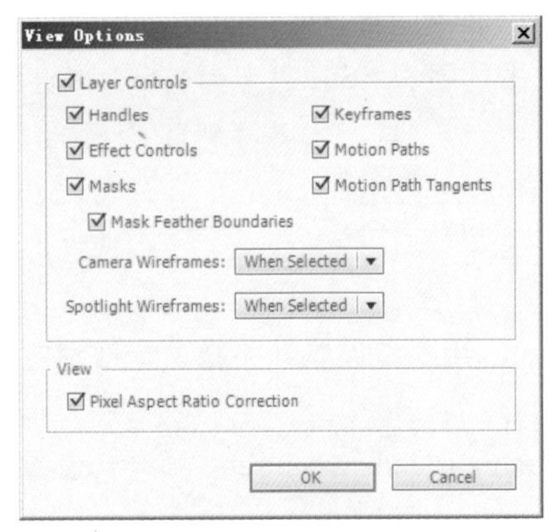


图2-14　视图选项

Layer Controls：图层控制；Handles：手动；Masks：遮罩；Effect Controls：特效控制；Keyframes：关键帧；Motion Paths：运动路径；Motion Path Tangents：运动路径相对；Camera Wireframes：摄像机线框图；Spotlight Wireframes：聚光灯光线框图；Window：窗口；Pixel Aspect Ratio Correction：像素纵横比修正。

- Composition Settings（合成设置）：当前合成的设置，与选择菜单Composition/Composition Settings（合成/合成设置，快捷键为Ctrl+K）所打开的对话框相同。
- Enable Frame Blending（打开帧融合）：打开合成中视频的帧融合开关。
- Enable Motion Blur（打开运动模糊）：打开合成中运动动画的运动模糊开关。
- Draft 3D（3D草稿）：以草稿的形式显示三维图层，这样可以忽略灯光和阴影，从而加速合成预览时的渲染和显示。
- Transparency Grid（透明网格）：取消背景颜色的显示，而是以透明网格的方式来显示背景，这样有助于查看有透明背景的图像。

合成视图面板下方的按钮功能如下：

- Always Preview this View：始终预览当前视图。
- (50%) Magnification ratio popup：放大倍率。
- Choose Grid and guide options：选择网格和辅助线选项。
- Toggle View Masks：遮罩选项。
- 0:00:00:21 Current Time(Click to edit)：当前时间（单击编辑）。
- Take Snapshot：捕获快照。
- Show last snapshot：显示最后的快照。
- Show Channel：显示通道。
- Full Resolution/Down Sample Factor Popup：解析度。
- Region of Interest：目标区域。
- Toggle Transparency Grid：透明网格。
- Active Camera 3D View Popup：三维视图。
- 1 View Select View Layout：选择视图布局。
- Toggle Pixel Aspect Ratio Correction：单元像素纵横比修正。
- Fast Previews：快速预演。
- Timeline：时间线。

- Comp Flowchart View：合成流程图。
- Reset Exposure（affects view only）：重设曝光。
- +0.0 Adjust Exposure（affects view only）：调节曝光度。

解析度的 Auto（自动）选项与放大倍率同步，更加优化预览时的渲染计算，例如在放大倍率为 50%时，解析度自动切换为 1/2；在放大倍率为 25%时，解析度自动切换为 1/4。

### 2.2.4 软件的其他常用面板

（1）Tool（工具）面板

Tool（工具）面板由After Effects CS6中执行各种功能的工具组成，这在各种制作软件中是不可缺少的一项。Tool（工具）面板常放置在界面中的菜单下方，以Tool（工具）栏的形式存在，在右下角有三角形标记的多选工具按钮上单击鼠标，可以显示出更多的按钮选项。Tool（工具）面板也可以由Tool（工具）栏的形式分离出来，如图2-15所示。

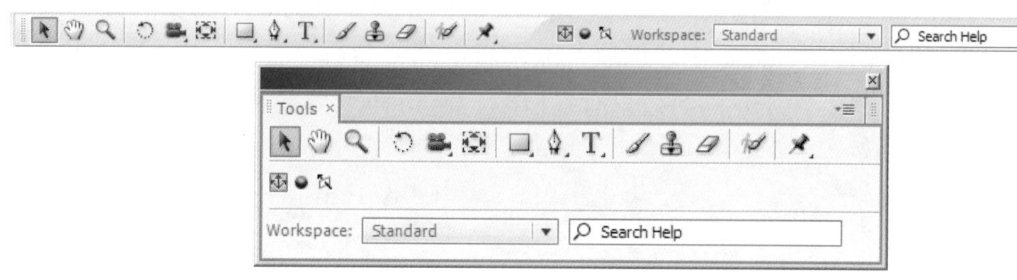


图2-15 工具面板

- Selection Tool（选择工具）：用于在视图中选取、移动对象。当针对一个三维图层操作时，在工具栏的右侧会出现3个坐标模式图标：Local Axis Mode，局部坐标模式，X、Y、Z轴坐标值显示物体在视图中的定位；World Axis Mode，全局坐标模式；View Axis Mode，查看坐标模式。通常使用默认的Local Axis Mode。
- Hand Tool（手形工具）：当素材或对象被放大超过面板的显示范围时，可选择手形工具，按住鼠标拖动，即可查看视图范围以外的素材情况。
- Zoom Tool（缩放工具）：用于放大或缩小视图。选中缩放工具，按住Alt键，放大工具变成缩小工具。
- Rotation Tool（旋转工具）：用于在视图中对素材进行旋转操作。
- Unified Camera Tool（环游摄像机工具）：在建立摄像机后，该按钮被激活，可以使用该工具操作摄像机。在摄像机旋转工具上按住鼠标左键，弹出扩展项：工具、工具和工具，用于在三维空间中进行旋转、移动和缩放摄像机的操作。
- Pan Behind Tool（轴心点工具）：可以改变对象的轴心点位置。
- Rectangular Mask Tool（矩形遮罩工具）：可以建立矩形遮罩，扩展选项是另外几个形状的遮罩，分别为工具、工具、工具和工具。
- Pen Tool（钢笔工具）：用于为素材添加不规则遮罩。在路径工具上按住鼠标左键，弹出扩展项：用于增加锚点，减少路径上的锚点，改变锚点类型，遮罩羽化工具。

- Horizontal Type Tool（横排文本工具）：为合成图像加入文字层，支持文字的特效制作，功能强大，在文本工具上按住鼠标左键，弹出扩展项，为用于竖排文字工具。
- Brush Tool（笔刷工具）：单击对应的按钮，出现笔刷选项面板。
- Clone Stamp Tool（橡皮图章工具）：用来复制素材的像素。
- Eraser Tool（橡皮擦工具）：擦去多余的像素。
- Roto Brush Tool（Roto 笔刷工具）：用来在图像中进行选区操作。
- Puppet Pin Tool（木偶钉工具）：用来确定木偶动画时的关节点位置，另有两个工具和进行辅助操作。

（2）Effect Controls（特效控制）面板

Effect Controls（特效控制）面板的作用是显示图层中特效的属性设置，可以对使用的特效进行详细的设置操作。在Timeline（时间线）面板中也可以显示和设置特效参数，不过展开特效的参数后会占用很多空间，在Effect Controls（特效控制）面板中的操作可以减小对Timeline（时间线）面板中操作空间的干扰。另外，有部分特效必须在Effect Controls（特效控制）面板中才能展开显示出全部的参数，在Timeline（时间线）面板中则受到局限。图2-16所示的特效只有在Effect Controls（特效控制）面板中才可以进行参数值的调整。

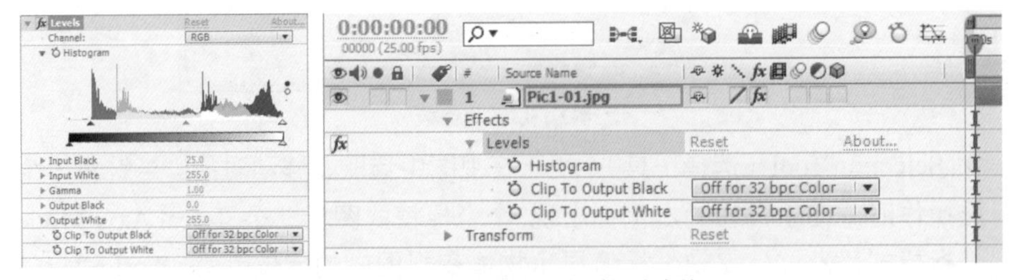


图2-16　特效在特效控制面板与时间线中的显示

（3）Layer（图层）视图面板

Layer（图层）视图面板与Composition（合成）视图面板相似，查看单个图层，可以在这个面板中对某个图层进行遮罩、轴心点、入点、出点等设置和操作。在Timeline（时间线）中通过对图层的双击，打开其Layer（图层）视图面板，如图2-17所示。

图2-17　合成视图与图层视图

（4）Footage（素材）视图面板

Footage（素材）视图面板与Layer（图层）视图面板相似，查看单个素材，不同之处在于：Layer（图层）视图面板通过在Timeline（时间线）中双击某个图层来打开，Footage（素材）视图面板则通过在Project（项目）面板中双击某个素材来打开，如图2-18所示。

（5）Info（信息）面板

Info（信息）面板通常显示鼠标在Composition（合成）视图中的坐标位置、颜色数值、当前所选择图层等信息，供制作者参考，对于复杂一些的特效设置等，Info（信息）面板会显示更多有用的信息，如图2-19所示。

图2-18 素材视图面板

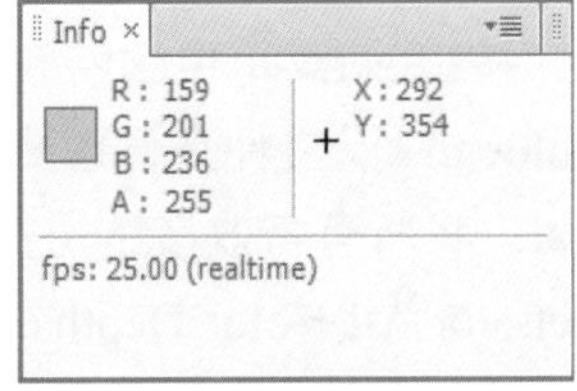


图2-19 信息面板

- RGBA：在合成视图面板的画面上，显示鼠标所指之处的色彩RGB数值和帧速率（实时）数值。
- XY：在合成视图面板的画面上，显示鼠标所指之处的XY坐标数值。
- fps:25.0（realtime）：当前视频播放的帧速率（实时）。
- Auto Color Display（自动色彩显示）：这是常用的色彩显示方式。
- Percent：百分比色彩显示方式。
- Web：Web网页色彩显示方式。
- HSB：HSB色彩显示方式。
- 8-bpc（0-255）：8-bpc色彩显示方式。
- 10-bpc（0-1023）：10-bpc色彩显示方式。
- 16-bpc（0-32768）：16-bpc色彩显示方式。
- Decimal（0.0-1.0）：Decimal色彩显示方式。

（6）Audio（音频）面板

After Effects没有注重对音频的复杂处理，所以Audio（音频）面板显得比较简单，仅有音量指示的内容。在预览内容中包括音频部分时，通过Audio（音频）面板可以显示出左右声道音频音量指示。通常需要将音量控制在顶部的红色指示以下，如图2-20所示。

（7）Effects & Presets（特效和预置）面板

After Effects CS6中的特效和预置非常多，在Effects & Presets（特效&预置）面板中可以展开和选择需要的特效或预置，拖至Timeline（时间线）面板中的图层上来使用。通过Effects & Presets（特效&预置）面板，也可以快速找到所需要的特效或预置，方法是在搜索栏中输入特效或预置所包含的字母，如图2-21所示。

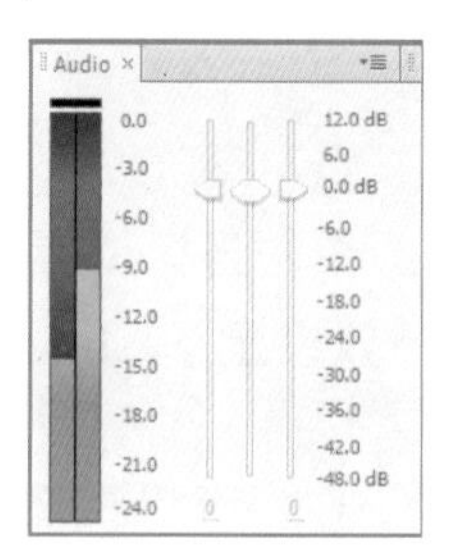


图2-20　音频面板

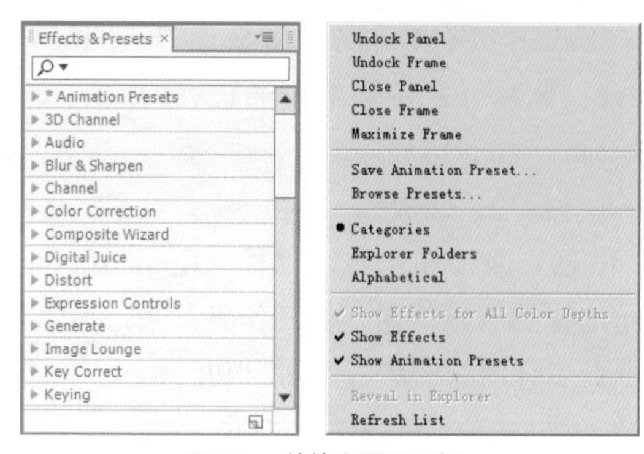


图2-21　特效和预置面板

- 按钮：新建一个动画预置。
- Save Animation Preset：保存动画预置。
- Browse Presets：浏览动画预置。
- Categories：按Effect菜单中的特效组分类显示。
- Explorer Folders：以文件夹管理器的方式显示。
- Alphabetical：将所有特效按字母排序。
- Show Effects for All Color Depths：显示所有颜色深度的特效，当使用16位颜色或32位颜色进行制作时，可以只显示当前颜色深度的特效。
- Show Effects：显示特效。
- Show Animation Presets：显示动画预置。
- Reveal in Explorer：显示在资源管理器中。
- Refresh List：更新列表。

还有其他一些面板，有些较为简单，不再赘述，文字编辑、运动跟踪、渲染输出等面板将在后面相关内容中讲解。

## 2.3 图层的基本操作

### 2.3.1 层的类型

After Effects CS6的层类型分为以下几种：Footage（素材）层、Text（文字）层、Solid（固态）层、Light（灯光）层、Camera（摄像机）层、Null Object（空物体）层、Shape Layer（图形）层和Adjustment Layer（调节）层。除Footage（素材）层外，其他层都是在After Effects CS6中创建的。

（1）Footage（素材）层

Footage（素材）层包括视频、音频、动画序列、图像等从外部导入到Project（项目）面板中的素材。合成制作时，可以按需要有选择性地将素材从Project（项目）面板中放置到Timeline（时间线）面板中，进行相关操作，如图2-22所示。

（2）Text（文字）层

Text（文字）层在After Effects CS6中的Timeline（时间线）面板中创建，并且不体现在Project（项目）面板中。After Effects CS6的文字模块功能强大，可以设置丰富的文字效果和动画。文字层的创建菜单为Layer→New→Text（图层→新建→文字），也可以在Timeline（时间线）面板的空白处单击鼠标右键来建立，如图2-23所示。

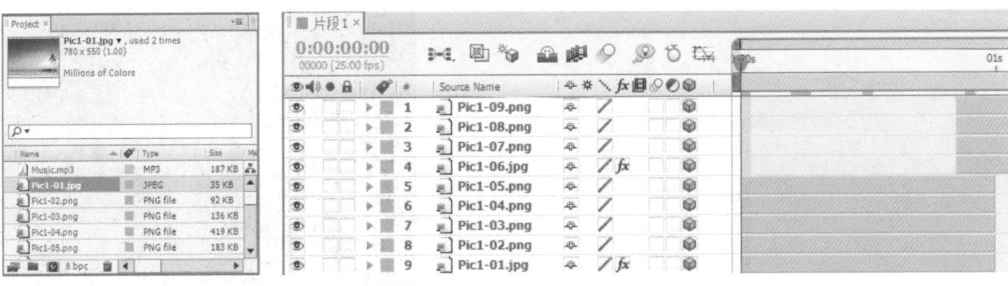


图2-22 从项目面板中添加到时间线的素材图层

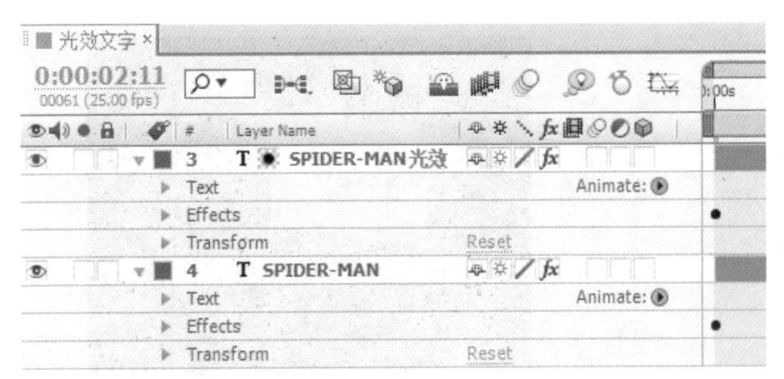

图2-23 文字层

（3）Solid（固态）层

Solid（固态）层是在After Effects CS6中创建产生的一个单色层，创建后也会出现在Project（项目）面板中。使用After Effects CS6进行创作时，固态层有着很高的利用率，可以在其上添加遮罩、添加特效、设置动画等，固态层的创建菜单为Layer→New→Solid（图层→新建→固态层），也可以在Timeline（时间线）面板的空白处单击鼠标右键来建立，如图2-24所示。

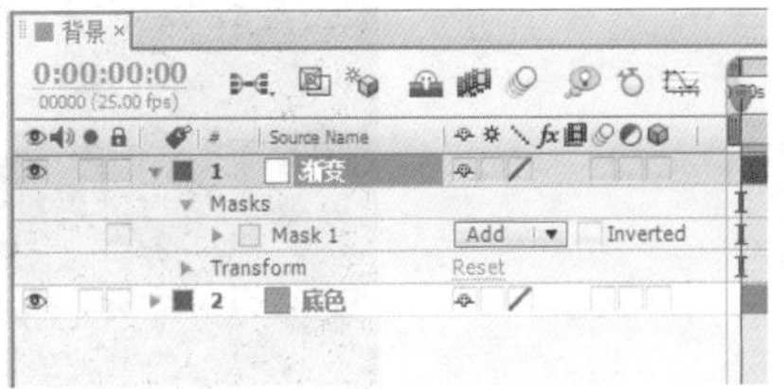

图2-24 固态层

（4）Light（灯光）层

After Effects CS6在进行3D图层的合成时，可以在场景中建立Light（灯光）层来模拟照明效果。灯光层会改变3D图层默认的亮度。在没有创建灯光层时，合成中的3D图层使用系统默认的亮度，创建灯光层之后，3D图层的亮度可以由灯光的照明设置来控制，也可以因为灯光而产生投影效果。灯光层的创建菜单为Layer→New→Light（图层→新建→灯光），也可以在Timeline（时间线）面板的空白处单击鼠标右键来建立，如图2-25所示。

（5）Camera（摄像机）层

Camera（摄像机）层在三维合成制作中是不可缺少的，用来控制展现三维场景效果的视角。After Effects CS6中的三维场景中，如果没有创建摄像机层，视角由系统默认的Camera（摄像机）层来表现，如果创建了一个或多个摄像机层，则由当前激活的摄像机层来表现视角。摄像机层对3D图层产生影响，但不影响2D图层。摄像机层的创建菜单为

Layer→New→Camera（图层→新建→摄像机），也可以在Timeline（时间线）面板的空白处单击鼠标右键来建立，如图2-26所示。

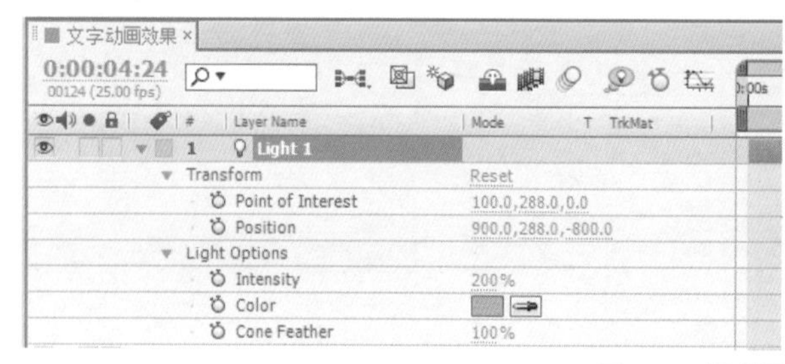

图2-25　灯光层

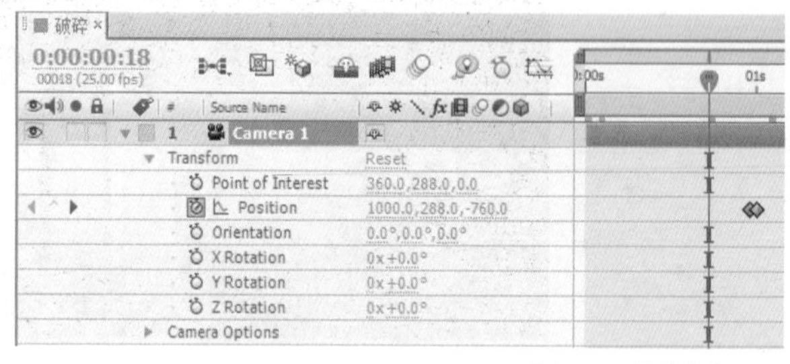

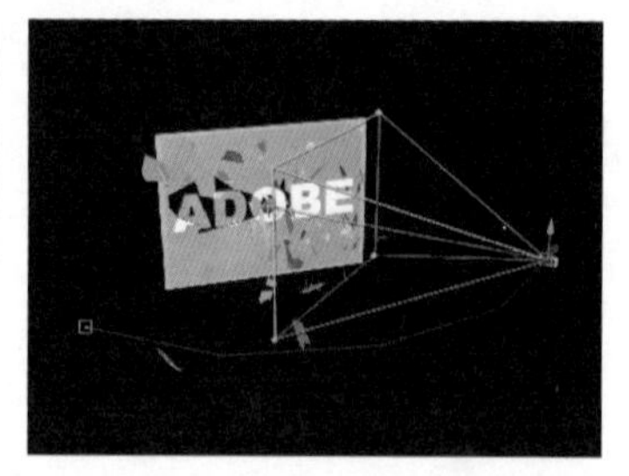


图2-26　摄像机层

（6）Null Object（空物体）层

Null Object（空物体）层是一种虚拟的图层，不在合成效果中显示，主要用来辅助动画制作，可以在其上制作动画进行链接设置。Null Object（空物体）层的创建菜单为Layer→New→ Null Object（图层→新建→空物体层），也可以在Timeline（时间线）面板的空白处单击鼠标右键来建立，如图2-27所示。

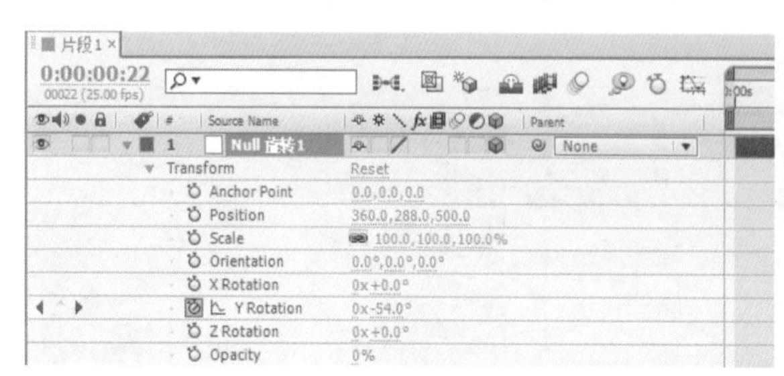

图2-27　空物体层

（7）Shape Layer（图形）层

Shape Layer（图形）层用来产生各种图形，与Text（文字）模块类似，有丰富的图形和动画效果，其创建菜单为Layer→New→Shape Layer（图层→新建→图形层），也可在Timeline（时间线）面板的空白处单击鼠标右键来建立，如图2-28所示。

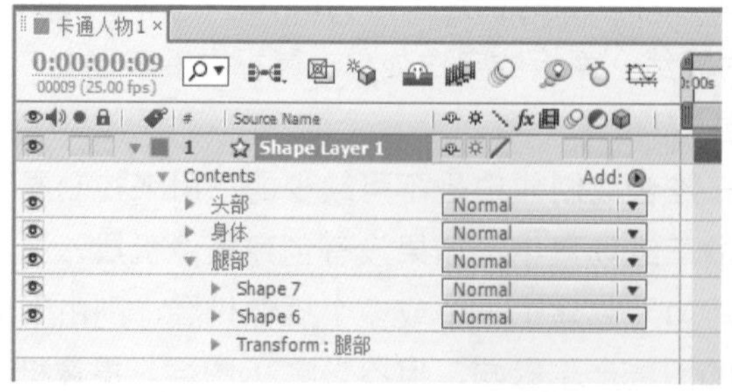

图2-28　图形层

（8）Adjustment Layer（调节）层

Adjustment Layer（调节）层自身不显示在合成画面效果中，而是通过对其下面的图层施加影响来体现。一般通过在Adjustment Layer（调节）层上添加特效来作用到其下的多个层上，这样达到同时调整多个层效果的目的。新创建的调节层由一个打开调节层开关的固态层构成，也可以通过开关将素材层或其他图层转换为调节层。调节层的创建菜单为Layer→New→ Adjustment Layer（图层→新建→调节层），也可以在Timeline（时间线）面板的空白处单击鼠标右键来建立。图2-29是在调节层中添加使画面变成灰度图像并模糊的特效，调节层的特效影响了下面的三个图层，而其上面的图层不受影响。

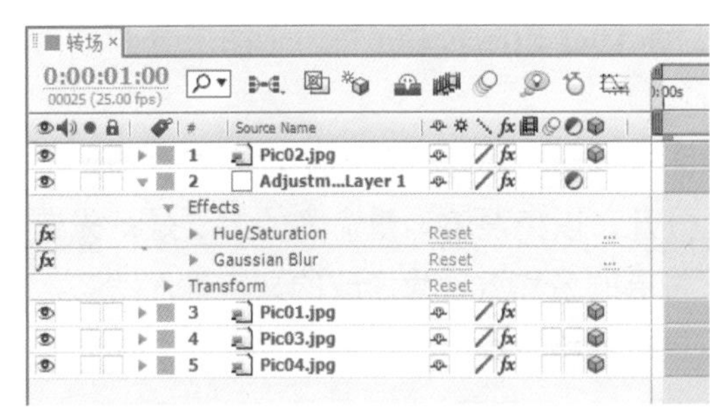

图2-29　调节层

## 2.3.2　图层的选择

在After Effects CS6中对某个图层进行操作时，需要先将其选中。对选择图层的操作有多种方式，例如：

- 在Timeline（时间线）面板中用鼠标单击某个目标层，将其选中。
- 在Composition（合成）视图面板中单击选择目标图像，这样在Timeline（时间线）面板中对应的图层同时被选中。
- 在键盘右侧的数字小键盘处按数字键。合成Timeline（时间线）面板中的每一层都有序号，从最顶层的1号一直向后排，这样1至9层分别对应于小键盘的1至9数字键，如按3键后将选择第3层。而对于序号为10以及更大序号的层，可以快速在键盘中按下这个数字，这样也可以将序号为10以及更大序号的层选中。例如，要选中序号为13的图层，在小键盘中连续按下1键和3键即可。

选择多个图层的操作有如下几种：

- 使用鼠标直接拖动框选区来选中多个图层。
- 配合Shift键进行连续图层的整体选择。
- 配合Ctrl键进行隔层复选。
- 使用菜单Edit→Select All（编辑→全选，快捷键为Ctrl+A），可以将Timeline（时间线）中的全部图层选中。
- 使用菜单Edit→Deselect All（编辑→取消全选，快捷键为Ctrl+Shift+A），可以将Timeline（时间线）面板中图层的选择状态都取消，使其处于无图层被选择的状态。
- 按图层标签的颜色来同时选中相同标签颜色的图层。

### 2.3.3 图层的复制、分割和重新命名

在After Effects CS6中对图层的复制操作有多种形式：

- 使用Windows通用的复制（快捷键为Ctrl+C）功能，先复制到内存，再粘贴（快捷键为Ctrl+V），这样可以将原来的图层复制并粘贴出新的一份。
- 选中目标层，选择菜单Edit→Duplicate（编辑→副本，快捷键为Ctrl+D），即可创建副本。与前一个方法不同，复制 + 粘贴可以在同一个合成或多个合成之间进行，创建副本只能在一个合成之间进行，但更加快捷。

After Effects CS6中可以在Timeline（时间线）面板中把图层在其入点和出点之间的任何时间点分开，不过与一些非线性编辑软件（如Premiere）不同的是，后者分割开后的前后两部分素材仍在同一层中（或同一轨道中），而After Effects CS6将一个图层分割成两段时，这两段也存在于两个图层中。

在对图层进行复制或分割时，会创建与源图层有相同名称的新图层，当对这些图层分别进行不同的编辑设置时，有必要将其名称区分开，以免混淆。重命名的方法是：先选择目标层，按Enter键，在图层的Layer Name栏下将层的名称激活为修改的文字输入状态，输入完名称文字后，再按Enter键确定，即可完成层的名称修改。

## 2.4 合成操作

### 2.4.1 新建合成的设置

对项目来说，合成是在Project（项目）面板中建立起来的，它不可以保存为一个文件，只属于项目的一部分，保存项目文件的同时也将其一同进行了保存。当在Project（项目）面板中建立一个合成时，在界面的下方会出现这个合成的Timeline（时间线）面板。具体的制作工作主要是在合成Timeline（时间线）面板中进行的，然后进行合成和特效制作，再将Timeline（时间线）面板上的内容渲染输出为最终的影片，如图2-30所示。

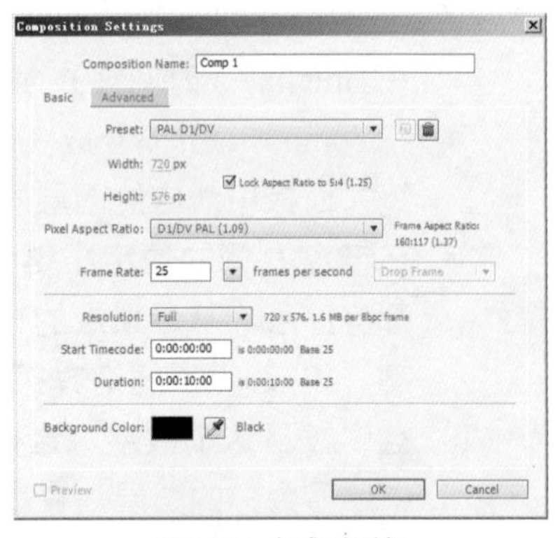

图2-30 合成对话框

Preset（预置）：其后面的下拉选项中预置了多种通用的网页、标清和高清电视、电影等视频规格，其中较常用的有针对国内电视制作的PAL D1/DV制式的预置，其视频的标准宽度为720像素，高度为576像素，像素比为1∶1.09，播放速率为25帧/秒。

电视制式选项中又分为NTSC制式和PAL制式。美国、加拿大、墨西哥、韩国、日本等国家采用NTSC制式，中国、德国、英国、意大利、荷兰、中东一带等国家和地区采用PAL制式。国内的电视节目制作大多选择DV-PAL下的Standard 48kHz，其宽高比为4∶3，或者Widescreen 48kHz，其宽高比为16∶9。

Resolution（分辨率）：影响Composition（合成）面板显示的质量和最终渲染的质量，低分辨率能提高Composition（合成）面板刷新速度和最终渲染的速度，有利于进行交互式工作和预览结果，不必担心因此影响影片最终的质量，因为无论是在Composition（合

成）面板中还是渲染设置中，都可以随时改变这个参数。

Start Timecode（起始时间）：大多数是从0:00:00:00开始的，也可以为了嵌套或配合Premiere等的剪辑，从特定的时间码开始。

Duration（持续时间）：所建立合成的时间长度。

对于一个现有的合成，可以对其进行复制或修改。对于合成的时间修改可以在时间线中调整其工作区的入点和出点来控制实际输出的范围，也可以选择菜单Composition→Composition Settings（合成→合成设置），对其中所设置的各项参数进行修改。

### 2.4.2 合成的嵌套

一个项目文件中只可能存在一个项目，而一个项目中可以建立多个合成，并且这些合成的设置视实际所需也可以不尽相同。如可以建立一个尺寸为720×576、长度为10秒的Comp 1合成，而Comp 2合成则是尺寸为400×400、长度为5秒。多个合成的建立可以逐一新建，也可以从已存在的合成中复制。

一个项目中的素材可以分别提供给其中不同的合成使用，而一个项目中的合成可以是分别独立的，也可以是一个合成嵌套另一个合成的关系，如图2-31所示。

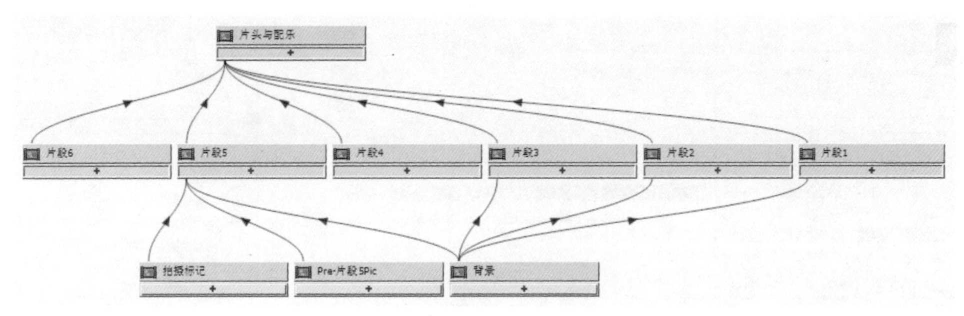

图2-31 流程图中的合成嵌套关系

## 2.5 项目文件管理

重要的项目文件有必要进行打包备份。例如下面列举的Project（项目）面板中存在重复和未用的素材，这里对其进行整理，并最终进行打包备份。

### 2.5.1 在项目面板给素材分类

项目面板中的素材如果较多，会给查找和调用带来麻烦，需要对项目文件进行有效的管理，建立良好的工作秩序。可以为素材分类创建不同的文件夹，然后将素材放置到文件夹中，如图2-32所示。这样可以方便管理，提高效率。

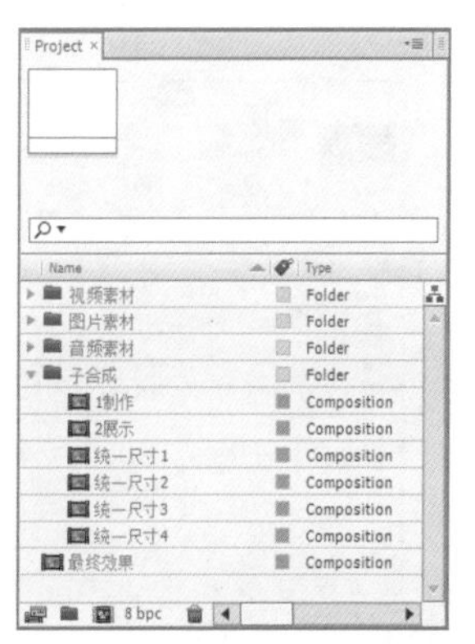

图2-32 在项目面板中分类放置素材

### 2.5.2 合并素材

对于在项目面板中多次重复导入的素材，实际上可以只保留其中的一份。选择菜单File→Consolidate All Footage

（文件→合成全部素材），可以看到原来存在的重复素材被合并，并提示合并重复素材的数量，如图2-33所示。

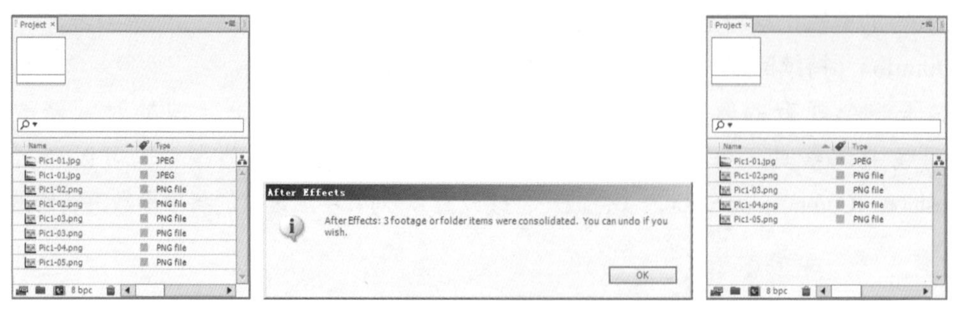


图2-33　合并素材

## 2.5.3　移除未使用素材

为制作节目而准备的很多素材不一定全部被使用，而一些未用的素材存在于项目面板中则是多余的，选择菜单File→Remove Unused Footage（文件→移除未用素材），可以看到在合成中未被使用的素材被移除，并提示移除素材的数量，如图2-34所示。

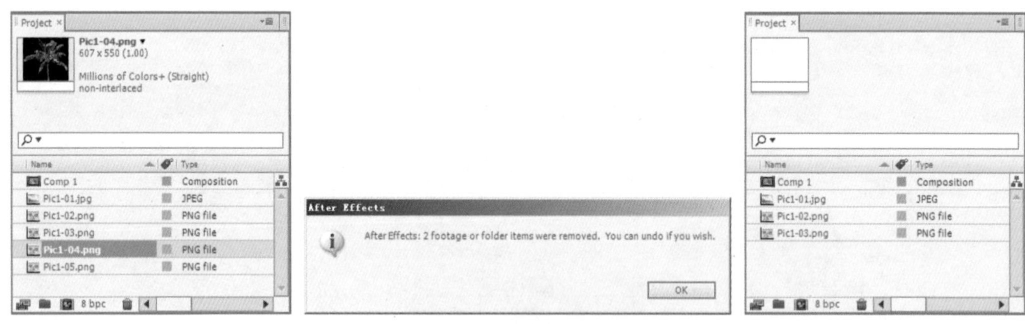


图2-34　移除未使用素材

## 2.5.4　精简项目

在制作完毕后，可能有些素材未被使用，还可能有些当初用来测试或参考的合成也不再需要，可以将其删除。但由于合成存在相互嵌套的关系，手工删除有时会出现将嵌套的内容误删除。而使用Reduce Project（精简项目）时，先选中要保留的合成，再执行精简，可以保证所选中合成及其嵌套合成和使用的素材不被精简掉。这里在Project（项目）面板中先选中Comp 1，这是要保留的合成，然后选择菜单File→Reduce Project（文件→精简项目），可以看到与Comp 1无关的其他内容均被精简掉，如图2-35所示。

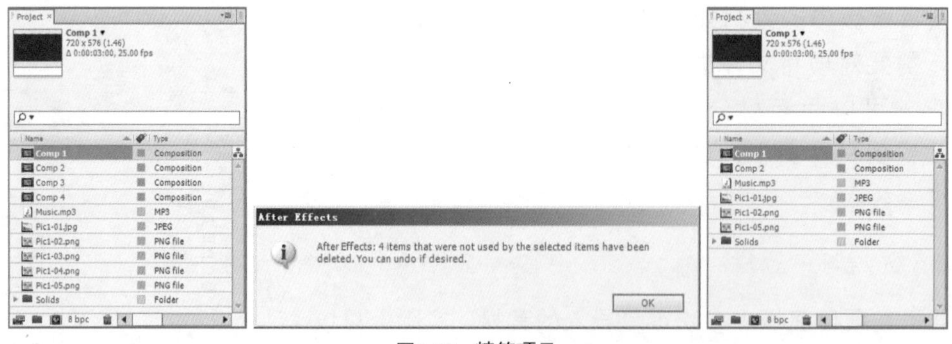


图2-35　精简项目

精简项目比合并素材和删除未使用素材的清理范围更大，可将项目中所指定合成中未使用的素材（包括素材、合成、文件夹等）清除。

### 2.5.5 文件打包

由于导入的素材文件并没有复制到项目中，而只是一个引用，这些素材可能来自不同的路径，所以如果素材文件被删除或者移动，将导致项目出现无法链接到素材的情况。文件打包功能可以将项目包含素材、文件夹、项目文件等放到一个统一的文件夹中，保证项目及其所有素材的完整性。

选择菜单File→Collect Files（文件→打包文件），弹出Collect Files（打包文件）对话框，从中将Collect Source Files（打包源文件）选择为All（全部），单击Collect（打包），这样可将项目文件及其所有素材文件进行打包，如图2-36所示。

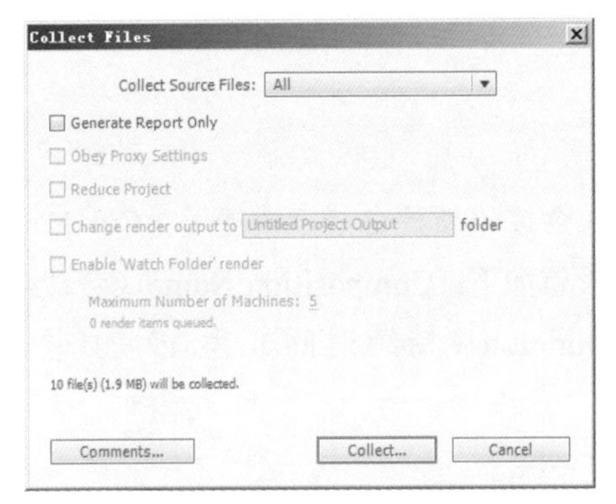


图2-36 文件打包时的对话框

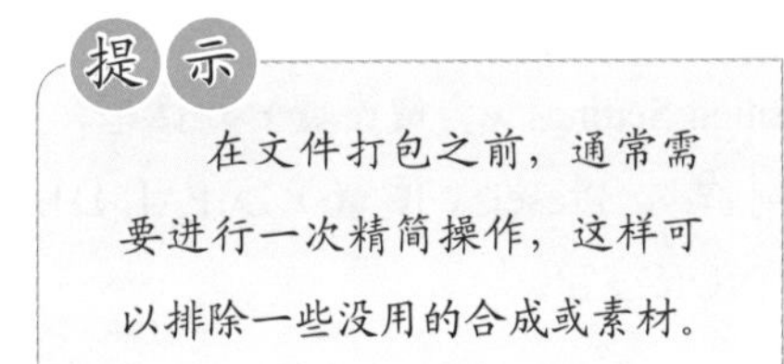

在文件打包之前，通常需要进行一次精简操作，这样可以排除一些没用的合成或素材。

## 2.6 素材的调用、合成与管理实例

### 2.6.1 实例简介

这是本章内容的一个实例操作演示，先调用众多的素材，选择部分素材进行多个合成的制作，然后嵌套合成，完成效果制作，再整理杂乱的项目，最后将整个项目打包备份。实例效果如图2-37所示。

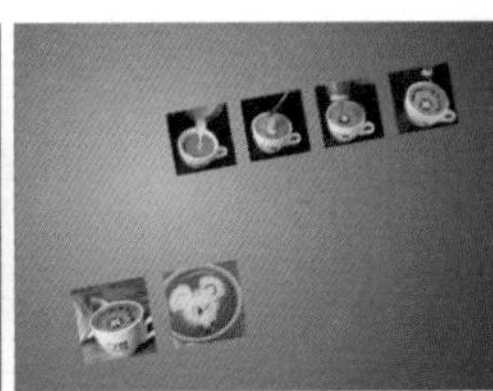
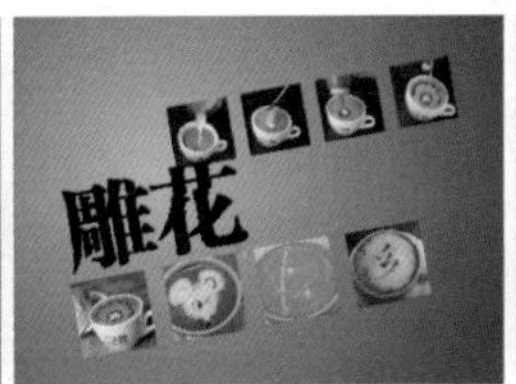

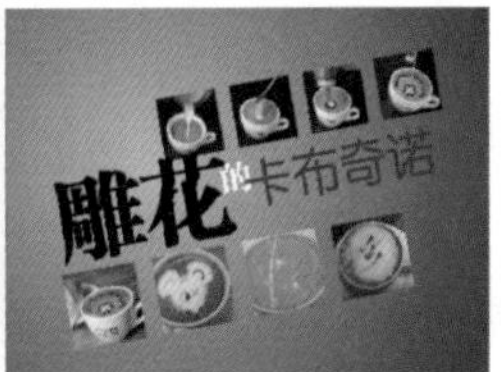


图2-37 实例效果

技术要点：使用多个合成嵌套制作，并整理和打包项目。

## 2.6.2　实例步骤

### 1. 导入素材

先在新的项目面板中导入准备制作的素材。因为素材在多个文件夹中，所以这里选择菜单File→Import→Multiple Files（文件→导入→多重文件，快捷键为Ctrl+Alt+I），打开Import Multiple Files（导入多重文件）对话框，按以下操作将素材导入。

步骤 01　选中素材文件夹下的“背景图片.jpg”和“背景音乐.wav”两个文件，单击“打开”按钮，将其导入。

步骤 02　导入的同时，Import Multiple Files（导入多重文件）对话框仍保持打开的状态，再选择“成品展示图片”文件夹，单击Import Folder（导入文件夹）按钮，将文件夹及其下的图片文件导入。

步骤 03　继续选择“制作过程图片”文件夹，单击Import Folder（导入文件夹）按钮，将文件夹及其下的图片文件导入。

步骤 04　导入全部的素材之后，单击Done（完成）按钮，关闭Import Multiple Files（导入多重文件）对话框，如图2-38所示。

导入到项目面板中的素材如图2-39所示。

### 2. 制作“1制作”合成

步骤 01　选择菜单Composition→New Composition（合成→新建合成，快捷键为Ctrl+N），打开Composition Settings（合成设置）对话框，在其中设置如下：Composition Name（合成名称）为“1制作”，Preset（预置）为PAL D1/DV，Duration（持续时间）为5秒，如图2-40所示，单击OK按钮。

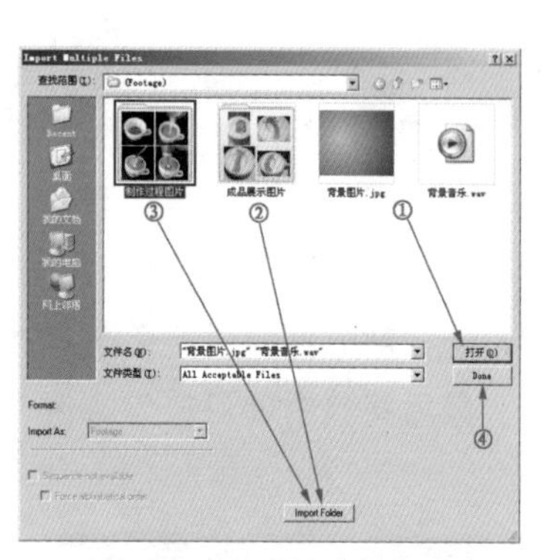


图2-38　导入素材

图2-39　导入素材后的项目面板

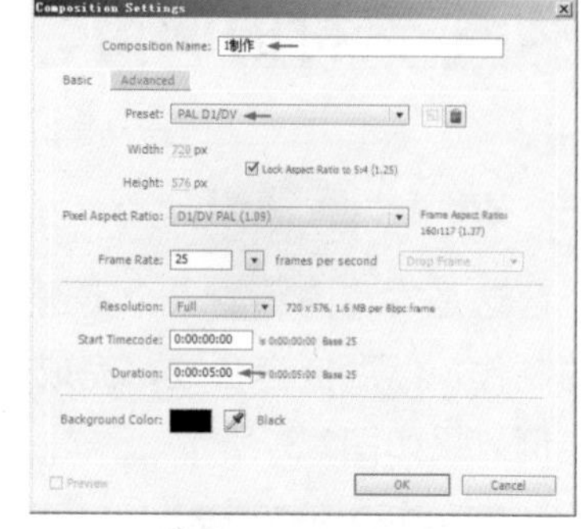


图2-40　新建合成

步骤 02　在项目面板的“制作过程图片”文件夹中挑选出4张较能代表雕花咖啡制作过程的图片，将其拖至“1制作”的时间线中，第1个图片放在最底层，按从下到上的图层顺序放置，这4张图片为边长500像素的方形图片，如图2-41所示。

步骤 03　将各层缩小为原来的30%大小，具体操作如下：

按Ctrl+A组合键，全选这4个图层；按S键，展开各层的Scale（比例）属性；保持全选状态，在其中一个图层Scale（比例）属性的参数值100上单击，将其修改为30，这样所有图层均被缩小为原来的30%，如图2-42所示。

图2-41 挑选出的图片

**步骤 04** 在视图中将这几张图片一字排开摆放好，具体操作如下：单击在视图面板下部的⊞按钮，将弹出菜单中的Title/Action Safe（字幕/视频安全框）勾选，这样视图中显示出字幕/视频安全框；取消图层的全选状态，单击打开底层的●图标，单独显示这个图层的图片，在合成视图中将其水平移至视频安全框左侧边缘，然后关闭其●图标。

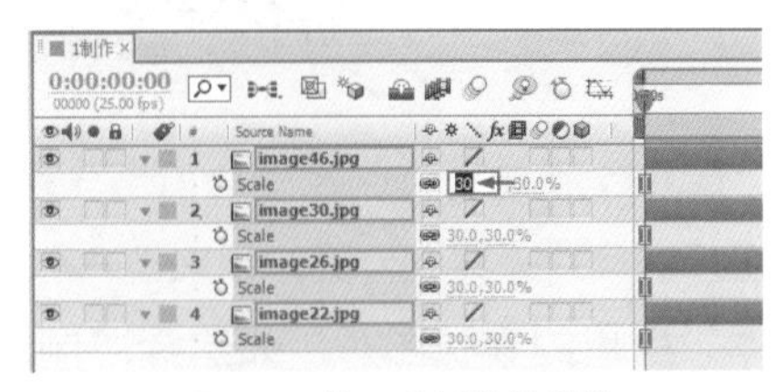

图2-42 统一比例缩放操作

先用鼠标拖动图片至左侧位置不放，然后按住Shift键，这样可以将图片约束在水平线上，等找准位置放置好图片后再松开Shift键即可。

用同样的方式将最顶层图片移至右视频安全框右侧边缘。中间两个图片向左右做大致的平移，不要求位置精确。勾选Window（窗口）菜单下的Align（对齐），显示Align（对齐）面板，全选时间线中的4个图层，单击Align（对齐）面板中的▯▯按钮，如图2-43所示，这样等间距放置好这4张图片。

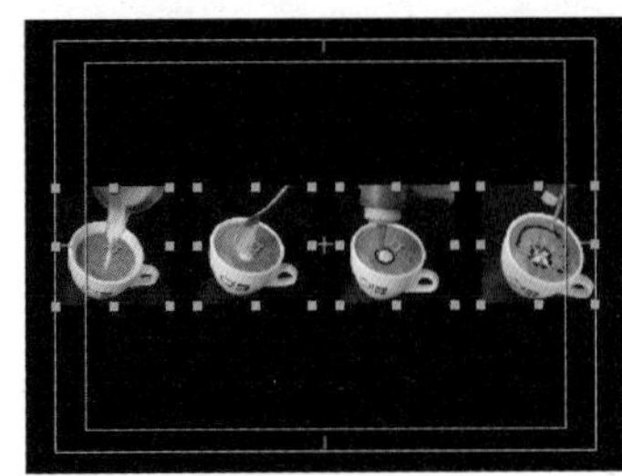
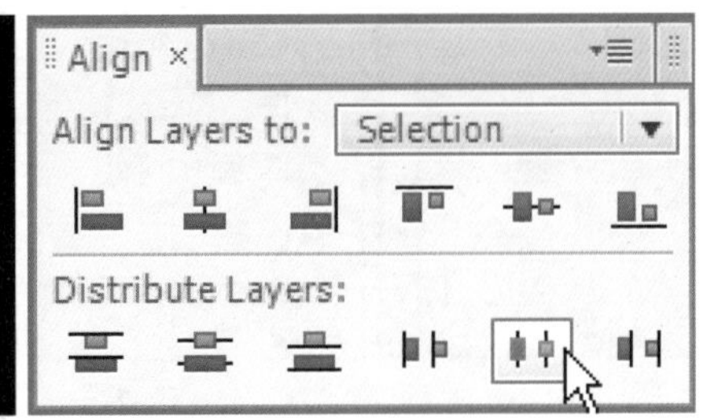


图2-43 摆放图片

**步骤 05** 使4张图片以5帧间隔从左到右依次出现。将时间移至第5帧处，选中第2张图片的图层，按[键，即可将其入点移至第5帧。同样，将第3张图片的图层入点移至第10帧、第4张图片的图层入点移至第15帧，如图2-44所示。

图2-44 调整图层入点依次显示图像

### 3. 统一素材尺寸

步骤 01　在项目面板的“成品展示图片”文件夹中挑选出4张展示图片，准备做成与“1制作”合成一样的摆放效果，这里挑选的图片均大小不一，如图2-45所示。

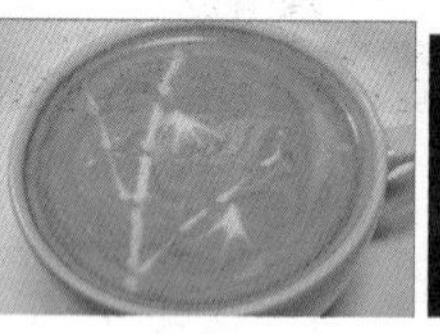

图2-45　挑选出的图片

步骤 02　在进行排列制作之前，先需要解决图片的尺寸问题，这里先按照“1制作”所用素材图片的尺寸来建立合成，用来统一各图的尺寸，具体操作如下：在项目面板中选择一张“1制作”所用的素材图片，如选择“制作过程图片”文件夹下的image22.jpg，将其拖至项目面板下方的（新建合成）按钮上释放，这样建立一个相同尺寸的合成。

在项目面板中用按Enter键的方式，可以将这个所选中的合成重命名为“统一尺寸1”，如图2-46所示。

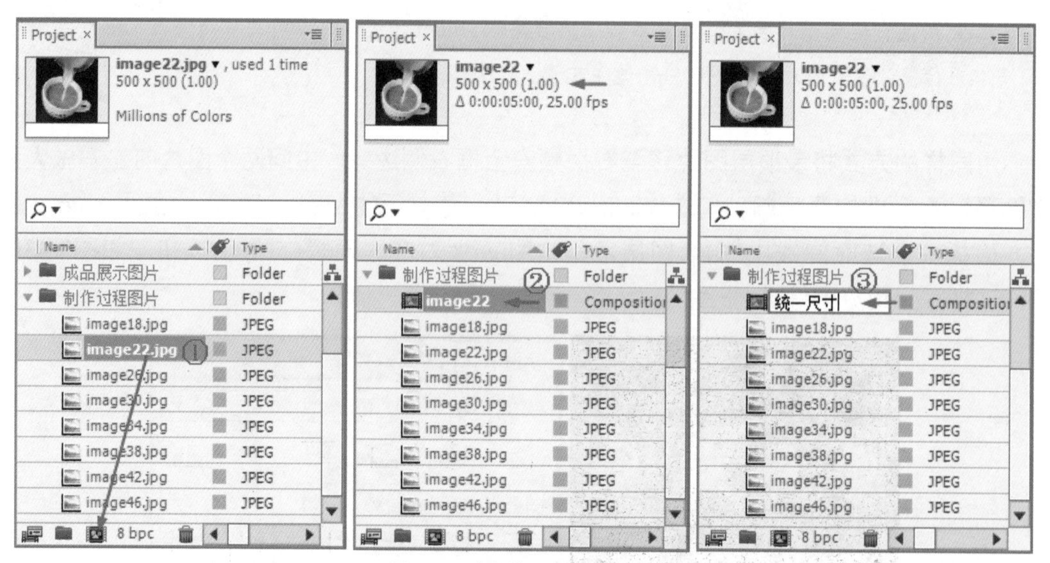


图2-46　建立统一尺寸的合成

步骤 03　在“统一尺寸1”时间线中，删除原有图层，拖入第一个挑选的展示图片，缩小一些，偏移位置，重新构图，如图2-47所示。

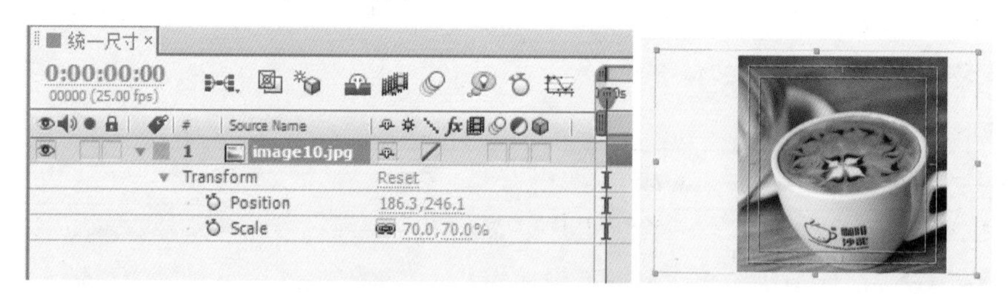


图2-47　放置图片重新构图

步骤 04 统一其他三个图片的尺寸，操作如下：在项目面板中选中“统一尺寸1”合成，按Ctrl+D组合键3次，创建出合成的副本“统一尺寸2”、“统一尺寸3”和“统一尺寸4”；依次删除原有图层，拖入新的图片并调整大小或位置，效果如图2-48所示。

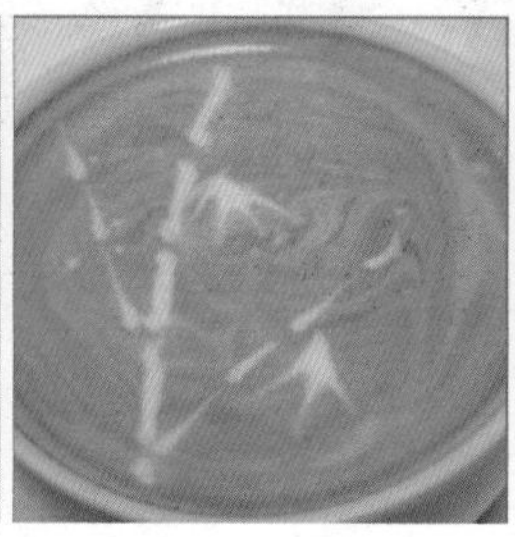

图2-48 统一其他图片的尺寸

### 4. 制作“2展示”合成

使用统一尺寸的素材完成与“1制作”相同的效果，可以使用创建副本和替换素材的方法，比起重复“1制作”的操作过程更快捷，操作如下：在项目面板中选中“1制作”合成，按Ctrl+D组合键创建副本，命名为“2展示”；在“2展示”时间线中先选中第一张图片的图层，然后按住Alt键，从项目面板中将“统一尺寸1”拖至其图层上释放，即可将其替换。

用同样的方式替换其他 3 张图片，如图2-49所示。

图2-49 替换图层

### 5. 制作“最终效果”合成

步骤 01 选择菜单Composition→New Composition（合成→新建合成，快捷方式为Ctrl+N组合键），打开Composition Settings（合成设置）对话框，在其中设置如下：Composition Name（合成名称）为“最终效果”，Preset（预置）为PAL D1/DV，Duration（持续时间）为5秒，然后单击OK按钮。

步骤 02 从项目面板中将“背景音乐.wav”、“背景图片.jpg”、“1制作”和“2展示”拖至时间线中。

步骤 03 将“1制作”进行如下变换操作：缩小一些，这里将其Scale（比例）调整为原来的80%；旋转–10°，可以选中图层后，配合Shift键按一下小键盘的 – 键来完成；向右上部偏移放置。

步骤 04 将“2展示”以相同的方式旋转–10°，向左下偏移放置。

步骤 05 制作三个文字层组成的文字标题，以相同的方式旋转–10°，在中部放置。文字的内容将在后面文字章节讲解。效果如图2-50所示。

步骤 06 将“1制作”的入点移至第5帧，将“2展示”的入点移至第1秒，三个文字层的入点分别为第1秒20帧、2秒和2秒05帧，如图2-51所示。

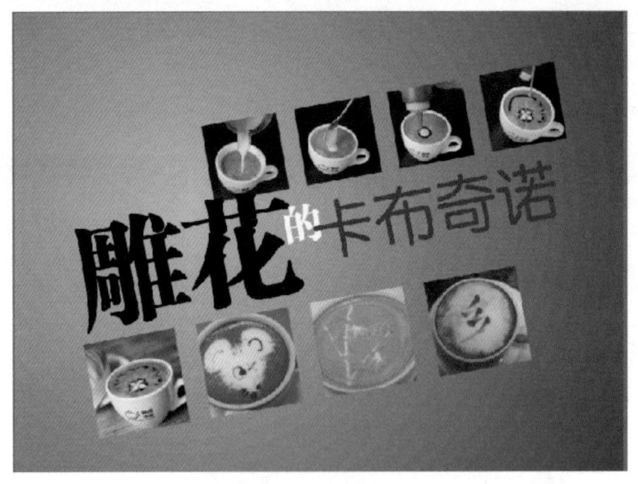


图2-50　合成效果

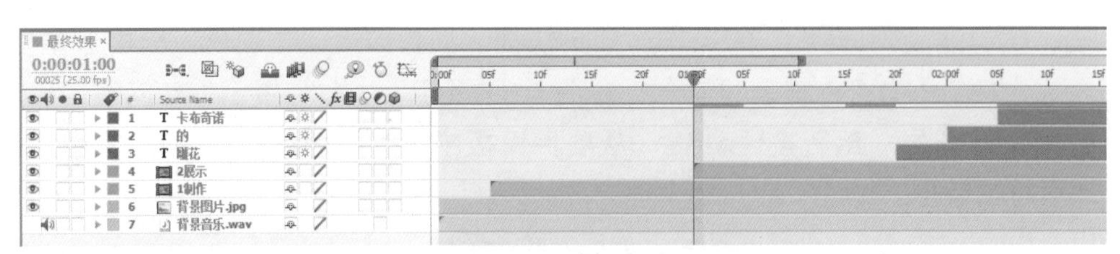


图2-51　设置图层入点

### 6. 整理项目和打包备份

**步骤 01**　完成当前的项目制作，在项目面板进行如下整理操作：

① 项目中有部分没有用的素材，这里将其从项目面板中删除。可以选中“最终效果”合成，选择菜单File→Reduce Project（文件→精简项目），这样弹出精简项目文件结果的提示，如图2-52所示。

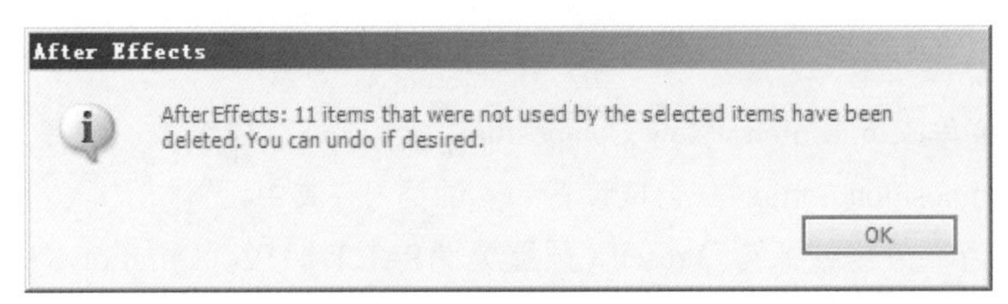


图2-52　精简项目提示

② 在项目面板下方单击▭，新建一个文件夹，命名为“子合成”。

③ 选中“1制作”、“2展示”以及“统一尺寸1”至“统一尺寸4”这6个合成，将其拖至“子合成”文件夹中。

④ 因为素材不是很多，可以取消原来的文件夹，将其移出并删除空的文件夹。

查看整理前后的项目面板对比，如图2-53所示。

**步骤 02**　完成项目面板的整理，这里再将整个项目打包备份。操作如下：

① 选择菜单File→Collect Files（文件→打包文件），弹出Collect Files（打包文件）对话框，从中将Collect Source Files（打包源文件）选择为All（全部），并可以在左下部查看到打包的文件数量和需要的存储空间大小。

② 单击Collect（打包），弹出Collect files into folder（打包文件到文件夹）对话框，确

认存储路径和文件名称，单击“保存”按钮，执行打包。

查看打包后的文件夹，如图2-54所示。

图2-53　整理前后的项目面板对比

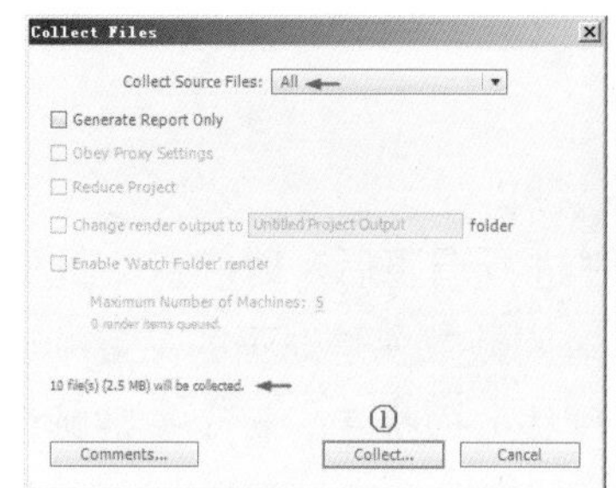

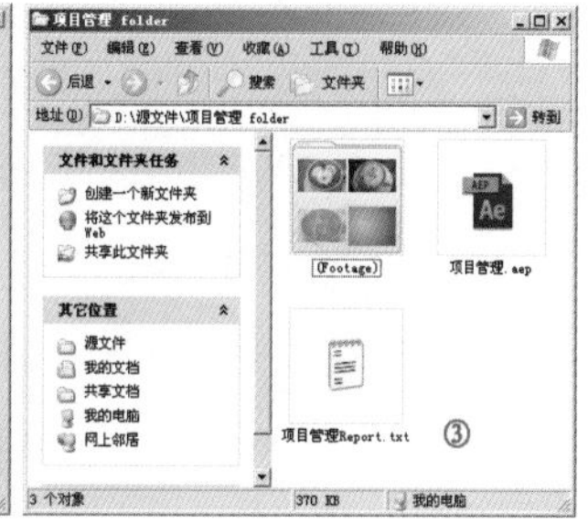


图2-54　打包项目

# 思考与练习

一、思考题：

1．After Effects调用素材可以使用哪些方式？可以调用哪些素材？

2．After Effects中层的类型有哪些？如何对图层进行复制、分割和重命名？

3．如何新建合成？新建合成有哪些重要的设置要选择？默认的制式是否常用？

4．简述项目文件存在哪些管理事项。

二、练习题：

1．尝试组织多种格式的素材在After Effects中调用。

2．练习对项目文件中的素材进行管理，整理重复素材、去除未使用素材、针对有用的合成精简项目，将项目文件打包备份。

3．制作有多个合成嵌套的项目。

# 第3章 关键帧动画

## 3.1 关键帧的基本操作

### 3.1.1 关键帧的作用

关键帧是制作动画的关键，即在不同时间点对目标属性进行调整后，时间点之间的变化由计算机自动计算生成，这些关键的目标时间点所在的时间帧数就是动画的关键帧。After Effects CS6的动画关键帧操作主要集中在Timeline（时间线）面板中。一个关键帧会包括以下信息：

- 参数的属性，是层中的哪个属性发生变化。
- 时间，是在哪个时间点确定的关键帧。
- 参数值，当前时间点参数的数值是多少。
- 关键帧类型，关键帧之间是线性还是曲线。
- 关键帧速率，关键帧之间是什么样的变化速率。

### 3.1.2 关键帧的添加、删除和显示

After Effects CS6中大多参数都可以设置动画，这些可以设置动画的参数前面都有一个动画计时器按钮，也称为码表。码表未打开时图标为 ，打开时为 。当打开码表时，在Timeline（时间线）面板上相对应的时间点上就会出现一个关键帧标记，如图3-1所示，这样启用关键帧。

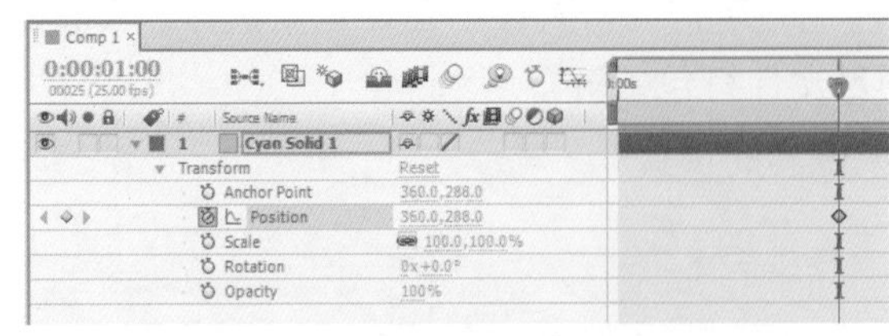


图3-1 启用关键帧

当Timeline（时间线）面板中没有显示出Key栏时，可以在Timeline（时间线）面板的最左侧看到关键帧导航的图标，如果显示出Key栏，关键帧导航的图标就显示在Key栏

下。Key栏的显示，可以在Timeline（时间线）面板的左侧部分的图层栏目名称区域单击鼠标右键，在弹出的菜单中选择Columns→Keys（栏目→关键帧）。

对于关键帧导航器中间的按钮，单击时可以添加或取消关键帧，而对于参数中名称前面的码表，单击其也可以添加或取消关键帧，不过关键帧导航器中间的按钮只影响当前时间点的一个关键帧，而码表影响整个参数的关键帧，其决定这个参数是否使用关键帧。如果是一个未使用关键帧的参数，单击码表，可以在当前时间点添加一个关键帧，而对于已经存在多个关键帧的参数，单击码表会导致这个参数所有关键帧被取消，并且在取消时，这个参数的数值将会是时间指针所在位置的参数值。例如，当前时间停留在3秒处，此时单击码表会取消当前参数所有关键帧，取消关键帧后的数值即为原3秒处关键帧的数值。

对于关键帧的添加，最初没有关键帧时，需要单击参数前的码表来添加第一个关键帧，之后可以移动时间指针，在其他时间位置单击关键帧导航器中间的按钮来添加关键帧。一般单击按钮之后，还需要对参数值进行改变，为其设置一个新的数值。After Effects CS6在存在一个关键帧并确定新的时间位置后，不用单击按钮，直接变改参数的同时可建立一个关键帧。

Timeline（时间线）面板中的关键帧还可以以数字的方式来显示，在Timeline（时间线）面板的右上角单击按钮，选择弹出菜单中的Use Keyframe Indices（使用关键帧索引），Timeline（时间线）面板中的关键帧将都以数字序号的形式来显示其是当前参数的第几个关键帧。如图3-2所示，要切换回原始默认的关键帧显示方式，可以选择相同菜单中的Use Keyframe Icons（使用关键帧图标）。

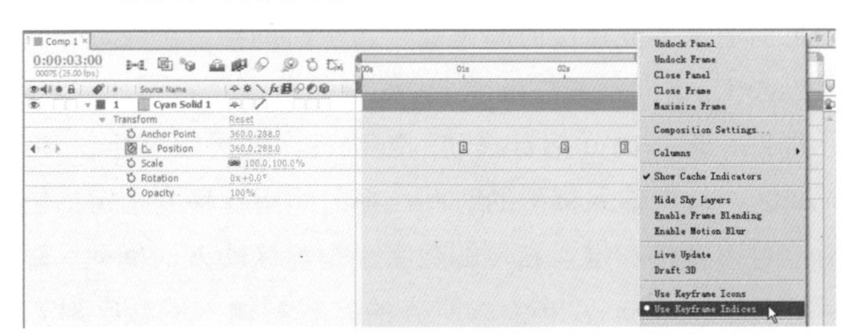


图3-2　使用关键帧索引

### 3.1.3　关键帧导航

当Timeline（时间线）面板中有多个关键帧时，往往为了设置关键帧参数而在这些关键帧之间频繁移动，为了更快捷准确地选中需要的关键帧，After Effects CS6为每个关键帧都显示关键帧导航的图标，又称为关键帧导航器。关键帧导航器由三个按钮组成，只有参数项中添加了关键帧后，关键帧导航器才显示出来，◀按钮为将时间移至前一关键帧，◆按钮为在Timeline（时间线）面板中添加或取消关键帧，▶按钮为将时间移至后一关键帧，如图3-3所示。

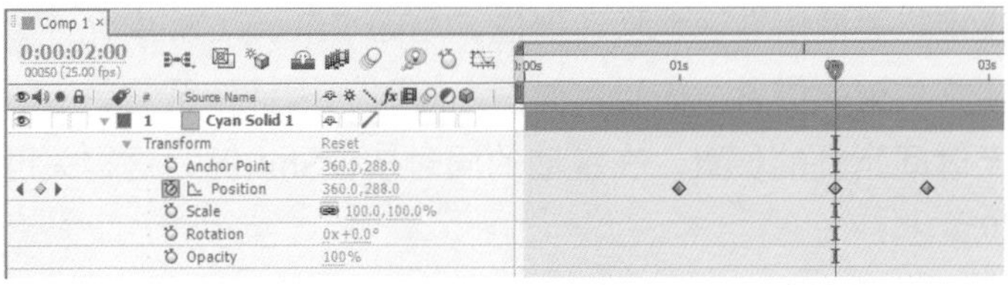

图3-3　关键帧导航

### 3.1.4 关键帧的选择、移动和复制

After Effects CS6在制作过程中对添加的关键帧一般还要进行频繁的编辑修改，要对关键帧进行编辑操作，首先要对其进行选择。关键帧的选择针对不同的需要有多种方式。

在Timeline（时间线）面板中单击一个关键帧，将其选择，选中这个关键帧后，其颜色会变为黄色。

- 在Timeline（时间线）面板中用鼠标进行框选。
- 对于存在关键帧的某个属性，单击属性名称，可以将这个属性中的关键帧全部选中。这里单击Position（位置）即可将Position（位置）所有的关键帧全部选中。
- 配合Shift键，可以同时选择多个关键帧，即按住Shift键不放，在多个关键帧上单击，可以将其同时选中。对于已选择的关键帧，按住Shift键不放再次单击，还可以将其取消选择。
- 对于较多的关键帧，在配合Shift键的同时，再进行单击、框选、单击参数名称等复合选择。

将时间移至某个关键帧与选择某个关键不同，将时间移至关键帧上时，并不等于这个关键帧被选择，只有关键帧标志变为高亮的颜色标志时才表明其被选择。

在移动关键帧之前通常要先定位时间指针，对于时间指针的移动，可以先将其移动到大致位置，然后按Page Up键向前或按Page Down键向后逐帧细调，或者将Timeline（时间线）面板放大显示局部，增加时间指针移动的准确性，也可以直接在Timeline（时间线）面板左上角单击时码区，从中输入精确的时间，将时间指针移到指定的位置。

在输入时间时，可以直接在键盘右侧的数字小键盘区输入时间码。输入时间码时可以连续输入几个数字，After Effects CS6会以对齐的方式将输入的数字对齐到时间码，方便快捷。例如，输入9确定时所代表的是第9帧时间，输入0300或300确定时所代表的是3秒00帧，如图3-4所示。确定可以按数字小键盘的Enter键来完成。

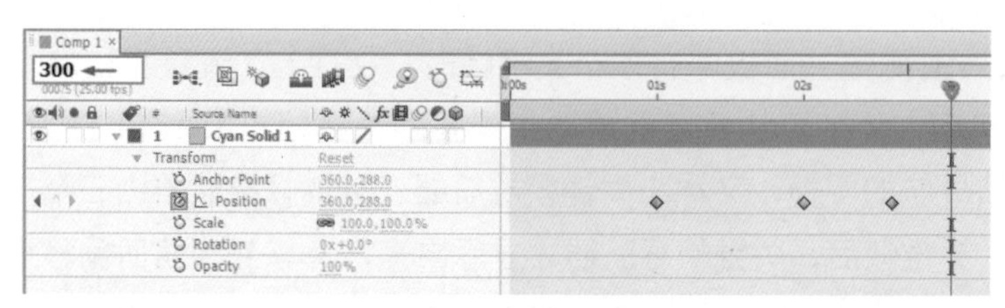


图3-4　定位时间指针

将关键帧移动到一个指定时间点时，因为Timeline（时间线）面板上时间的最小单位为帧，通常难以直接将关键帧准确地移动到位。After Effects CS6中允许参照时间指针并配合Shift键来准确定位关键的位置。先确定时间，将时间指针移至需要的时间位置，然后用鼠标将关键帧拖至时间指针的位置，在拖动的同时按住Shift键，这样关键帧会很容易就吸附到时间指针的位置上。

After Effects CS6在合成制作时，有时有很多需要重复设置的参数，关键帧的复制和

粘贴经常会使用到。关键帧的复制和粘贴可以在图层的同一参数的不同时间点上进行，也可以在不同图层上进行。对于不同属性的参数，如果其类型相同，也可以进行关键帧的复制和粘贴。例如，在Anchor Point（轴心点）和Position（位置）之间，虽然参数的属性不同，但其都是一个二维的数组，参数值可以相互复制和粘贴。

相互之间可以进行复制的属性主要包括：位置、轴心点、定位点之间，旋转、效果角度控制、效果滑动控制之间，效果的色彩属性之间。

提示

从第一个图层的Anchor Point（轴心点）参数上复制关键帧，到第二个图层上粘贴时，如果只单击第二个图层，粘贴时默认会粘贴到相同的Anchor Point（轴心点）参数上，只有选中Position（位置）参数时才能将关键帧粘贴到该参数上。

同时选择多个属性的不同关键帧时，也可以进行复制和粘贴。例如，选择了第一个图层的Anchor Point（轴心点）、Position（位置）、Scale（比例）三种属性的多个关键帧，按Ctrl+C组合键复制，在第二个图层上单击将其选中，确定好目标时间，然后按Ctrl+V组合键粘贴，将这几个属性的关键帧同时粘贴到这个图层上。

## 3.2 属性设置的显示操作

### 3.2.1 图层的变换属性

图层变换设置是After Effects中最基本的图层参数设置，包括图层的5个属性。

- Anchor Point（轴心点）：After Effects以轴心点作为基准对相关属性进行设置，轴心点是对象进行旋转或比例缩放等设置的坐标中心点，一般默认时为对象的中心点。
- Position（位置）：图像画面通过给位置设置关键帧动画来制作移动的效果，在合成视图中会以运动路径的形式表示对象的移动状态。
- Scale（比例）：After Effects以轴心点为基准，将对象进行比例缩放，或者改变对象原来的比例尺寸。
- Rotation（旋转）：旋转也是以轴心点为基准，将对象进行角度的旋转设置。
- Opacity（不透明度）：控制对象透出底层图像的参数设置。

图层变换属性在时间线中的显示如图3-5所示。

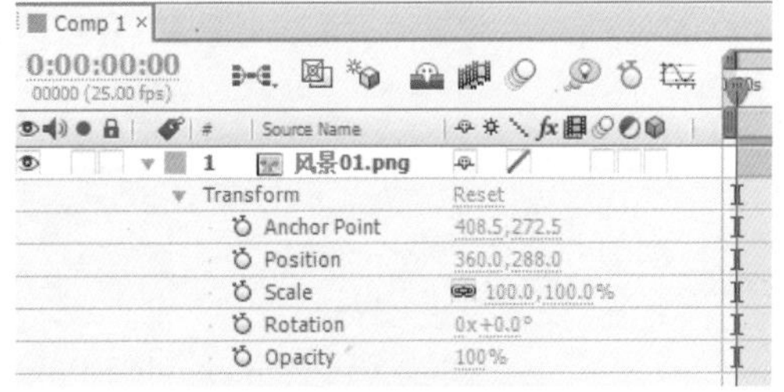


图3-5 图层的变换属性

### 3.2.2 图层变换属性的快捷显示方式

由于在合成制作中经常会对图层变换属性中的参数进行设置，使用频率比较高，After Effects为其提供了快捷的显示方式，只要选中图层，按下其中的快捷键就会显示其属性。

- Anchor Point（轴心点）：A键。
- Position（位置）：P键。
- Scale（比例）：S键。
- Rotation（旋转）：R键。
- Opacity（不透明度）：T键。

当需要将层中的多个图层变换属性同时显示时，可以配合Shift键和其原来的快捷键来显示两个或两个以上的变换属性。例如，先按P键显示出Position（位置），如果再按S键只会显示Scale（比例），而按住Shift键的同时再按S键，会在不关闭Position（位置）的基础上再显示出Scale（比例）。

如果要在显示变换属性的同时自动添加上关键帧，可以配合Alt、Shift键和属性原来的快捷键。例如选中图层后，按快捷键Alt+Shift+P，可以在显示出位置属性的同时，在当前时间添加一个关键帧。

### 3.2.3 属性参数的选择性显示

对于有限的屏幕和众多的图层或属性，有选择地显示部分内容进行设置修改，非常必要。对于选中的图层，按U键，可以过滤显示出其添加关键帧的属性，按UU键，则显示出所有变动数值的属性，按Alt+单击属性名称，可以将某个属性隐藏，以节省显示空间。这些选择性显示属性的操作对于有针对性地修改设置非常有用。

## 3.3 关键帧的属性

在为图像设置关键帧动画时，对相同的几个关键帧数值进行不同的编辑设置，也会形成不同的动画效果。例如，位置点相同的几个位置关键帧就可以产生直线的运动，或者产生曲线的运动。

每个关键帧都有其影响动画的相关设置，可以在Timeline（时间线）面板的关键帧上单击右键来查看信息或修改其相关设置。例如，在一个Position（位置）关键帧上单击右键，打开其菜单显示，如图3-6所示。

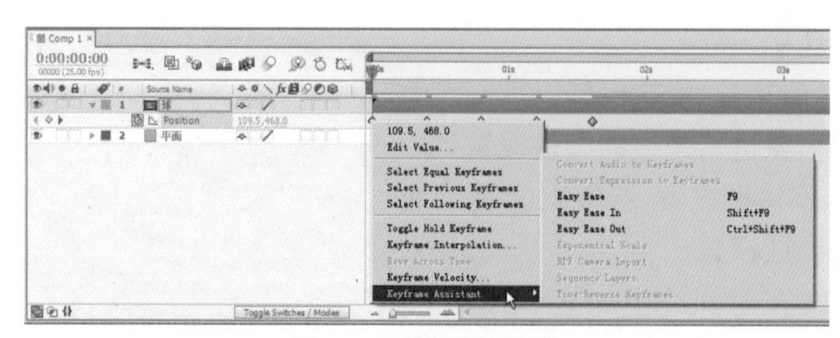


图3-6　关键帧属性菜单

- 100，400：当前关键帧的数值。
- Edit Value：编辑数值。
- Select Equal Keyframes：选择相同关键帧。
- Select Previous Keyframes：选择上面的关键帧。
- Select Following Keyframes：选择下面的关键帧。

- Toggle Hold Keyframe：冻结关键帧。
- Keyframe Interpolation：关键帧插补。
- Rove Across Time：游动交叉时间。
- Keyframe Velocity：关键帧速率。
- Keyframe Assistant：关键帧助手，有以下子菜单：

Convert Audio to Keyframes—转换音频到关键帧；Convert Expression to Keyframes—转换表达式到关键帧；Easy Ease—流畅淡化；Easy Ease In—流畅淡化入；Easy Ease Out—流畅淡化出；Exponential Scale—指数比例缩放；RPF Camera Import—RPF摄像机导入；Sequence Layers—序列图层；Time-Reverse Keyframes—时间反向关键帧；

选择Keyframe Interpolation菜单，将打开Keyframe Interpolation（关键帧插补）对话框，其中有三个选项设置，如图3-7所示。

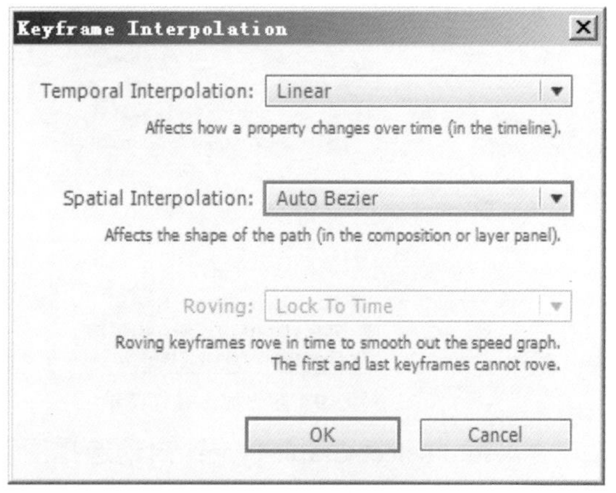


图3-7 关键帧插补

- Temporal Interpolation（临时插补）：其选项如下：Linear—线性；Bezier—曲线；Continuous Bezier—连续曲线；Auto Bezier—自动曲线；Hold—保持。
- Spatial Interpolation（空间内插）：其选项如下：Linear—线性；Bezier—曲线；Continuous Bezier—连续曲线；Auto Bezier—自动曲线。
- Roving游动，其选项如下：Rove Across Time—游动交叉时间；Lock To Time—锁定时间。

## 3.4 Graph Editor图表编辑器

Graph Editor（图表编辑器）可以很方便地查看和操作包括属性值、关键帧、关键帧插值、速率等信息和设置。Graph Editor（图表编辑器）以图表的形式显示所用效果和动画的改变情况，图表的显示主要有两项内容，一项为数值图形，显示当前属性的数值，另一项是速度图形，显示当前属性数值速度变化的情况。在Timeline（时间线）面板上部单击按钮，可以将Timeline（时间线）面板右侧部分的图层显示切换为Graph Editor（图表编辑器）的显示状态，如图3-8所示。

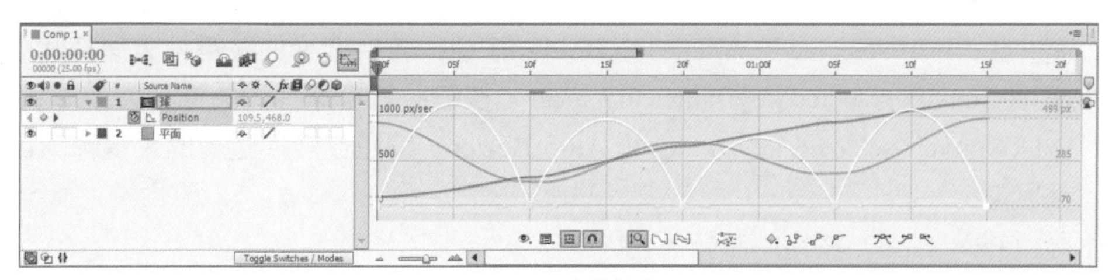


图3-8 图表编辑器

Graph Editor（图表编辑器）通过其中的按钮和菜单来进行操作。

- （Choose which properties are shown in the graph editor）按钮：在图表编辑器中显示选择的属性。单击时弹出如图3-9所示的菜单。
- Show Selected Properties：显示选择的属性。
- Show Animated Properties：显示动画属性。
- Show Graph Editor Set：显示图表编辑器设置。
- （Choose graph type and options）按钮：选择图表类型和选项，如图3-10所示。

✔ Show Selected Properties
Show Animated Properties
✔ Show Graph Editor Set

图3-9　图表显示属性菜单

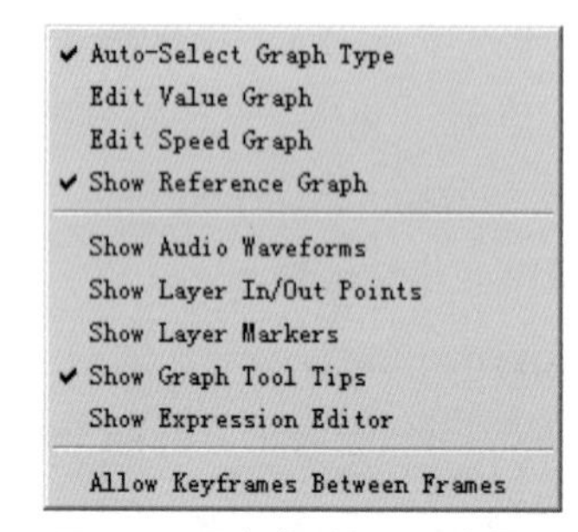


图3-10　图表类型和显示选项

- Auto-select Graph Type：自动选择图表类型。
- Edit Value Graph：编辑数值图表。
- Edit Speed Graph：编辑速度图表。
- Show Reference Graph：显示参照图表。
- Show Audio Waveforms：显示音频波形。
- Show Layer In/Out Points：显示图层入/出点。
- Show Layer Markers：显示图层标记。
- Show Graph Tool Tips：显示图表工具提示。
- Show Expression Editor：显示表达式编辑器。
- Allow Keyframes Between Frames：允许帧间关键帧。
- （Show Transform Box when multiple keys are selected）按钮：在显示多个关键帧时显示转换盒。
- （Snap）按钮：吸附。
- （Auto-zoom graph height）按钮：自动缩放图表高度。
- （Fit selection to view）按钮：显示全部选择区域。
- （Fit all graphs to view）按钮：显示全部图表。
- （Separate Dimensions）按钮：将多维参数分开。
- （Edit selected keyframes）按钮：编辑选择的关键帧，单击弹出下级菜单，未切换到Graph Editor（图表编辑器）时，在Timeline（时间线）面板中选中关键帧与单击右键时弹出的菜单相同。
- （Convert selected keyframes to Hold）按钮：转换选择的关键帧为保持状态。
- （Convert selected keyframes to Linear）按钮：转换选择的关键帧为线形状态。
- （Convert selected keyframes to Auto Bezier）按钮：转换选择的关键帧为自动曲线状态。
- （Easy Ease）按钮：流畅淡化。

- （Easy Ease In）按钮：流畅淡化入。
- （Easy Ease Out）按钮：流畅淡化出。

在Graph Editor（图表编辑器）中可以使用After Effects CS6的Tool（工具）栏中的工具进行放大查看，使用工具可以进行移动查看，配合Alt键和工具，可以进行缩小查看。单击Graph Editor（图表编辑器）下方的按钮，将其打开，可以将关键帧在图表编辑器的高度范围内匹配地显示。单击按钮，可以将选中的关键帧在图表编辑器范围内匹配地显示。单击按钮，可以将Timeline（时间线）面板中全部的关键帧在图表范围内匹配地显示。

## 3.5 空间关键帧

对于图像的运动，有时运动的路线不是直线形的，如抛起和下落的球体，存在一定抛物线状的曲线弧度。先按默认方式设置球体的动画关键帧，如图3-11所示。

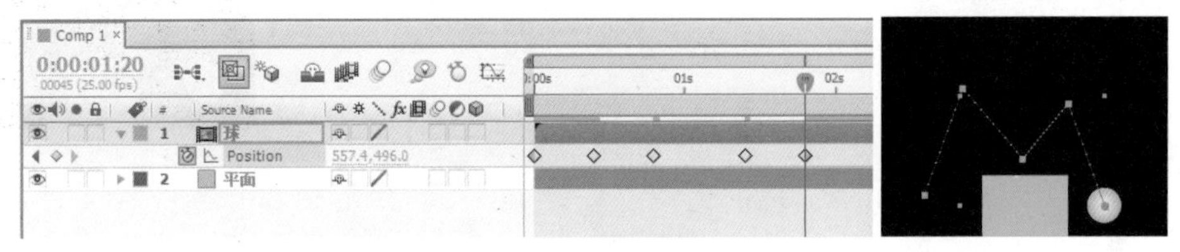


图3-11　默认关键帧

其位移路径为直线形，不符合现实规律，可以选中第2个、第4个关键帧，在其中一个关键帧上单击右键，在弹出菜单中选择Keyframe Interpolation，在打开的对话框中将Spatial Interpolation选项由Linear 改变为Bezier，此时合成视图中上部两个关键帧前后的路径不再为尖角，改变为弧形。这样球体在空中下落的动画更加自然。这也可以在Graph Editor（图表编辑器）中修改，如图3-12所示。

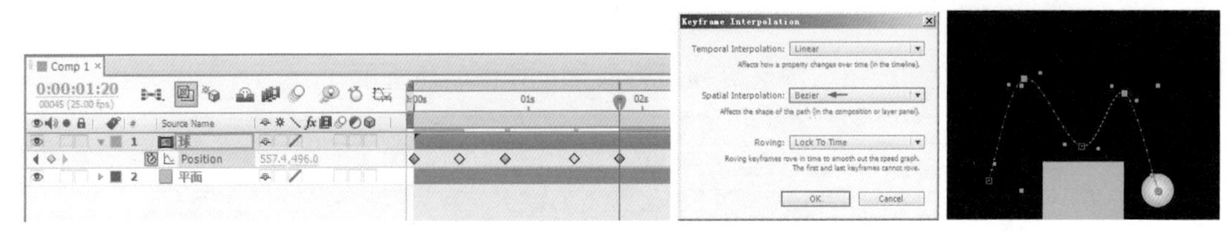


图3-12　设置空间位移曲线类型

## 3.6 浮动关键帧

接着上面球体的动画设置，当前关键帧在各个时间点的分布不太合理，如第3个、第4个关键帧之间的时间过长，需要进一步调整。这里选中全部关键帧，选择Keyframe Interpolation，在打开的对话框中将Roving由Lock To Time修改为Rove Across Time，如图3-13所示。

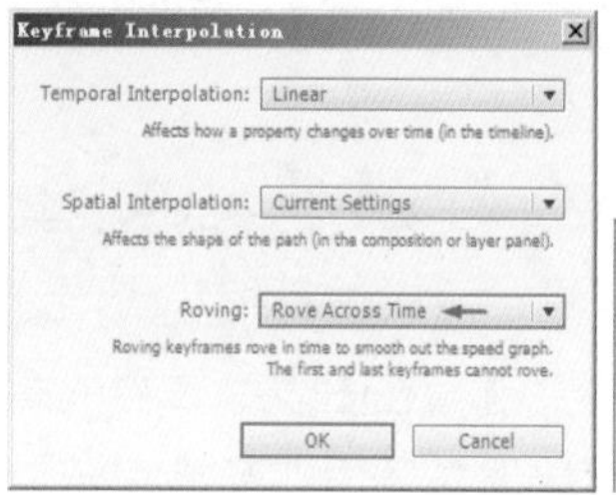


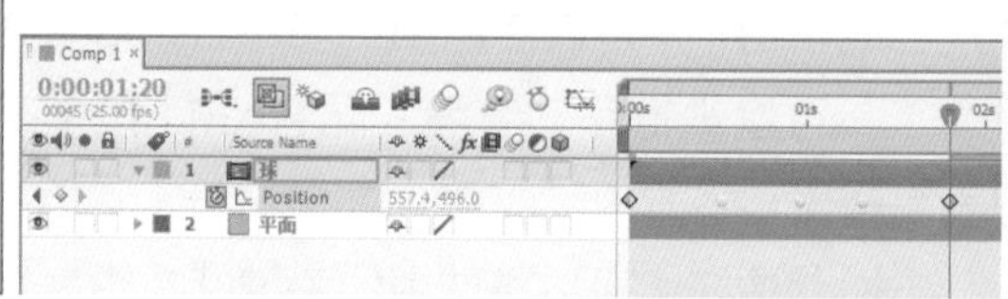


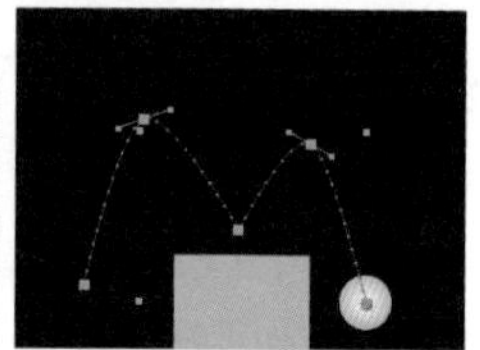

图3-13　转换为浮动关键帧

可以看到时间线中除首尾两个关键帧之外，中间的关键帧所在时间重新定位，并不可选中。预览动画，球体在这些关键帧之间均速动画。另外，小球运动的整体速度过慢，这里可以单独选中尾部关键帧，将其前移至1秒10帧处，这样中间关键帧自动调整所在时间点，使整体保持匀速状态，如图3-14所示。

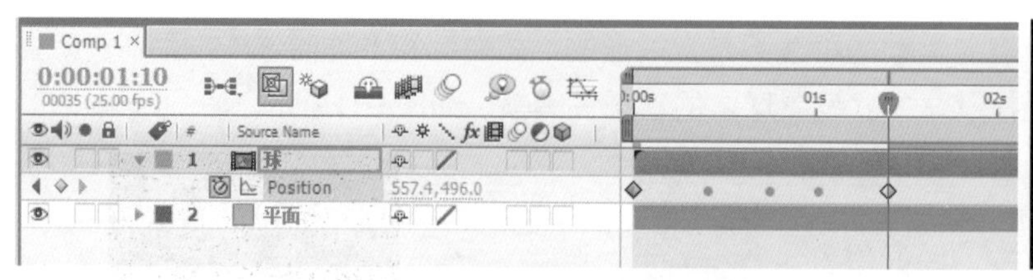


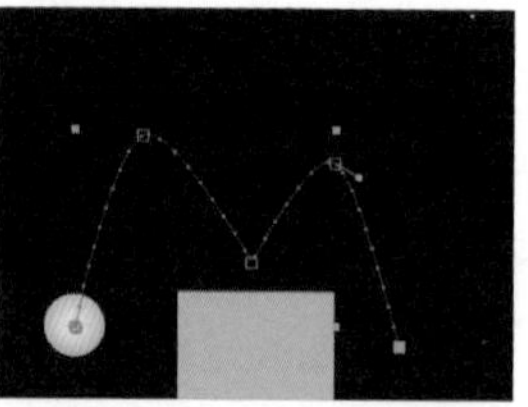

图3-14　调整关键帧时长范围

## 3.7 时间关键帧

接着上面球体的动画设置，弹跳球体的动画并不是均速进行的，下落时有加速度，而弹起时则是减速度。此时球体匀速运动，上下的速率相同，不符合现实中的现象。单击按钮，切换到Graph Editor（图表编辑器）显示状态，在按钮上单击，将弹出菜单中的Edit Speed Graph勾选，将其他勾选取消。然后单击图层的Position（位置）属性，将全部关键帧选中，单击按钮，使关键帧流畅淡化，如图3-15所示。

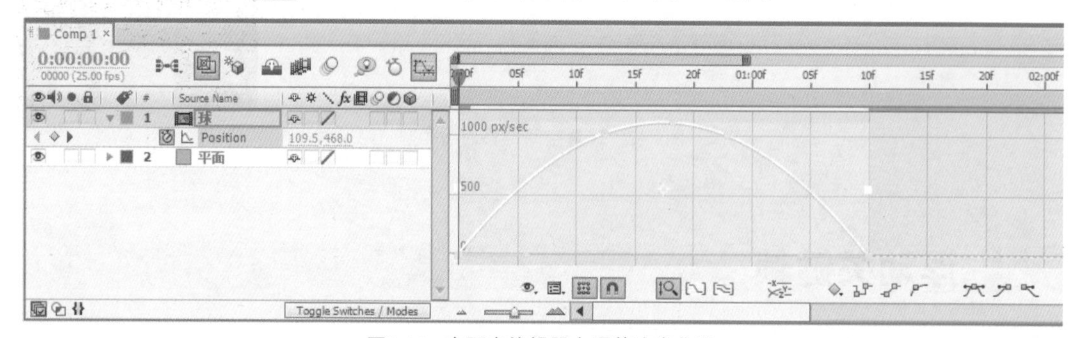


图3-15　在图表编辑器中调整速度曲线

然后分析关键帧的速率，向上时速率减小，向下时速率加大，因此将第1个、第3个、第5个关键帧移至1500px/sec处，将第2个、第4个关键帧移至500px/sec处。从合成视图中可以明显地看到关键帧上密下疏，预示球体在下部时运动较快，在上部时运动较慢，如图3-16所示。

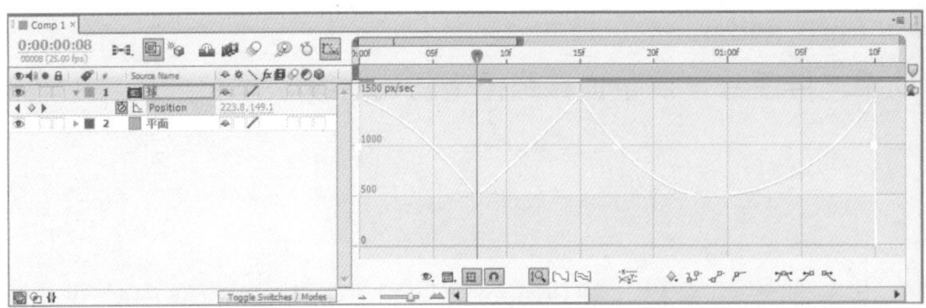


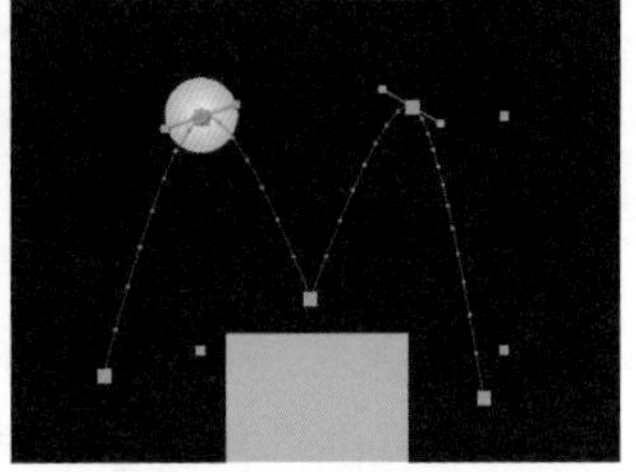

图3-16 调整关键帧速率

## 3.8 路径动画的方向校正

在非直线的运动过程中会出现物体方向指向的问题，如沿球体轮廓弧形飞行的飞船，可以先确定首尾两个位置关键帧，在视图中使用工具，可调整两个关键帧路径曲线手柄，将直线路径调整为曲线，然后选择菜单Layer→Transform→Auto-Orientation（图层→变换→自动定向），在打开的对话框中选择Orient Along Path（沿路径适配方向）选项，这样飞船的头部始终朝向运动路径的前方，如图3-17所示。

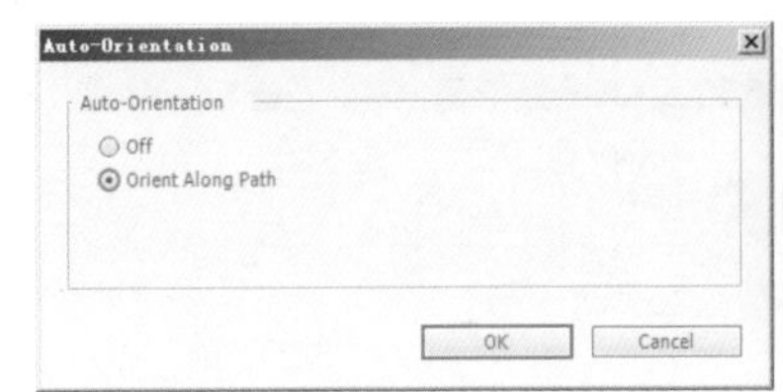


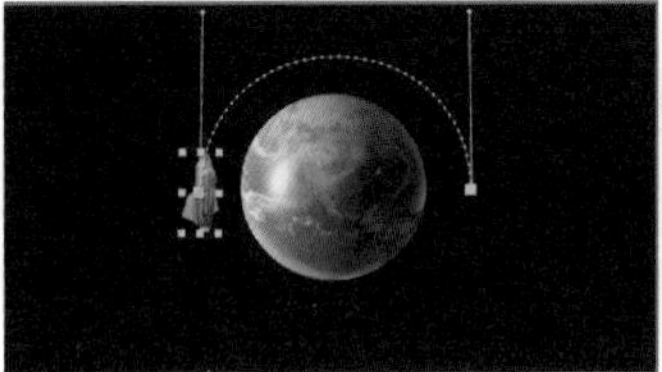

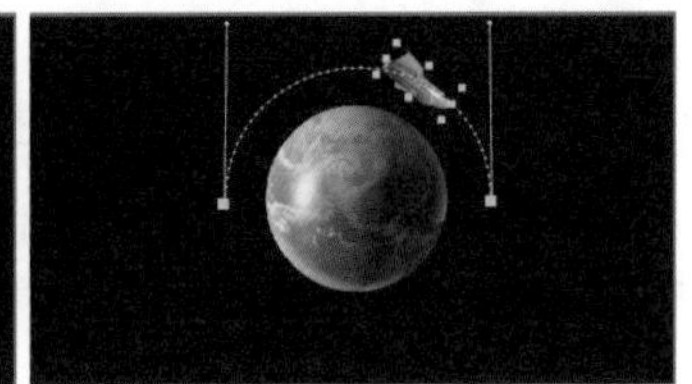

图3-17 使用自动定向

## 3.9 关键帧动画实例

### 3.9.1 实例简介

本例使用了几张摄像机图片和一些风景图片素材，其中摄像机图片制作成不断变换的效果，风景图片制作成由围绕中心旋转演变为排列到画面一侧的动画效果，如图3-18所示。

图3-18 实例效果

主要特效：Drop Shadow、Fill、Ramp。

技术要点：使用关键帧助手连接图片，调整位移路径为圆弧曲线。

## 3.9.2　实例步骤

### 1. 导入素材

先在新的项目面板中导入准备制作的素材。在Project（项目）面板中的空白处双击鼠标左键，打开Import File（导入文件）对话框，从中选择本例中所准备的图片素材，单击“打开”按钮，将其导入到Project（项目）面板中，如图3-19所示。

图3-19　导入素材

### 2. 建立DC合成

**步骤 01**　选择菜单Composition→New Composition（合成→新建合成，快捷方式为Ctrl+N组合键），打开Composition Settings（合成设置）对话框，从中设置如下：Composition Name（合成名称）为DC，Preset（预置）为PAL D1/DV Widescreen，Duration（持续时间）为10秒，如图3-20所示。单击OK按钮。

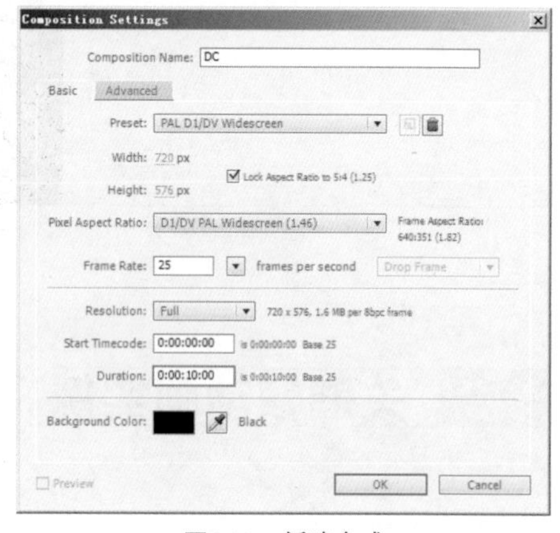


图3-20　新建合成

**步骤 02**　在项目面板中，按顺序选中DC-1.jpg至DC-4.jpg这4个数码相机图片，将其向时间线中拖入两次。按Ctrl+A键，将这些图层全部选中，并在第1秒12帧处按Alt+]键，剪切出点，如图3-21所示。

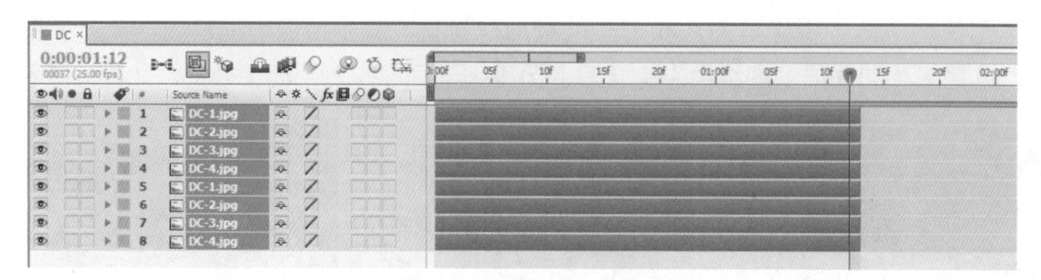


图3-21　放置素材并设置出点

**步骤 03**　保持全部图层的选中状态，选择菜单Animation→Keyframe Assistant→Sequence Layers（动画→关键帧助手→序列图层），在打开的Sequence Layers（序列图层）对话框中，将Overlap（交迭）勾选，将Duration（持续时间）设为7帧，将Transition（过渡）设为Dissolve Front Layer（上层叠化），单击OK按钮，这样时间线中的各层均有7帧的重叠，并且重叠部分自动添加了从100%到0%的Opacity（不透明度）关键帧，如图3-22所示。

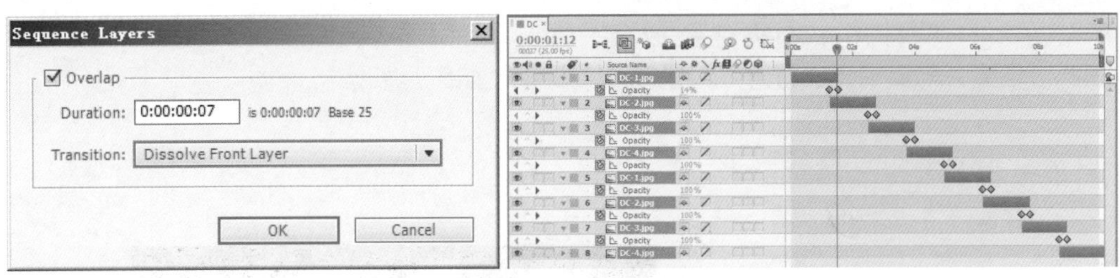


图3-22 自动连接图片

**步骤 04** 预览动画效果，几张DC图片不断变化，依次从前一张转换到后一张，并在转换时产生叠化，如图3-23所示。

图3-23 DC图片不断变化

**步骤 05** 将DC图片制作成椭圆的形状，选中第一张DC图片，双击工具栏中的工具，这样即可为其自动添加一个最大化的椭圆遮罩，如图3-24所示。

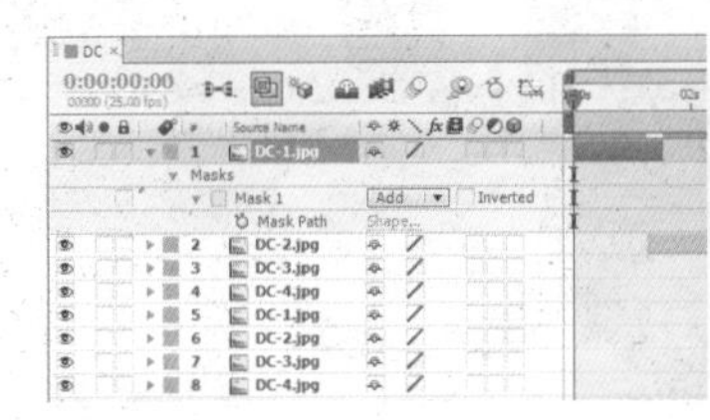

图3-24 添加椭圆遮罩

**步骤 06** 用同样的方法依次选中其他图层，双击工具栏中的工具，可为其添加椭圆遮罩。

### 3. 设置图片关键帧动画

**步骤 01** 选择菜单Composition→New Composition（合成→新建合成，快捷方式为Ctrl+N组合键），打开Composition Settings（合成设置）对话框，从中设置如下：Composition Name（合成名称）为“关键帧动画”，Preset（预置）为PAL D1/DV Widescreen，Duration（持续时间）为10秒。然后单击OK按钮。

**步骤 02** 从项目面板中将合成DC及所导入的8张风景图片拖至时间线中，如图3-25所示。

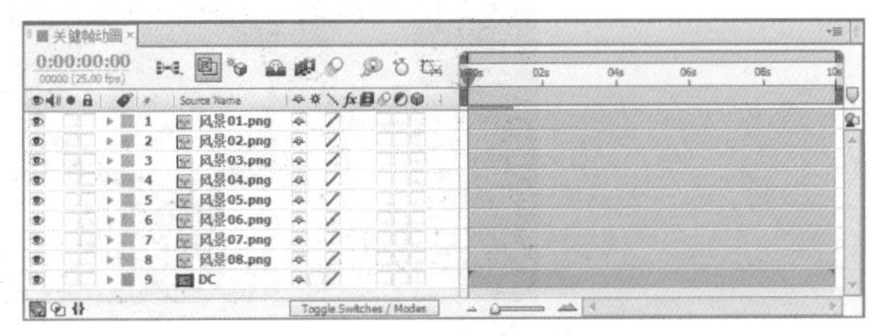


图3-25 放置素材到新合成

**步骤 03** 对这些图片进行比例缩放和位置摆放的操作，将DC图片居中放置，并设置Scale（比例）为(80,80%)，缩小一些。将风景图片的Scale（比例）缩小到合适的大小，可以在时间线中左右拖动Scale（比例）的数值，也可以在合成视图中配合Shift键拖动图片的一角来进行比例缩放操作。然后将风景图片从左上角开始，按顺时针方向围绕中部的DC图片放置“风景

01.png”至“风景08.png”，大致为上部4张图片，下部4张图片。放置好后，将各张风景图片Position（位置）前面的码表打开，记录动画关键帧，如图3-26所示。

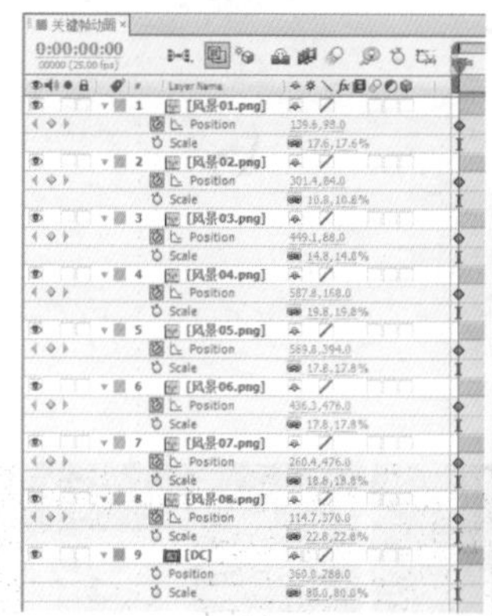

图3-26　摆放图片

**步骤 04**　将部分风景图片调整成倾斜的角度，可以在时间线中展开风景图层的Rotation（旋转），在其数值上左右拖动修改，也可以在合成视图中选中某张风景图片，按小键盘的+或-键来顺时针或逆时针旋转图片，如图3-27所示。

图3-27　调整图片角度

**步骤 05**　将时间移至第2秒处，按逆时针的方向，将上部的“风景01.png”至“风景04.png”拖至合成视图的左侧放置，将下部的“风景05.png”至“风景08.png”拖至合成视图的右侧放置，“风景01.png”至“风景08.png”的排列顺序不变，这样产生新的Position（位置）关键帧，如图3-28所示。

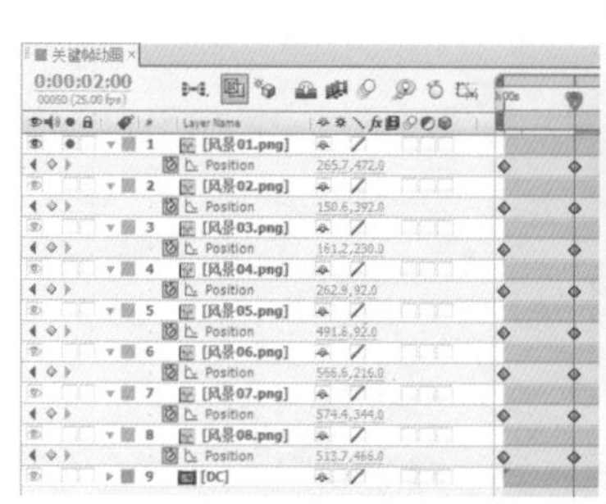

图3-28　设置第2秒位置关键帧

**步骤 06**　将时间移至第4秒处，按逆时针的方向，将左侧的“风景01.png”至“风景04.png”拖至合成视图的下部放置，将右侧的“风景05.png”至“风景08.png”拖至合成视图的上部放置，“风景01.png”至“风景08.png”的排列顺序不变，这样产生新的Position（位置）关键帧，如图3-29所示。

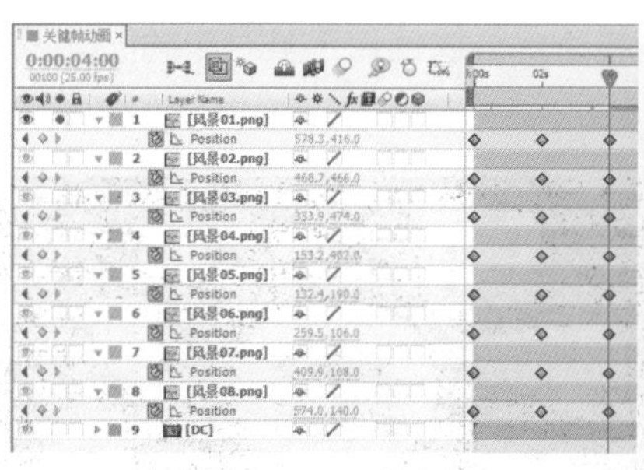

图3-29　设置第4秒位置关键帧

**步骤 07**　将时间移至第6秒处，按逆时针的方向，将下部的“风景01.png”至“风景04.png”拖至合成视图的右侧放置，将上部的“风景05.png”至“风景08.png”拖至合成视图的左侧放置，“风景01.png”至“风景08.png”的排列顺序不变，这样产生新的Position（位置）关键帧。同时在当前时间展开DC图层的Position（位置），单击打开其前面的码表，记录关键帧，如图3-30所示。

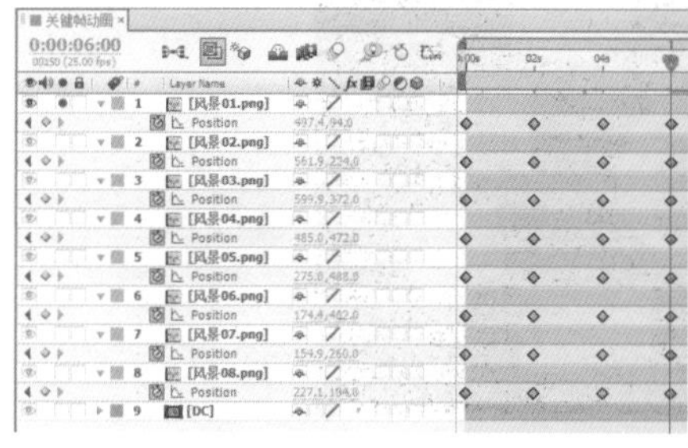

图3-30　设置第6秒位置关键帧

**步骤 08**　将时间移至第8秒处，将DC图层移至合成视图的左侧，然后对风景图片按新的方式进行重新排列放置，即“风景05.png”、“风景06.png”和“风景02.png”放置在右侧上部，“风景03.png”、“风景04.png”和“风景01.png”放置在右侧中部，“风景08.png”和“风景07.png”放置在右侧下部，如图3-31所示。

图3-31　设置第8秒位置关键帧

**步骤 09**　设置完图片的位移动画关键帧后，选中图层时会显示出位移关键帧的路径，如图3-32所示。

**步骤 10**　单独选中“风景01.png”图层，显示其位移关键帧路径，对其进行适当调整，使其位移动画更加圆滑流畅。可以先选中“风景01.png”的Position（位置），显示出位移关键帧锚点的调节手柄，然后使用工具栏中的工具

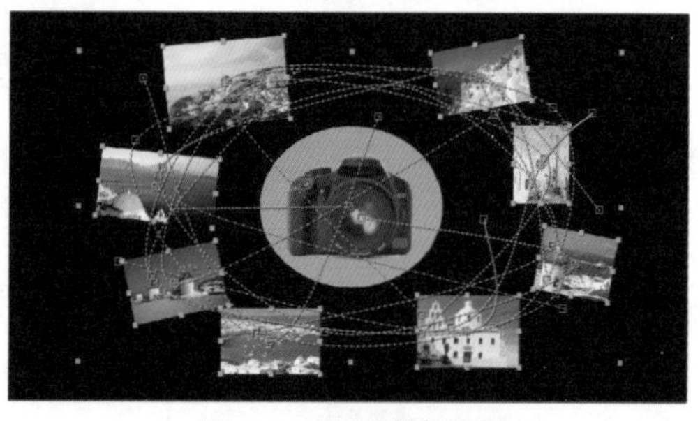

图3-32　显示关键帧路径

对手柄进行调节。对于部分没有显示出调节手柄的锚点，可以使用工具栏中的工具在锚点上拉出调节手柄，如图3-33所示。

图3-33　调节“风景01.png”关键帧路径

**步骤 11**　用同样的方法对其他风景图片的位移关键帧路径进行调整，使其位移关键帧路径更加圆滑流畅。各风景图片位移关键帧路径调整后的效果如图3-34所示。

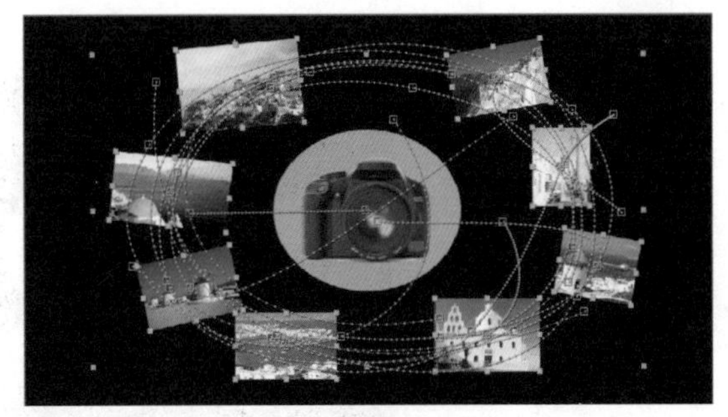

图3-34　调节其他图片关键帧路径

### 4. 设置照片效果与背景

**步骤 01**　在时间线中选中“风景01.png”图层，按Ctrl+D组合键创建一个副本，选中下面的“风景01.png”图层，选择菜单Effect→Generate→Fill（特效→生成→填充）添加特效，并将Fill（填充）下的Color（色彩）设为RGB(230,230,230)，为略灰的白色。将当前图层的Scale（比例）增加约2%，可以在Scale（比例）数值上单击变为输入状态，按End键在数值之后输入+2，如图3-35所示。然后按Enter键完成。

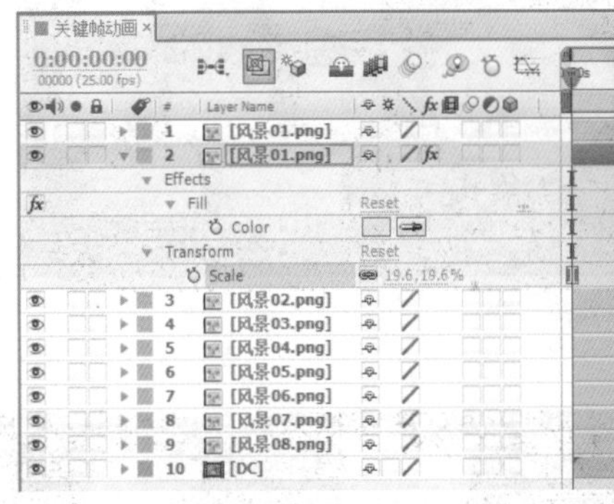

图3-35　为“风景01.png”添加特效制作边缘效果

**步骤 02**　在时间线中选中“风景02.png”至“风景08.png”图层，按Ctrl+D组合键创建副本，将“风景01.png”图层的Fill特效复制到各图片中两个相同图层中的下方图层中。然后用同样的方法设置Scale（比例）的数值，制作其他风景的照片效果。设置完全部的风景照片效果如图3-36所示。

图3-36　为其他图片添加特效制作边缘效果

**步骤 03**　选择菜单Composition→New Composition（合成→新建合成，快捷方式为Ctrl+N组合键），打开Composition Settings（合成设置）对话框，从中设置如下：Composition Name（合成名称）为“效果合成”，Preset（预置）为PAL D1/DV，Duration（持续时间）为10秒。然后单击OK按钮。

**步骤 04**　选择菜单Layer→New→Solid（图层→新建→固态层），建立一个固态层；选择菜单Effect→Generate→Ramp（特效→生成→渐变），为其添加一个渐变效果，设置Start of Ramp（开始渐变）为(180,300)，Start Color（开始色）为RGB(0,78,150)，End of Ramp（结束渐变）为(720,0)，End Color（结束色）为白色，如图3-37所示。

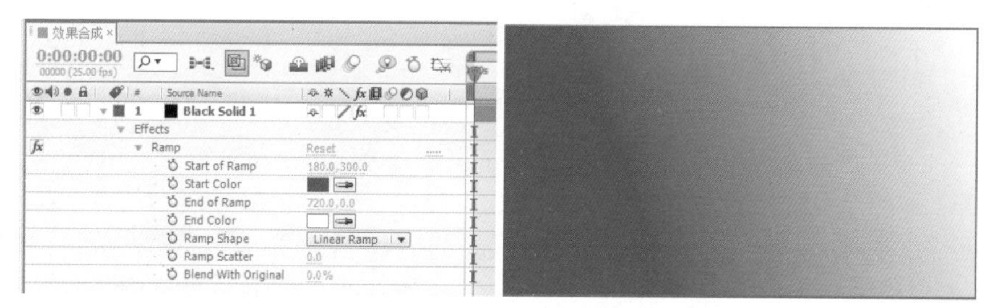


图3-37　建立渐变背景

**步骤 05**　从项目面板中将合成“关键帧动画”拖至时间线中，选择菜单Effect→Perspective→Drop Shadow（特效→透视→投影），为其添加特效，设置Distance（距离）为20，Softness（柔化）为30，如图3-38所示。这样完成本例的制作。

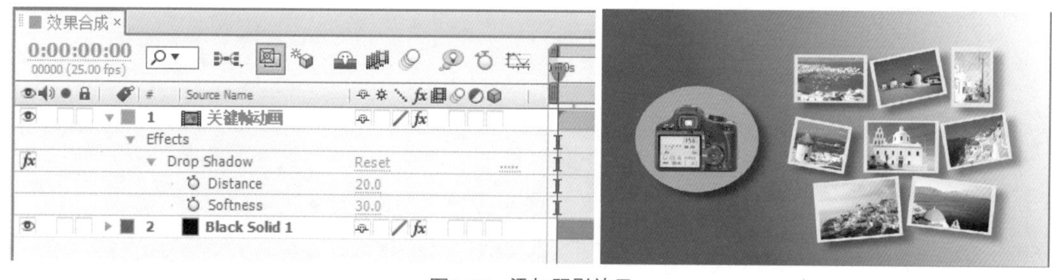


图3-38　添加阴影效果

# 思考与练习

一、思考题：

1. 如何添加和删除关键帧？如何在不同属性之间复制关键帧？
2. 怎样使用鼠标将关键帧精确移动到某个时间点？怎样快速定位时间指针？

3．怎样进入图表编辑器面板？其有什么作用？

4．什么是空间关键帧、浮动关键帧与时间关键帧？

二、练习题：

1．使用光盘中素材库中的飞机等素材制作沿曲线路径移动的动画，并注意方向与速度的问题。

2．在图表编辑器中使用分开多维参数按钮分离Position（位置）的X、Y轴来制作弹跳球体的动画。

3．制作类似本章中关键帧动画实例的效果，采用不同的动画方式。

# 第4章 时间编辑与渲染输出

## 4.1 图层的入点和出点

### 4.1.1 时间线上放置素材时的入点和出点

在Timeline（时间线）面板中调整素材的入点有多种方式：

- 先确定目标时间位置，按住Shift键的同时用鼠标将素材按下并拖动，靠近时间指针位置时，素材的入点会自动吸附在目标时间点上，如图4-1所示。

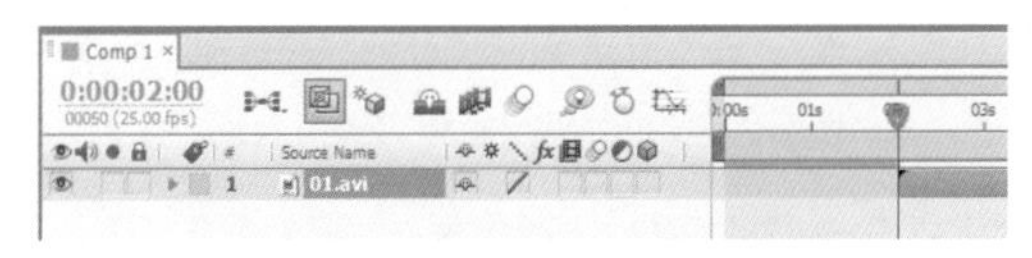

图4-1 拖动素材方式移动素材入点

- 先确定目标时间位置，选中素材，按[键，将素材的入点移至目标时间位置。
- 在Timeline（时间线）面板中显示出In（入点）栏，在素材层的In（入点）栏中单击，弹出Layer In Time对话框，从中输入目标时间码，如图4-2所示。单击OK按钮，这样将素材入点移至需要的位置。

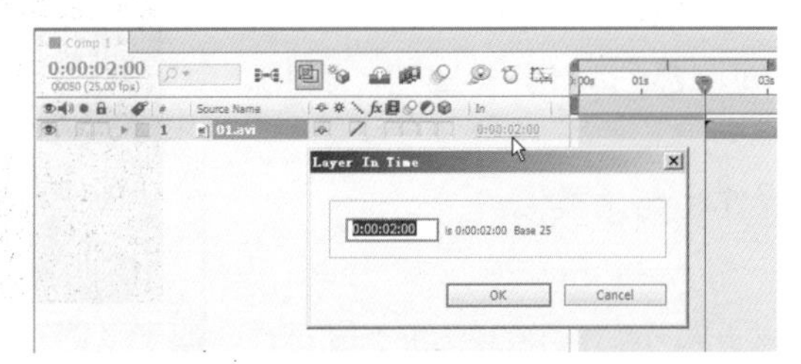

图4-2 输入时码方式移动素材入点

**提示**

单击Timeline（时间线）面板左下部的{}按钮，可以显示出In（入点）栏或Out（出点），也可以在Timeline（时间线）面板的左侧部分的图层栏目名称区域单击鼠标右键，从弹出菜单中选择Columns菜单并选中In（入点）或Out（出点）。

同样，在Timeline（时间线）面板中移动素材的出点也可以使用类似的方式。

### 4.1.2 剪切素材的入点和出点

在Timeline（时间线）面板中剪切素材的入点，即素材在Timeline（时间线）面板中放置不动，而对其开始部分进行剪切，其操作也有多种方式：

- 先确定目标时间位置，按住Shift键的同时用鼠标在素材原入点处按下并拖动，鼠标指针变为左右两个方向箭头的形状时，拖动入点靠近时间指针位置，素材的入点会自动吸附在目标时间点上，完成剪切入点到目标时间的操作，如图4-3所示。

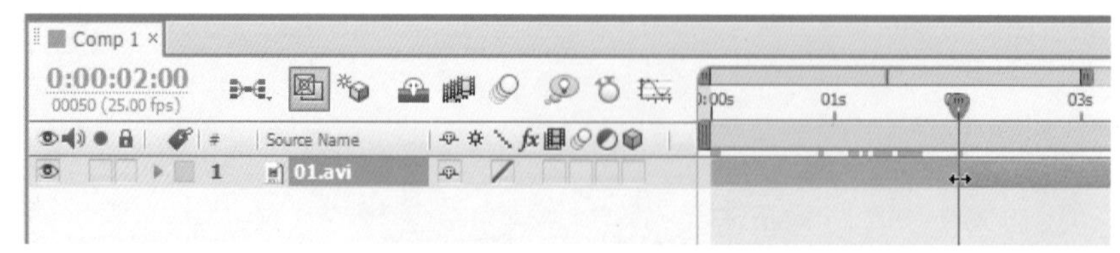


图4-3 拖动入点方式剪切素材入点

- 先确定目标时间位置，选中素材，按Alt+[ 组合键，将素材的入点剪切至目标时间位置。
- 在Timeline（时间线）面板中显示出In（入点）栏，在素材层的In（入点）栏中用鼠标拖动来改变数值，这样将素材入点剪切至需要的位置，如图4-13所示。

图4-4 拖动时码方式剪切素材入点

提示

在素材层的In（入点）栏中应用鼠标拖动来改变数值，而不是单击弹出Layer Out Time对话框，否则将是移动入点而不是剪切入点。

- 双击图层，打开其Layer视图面板，在其中确定In（入点）时间，然后单击 按钮，剪切入点，如图4-5所示。

同样，剪切出点的操作也与之类似。

对于某一图层入点或出点的操作，同样适用于选中的多层素材并进行相同的操作。

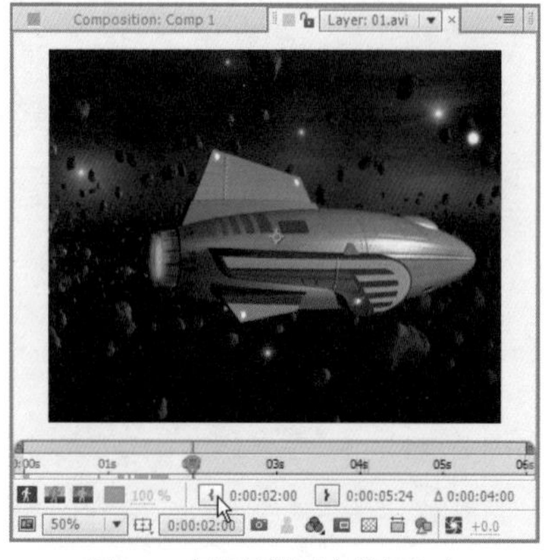


图4-5 在图层视图中剪切入点

### 4.1.3 滑动调整素材的入点和出点

对于某一剪切有入点或出点的图层，使用工具，在图层上拖动，可以调整素材的入点和出点。例如，一段在第2秒及第4秒剪切入、出点的素材图层，使用工具调节入点和出点，可以看到，在时间线中图层所占用的时间段没变，但其素材层视图中的入点和出点有所改变，如图4-6所示。

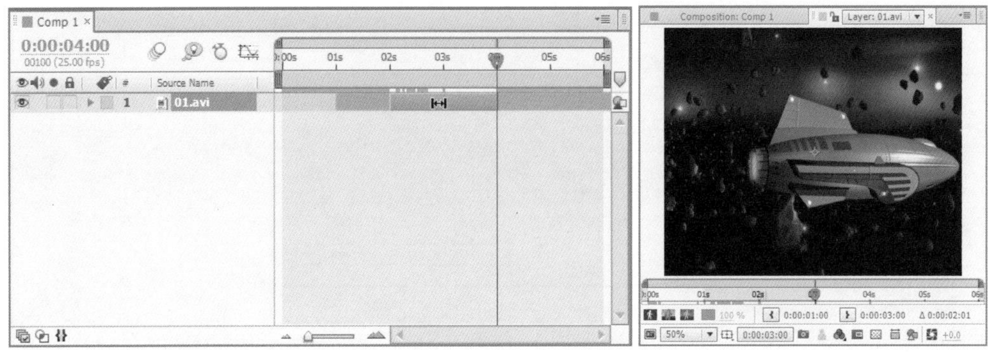


图4-6　滑动入点和出点

## 4.2 素材的快放、慢放、静止和倒放

### 4.2.1 视频素材的快慢调速

了解视频素材的快慢调速，先要了解Timeline（时间线）面板中关于时间调整的栏目。在Timeline（时间线）面板的左下部单击按钮，会将In（入点）、Out（出点）、Duration（持续时间）和Stretch（伸缩）几个栏分别显示出来，如图4-7所示。

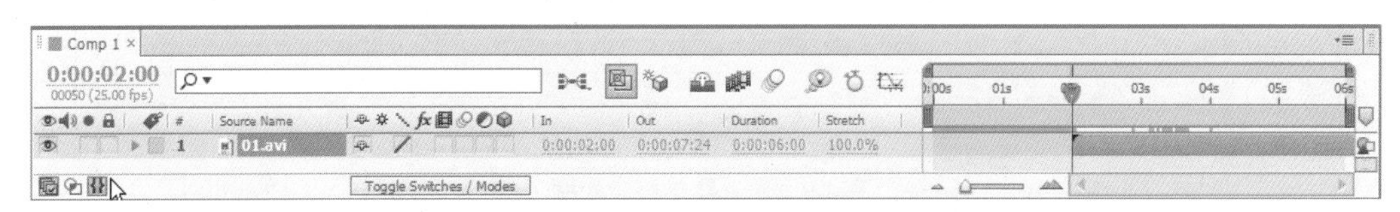


图4-7　显示时间栏目

- In（入点）：设置素材从Timeline（时间线）面板中哪个时间点开始出现。
- Out（出点）：设置素材在Timeline（时间线）面板中哪个时间点结束。
- Duration（持续时间）：调整素材的整体长度，对于视频、音频类素材，调节数值时会影响到素材播放速度的快慢。
- Stretch（伸缩）：调整素材的整体长度，对于视频、音频类素材，调节数值时会影响到素材播放速度的快慢，与Duration（持续时间）一样，只不过不是调节时间数值，而是调节百分比。

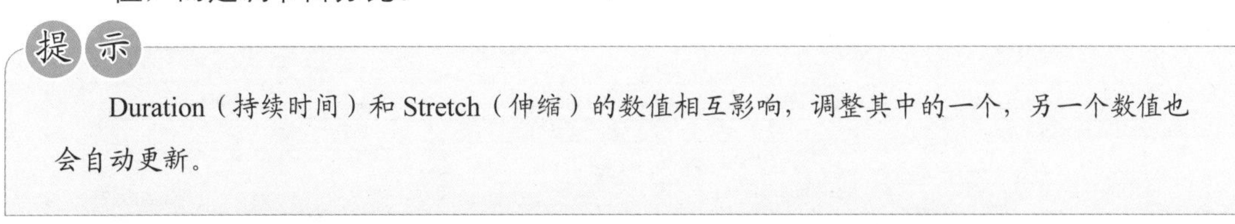

提示

Duration（持续时间）和Stretch（伸缩）的数值相互影响，调整其中的一个，另一个数值也会自动更新。

在Duration（持续时间）栏或Stretch（伸缩）栏中单击鼠标，弹出Time Stretch（时间伸缩）对话框，如图4-8所示。Stretch Factor — 伸缩比例；New Duration — 新的长度；Layer In-pint — 对齐到图层入点；Current Frame：对齐到当前帧；Layer Out-point：对齐到图层出点。

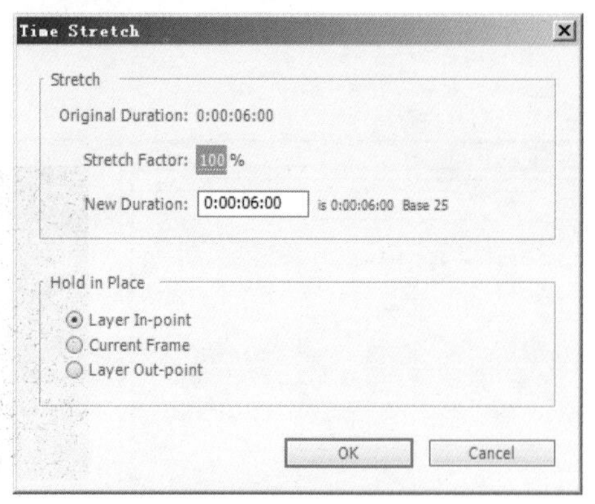


图4-8　打开时间伸缩对话框

另外在改变素材的速度时，也可以使用快捷键来完成：

- 选中素材层，确定好目标时间，按快捷键Ctrl+Alt+,（逗号），可以将素材出点伸缩的位置改变到目标时间处。
- 选中素材层，确定好目标时间，按快捷键Ctrl+Shift+,（逗号），将素材入点伸缩的位置改变到目标时间处。

### 4.2.2　视频素材的倒放

对视频素材的倒放效果，即原来往前行走的镜头变成由前往后退步的镜头，可以通过选择菜单Layer→Time→Time-Reverse Layer（图层→时间→反转时间）来实现，其快捷键为Ctrl+Alt+R。设置倒放效果后，素材层的下部显示有红色的斜纹线，如图4-9所示。

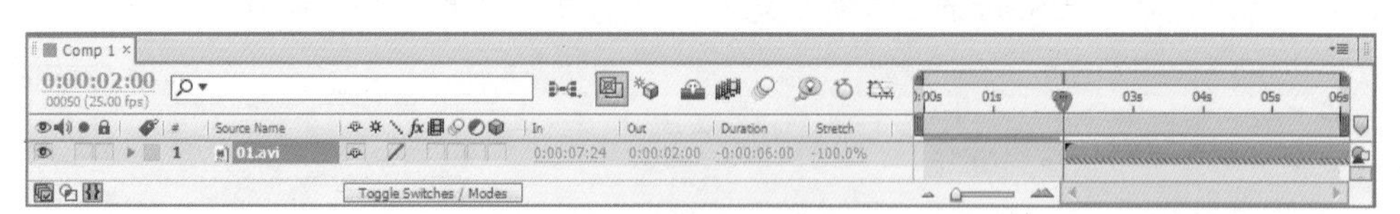

图4-9　通过菜单倒放素材

对于倒放的设置，也可以在Stretch Factor（伸缩比例）栏中单击鼠标，弹出Time Stretch（时间伸缩）对话框，将Stretch Factor（伸缩比例）设为负值，再单击Ok按钮。

将Stretch Factor（伸缩比例）设为负值可以将素材层倒放，不过其被放置在时间指示线左侧，还要对其在Timeline（时间线）面板中的位置进行适当的调整，如按[ 键，重新定位其入点到当前时间点位置。此外，在素材层上可以将倒放效果和速度的调整操作同时进行，如图4-10所示。

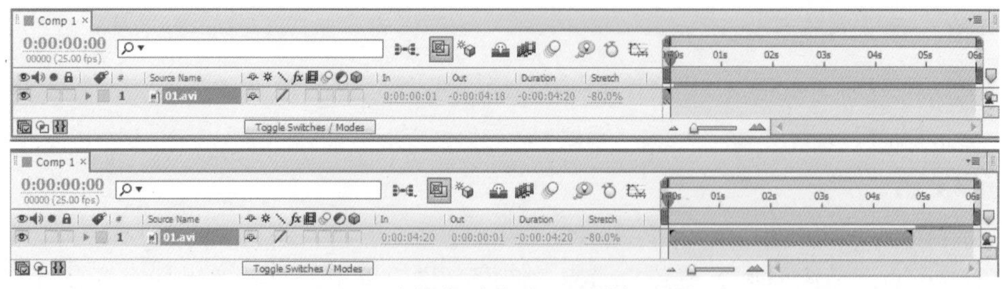

图4-10　在伸缩比例栏中设置倒放和调速

### 4.2.3　视频画面的定格

在制作中有时需要在动态视频画面中挑选出某一画面做定格处理，即不需要这段视频动态播放而只需要其中的一帧画面，让其静止不动，这个效果可以通过选择菜单Layer→Time→Freeze Frame（图层→时间→冻结帧）来实现。例如，需要一段素材第2秒处的画面，可以选中素材，将时间移至第2秒，然后选择菜单Layer→Time→Freeze Frame，这样Timeline（时间线）面板中的素材层上添加了一个Time Remap（时间重映像），并且在第2秒处有一个保持关键帧，播放时会一直是第2秒处的画面，如图4-11所示。

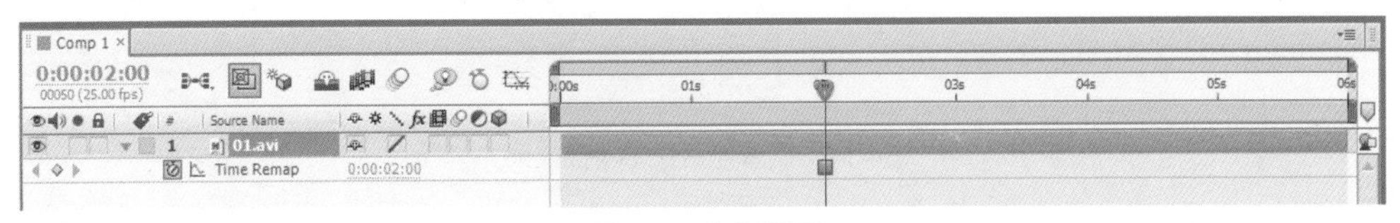


图4-11　定格画面

## 4.3 无级变速

无级变速很有视觉效果，在影视特技或视频广告中经常出现，不过其制作非常简单，在After Effects CS6中，使用Time Remap（时间重映像）可以完成这种效果。选中素材，选择菜单Layer→Time→Enable Time Remapping（图层→时间→时间重映像），其快捷键为Ctrl+Alt+T，这样可以将这个菜单勾选上，同时在Timeline（时间线）面板的素材上添加Time Remap（时间重映像）功能。可以看到，在原视频素材的开始处和结束处分别存在一个关键帧，如图4-12所示。

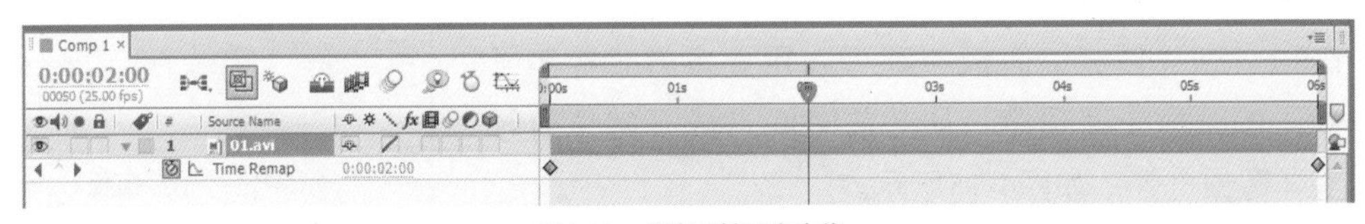


图4-12　添加时间重映像

有了Time Remap后，可以进一步添加关键帧来设置变速效果，此时需要单击Timeline（时间线）面板上部的按钮，打开图表编辑器，此时的关键帧曲线为匀速的直线。在第3秒处添加一个关键帧，并将关键帧上移，调整曲线弧度，如图4-13所示，这样制作出的视频效果会出现先快后慢的无级变速效果。

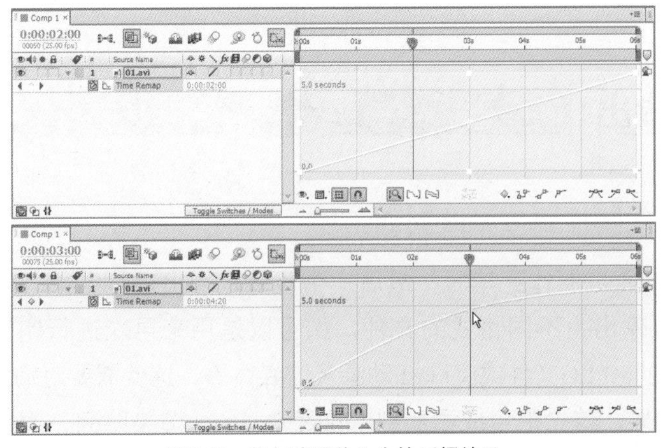


图4-13　将匀速调节为先快后慢效果

如果将数值曲线调整为前后上扬、中间平缓的状态，如图4-14所示，则出现前后快、中间慢的无级变速效果。

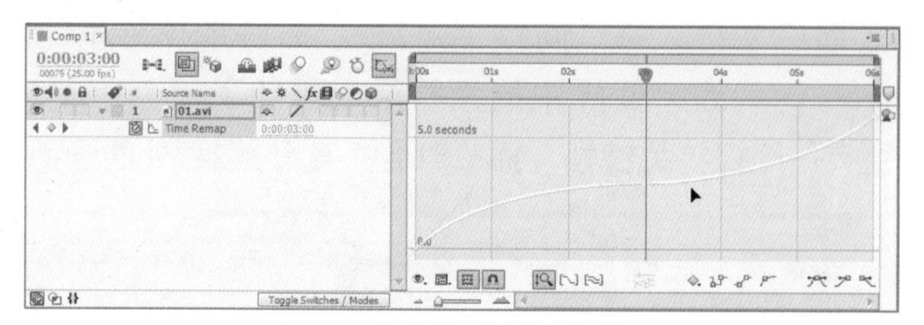

图4-14　调节前后快中间慢效果

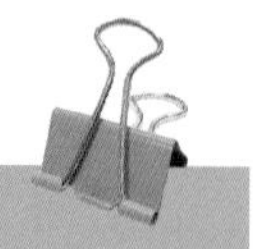

## 4.4 预览动画效果

After Effects CS6的合成制作结果是视频或音频形式，涉及视频和音频的预览。在进行合成制作的过程中或者制作结束时，对制作的效果需要随时预览，及时掌控。受合成图层数量的不同，遮罩、滤镜、动画等设置的不同，对结果的预览往往也会随着软件计算量的大小有快有慢。

快捷键预览操作常用的方式如下：

- 按空格键，进行简单的视频预览。
- 按小键盘的.（小数点）键，进行音频预览。
- 按小键盘的0键，进行视频、音频的同时回放。

在Preview（预览）面板中则可以用更多方式控制预览方式，如跳帧快速预览，从当前时间点或开始位置预览，全屏幕预览等，如图4-15所示。

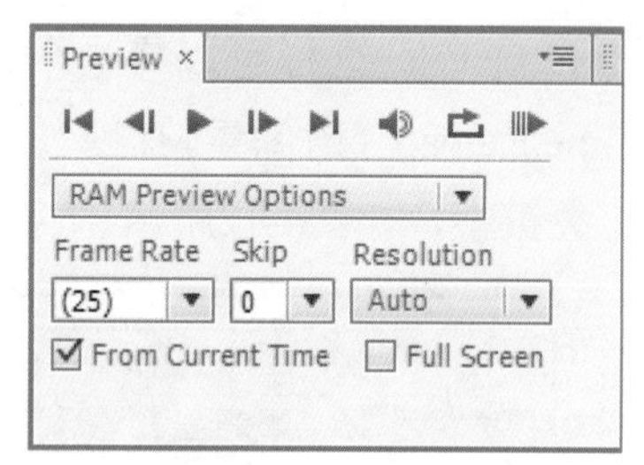


图4-15　预览面板

对于预览速度的提高，除了增强CPU、显卡和内存等硬件性能外，在软件中也可以进行相应设置，如在合成视图下方选择Auto解析度方式预览，这样在放大倍率为50%时，解析度自动切换为1/2；在放大倍率为25%时，解析度自动切换为1/4，从而加快预览速度。在图层中，必要时切换到状态，以低质量显示，关闭视频模糊、运动模糊及一些运算量大的特效，在最终渲染时再打开。

## 4.5 渲染输出

### 4.5.1 将合成添加到渲染队列面板

After Effects 在合成制作完毕后，最后一个步骤是输出最终结果。根据用途的不同，可以将最终的结果输出为不同格式的文件，如可以是用来再次进行制作的AVI或MOV文件、用来刻录光盘的MPEG文件或者Flash动画及流媒体等，这就需要对输出进行相关设置。

要输出合成结果，首先把合成添加到Render Queue（渲染队列）面板中。可以使用以下几个方法：

- 在Timeline（时间线）面板中确认要输出的合成处于激活状态，选择菜单Composition→Make Movie（合成→制作影片，快捷键为Ctrl+M），将其添加到Render Queue（渲染队列）面板中。
- 在Composition（合成）面板中确认要输出的合成处于激活状态，选择菜单Composition→Make Movic（合成→制作影片，快捷键为Ctrl+M），将其添加到Render Queue（渲染队列）面板中。
- 在Project（项目）面板中确认要输出的合成处于选中状态，选择菜单Composition→Make Movie（合成→制作影片，快捷键为Ctrl+M），将其添加到Render Queue（渲染队列）面板中。
- 将合成从Project（项目）面板中直接拖至Render Queue（渲染队列）面板，这样也可以将其添加到Render Queue（渲染队列）面板中。

### 4.5.2 了解Render Queue面板

选择菜单Composition→Make Movie（合成→制作影片，快捷键为Ctrl+M），或者选择菜单Window→Render Queue（视窗→渲染队列），都可以打开Render Queue（渲染队列）面板，如图4-16所示。

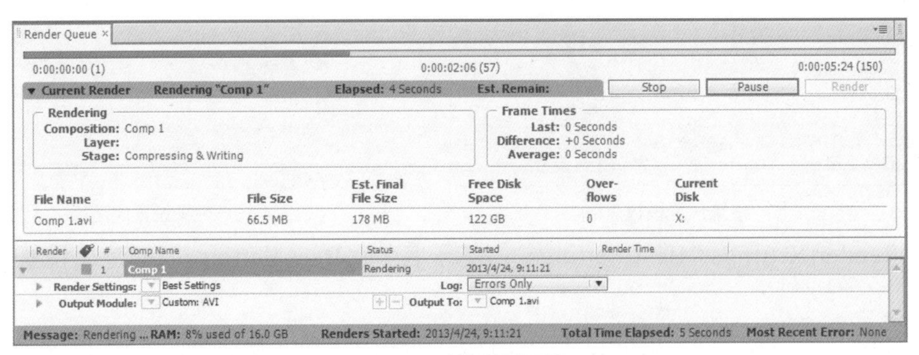


图4-16 渲染队列面板

- Current Render：当前渲染，显示渲染进度，参数如下：Elapsed — 经过时间；Est. Remain — 预计剩余时间；Render — 是否进行渲染；（Label）— 标签；# — 渲染队列的序号；Comp Name — 合成名称；Status — 状态；Started — 开始时间。
- Render Time：渲染时间，参数如下：Render Settings — 渲染设置；Output Module — 输出模块；Log — 日志；Output To — 输出文件的保存位置。
- 渲染信息显示栏：位于底部，参数如下：Message — 消息；RAM — RAM渲染；Renders Started — 渲染开始；Total Time Elapsed — 已用时间；Most Recent Error — 最近错误显示。

### 4.5.3 预置Render Setting

对于Render Queue（渲染队列）面板中经常设置的Render Settings（渲染设置），可以预先进行自定义设置，将常用的选项进行预先设置，以后使用时直接调用即可，而不需要每次都进行同样的设置。

选择菜单Edit→Templates→Render Settings（编辑→模板设置→渲染设置），打开Render Settings Templates（渲染设置模板）面板，如图4-17所示。

① Defaults：默认设置，参数如下：

Movie Default — 默认影片；Frame Default — 默认帧，默认为合成中的Current Settings（当前设置）；Pre-Render Default — 默认预渲染，默认为Best Settings（最好质量设置）；Movie Proxy Default — 默认影片代理，默认为Draft Settings（草稿质量设置）；Still Proxy Default — 默认图片代理，默认为Best Settings（最好质量设置）。

② Settings：设置，参数如下：

Settings Name — 设置名称；New — 新建；Edit — 编辑；Duplicate — 复制；Delete — 删除；Save All — 全部保存；Load — 导入。

在Settings Name（设置名称）中选择或输入名称后，单击Edit（编辑）按钮，会打开与名称对应的Render Settings（渲染设置）面板，如图4-18所示。

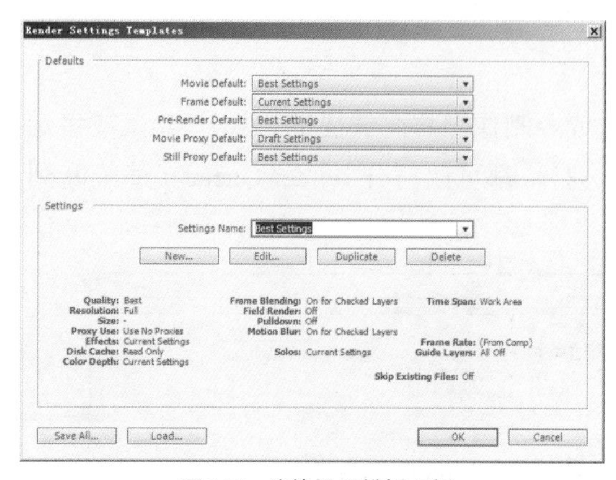


图4-17 渲染设置模板面板

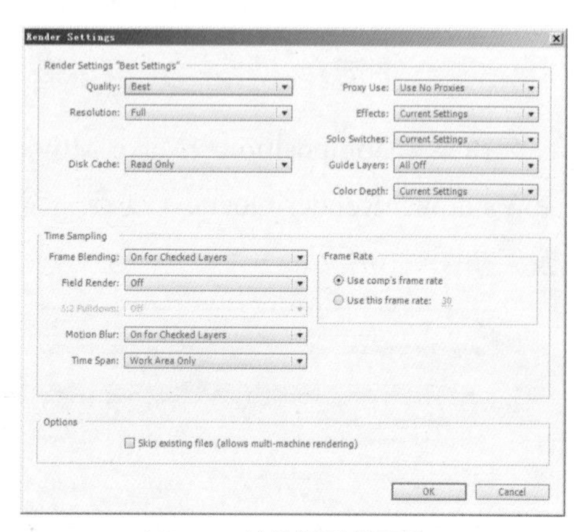


图4-18 渲染设置的面板

① Render Settings“Best Settings”：基于名为“Best Settings”的渲染设置，参数如下：

Quality — 品质，默认为Best；Proxy Use — 使用代理，默认为Use No Proxies（不使用代理）；Resolution — 解析度，默认为Full（最好品质）；Effects — 滤镜，默认为Current Settings（当前设置）；Solo Switches — 独奏切换开关，默认为Current Settings（当前设置）；Disk Cache — 磁盘缓存，默认为Read Only（只读）；Guide Layers — 引导图层，默认为All Off（全部关闭）；Use OpenGL Render — 设置是否使用OpenGL渲染；Color Depth — 色深度，默认为Current Settings（当前设置）。

② Time Sampling：时间采样，参数如下：

Frame Blending — 帧混合，默认为On For Checked Layers（打开选择的图层）；Frame Rate — 帧速率；Use comp's frame rate — 使用合成的帧速率设置；Use this frame rate — 使用自定义帧速率；Field Render — 场渲染，默认为Off（关闭）；3∶2 Pulldown — 3比2折叠，默认为Off（关闭）；Motion Blur — 运动模糊，默认为On For Checked Layers（打开选择的图层）；Time Span — 时间，默认为Work Area Only（仅工作区域）。

③ Options：选项，参数如下：

Use storage over flow — 是否使用存储溢出；Skip existing files (allows multi-machine rendering) — 是否跳过现有文件（允许多机渲染）。

### 4.5.4 预置Output Module

与Render Settings（渲染设置）相似，Render Queue（渲染队列）面板中经常设置的Output Module（输出模板）面板，也可以预先进行自定义设置，将常用的选项进行预置，这样以后使用时直接调用，而不需要每次都进行同样设置。

选择菜单Edit→Templates → Output Module（编辑→模板设置→输出模块）打开Output Module Templates（输出模块模板）设置面板，如图4-19所示。

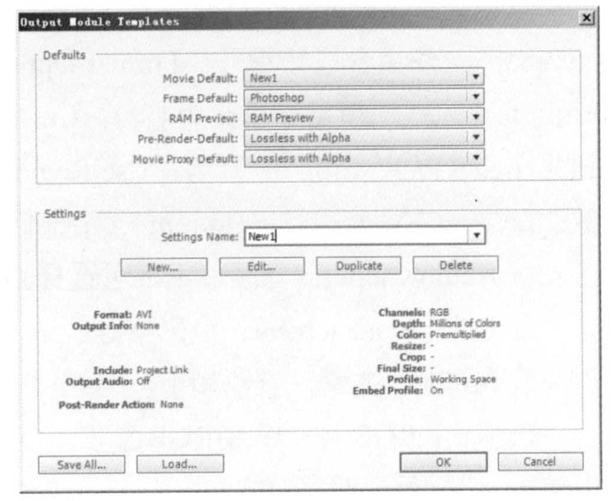


图4-19 输出模块模板面板

① Defaults：默认设置，参数如下选项：

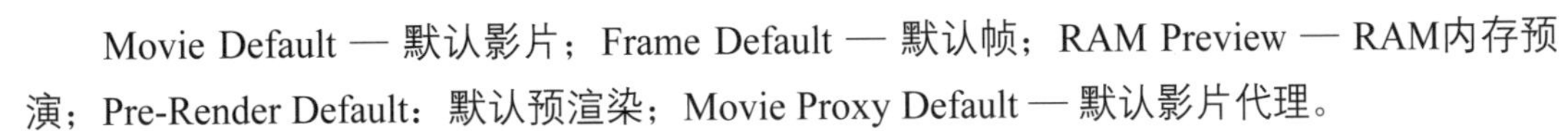

Movie Default — 默认影片；Frame Default — 默认帧；RAM Preview — RAM内存预演；Pre-Render Default：默认预渲染；Movie Proxy Default — 默认影片代理。

② Settings：设置，参数如下：

Settings Name — 设置名称；New — 新建；Edit — 编辑；Duplicate — 复制；Delete — 删除。

③ Save All：全部保存。

④ Load：导入。

在Settings Name（设置名称）中选择或输入名称后，单击Edit（编辑）按钮，会打开与名称对应的Output Module Settings（输出模块设置）面板，其中有Main Options（主要选项）和Color Management（色彩管理）两个标签，如图4-20所示。

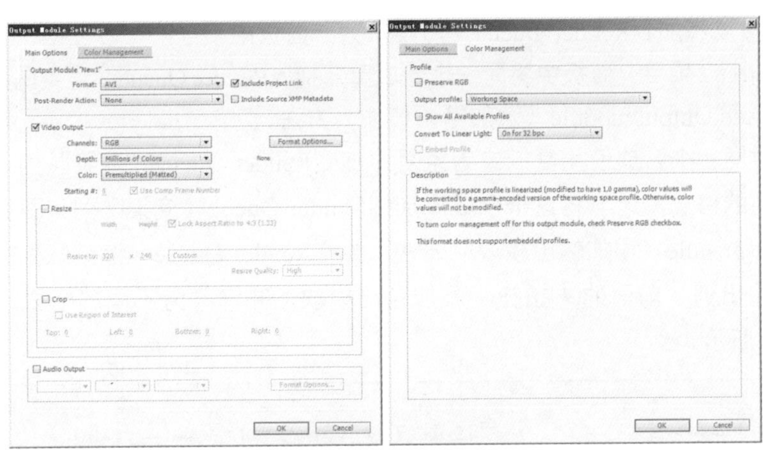

图4-20 输出模块设置面板

Main Options（主要选项）标签说明如下。

① Output Module“New1”：基于“New1”输出模块的设置，参数如下：

Format — 输出文件的格式；Include Project Link — 包含项目链接；Post-Render Action — 渲染后的动作；Include Source XMP Metadata — 包含素材源XMP元数据。

② Video Output：视频输出，参数如下：

Channels — 通道；Depth — 深度，默认为Millions of Colors（真彩色）；Color — 色彩，默认为Premultiplied（Matted）（预乘（蒙板））；Starting — 开始帧；Use Comp Frame Number — 使用合成帧编号；Format Options — 格式选项；Stretch — 伸缩；Lock Aspect Ratio to 4∶3 — 锁定纵横比为4∶3；Custom — 自定义；Stretch Quality — 伸缩品质，默认为High（高）；Crop — 修剪；Use Region of Interest — 使用重点区域；Top — 上部修剪数；Left — 左侧修剪数；Bottom — 下部修剪数；Right — 右侧修剪数。

③ Audio Output：音频输出，可选择立体声、单声道，并可设置格式选项。

④ Color Management：色彩管理。

⑤ Profile：方案，参数如下：

Preserve RGB — 保持RGB选项；Output Profile — 输出方案；Show All Available Profiles — 显示全部有效方案；Convert To Linear Light — 定义为线性光，其后有关、开、开启（32bpc使用）三个选项；Embed Profile — 包含嵌入方案。

### 4.5.5　多格式输出

对于某个合成中的内容，为了不同的需要，可能会按不同的尺寸和格式输出多种形式的结果。例如，为了预演最终的效果，为了节省时间，可以输出一个小尺寸的视频；也可以为了减小文件体积的大小，将其输出为某种压缩格式的视频。另外，电视播出和网上视频播放需要进行不同尺寸、不同帧速率等设置和输出。

同一个合成进行不同尺寸的设置和输出，可以使用上面在Render Queue（渲染队列）面板中复制输出项的方法，也可以使用其他方法，例如：

- 在Timeline（时间线）面板或Project（项目）面板中将同一个合成使用Make Movie（制作影片，快捷键为Ctrl+M）重复添加到Render Queue（渲染队列）面板中。
- 与使用Make Movie（制作影片）相似，使用Add to Render Queue（添加到渲染队列）重复添加到Render Queue（渲染队列）面板中。
- 在Project（项目）面板中将同一个合成重复拖入Render Queue（渲染队列）面板中。
- 使用Add Output module（添加输出模块）方法。

例如，对同一个合成使用复制或者重复添加到Render Queue（渲染队列）面板中，然后修改为不同的格式，这与将这个合成添加到Render Queue（渲染队列）面板中，然后使用Add Output module（添加输出模块）方法，或在Render Queue（渲染队列）面板中单击Output To（输出到）前面的⊞按钮，添加输出模块，并修改为不同的格式，结果是一样的，如图4-21所示。

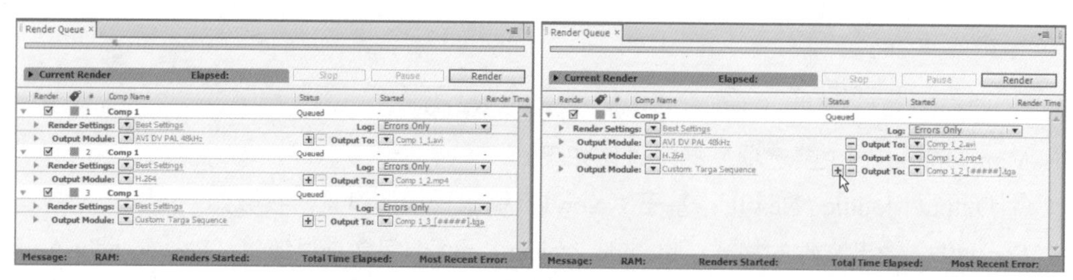


图4-21　不同格式的输出

## 4.6 时间编辑实例

### 4.6.1 实例简介

本实例制作一个文字板爆炸并飞散碎片的效果，与常规现象不同的是，一方面，碎片在飞散过程中被“暂停”，另一方面，可以在“暂停”期间旋转摄像机从不同视角去观察，随后让碎片继续飞散。效果如图4-22所示。

图4-22 实例效果

主要特效：Fill、Ramp、Shatter。

技术要点：使用Shatter特效制作破碎效果，使用Time Remap设置静止时间旋转空间的效果。

### 4.6.2 实例步骤

#### 1. 导入素材

在新的项目面板中导入准备制作的素材，在Project（项目）面板的空白处双击鼠标左键，打开Import File（导入文件）对话框，从中选择本例中所准备的图片素材“墙01.tif”和“墙02.tif”，单击“打开”按钮，将其导入到Project（项目）面板中，如图4-23所示。

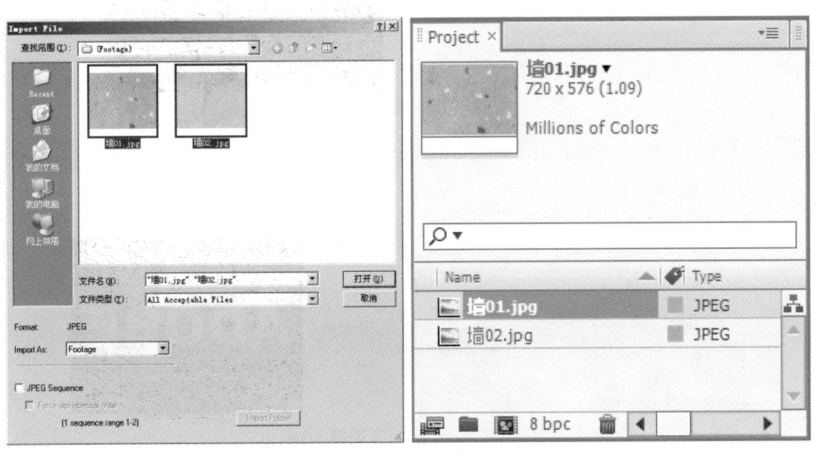


图4-23 导入素材

## 2. 建立“墙”合成

**步骤 01** 选择菜单Composition → New Composition（合成→新建合成，快捷键为Ctrl+N），打开Composition Settings（合成设置）对话框，从中设置如下：Composition Name（合成名称）为“墙”，Preset（预置）为PAL D1/DV，Duration（持续时间）为02秒，如图4-24所示。然后单击OK按钮。

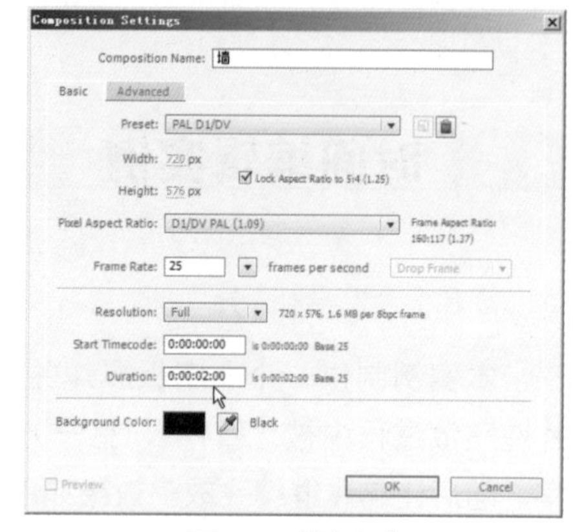

图4-24 新建合成

**步骤 02** 从项目面板中将“墙01.tif”和“墙02.tif”图片拖至时间线中，并将“墙01.tif”的Scale（比例）设为(95,95%)，如图4-25所示。

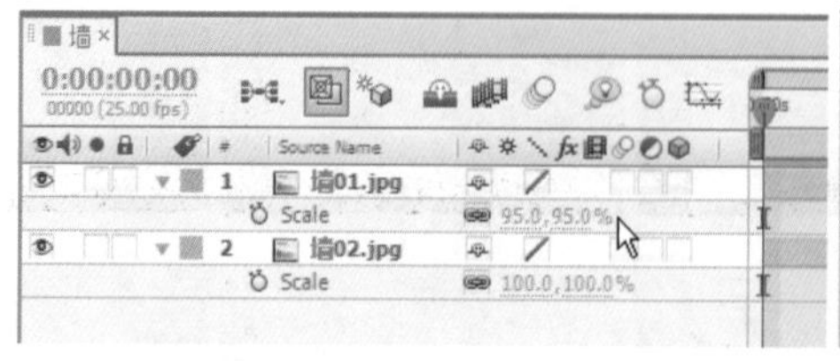
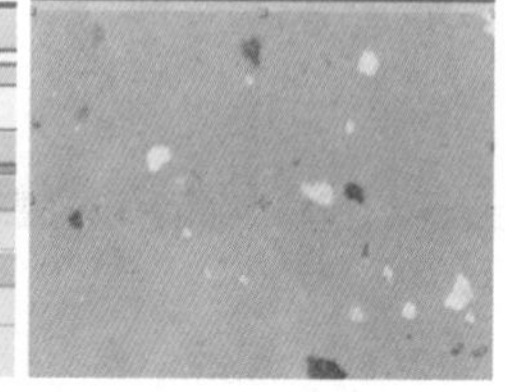

图4-25 放置素材与调整比例

## 3. 建立“文字”合成

**步骤 01** 选择菜单Composition → New Composition（合成→新建合成，快捷键为Ctrl+N），打开Composition Settings（合成设置）对话框，从中设置如下：Composition Name（合成名称）为“文字”，Preset（预置）为PAL D1/DV，Duration（持续时间）为02秒。然后单击OK按钮。

**步骤 02** 选择菜单Layer → New → Text（图层→新建→文字），新建一个文字，输入“ADOBE”，在Character（字符）面板中设置字体为Arial Black、大小为180、上下偏移为-66，在Paragraph（段落）面板中设置文字对齐方式为居中，如图4-26所示。

图4-26 建立文字

**步骤 03** 从项目面板中将“墙01.tif”拖至时间线中的文字层之下，将其TrkMat栏设为Alpha Matte方式，如图4-27所示。

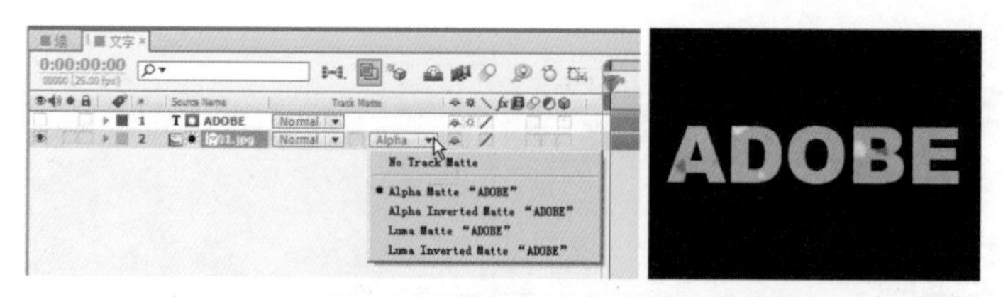


图4-27 设置图层蒙板效果

#### 4. 建立“破碎”合成

**步骤 01** 选择菜单Composition→New Composition（合成→新建合成，快捷键为Ctrl+N），打开Composition Settings（合成设置）对话框，从中设置如下：Composition Name（合成名称）为“破碎”，Preset（预置）为PAL D1/DV，Duration（持续时间）为02秒。然后单击OK按钮。

**步骤 02** 从项目面板中将“墙”拖至时间线中，选择菜单Effect→Simulation→Shatter（特效→仿真→破碎），添加特效，设置如下：View（查看）为Rendered（渲染），Shape（形状）下的Pattern（图案）为Glass（玻璃），Repetitions为15（反复），Extrusion Depth（挤压深度）为0.1，设置Force 1（焦点 1）下的Depth（深度）为0.1，Radius（半径）为0.1，Strength（强度）为18，将时间移至第6秒，将Force 1（焦点1）下的Position（位置）设为(100,288)，并打开其前面的码表，记录动画关键帧，然后将时间移至第1秒处，再将其设为(600,288)，如图4-28所示。

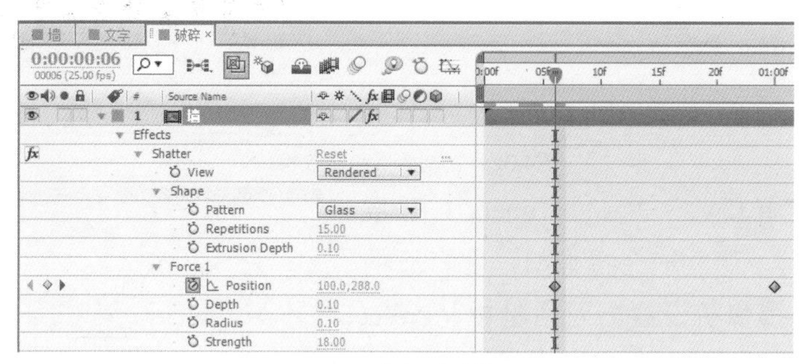


图4-28 设置破碎效果

**步骤 03** 预览此时的动画效果，如图4-29所示。

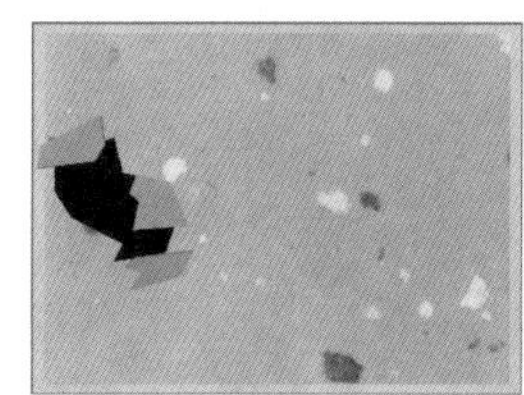

图4-29 预览动画效果

**步骤 04** 从项目面板中将“文字”拖至时间线顶层，选择菜单Effect→Generate→Fill（特效→生成→填充），为其添加一个白色的填充效果，如图4-30所示。

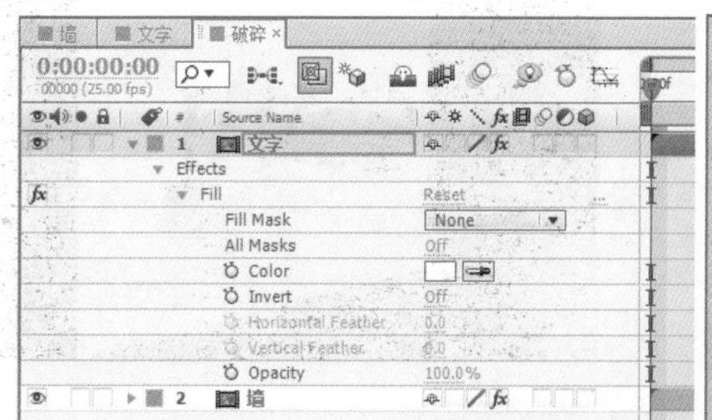

图4-30 添加白色填充

**步骤 05** 选中“墙”层的Shatter（破碎）特效，按Ctrl+C组合键复制，选中“文字”层，将时间移至第10帧处，按Ctrl+V组合键粘贴，这样将特效复制到“文字”层上，并且动画关键帧从第10帧开始，如图4-31所示。

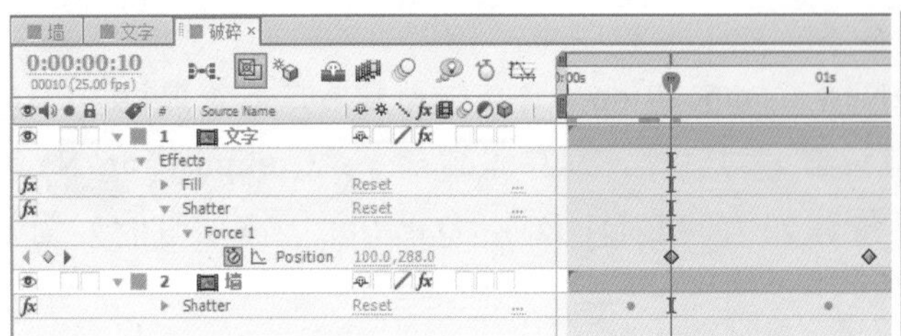

图4-31　复制特效

步骤 06　选中“文字”层，按Ctrl+D组合键创建副本，将副本移至底层，删除其Fill（填充）特效，将Shatter（破碎）下Force 1（焦点 1）的Position（位置）的关键帧取消，并将其数值设为(0,0)，如图4-32所示。

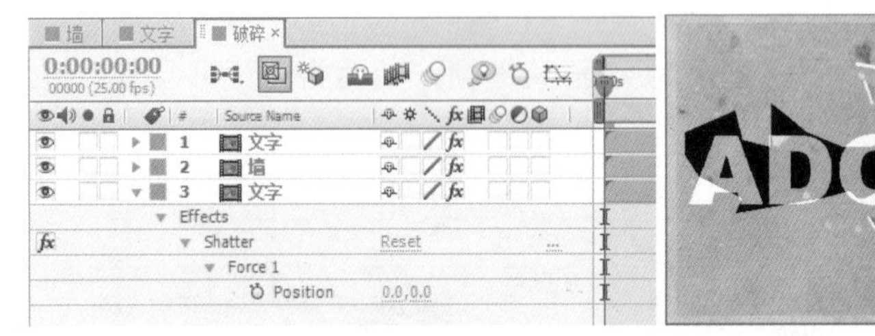

图4-32　复制图层与修改特效

步骤 07　选择菜单Layer→New→Camera（图层→新建→摄像机），建立一个摄像机，在打开的Camera Settings（摄像机设置）对话框中将Preset（预置）设为35mm，如图4-33所示。再单击OK按钮，建立Camera 1。

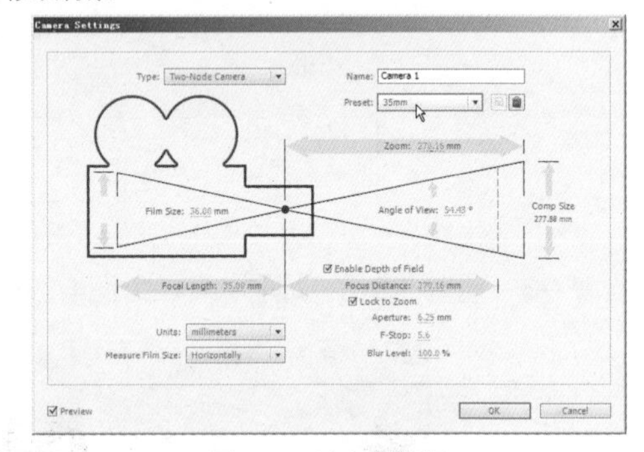

图4-33　建立摄像机

步骤 08　将时间线中的三个图层中Shatter（破碎）下的Camera System（摄像机系统）均设为Comp Camera（合成摄像机），这样以所建立的Camera 1作为破碎动画的视角。

步骤 09　为Camera 1设置关键帧动画，将时间移至第24帧处，打开其Position（位置）前面的码表，设为(1000,288,−760)，如图4-34所示。

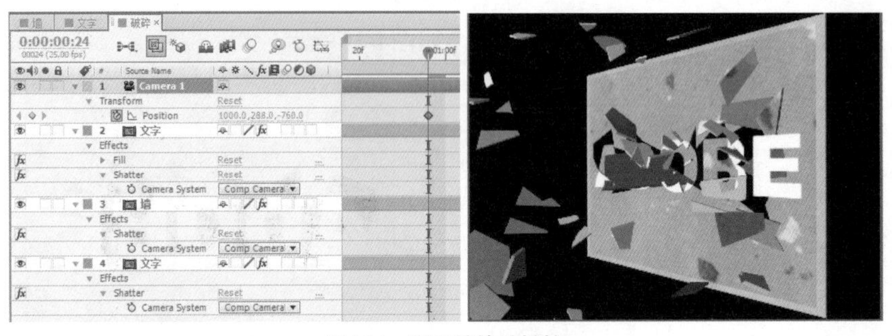

图4-34　设置特效关键帧

步骤 10　将时间移至第1秒，设置Camera 1的Position（位置点）为(−340,288,−760)，如图4-35所示。

图4-35 设置特效关键帧

**步骤 11** 在合成视图中选择Top视图方式，调节Camera 1位置点关键帧锚点的手柄，使Camera1绕目标点等距离移动，如图4-36所示。

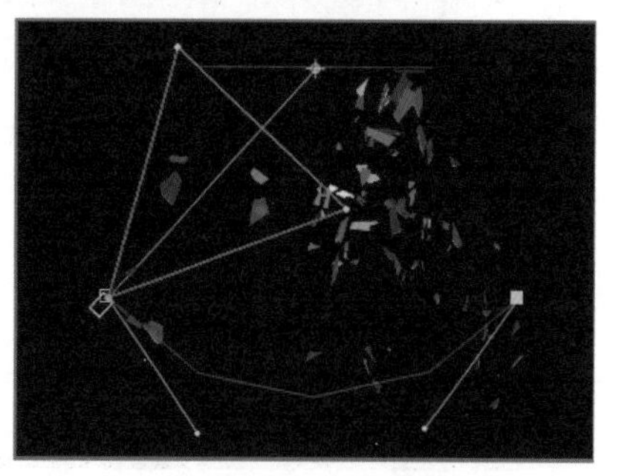

图4-36 调节摄像机绕行动画

### 5. 建立“超时空效果”合成

**步骤 01** 选择菜单Composition→New Composition（合成→新建合成，快捷键为Ctrl+N），打开Composition Settings（合成设置）对话框，从中设置如下：Composition Name（合成名称）为“超时空效果”，Preset（预置）为PAL D1/DV，Duration（持续时间）为06秒。然后单击OK按钮。

**步骤 02** 选择菜单Layer→New→Solid（图层→新建→固态层），以当前合成的尺寸建立一个固态层。选择菜单Effect→Generate→Ramp（特效→生成→渐变），设置Start Color（开始色）为RGB(220,250,255)，End Color（结束色）为RGB(0,12,52)，如图4-37所示。

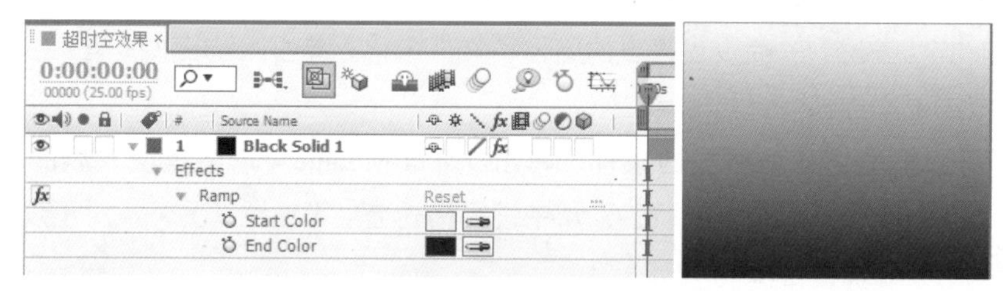


图4-37 建立渐变图层

**步骤 03** 从项目面板中将“破碎”拖至时间线面板中，选择菜单Layer→Time→Enable Time Remapping（图层→时间→启用时间重映像），在时间线面板的“破碎”图层下建立一个入点和出点添加了关键帧的Time Remap（时间重映像），如图4-38所示。

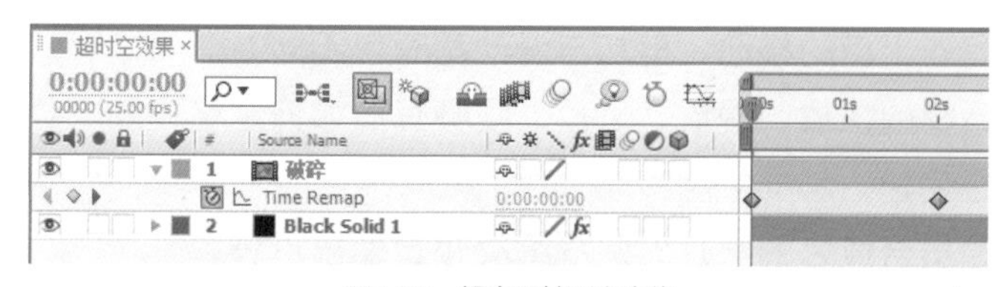


图4-38 添加时间重映像

**步骤 04** 将时间移至第24帧处，单击Time Remap（时间重映像）前面的◇图标，添加一个关键帧，将时间移至第1秒处，再单击◇图标，添加一个关键帧，如图4-39所示。

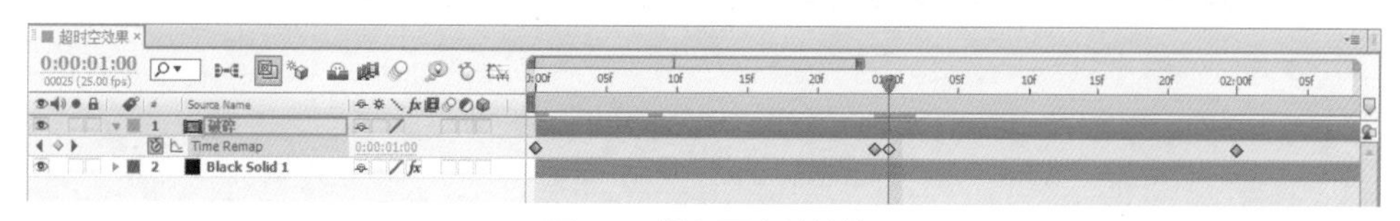

图4-39 添加两个关键帧

**步骤 05** 选中后两个关键帧，将其移至尾部，如图4-40所示。

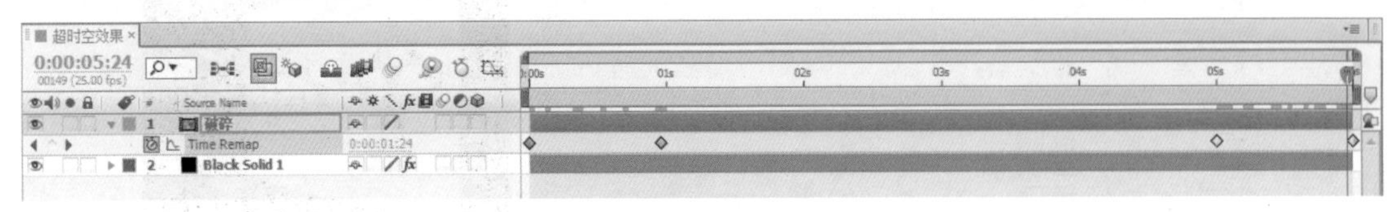


图4-40 移动关键帧

**步骤 06** 此时第2个关键帧与第3个关键帧之间，原来1帧的时间现在变为4秒。查看这个时间段中摄像机围绕拍摄的爆炸效果，这也是在爆炸一瞬间的超时空效果展示，时间近似静止，空间则旋转变化，如图4-41所示。

图4-41 时间静止空间变化的效果

### 6. 输出视频

**步骤 01** 在时间线面板、项目面板或合成视图中激活“超时空效果”，选择菜单Composition→Make Movie（合成→制作影片），将合成添加到Render Queue（渲染队列）面板中，确认Render Settings（渲染设置）为Best Settings（最佳设置）；在Output Module（输出模块）后单击▼，弹出下拉选项，选择Microsoft DV PAL 48kHz，输出为国内标清电视制式的视频，在Output To（输出到）后设置输出的路径和文件名称。单击Render（渲染）按钮，进行渲染计算并生成结果文件。

**步骤 02** 也可以输出为其他格式的文件，单击Output Module（输出模块）后的名称，打开Output Module Settings（输出模块设置），从中进行格式选项等设置。另外，对于没有音频的合成，可以取消其音频输出选项。

## 思考与练习

一、思考题：

1. 对素材入点、出点的移动、剪切与滑动都有何不同？
2. 怎样控制素材的快放、慢放、倒放？视频画面如何定格？
3. 什么是无级变速？怎样才能实现？
4. 如何渲染输出合成好的影片？怎样渲染预置输出设置？

二、练习题：

1. 对一段视频素材进行循环播放、常规调速及无级变速的制作。
2. 对合成进行多种尺寸、多种格式、多种时间范围的渲染输出。

# 第5章 图层的模式、蒙板与遮罩

## 5.1 图层的模式

与Photoshop类似，After Effects对于图层模式的应用非常重要，图层之间可以通过图层模式来控制上层与下层的融合效果。图层模式改变了层上某些颜色的显示，所选择的模式类型决定了层的颜色如何显示，即图层模式是基于上下层的颜色值的运算。图层模式的使用方法是：在Timeline（时间线）面板中单击开关，显示出Mode（模式）栏，在其中选择相应的模式，或者先选中图层，然后通过菜单Layer→Blending Mode（图层→融合模式）进行相应模式的选择。

After Effects中默认的图层模式为Normal（正常），根据合成需要可尝试更改为其他模式。先查看两个图层的效果，如图5-1所示。

图5-1 默认效果

将渐变颜色层的Mode（模式）设为Screen（屏幕）模式，如图5-2所示。

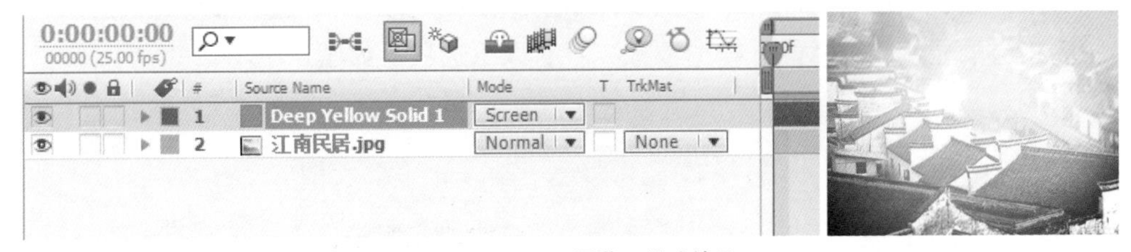


图5-2 Screen（屏幕）模式效果

将渐变颜色层的Mode设为Overlay（叠加）模式，如图5-3所示。

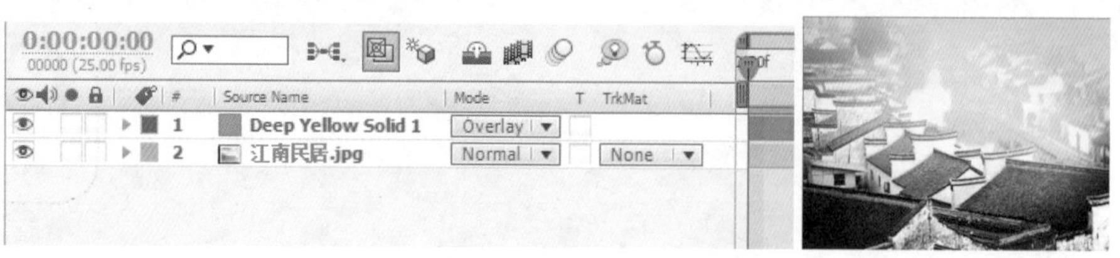


图5-3 Overlay（叠加）模式效果

将渐变颜色层的Mode设为Difference（差值）模式，如图5-4所示。

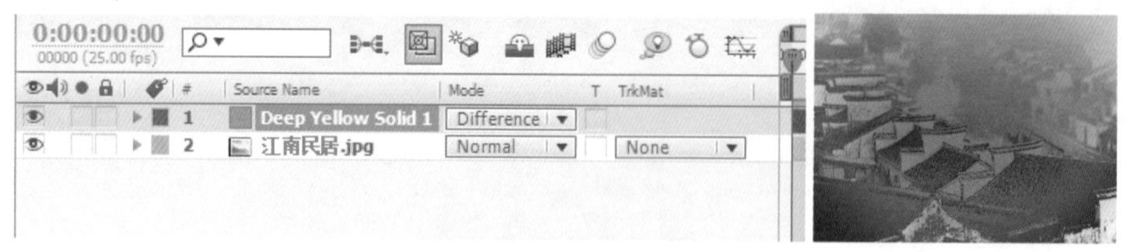


图5-4 Difference（差值）模式效果

以下素材中，点光层有黑色的底色，将点光层的Mode设为Add（相加）模式后，点光叠加到下层图像中，黑底色消除，如图5-5所示。

图5-5 Add（相加）模式效果

以下素材中，蜡烛层有黑色的底色，将蜡烛层的Mode设为Lighten（变亮）模式后，蜡烛图像叠加到下层图像中，黑底色消除，如图5-6所示。

图5-6 Lighten（变亮）模式效果

## 5.2 图层的Matte蒙板操作

After Effects中可以使用轨道蒙板功能，通过一个图层的Alpha通道或亮度值来影响另一层的透明区域。图层选用轨道蒙板类型只针对其上面的层，在应用了某种轨道蒙板的同时会关闭上层的显示。TrkMat（轨道蒙板）栏有以下选项，如图5-7所示。

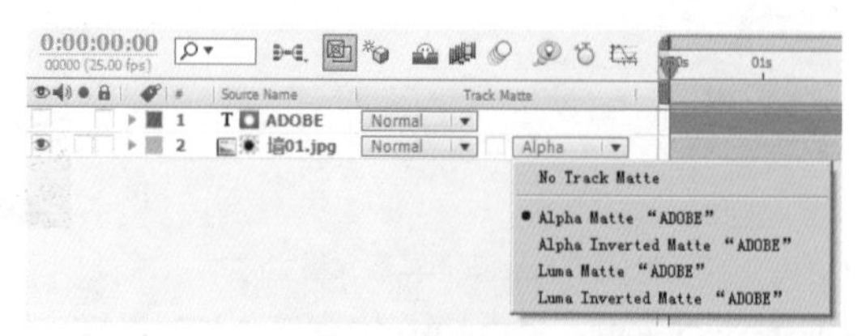


图5-7 TrkMat栏

No Track Matte — 无轨道蒙板；Alpha Matte — Alpha通道透明蒙板；Alpha Inverted Matte — 反转Alpha通道透明蒙板；Luma Matte — 亮度透明蒙板；Luma Inverted Matte — 反转亮度透明蒙板。

### 5.2.1 Alpha通道Matte蒙板

以下素材中，上层为文字（含有Alpha通道透明信息的图像也可），下层为普通的背景图像，如图5-8所示。

图5-8 原图像

在时间线中，背景层的TrkMat（轨道蒙板）栏设为Alpha Matte（Alpha 蒙板）方式，这样背景只显示出文字部分的内容，如图5-9所示。

图5-9 Alpha Matte方式

### 5.2.2 亮度通道Matte蒙板

以下素材中，上层为一个蒙板序列图像，内容为白色的飞船轮廓与黑色背景，下层为含有飞船的太空序列图像，如图5-10所示。

图5-10 原图像

在时间线中将下层太空序列图像的TrkMat（轨道蒙板）栏设为Luma Matte（亮度蒙板）方式，使太空序列图像只显示出飞船部分，如图5-11所示。

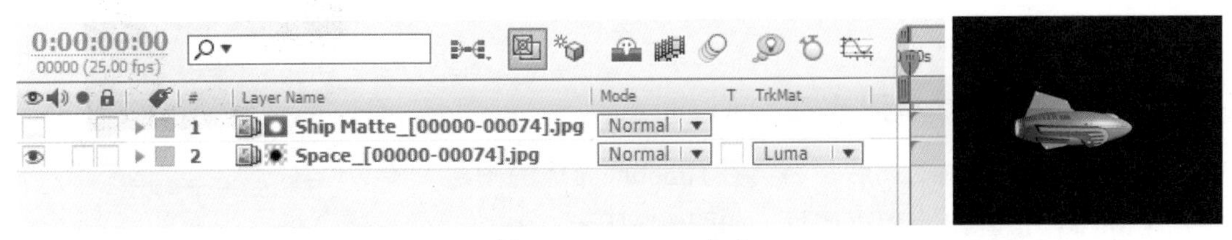


图5-11 Luma Matte方式

这样可以将飞船合成到其他画面中，如图5-12所示。

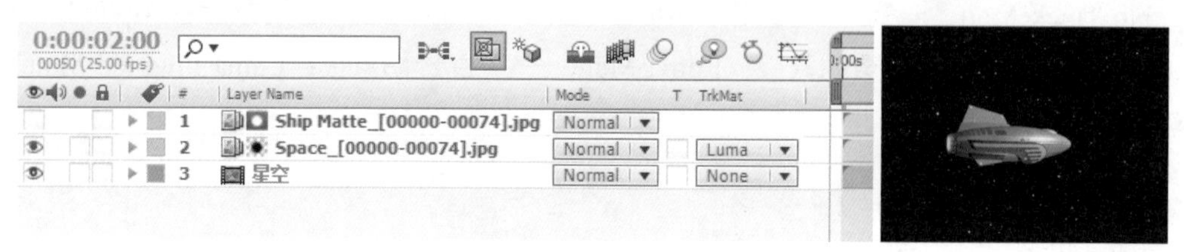


图5-12　合成到其他画面中

## 5.3 图层的Mask遮罩操作

### 5.3.1　绘制Mask遮罩

在进行合成制作时，经常要面对将多个图层的画面叠加合成，这就要求上面的图层不能完全遮挡住下面的图层，而遮罩就是选择性地遮挡图像的常用方法之一。

遮罩的制作可以使用矩形或椭圆形等基本形状工具来绘制基本形状的遮罩，也可以使用钢笔工具来绘制复杂形状的遮罩。这里对两个素材画面使用遮罩的方式来进行叠加合成，如图5-13所示。

图5-13　原图像

在地球图层上使用圆形遮罩工具，按地球的轮廓绘制一个圆形遮罩，消除地球之外的背景，如图5-14所示。

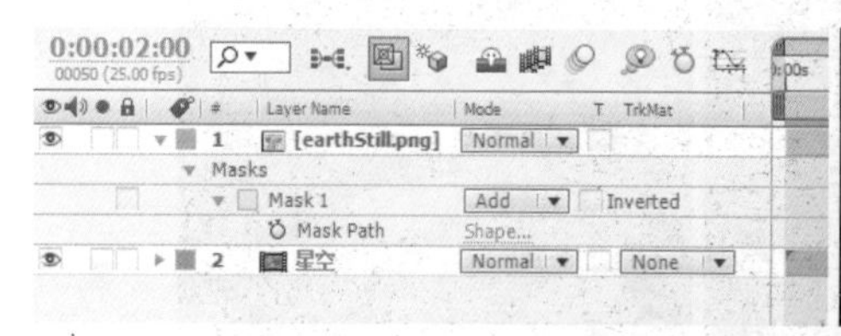

图5-14　遮罩合成效果

对于位置要求精确的Mask，可以在Composition（合成）面板中单击按钮，然后选择Proportional Grid（均衡网格），显示均衡网格参考线等方式，可以参照来查看结果，如图5-15所示。

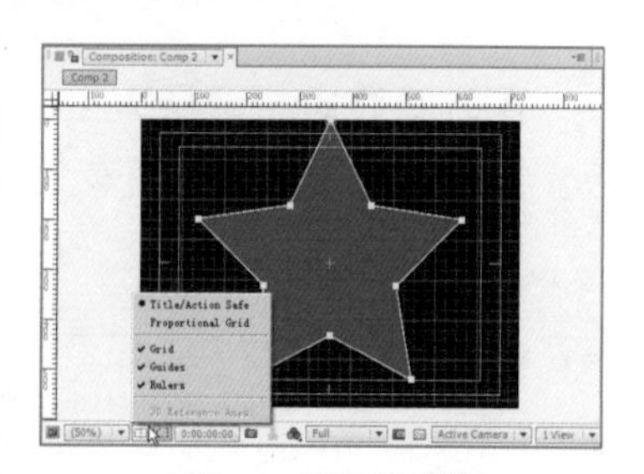

图5-15　显示参考线

### 5.3.2　Mask遮罩的属性

在图形上建立遮罩之后，将会在Timeline面板的图层中产生Mask项，Mask有以下属性，如图5-16所示。

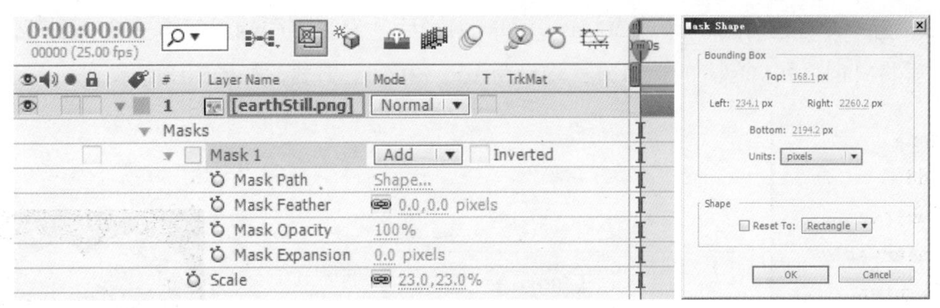


图5-16 Mask属性

Masks：遮罩，其下包含一个至多个遮罩。

① Mask 1：Masks之下的一个遮罩，其后有多个遮罩运算的选项，影响着多个遮罩一起使用时的情况。最右侧还有一个Inverted（反转）选择项，勾选后，遮罩遮挡住的部分和显示出的部分将反转。

Mask Shape — 遮罩外形；Mask Feather — 遮罩羽化；Mask Opacity — 遮罩不透明度；Mask Expansion — 遮罩伸缩。

单击Mask Shape（遮罩外形）后面的Shape，可以打开Mask Shape（遮罩外形）对话框，从中可以对遮罩的形状进行精确调整。

② Bounding box：遮罩控制矩形盒范围的限制，参数如下：Left — 左；Right — 右；Top — 上；Bottom — 下。

③ Units：单位，有Pixels（像素）、inches（英寸）、millimeters（毫米）和% of source（相对来源的百分比）几个选项。

Shape — 外形，参数如下：Reset To — 重设为，有Rectangle（矩形）和Ellipse（椭圆形）两个选项。

可以在Bounding box（范围限制）下将Units（单位）选择为 % of source（相对来源的百分比），然后将遮罩控制矩形盒范围的限制进行适当的设置，左右和上下均对称，这样可以得到一个居中的遮罩。

> **提示**
>
> 在使用工具对锚点的手柄进行调整时，有时调整锚点一边的手柄，另一边也会相应受到影响而发生变化，如果只需要调整一边的手柄，可以在调整时按住Ctrl键。另外，Tool（工具）栏中的工具可以在遮罩曲线上添加新的锚点，工具可以在遮罩曲线上删除所单击的锚点，工具可以对遮罩设置羽化效果。

### 5.3.3 复合Mask遮罩运算方式

当在一个图层上添加有多个遮罩时，这些遮罩之间可以通过不同的叠加运算方式产生不同的最终效果。实例操作如下：

**步骤 01** 在Mask 1 和Mask 2之后都有遮罩运算方式的下拉选项，分别为None（没有）、Add（相加）、Subtract（相减）、Intersect（交叉）、Lighten（变亮）、Darken（变暗）、Difference（差值），以及Invert（反转）选项。对于这两个遮罩，使用不同的运算方式可以产生不同的效果。下拉选项如图5-17所示。

**步骤 02** 为一个图层添加两个遮罩Mask 1和Mask 2后，设置不同的运算方式会得到不同的结果。这里将Mask 1和Mask 2的运算方式均设为Add（相加）方式，如图5-18所示。

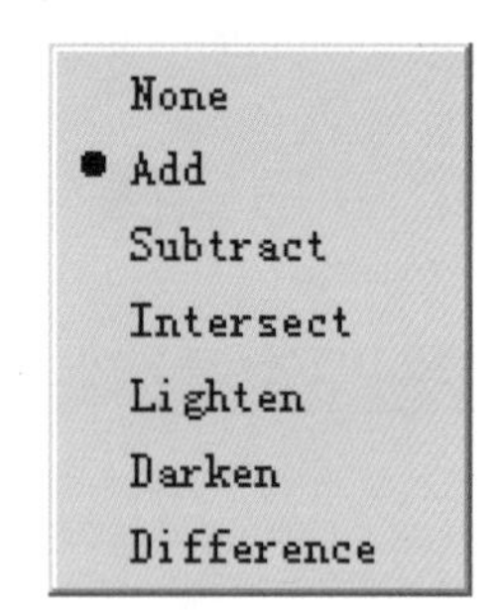


图5-17 Mask运算方式

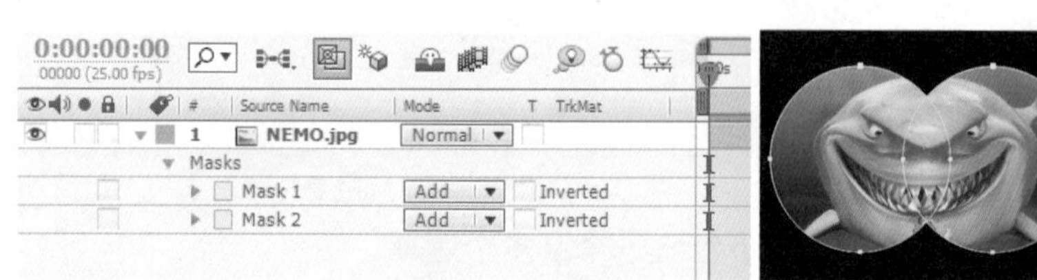


图5-18 Add方式效果

再设置为以下几种方式：Mask 1为Add（相加）、Mask 2为Subtract（相减）；Mask 1为Add（相加）、Mask 2为Intersect（交叉）；Mask 1为Add（相加）、Mask 2为Difference（差值）。效果依次从左至右，如图5-19所示。

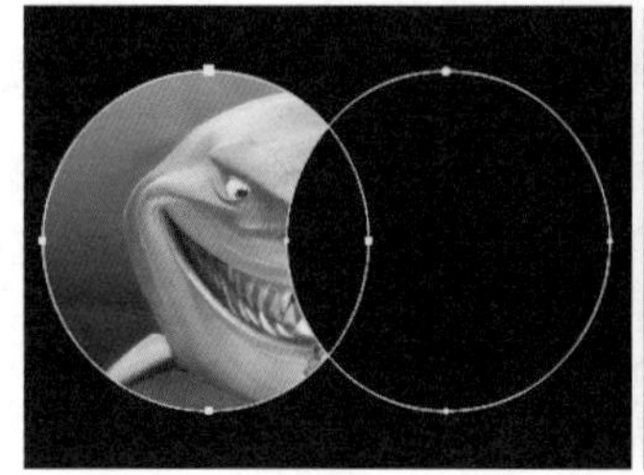
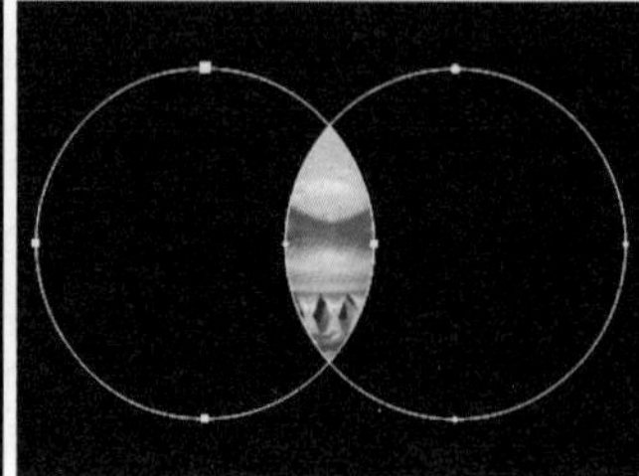

图5-19 多种运算方式效果

**步骤 03** 对Mask的不透明度和羽化值做调整，效果如图5-20所示。

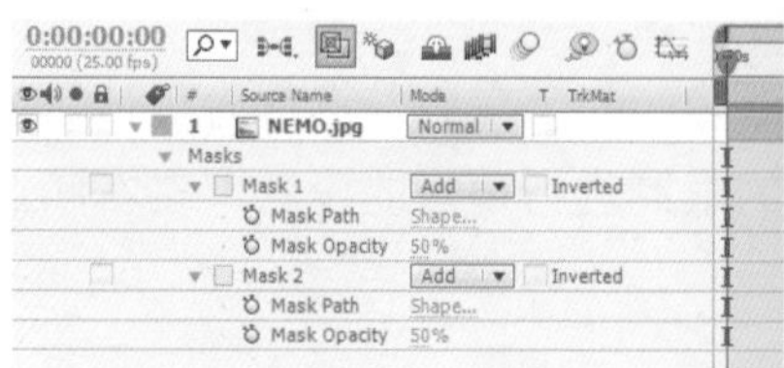

图5-20 调整Mask的不透明度和羽化值

### 5.3.4 Mask动画

Mask下的Mask Path（遮罩形状）可以制作遮罩形状的动画。例如，制作一个五角形变形为五边形、矩形和圆形的动画，操作如下：

**步骤 01** 在固态层中，双击工具栏中的工具，建立一个五角星的Mask 1，在第0帧时单击Mask Path（遮罩形状）前面的码表记录关键帧。

**步骤 02** 第1秒时，双击工具栏中的工具，建立一个五边形Mask 2，选中Mask 2下的Mask Path（遮罩形状），按Ctrl+X组合键剪切，再选中Mask 1，按Ctrl+V组合键粘贴，这样在第1秒处建立一个五边形的关键帧。

**步骤 03** 在第2秒时，单击Mask Path（遮罩形状）后的 Shape（形状），在打开的对话框中勾选Reset To（重设为），选择为Rectangle（矩形）。单击OK按钮，这样在第2秒处建立一个矩形的关键帧，可选中这个矩形遮罩适当下移居中。

**步骤 04** 第3秒时，用同样的方法在Shape（形状）对话框中将遮罩重设为椭圆形，如图5-21所示。

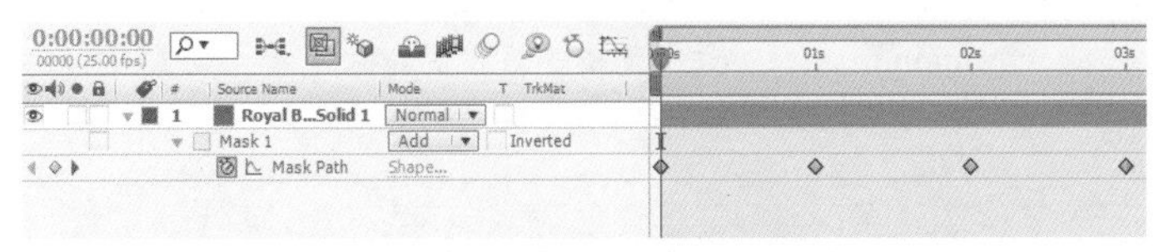


图5-21 建立Mask Path关键帧

**步骤 05** 预览效果，Mask图形在这几个形状间演变，如图5-22所示。

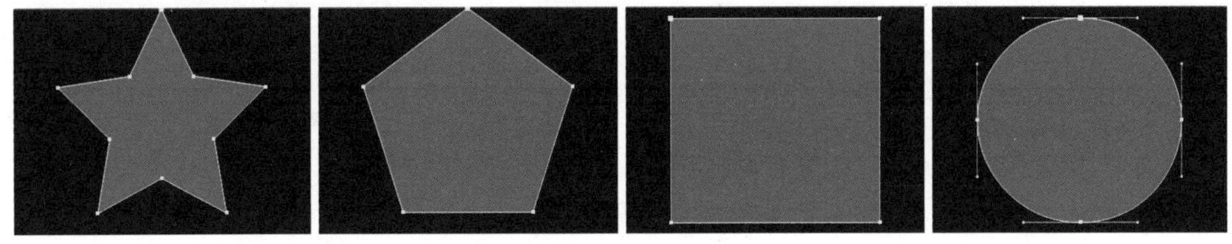

图5-22 Mask形状动画

### 5.3.5 通道转换为Mask操作

After Effects CS6中可以将图像的通道信息转换为遮罩，这样可以用遮罩进行其他制作，如描边、填充、制作遮罩动画、将遮罩复制到其他图层等。对于静态的图像或动态视频中的某一帧画面，可以使用Current Frame（当前帧）进行自动追踪。这里打开一个有透明背景的图像，选择菜单Layer→Auto-trace（图层→自动跟踪），打开自动跟踪对话框，勾选Preview（预演）后，会显示即将产生的黄色的Mask，勾选Apple to new layer（应用到新层），可自动产生新的固态层，并将跟踪产生的Mask应用到新的固态层上，如图5-23所示。

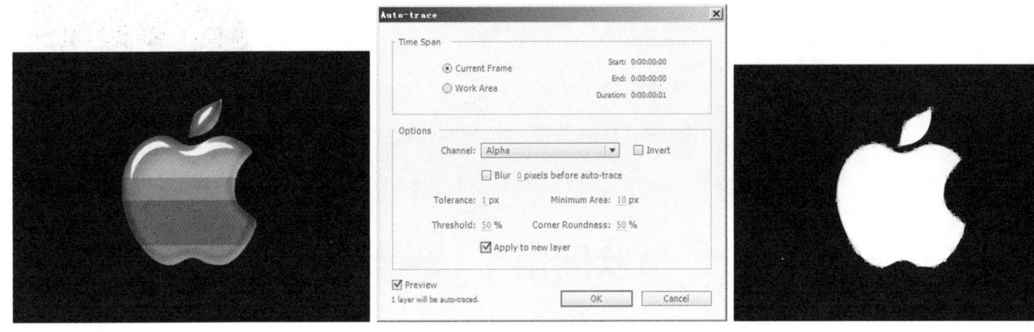


图5-23 跟踪通道为Mask

① Time Span：时间，参数如下：

Current Frame — 当前帧；Work Area — 工作区域。

② Options：选项，参数如下：

Channel — 通道，有Alpha（Alpha通道）、Red（红）、Green（绿）、Blur（蓝）、Luminance（亮度）几个选项；Invert（反转）— 用来反转画面中的遮罩；Blur — 模糊勾选项，可以设置Pixels Before auto-trace（自动跟踪像素）为多少像素；Tolerance — 容差，设置跟踪容差为多少像素；Minimum Area — 最小范围，设置跟踪最小的范围为多少像素；Threshold — 阀值百分比；Corner — 圆角百分比；Apply to new layer — 是否应用到新图层，勾选之后，跟踪完毕会自动建立包含跟踪遮罩的新固态层。

③ Preview：预演。

没有透明信息的图像可以尝试使用颜色通道或亮度通道来跟踪产生 Mask。复杂图像可以产生较多的 Mask，随着 Minimum Area（最小范围）数值的增大，产生的 Mask会明显减少，也会减小跟踪的精确度。

对于动态的素材，在Auto-trace（自动跟踪）对话框中可以使用Work Area（工作区域）进行自动追踪，这样After Effects 会经过逐帧运算创建遮罩，即在Mask遮罩上创建系列动画关键帧。

### 5.3.6 Mask转换为路径操作

Mask可以转换为路径，这是一个实用的功能，可以轻易制作沿复杂路径运动的动画效果。例如，制作一个沿X形轮廓移动蜡烛的动画效果，操作如下：

**步骤 01** 建立一个文字X，选择菜单Layer→Auto-trace（图层→自动跟踪），创建文字轮廓Mask。

**步骤 02** 选中Mask下的Mask Path，按Ctrl+C组合键复制。

**步骤 03** 在时间线中放置一个蜡烛层，选中其Position（位置），按Ctrl+V组合键粘贴，这样即为Position（位置）建立一个X形状的位移路径动画。

**步骤 04** 进一步将蜡烛层转换为三维层，旋转蜡烛的角度，使其“站立”，再嵌套到新的合成中，添加Echo（重影）特效。设置多个重影，查看蜡烛沿路径动画的效果，如图5-24所示。

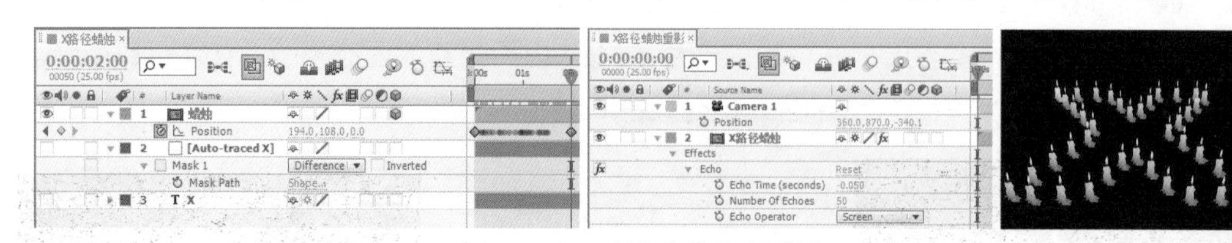

图5-24　Mask转换为位移动画路径

## 5.4 Shape Layer（形状图层）

After Effects CS6的Shape Layer（形状图层）基于Illustrator矢量制作的原理，有助于快速搭建或预置形状，如矩形、圆角矩形、椭圆形、多边形或五角星形等，也可以使用钢笔工具自行绘制。可以对所有的元件进行动画设置，如Strokes、Fills、Gradients等，也有一些特殊的功能，如Miter Limit、Line Join 、Line Cap等，还添加了图形动画预置选项，可以为元件添加一些效果，如Twist、Zig Zag、Pucker、Bloat、trim paths等。

选择菜单Layer→New→Shape Layer（图层→新建→形状图层），可以在时间线中建立一个Shape Layer（形状图层）。此时Shape Layer（形状图层）是一个空的形状层，从工具栏中选择原来绘制Mask的工具，在视图中绘制形状即可建立Shape Layer（形状图层）。

需要注意的是，矩形等规则形状工具或钢笔工具可以建立Mask，也可以建立形状图层中的图形。其有以下区别：

① 选中一个视频或图像素材层后，使用矩形等规则形状工具或钢笔工具在其上绘制，此时所建立的是Mask。

② 如果选中Shaper Layer（形状图层），使用这些工具在其上绘制时，所建立的是形状图形。

③ 未选中任何层，使用这些工具在视图中绘制时，自动建立Shaper Layer（形状图层）。

④ 对于Shaper Layer（形状图层），如果要应用Mask，需要从其他图层中复制。

Shape Layer（形状图层）下有着与Text层的Animate（动画）相似的选项和菜单，虽然项目较多，但都比较简单，在应用中直观明了，如图5-25所示。

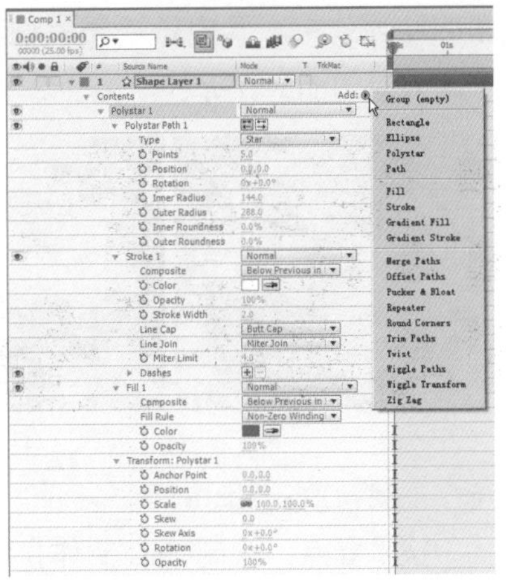

图5-25　Shape Layer层

## 5.5 Puppet（木偶）动画

After Effects CS6可以对需要制作类似木偶动画效果的图像应用Puppet（木偶）效果。添加具有类似父子级关系的木偶钉，对木偶钉进行位移，即可引起肢体的动画效果，类似于三维角色制作软件中骨骼绑定的动画，如图5-26所示。

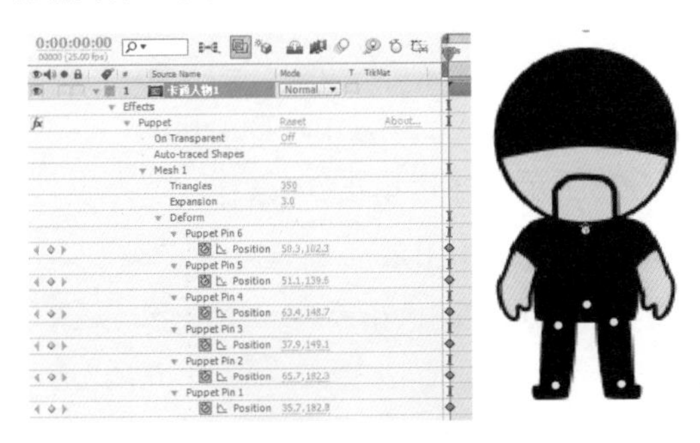

图5-26　应用Puppet（木偶）效果

## 5.6 蒙板与遮罩实例

### 5.6.1 实例简介

本实例针对本章中的蒙板与遮罩部分的内容，制作一个被打乱的拼图重新拼起完整图像的动画效果。其中拼块需要使用Mask工具来建立，拼块中的图像则通过轨道蒙板来制作。效果如图5-27所示。

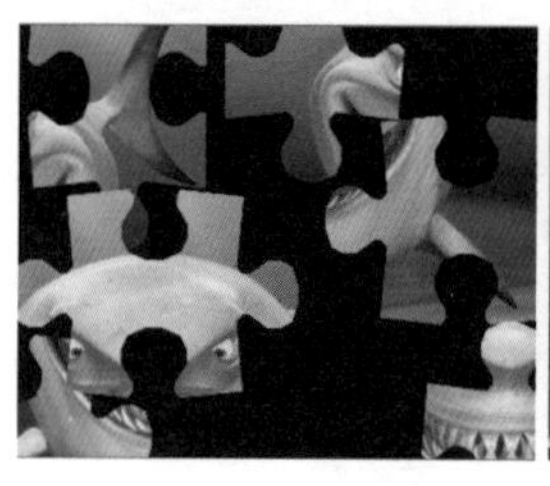

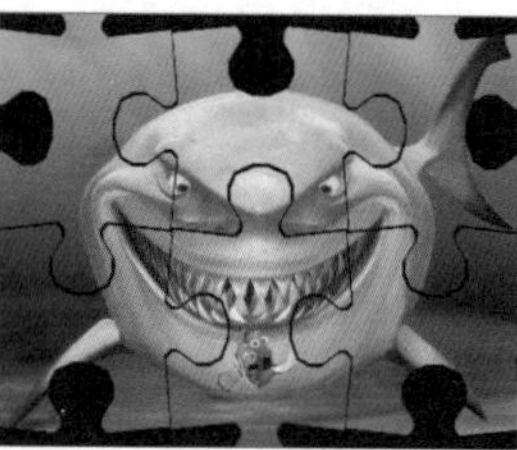

图5-27　实例效果

主要特效：Shatter。

技术要点：绘制Mask制作拼块的图形，使用轨道蒙板功能制作拼图动画。

## 5.6.2　实例步骤

### 1. 导入素材

在新的项目面板中导入准备制作的素材。在Project（项目）面板中的空白处双击鼠标左键，打开Import File（导入文件）对话框，从中选择本例中所准备的图片素材NEMO.jpg，单击“打开”按钮，将其导入到Project（项目）面板中。

### 2. 建立“拼块”合成

**步骤 01**　选择菜单Composition→New Composition（合成→新建合成，快捷键为Ctrl+N），打开Composition Settings（合成设置）对话框，从中设置如下：Composition Name（合成名称）为“拼块”，Preset（预置）为PAL D1/DV，Duration（持续时间）为8秒，如图5-28所示。然后单击OK按钮。

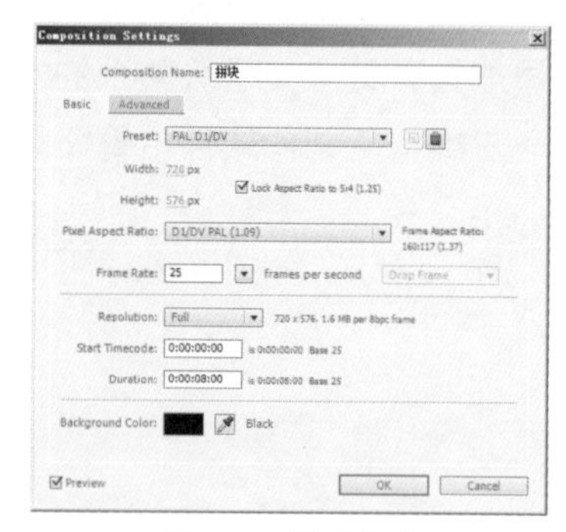


图5-28　新建合成

**步骤 02**　选择菜单Layer→New→Solid（图层→新建→固态层，快捷键为Ctrl+Y），以当前合成尺寸的大小新建一个白色的固态层。

**步骤 03**　选中白色固态层，选择菜单Effect→Simulation→Shatter（特效→仿真→破碎），添加特效，设置如下：View（查看）为Rendered（渲染），Shape（形状）下的Pattern（图案）为Puzzle（拼图），Repetitions（反复）为3，Origin（焦点）为(233,111)，使6个拼块合适地分布在画面中。在时间线中向后拖动鼠标，可以查看拼块分离开的动画效果，如图5-29所示。

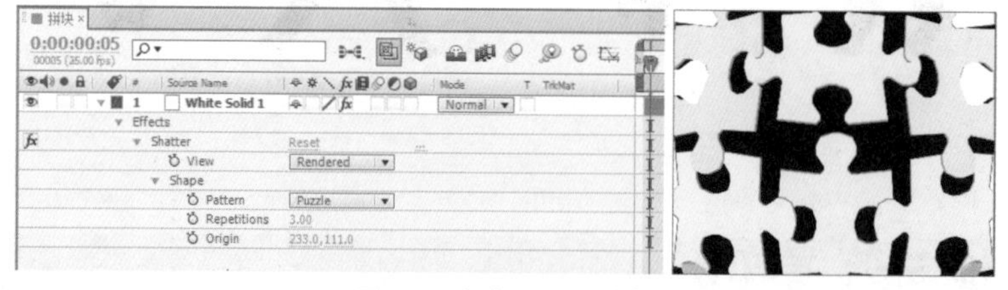


图5-29　添加Shatter特效

**步骤 04**　将Shatter（破碎）下的View（查看）设为Wireframe Front View（线框图正面查看），然后将时间移至第0帧，显示出拼块轮廓，如图5-30所示。

**步骤 05**　准备按中上部的一个完整的拼块轮廓为参照描绘一个拼图Mask。因为拼块是一个上下和左右均对称的图形，这里仅需描绘其右上部的1/4部分。在视图面板中单击下部的按钮，在弹出菜单中选中Title Action Safe（字幕/视频安全框），显示出中心十字参考线。修改Shatter（破碎）特效Shape（形状）下的Origin（焦点）为(233,242)，将中上部的拼块移到视图的中心。选中固态层，放大视图，使用工具栏中的工具在固态层上描绘Mask 1，如图5-31所示。

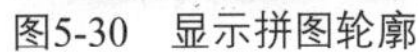

图5-30　显示拼图轮廓

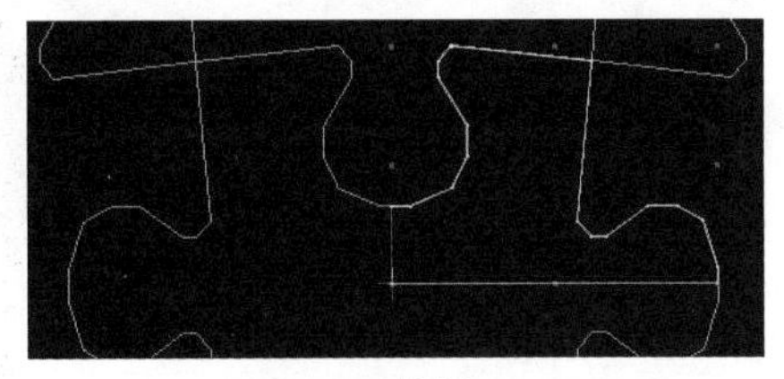

图5-31　绘制Mask

**步骤 06**　关闭Shatter（破碎）特效，显示白色的Mask 1拼图部分，在时间线中选中固态层，按Ctrl+D组合键3次，再创建3个副本，如图5-32所示。

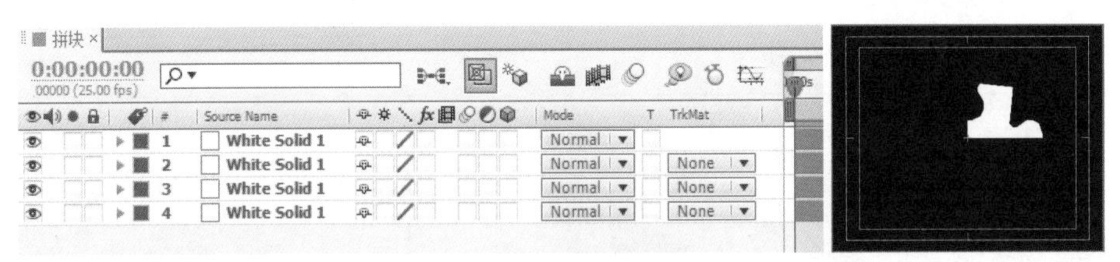


图5-32　创建副本

**步骤 07**　展开3个副本的Scale（比例），分别修改为(-100,100%)、(100,-100%)、(-100,-100%)，这样位移放置3个副本图形，得到一个完整的拼块，如图5-33所示。

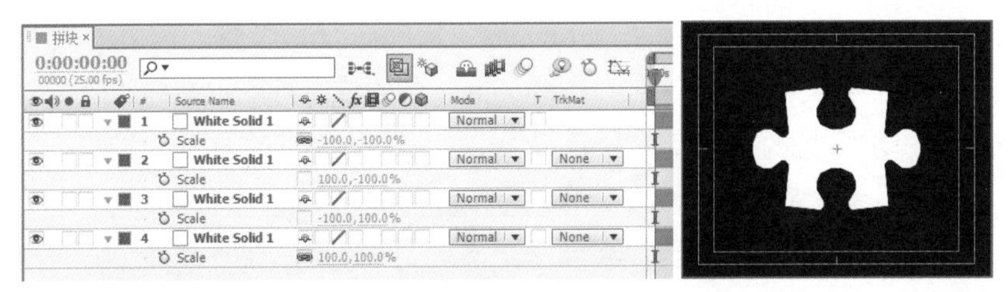


图5-33　组合成完整拼块

### 3. 建立“拼图”合成

**步骤 01**　选择菜单Composition→New Composition（合成→新建合成，快捷键为Ctrl+N)，打开Composition Settings（合成设置）对话框，从中设置如下：Composition Name（合成名称）为“拼图”，Preset（预置）为PAL D1/DV，Duration（持续时间）为8秒。然后单击OK按钮。

**步骤 02**　从项目面板中将“拼块”拖至“拼图”时间线中，按Ctrl+D组合键5次，然后对这些图形进行分布放置，如图5-34所示。

图5-34　创建副本与分布放置

**步骤 03** 从项目面板将DEMO.jpg拖至时间线中，按Ctrl+D组合键5次，并在每个“拼块”之下放置一份。然后将各DEMO.jpg层的TrkMat（轨道蒙板）栏设置为Alpha Matte，如图5-35所示。

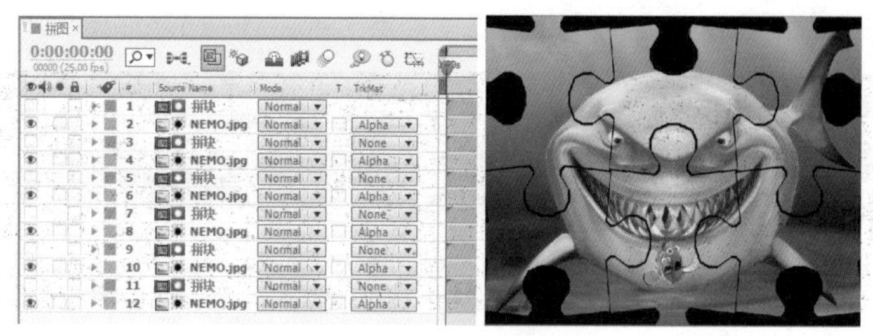

图5-35 设置轨道蒙板效果

**步骤 04** 在时间线中显示Parent栏，将各DEMO.jpg层作为其上层“拼块”的父级层，将各“拼块”层的开关转换为开关，然后打开时间线上面的开关，将各“拼块”层隐藏起来，如图5-36所示。

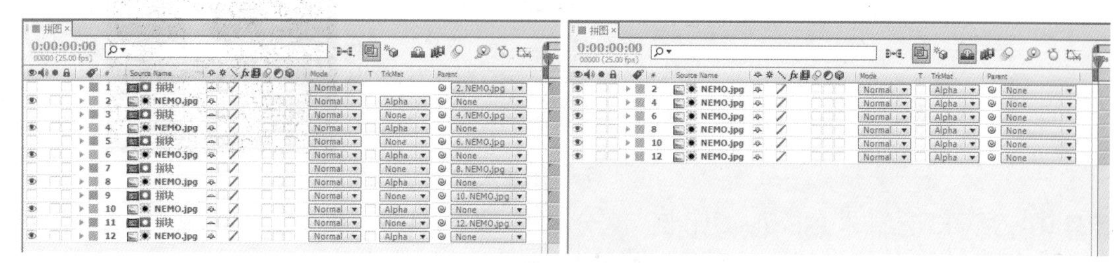

图5-36 隐藏图层

**步骤 05** 将时间移至第3秒，打开各“NEMO.jpg”层Position（位置）前面的码表，记录动画关键帧。然后将时间移至第0帧，将各“NEMO.jpg”层的位置打乱，这样形成一个由零乱拼图到拼成完整图像的动画过程，如图5-37所示。

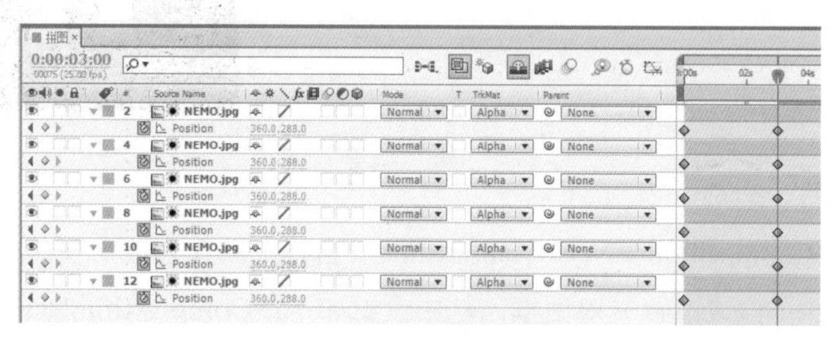

图5-37 设置动画

## 5.7 木偶动画实例

### 5.7.1 实例简介

本实例主要针对本章中形状图层和木偶动画的内容，使用一个形状图层绘制出一个卡通人物的形象，然后使用木偶工具对卡通人物进行动画制作，最合复制多个人物跳起踢踏舞的效果，如图5-38所示。

图5-38 实例效果

主要特效：Puppet、Ramp。

技术要点：使用Shape Layer绘制卡通人物形象，使用Puppet制作木偶动画。

## 5.7.2 实例步骤

### 1. 绘制卡通形象

**步骤 01** 选择菜单Composition→New Composition（合成→新建合成，快捷键为Ctrl+N），打开Composition Settings（合成设置）对话框，从中设置如下：Composition Name（合成名称）为“卡通人物1”，Preset（预置）为PAL D1/DV，Duration（持续时间）为5秒，Width（宽度）为100，Height（高度）为200。然后单击OK按钮。

**步骤 02** 选择菜单Composition→Background Color（合成→背景色），将背景设为白色。

**步骤 03** 从工具栏中选择◎工具，在合成视图上部绘制一个圆，这样会自动建立一个Shape Layer 1层，其Contents下有一个Ellipse 1。将Stroke的显示关闭或者删除，设置Ellipse Path 1下的Size为(90,90)，Fill 1下的Color（色彩）为黑色，Transform: Ellipse 1下的Position（位置）为(0,-45)，如图5-39所示。

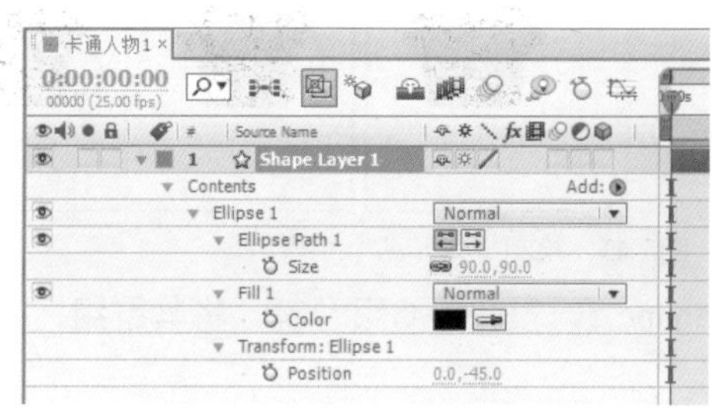

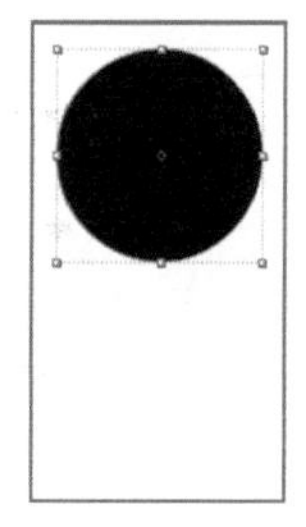

图5-39 绘制Ellipse 1

**步骤 04** 从工具栏中选择钢笔工具，绘制一个半圆形，设置Stroke 1下的Color（色彩）为黑色，Fill 1下的Color（色彩）为(240,220,168)，如图5-40所示。

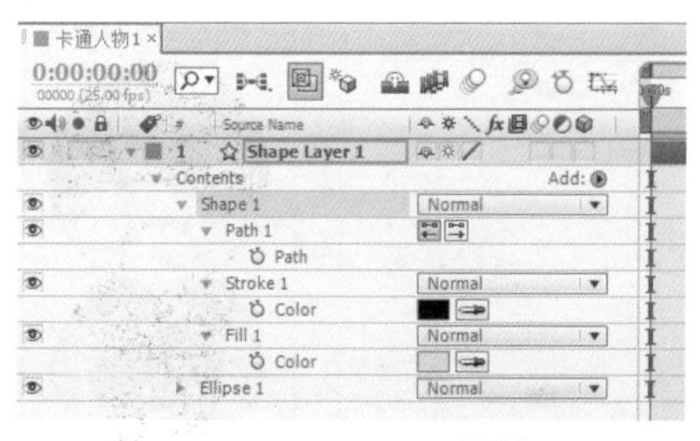

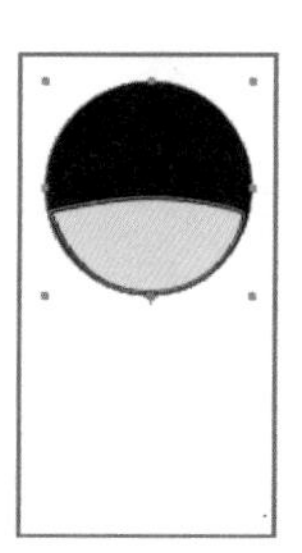

图5-40 绘制Shape 1

**步骤 05** 使用钢笔工具绘制一个向下的U形，将Fill的显示关闭或者删除，设置Stroke 1下的Color（色彩）为黑色，Stroke Width（描边宽度）为3，如图5-41所示。

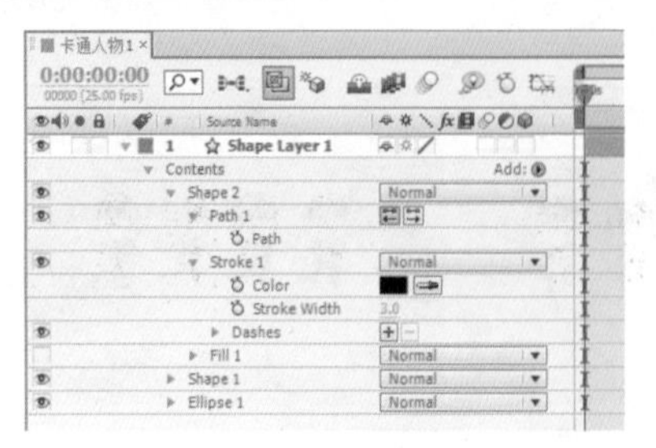

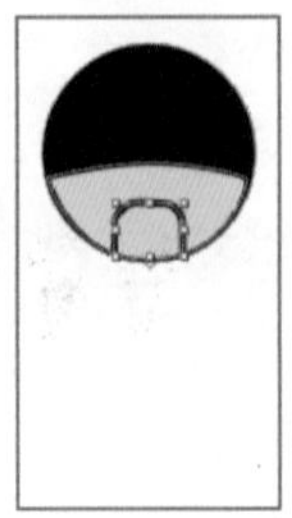

图5-41　绘制Shape 2

**步骤 06** 选中Ellipse 1、Shape 1和Shape 2，按Ctrl+G组合键，将其群组，按Enter键重命名为“头部”，如图5-42所示。

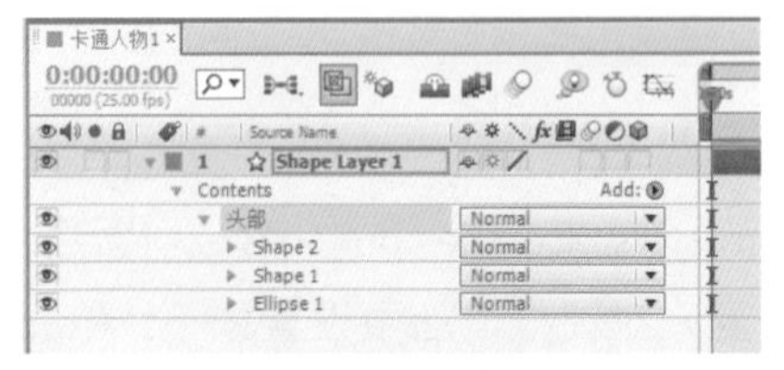

图5-42　群组“头部”

**步骤 07** 用同样的方式，使用工具绘制身体Shape 3、左手臂Shape4，然后选中Shape 4，按Ctrl+D组合键，创建一个副本Shape 5，并修改其Transform: Shape 5下的Scale（比例）为(-100,100)，这样得到右手臂图形，如图5-43所示。

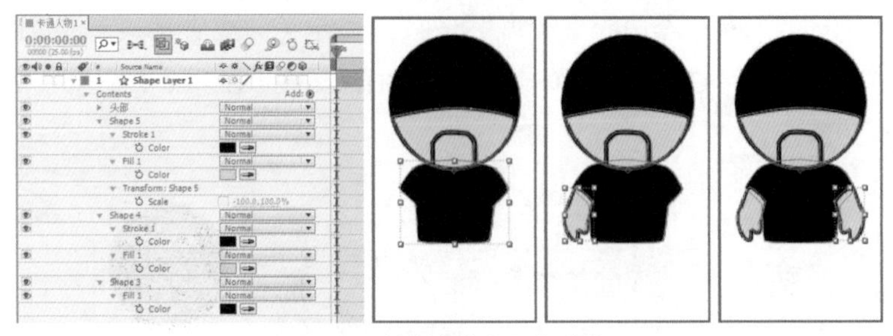

图5-43　绘制身体和两个手臂

**步骤 08** 选中Shape 3、Shape 4和Shape 5，按Ctrl+G组合键，将其群组，按Enter键，重命名为“身体”。

**步骤 09** 绘制左腿Shape 6，然后选中Shape 6，按Ctrl+D组合键，创建一个副本Shape 7，并修改其Transform: Shape 7下的Scale（比例）为(-100,100)，这样得到右腿图形。选择Shape 6和Shape 7，按Ctrl+G组合键，将其群组，按Enter键，重命名为“腿部”，如图5-44所示。

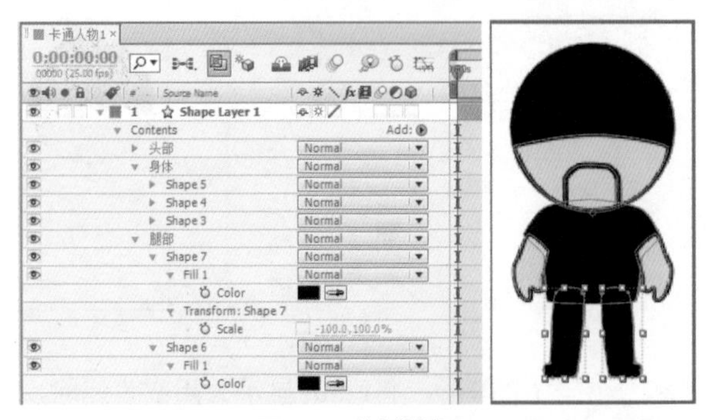

图5-44　绘制腿部

### 2. 制作“跳动”合成

**步骤 01** 选择菜单Composition→New Composition（合成→新建合成，快捷键为Ctrl+N），打开Composition Settings（合成设置）对话框，从中设置如下：Composition Name（合成名称）为“跳动”，Preset（预置）为PAL D1/DV，Duration（持续时间）为5秒。然后单击OK按钮。

**步骤 02** 从项目面板中将“卡通人物1”拖至时间线中，在第0帧时，选择工具，在人物图形上建立木偶钉，分别在头偏下部、腰部、左腿上部、右腿上部、左脚和右脚添加木偶钉，在时间线中会自动建立相应的关键帧。

**步骤 03** 在时间线中将木偶钉Puppet Pin 3至Puppet Pin6使用Enter键修改名称的方式，依次重命名为“腿左”、“腿右”、“脚左”和“脚右”，如图5-45所示。

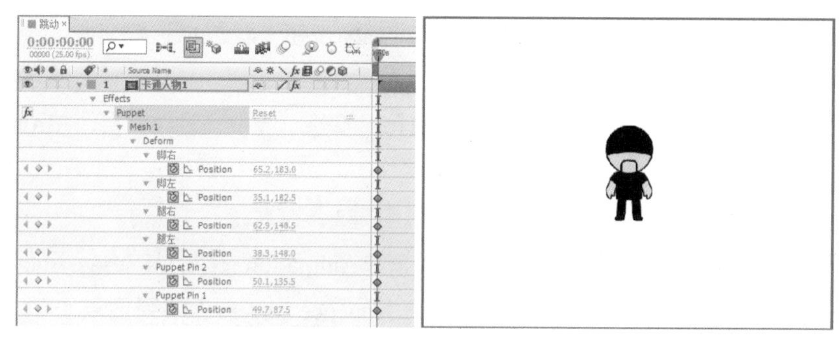

图5-45 建立木偶钉

**步骤 04** 将时间移至第5帧处，在合成视图中将“脚左”向上拖移，将“脚右”第0帧处的关键帧移至第5帧处，如图5-46所示。

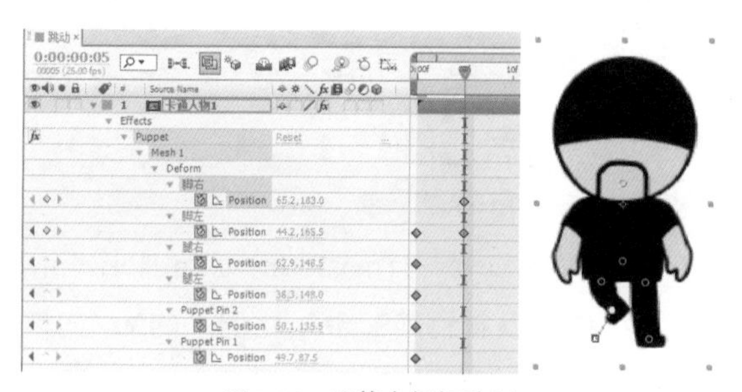

图5-46 调整木偶钉动画

**步骤 05** 将时间移至第10帧处，在合成视图中将“脚左”第0帧处的关键帧复制到此处，即恢复到原位；然后将“脚右”向上拖移，如图5-47所示。

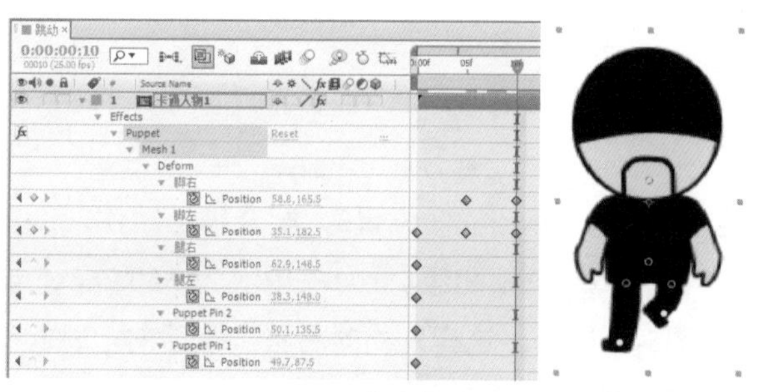

图5-47 调整木偶钉动画

**步骤 06** 在第15帧处，复制“脚左”和“脚右”第5帧处的关键帧。

**步骤 07** 在第20帧处，复制“脚左”第10帧处的关键帧，将“脚右”向右做“踢开”动作。

**步骤 08** 在第1秒处，复制“脚左”和“脚右”第15帧处的关键帧。

**步骤 09** 在第1秒05帧处，复制“脚左”第20帧处的关键帧，回到初始状态，如图5-48所示。

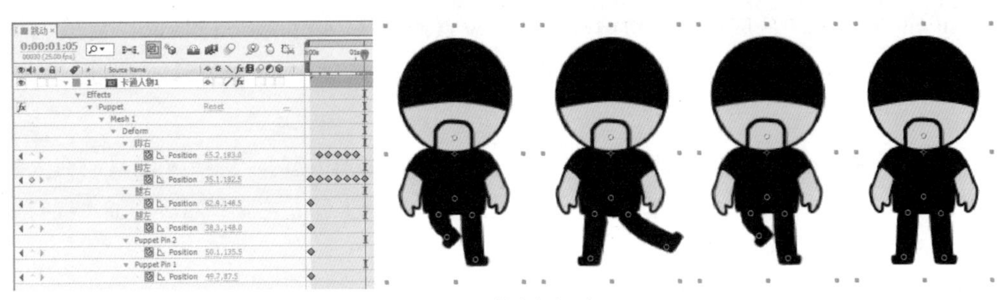

图5-48 调整木偶钉动画

### 3. 制作“连续跳动”合成

**步骤 01** 从项目面板中将“跳动”拖至面板下方的按钮上释放，这样建立一个相同属性的合成，按Enter键，重命名为“连续跳动”。

**步骤 02** 在“连续跳动”时间线中将时间移至第1秒04帧处，选中“跳动”层，按Alt+] 组合键，剪切出点。

**步骤 03** 选中“跳动”层，按Ctrl+D组合键3次，创建3个副本。

**步骤 04** 按Ctrl+A组合键，全选4个图层，选择菜单Animation→Keyframe Assistant→Sequence Layers（动画→关键帧助手→序列图层），打开Sequence Layers（序列图层）对话框，取消Overlap（交迭）的勾选，如图5-49所示。单击OK按钮，将4个图层首尾连接放置，并将最后一个图层的出点拖至时间线的最末处。

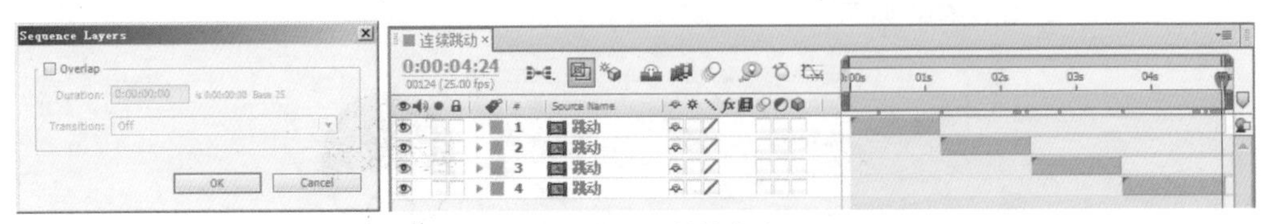

图5-49 使用关键帧助手

**步骤 05** 选中第2、4图层，选择菜单Layer→Transform→Flip Horizontal（图层→变换→水平翻转），将其水平翻转，在时间线中可以看到其Scale（比例）的X轴向自动变为负值。这样人物在跳动的过程中循环着左右脚的动作，如图5-50所示。

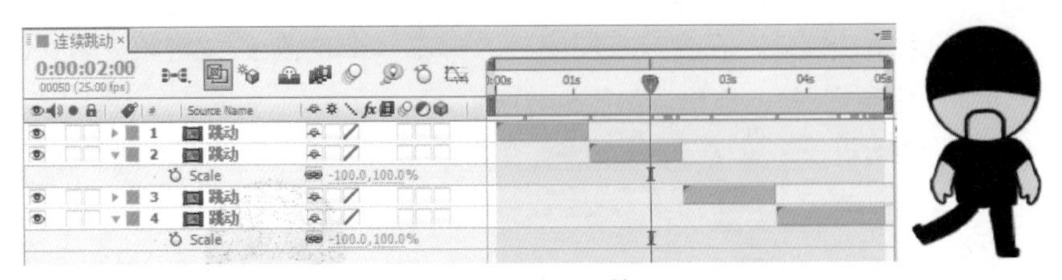

图5-50 水平翻转

**步骤 06** 选中第1个图层，展开其Position（位置），配合脚部动作，设置人物位移动画。设置Position（位置）的第5、10、15、22帧和第1秒04帧依次为(360,288)、(380,288)、(380,288)、(380,278)和(380,288)，如图5-51所示。这样人物向右移，然后向上跳起和回落。

**步骤 07** 在合成视图面板下部单击按钮，选择Proportional（比例栅格），显示辅助线参考动作位置，显示三个变化的人物位置，如图5-52所示。

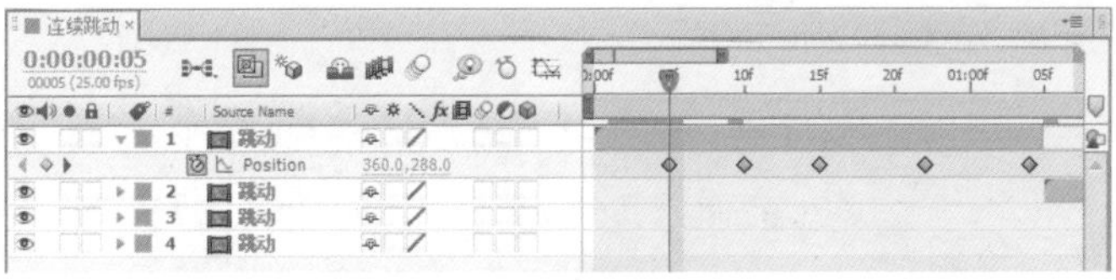

图5-51 设置人物的位移

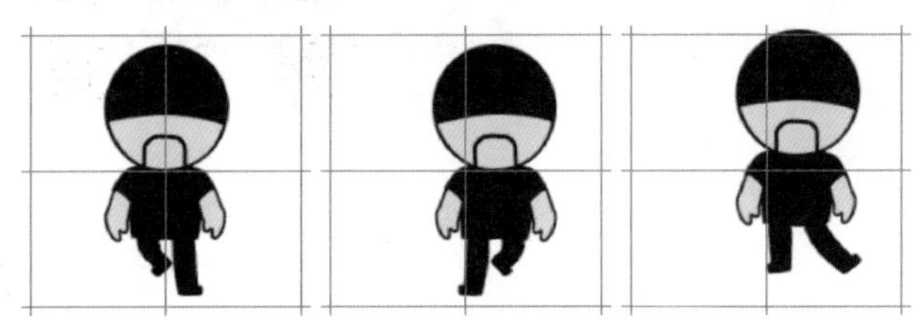

图5-52 借助辅助线查看位移

**步骤 08** 同样，为第2个“跳动”层设置Position（位置）关键帧，第1秒10帧、第1秒15帧、第1秒20帧、第2秒02帧和第2秒09帧分别为(380,288)、(360,288)、(360,288)、(360,278)和(360,288)。这样人物向左移，然后向上跳起和回落，又回到原始位置。

**步骤 09** 复制第1个“跳动”层的关键帧到第3个“跳动”层的相应位置，复制第2个“跳动”层的关键帧到第4个“跳动”层的相应位置，如图5-53所示。

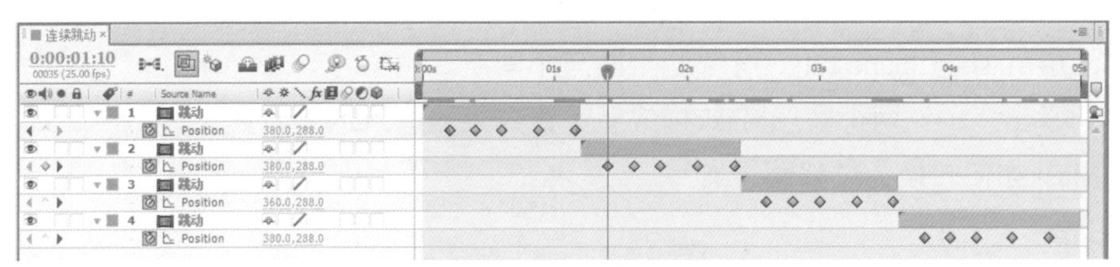

图5-53 调整位移动画

### 4. 制作“多人连续跳动”合成

**步骤 01** 从项目面板中将“连续跳动”拖至面板下方的 按钮上释放，这样建立一个相同属性的合成，按Enter键，重命名为“多人连续跳动”。

**步骤 02** 在“多人连续跳动”时间线中选中“连续跳动”层，按Ctrl+D组合键3次，创建3个副本。

**步骤 03** 将4个图层排列开，这样得到多个人物的跳舞动画，如图5-54所示。

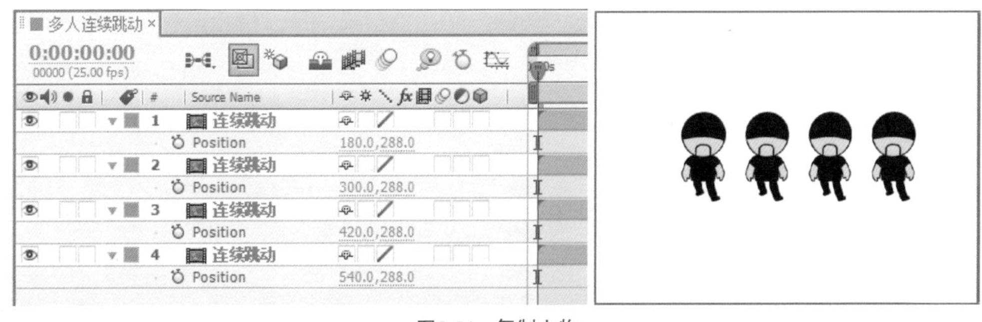

图5-54 复制人物

**步骤 04** 最后添加一个渐变色的背景。选择菜单Layer→New→Solid（图层→新建→固态层），新建一个固态层。选择菜单Effect→Generate→Ramp（特效→生成→渐变），添加特效，设置如下：Start of Ramp（开始渐变）为(360,400)，Start Color（开始颜色）为白色，End of Ramp（结束渐变）为(520,430)，End Color（结束颜色）为RGB(58,130,210)。然后展开图层的Scale（比例），设为(200,100%），如图5-55所示。

图5-55　添加背景

# 思考与练习

一、思考题：

1．图层的模式有什么作用？

2．说明图层的轨道蒙板的作用与用法。

3．图层Mask与Shape Layer有哪些相同与不同点？

4．列举出多种让两个圆形Mask构成望远镜效果的遮罩运算方式。

5．Mask如何转换为位移路径？

二、练习题：

1．使用Mask工具绘制五角星和心形图案。

2．制作汽车等元素沿某个形状边缘移动的动画效果。

3．扩展本章中的木偶动画，制作不同的卡通形像，添加类似“大河之舞”的节奏配乐。

# 第6章 三维合成

06 Chapter

## 6.1 三维合成概念

After Effects在早期主要用来进行二维图像的合成和特效制作，但随着合成软件和三维动画软件的发展，早在After Effects 5.5版本就加入了三维合成的功能。如今的三维合成在很多制作中已是必不可少合成方式了。

三维的影像与二维的影像区别在于增加了有纵深方向的Z轴，对象不仅可以在X轴和Y轴组成的平面上运动，还可以在Z轴上做纵深运动，综合起来如同在真正的空间中运动一样。不过与三维动画软件中可以创建真实的三维物体及场景不同，合成软件中的三维功能还只是针对平面的素材进行三维空间方式的合成。不过，随着软件的更新进步，以及相关第三方软件或插件的辅助，其近似三维的效果越来越好，合理地使用和发挥三维合成功能给合成制作带来广阔的创意空间。

常规的二维图层有一个X轴和一个Y轴，X轴定义图像的左右方向的宽度，Y轴定义图像上下方向的高度。而三维图层中还有一个Z轴，X轴和Y轴形成一个平面，Z轴是与这个平面垂直的轴向。Z轴并不能定义图像的厚度，三维图层仍然是一个没有厚度的平面，不过Z轴可以使这个平面图像在深度的空间中移动位置，也可以使这个平面图像在三维的空间中旋转任意的角度。具有三维属性的图层可以很方便地制作空间透视效果、空间的前后位置放置、空间的角度旋转，或者由多个平面在空间组成盒状的形状。更重要的是，三维运动的场景效果也与二维的平面有很大区别，其可以有光照、阴影、三维摄像机的透视视角，可以表现出镜头焦距的变化、景深的变化等效果，如图6-1所示。

图6-1　三维合成的空间示意与最终效果

# 6.2 三维图层属性

### 6.2.1 二三维图层的转换

方法一：在时间线面板中单击图层三维层开关，可以将一个二维图层转换为三维图层，可以对图层进行三维属性的设置。再次单击，三维图层又转变为二维图层，同时会丢失三维图层的属性设置。

方法二：在时间线中选中图层，选中菜单Layer/3D Layer（图层/3D图层），这样也可以将图层定义为三维图层。再次选择会取消勾选，同时三维图层又转变为二维图层。

### 6.2.2 三维图层的变换属性

在将图层定义为一个三维图层之后，在Timeline（时间线）面板中可以看到其添加了三维属性的参数选项，可以对其进行三维属性的设置。新增加的三维变换属性如图6-2所示。

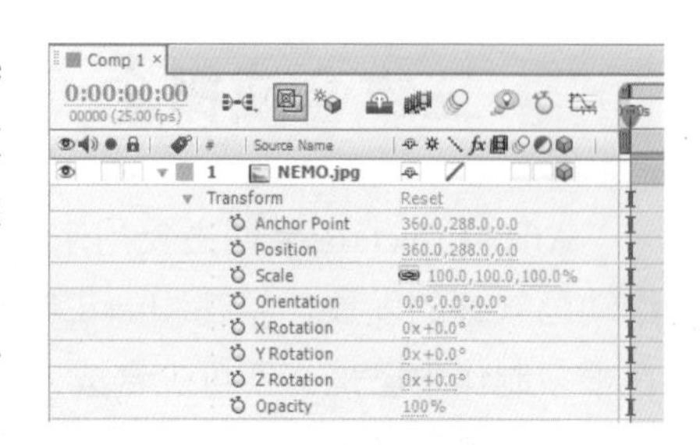


图6-2 三维变换属性

- Anchor Point（轴心点）的Z轴向，可以将轴心点移至图层平面的前后。
- Position（位置）的Z轴向，可以将图层画面在深度空间前后移动。
- Scale（比例）的Z轴向，因为三维图层仍然是一个平面，没有厚度，通常调整Z轴向的比例并不会对其产生影响，但在将图层Anchor Point（轴心点）的Z轴数值改变到图层的平面之外时，对Z轴向的比例缩放会对图层与轴心点之间的距离产生影响。
- Orientation（方向），在X、Y和Z轴三个轴向设置旋转方向，范围均为0°～360°。
- X Rotation（X轴旋转），设置X轴向的旋转角度。
- Y Rotation（Y轴旋转），设置Y轴向的旋转角度。
- Z Rotation（Z轴旋转），设置Z轴向的旋转角度。

**提示**

可以利用三维图层在空间的摆放和旋转制作由6个面组成的立方盒，而此时的合成最好是以方形像素的方式进行制作，减少由高宽比例带来的误差。

### 6.2.3 三维图层的材质属性

新增加的Material Options（材质选项）是与灯光有关的设置，灯光的投影设置需要与图层中的材质设置相配合，图层中的材质选项如图6-3所示。

- Material Options（材质选项）：包含三维图层与灯光相关的材质选项设置。
- Casts Shadows（投影）：设置打开或关闭投影效果。投影即由灯光照射引起，在其他图层上产生的投射阴影。

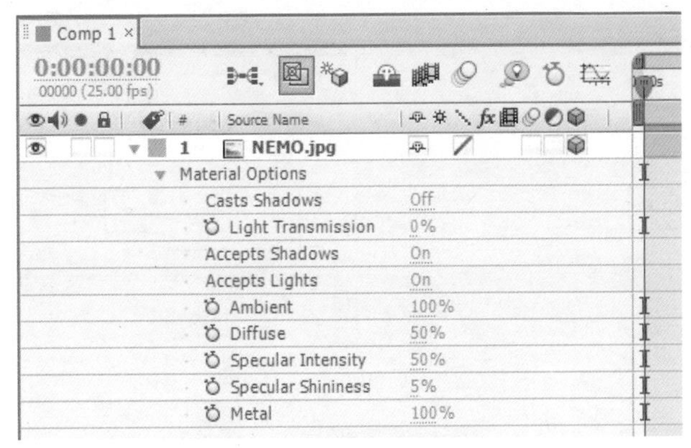


图6-3 三维图层的材质属性

- Light Transmission（灯光穿透）：设置灯光穿过图层的百分比数值，可以设置灯光颜色透过本图层投射到其他层上，用来建立灯光穿过毛玻璃的效果。
- Accepts Shadows（接受阴影）：设置打开或关闭接受其他图层投射的阴影。
- Accepts Lights（接受灯光）：设置打开或关闭接受灯光的照射。
- Ambient（环境）：设置层上对环境灯光的反射率，当数值为100%时，反射率最大，当数值为0%时，没有反射。
- Diffuse（漫射）：设置层上光的漫射率，当数值为100%时，漫射率最大，当数值为0%时，漫射率最小。
- Specular（高光）：设置层上镜面反射高光的强度，高光的反射强度随百分比数值的增减而增减。
- Shininess（发光）：设置层上高光的大小，与百分比数值的变化相反，当数值为100%时，发光最小，当数值为0%时，发光最大。
- Metal（金属）：设置层上镜面高光的颜色，当数值为100%时，为层的颜色，当数值为0%时，为光源的颜色。

## 6.3 摄像机

### 6.3.1 创建不同预置的摄像机

可以在合成的Timeline（时间线）面板中建立自定义的摄像机，方法是选择菜单Layer→New→Camera（图层→新建→摄像机），或者在Timeline（时间线）面板的空白处单击鼠标右键，选择弹出菜单的New→Camera（新建→摄像机），这样可以在Timeline（时间线）面板中建立一个摄像机图层。选择New→Camera（新建→摄像机）菜单后，会弹出Camera Settings（摄像机设置）对话框，从中可以建立一点摄像机或两点摄像机，如图6-4所示。

- Type（类型）：建立One Node Camera（一点摄像机）或Two Node Camera（两点摄像机），前者有摄像机自身位置点参数，而后者有摄像机自身位置点参数和目标点参数，除此之外，两种摄像机的其他属性参数都一样。
- Name（名称）：新建摄像机的默认名称，可以自定义这个名称。

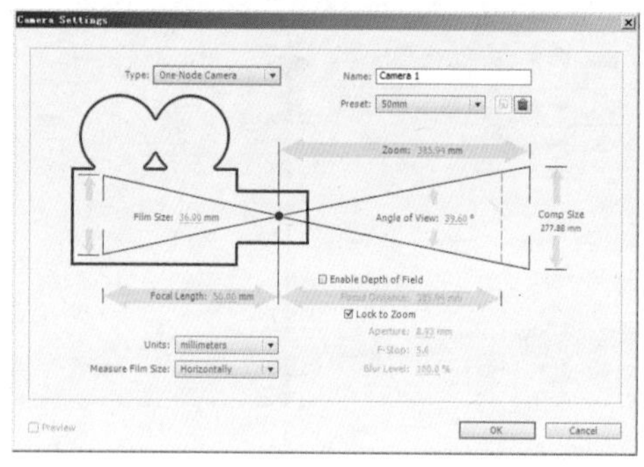
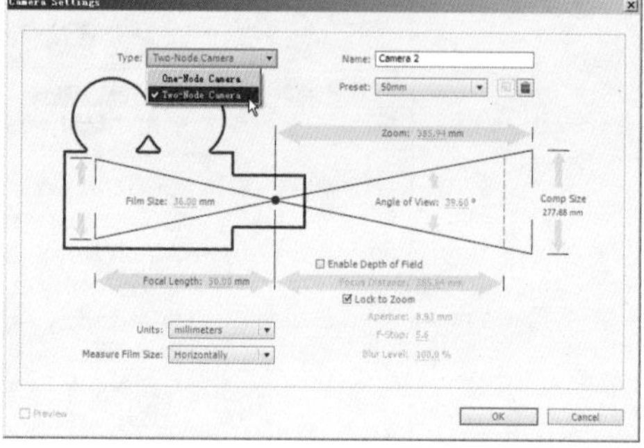

图6-4　摄像机设置对话框

- Preset（预置）：预置的多种透镜参数组合，每个预置都有不同的视角、距离、焦距和光圈等参数组合。
- Zoom（缩放）：设置摄像机位置与视图面之间的距离。
- Film Size（胶片尺寸）：模拟摄像机所使用的胶片尺寸，与合成画面的大小相对应。
- Angle of View（视角）：视角的大小由焦距、胶片尺寸和缩放设置所决定，也可以自定义这个数值，使用宽的视角或窄的视角。
- Comp Size（合成尺寸）：合成面画的宽度、高度或对角线的大小，其显示的数值为Measure Film Size（测量胶片尺寸）中选项的数值大小。
- Enable Depth of Field（打开景深）：是否建立真实的摄像机调焦效果。选中，则可以设置摄像机的Focus Distance（焦点范围）等与景深设置有关的参数，可以使焦点范围之外的图像模糊。
- Focal Length（焦距）：摄像机焦距的大小，即胶片到摄像机透镜之间的距离。
- Focus Distance（焦点范围）：摄像机焦点范围的大小。
- Lock to Zoom（锁定变焦）：是否使焦距与缩放值的大小匹配。
- Units（单位）：使用像素、英寸或毫米单位。
- Measure Film Size（测量胶片尺寸）：测量合成画面的水平宽度、垂直高度或对角线的大小。
- Aperture（光圈）：改变透镜的大小，选中Enable Depth of Field（打开景深）后有效。
- F-Stop（f制光圈标尺）：焦距到光圈的比例，模拟摄像机使用f制光圈，选中Enable Depth of Field（打开景深）后有效。改变这个数值时，光圈数值也会发生相应的变化。
- Blur Level（模糊级别）：景深模糊的大小，选中Enable Depth of Field（打开景深）后有效。其数值为100%时，为摄像机设置规定的自然模糊，数值减小时，模糊程度也会相应减小。

创建摄像机之后，查看在Timeline（时间线）面板中的摄像机层以及视图中的摄像机图示，其中左侧为One Node Camera（一点摄像机），右侧为Two Node Camera（两点摄像机），如图6-5所示。

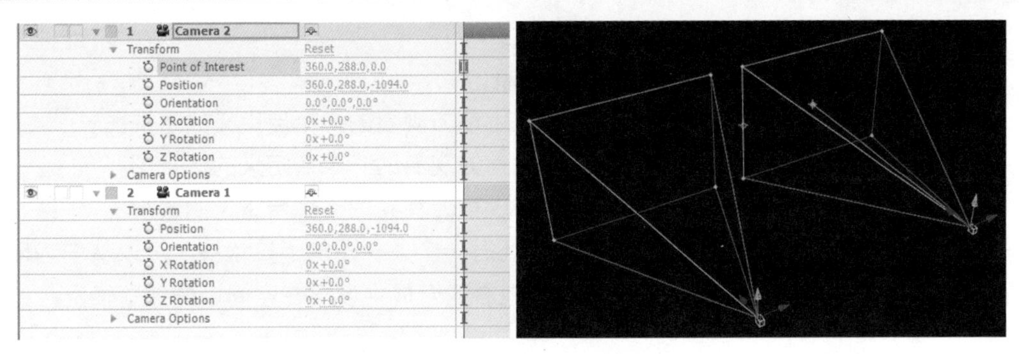


图6-5 摄像机层下的属性

- Transform（变换）：包含摄像机的目标点、位置点、方向及旋转设置参数。
- Point of Interest（目标点）：设置摄像机视角的目标位置。
- Position（位置）：设置摄像机自身的位置。
- Orientation（方向）：设置摄像机放置的方向角度。
- X Rotation（X轴旋转）、Y Rotation（Y轴旋转）、Z Rotation（Z轴旋转）：为设置摄像机沿各自的轴向旋转任意的角度。
- Camera Options（摄像机选项）：为创建摄像机时的部分参数设置，创建后可以在Timeline（时间线）面板中进行更改或设置动画效果。这些参数分别是Zoom（缩放）、Depth of Field（是否打开景深）、Focus Distance（焦距）、Aperture（光圈）和Blur Level（模糊级别）。

One Node Camera（一点摄像机）只有一个固定点，即它本身，移动、旋转都只与它自己有关，镜头的朝向是被约束的；Two Node Camera（两点摄像机）除了它本身外还锁定了一个目标，无论camera本身怎么移动旋转，镜头始终朝向这个目标。

### 6.3.2 摄像机视图操作

After Effects CS6中在合成预览视图下方有一个视图类型的下拉选项，可以从中选择不同的视图方式，也可以在菜单View→Switch 3D View（视图→切换3D视图）下选择，如图6-6所示。

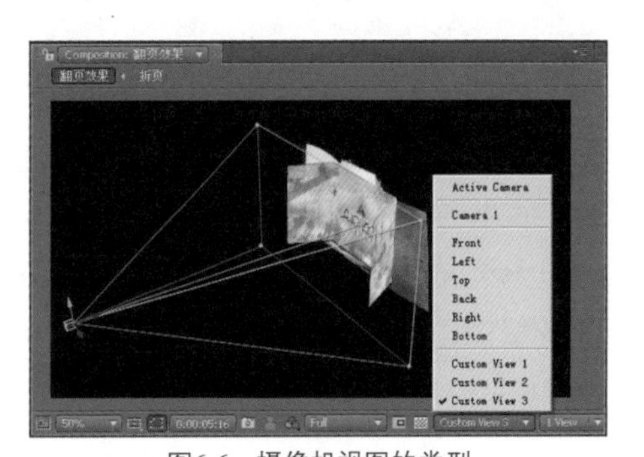


图6-6 摄像机视图的类型

- Active Camera（活动摄像机）：当前Timeline（时间线）面板中使用的摄像机，如果Timeline（时间线）面板中未建立摄像机，After Effects CS6会使用一个默认的摄像机视图。
- Front（前视图）：从正前方的视角观看，同时这是一个正视图的视角，不会显示出图像的透视效果。
- Left（左视图）：从左侧观看的正视图。
- Top（顶视图）：从顶部观看的正视图。
- Right（右视图）：从右侧观看的正视图。

- Back（后视图）：从背后观看的正视图。
- Bottom（底视图）：从底部观看的正视图。
- Custom View 1（自定义视图1）：从左上前方观看的一个自定义的透视图。
- Custom View 2（自定义视图2）：从上前方观看的一个自定义的透视图。
- Custom View 3（自定义视图3）：从右上前方观看的一个自定义的透视图。

After Effects CS6中在合成预览视图下方还有一个多视图的下拉选项，可以从中选择单视图、双视图或四视图的方式，从而更清楚地看清合成中各层在空间中的放置情况，如图6-7所示。

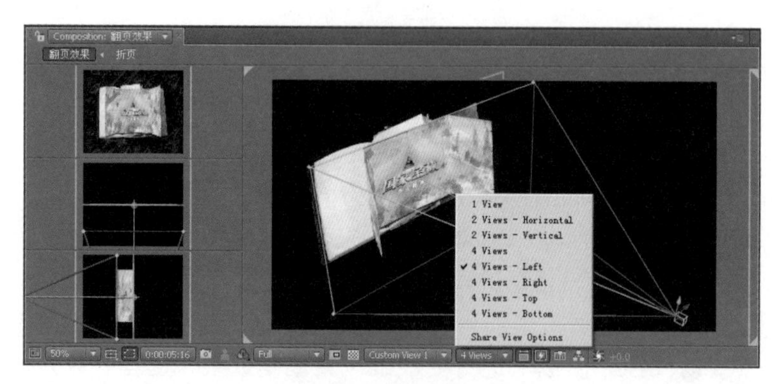


图6-7　多视图选项

选择Active Camera或者选择当前的摄像机名称（如Camera 1），都可以按当前摄像机的视角来显示合成效果。可以通过改变摄像机图层中的相关参数来改变视角的显示，也可以使用Tool（工具）栏中的工具来调整当前摄像机。这是After Effects CS6版本新增的工具，使用三键鼠标进行操作，鼠标左键旋转、中键平移、右键推拉。而工具、工具和工具独立进行这三项操作。

在自定义视图中可任意操纵摄像机来观察合成的三维场景，不影响Active Camera。

在Timeline（时间线）面板中建立了一个摄像机后，可以在Composition（合成）面板中选择Active Camera（活动摄像机）来显示摄像机视图。如果在Timeline（时间线）面板中缩短摄像机层的长度，当时间移至摄像机层之外时，将不再按摄像机的视角显示合成效果。如果在Timeline（时间线）面板中不同的时间段建立多个不同视角的摄像机时，当时间播放到某一摄像机层的位置，将会以所在摄像机视角来显示合成的效果。

### 6.3.3　摄像机的焦距调整

在Camera Options（摄像机选项）下，默认的Camera Options（摄像机选项）设置中景深效果是关闭的，如图6-8所示。

将Depth of Field（是否打开景深）设为On，然后调整Focus Distance（焦距）、Aperture（光圈），使画面中近处的桌面与杯子虚化，远处的窗外雪景也虚化，而中部的窗口及附近图像则保持清晰，如图6-9所示。

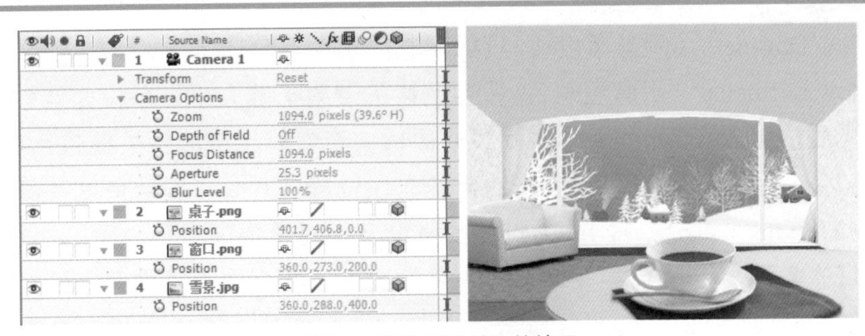


图6-8 默认景深关闭的效果

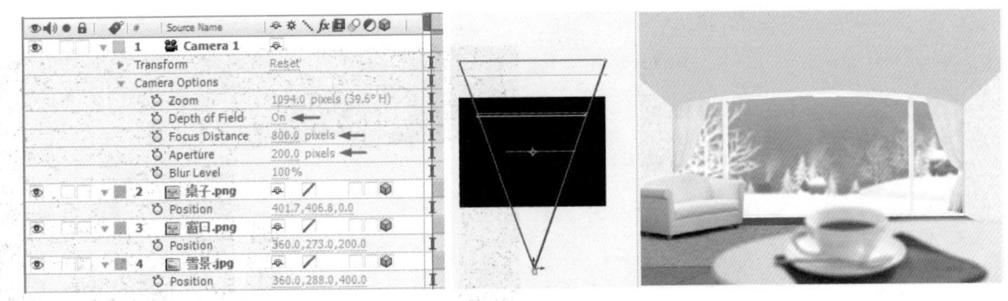


图6-9 设置景深的效果

## 6.4 灯光

### 6.4.1 创建不同类型的灯光

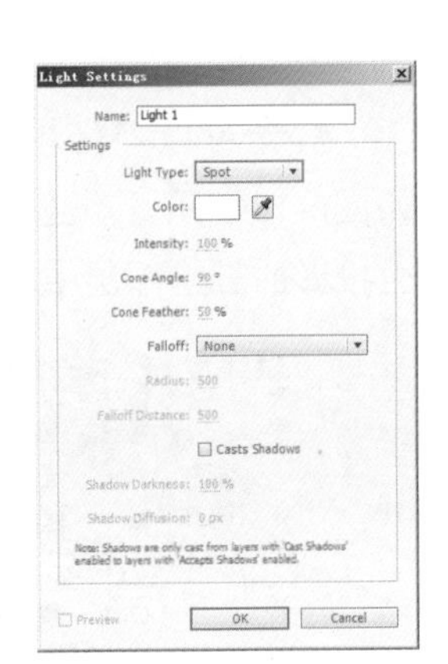


图6-10 灯光设置

在进行三维图层的合成时，可以建立灯光层，使用灯光层为三维图层应用光照和阴影的效果。选择菜单Layer→New→Light（图层→新建→灯光），或者在Timeline（时间线）面板的空白处单击右键，选择弹出菜单的New→Light（新建→灯光），可以在Timeline（时间线）面板中新建灯光层。选择New→Light（新建→灯光）菜单后，会弹出Light Settings（灯光设置）对话框，如图6-10所示。

- Name（名称）：灯光的默认名称，可以自定义这个名称。
- Settings（设置）：包含灯光的设置参数。
- Light Type（灯光类型）：有4种灯光类型，分别为：Parallel（平行光）、Spot（聚光灯）、Point（点光）和Ambient（环境光）。
- Color（色彩）：灯光的颜色。
- Intensity（高度）：灯光高度的百分比。
- Cone Angle（锥形角度）：灯光照射的锥形角度大小，只有在Spot（聚光灯）时有效。
- Cone Feather（锥形羽化）：灯光照射出锥形的角度之后，其边缘的羽化程度，只有在Spot（聚光灯）时有效。
- Falloff（散射）：灯光是否具有散射的属性，其下有Radius（半径）设置光线散射半径的大小和Ralloff Distance（散射距离）。
- Casts Shadows（投影）：灯光照射图像后的投射阴影，在Ambient（环境光）时无效。

- Shadow Darkness（阴影黑度）：投射阴影的黑度百分比。
- Shadow Diffusion（阴影漫射）：投射阴影的漫射扩散大小，单位为像素。

建立灯光后，可以在Timeline（时间线）面板中查看灯光层的相关参数。

- Transform（变换）：其下是灯光的目标点、位置、方向和旋转角度等参数设置。
- Light Options（灯光选项）：为灯光的类型及相关设置项。

不同的灯光类型，在灯光层下有不同的参数选项，在合成视图中显示的灯光图标也不同，其中Ambient（环境光）无图标显示。在同一场景中建立多个灯光时，需要适当降低灯光的强度，避免曝光，如图6-11所示。

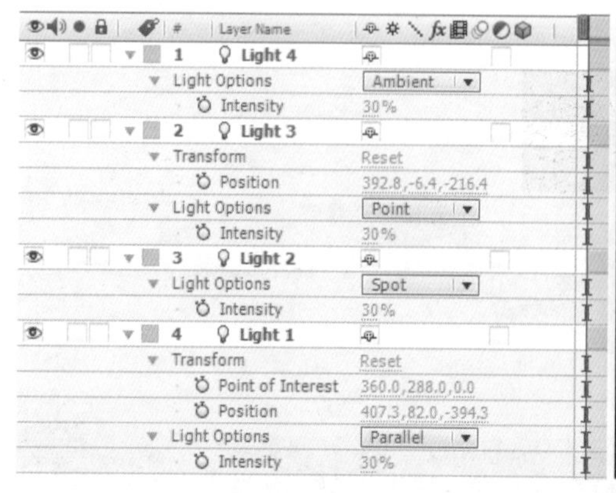


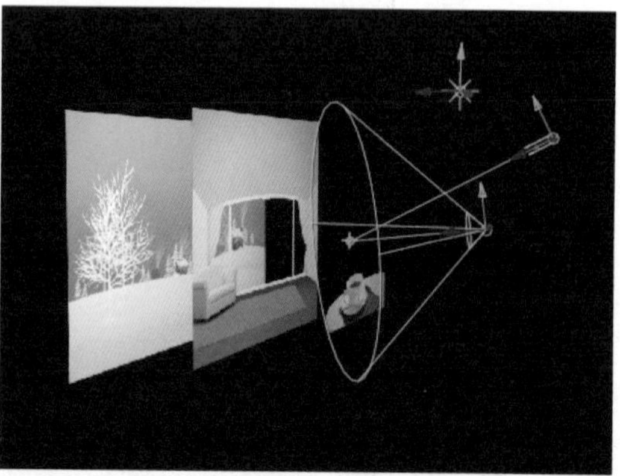

图6-11　不同类型的灯光

## 6.4.2　灯光与三维图层的投影设置

灯光可以产生投影效果，而默认设置下投影效果没有显现，需要进行相关设置，如图6-12所示。产生投影需要三个条件：① 打开灯光层中的Casts Shadows；② 打开产生投影的三维图层中的Casts Shadows；③ 打开接受投影的三维图层中的Accepts Shadows。

图6-12　设置投影效果

## 6.4.3　三维场景的布光效果

在专业演播室中可以看到大大小小的灯光设备，如主持人对面的主光灯，侧前方的辅光灯，侧面的侧光灯，头顶上的顶光灯，背后朝向背景板的背光灯，从背后向前反打的轮廓光灯，等等。三维场景中的灯光同样需要有一定的布光技巧，通常可以使用一个主光灯、一个辅光灯加一个全局照明的模式，根据实际情况再增减灯光。例如，以下场景中使用了一个Ambient（环境光）Light 1作为全局照明，一个Spot（聚光灯）Light 2作为主光照明，一个Point（点光）Light 3作为辅光照明，如图6-13所示。

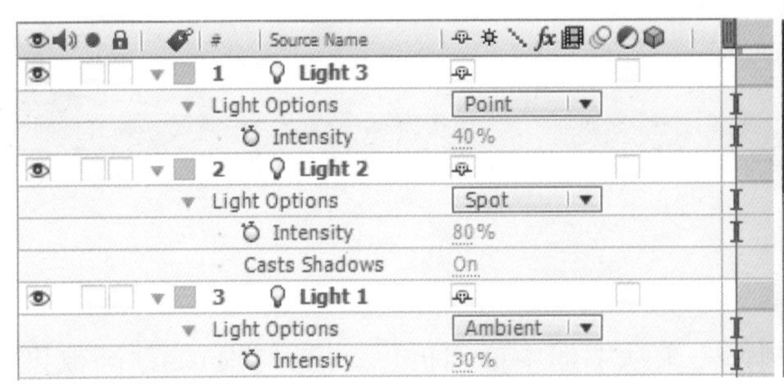

图6-13 场景布光效果

## 6.5 矢量开关的使用

### 1. 矢量图形中的应用

图层中的矢量开关可以在缩放矢量图形时起到校正清晰度的作用，如将一个矢量图形放大时，图像出现模糊，打开矢量开关后即可变得清晰，如图6-14所示。

图6-14 矢量图形中应用矢量开关

### 2. 三维合成中的应用

对于三维图层的嵌套合成，矢量开关的作用很重要，例如在新的合成中放置“飞机”合成，并打开其三维开关，此时“飞机”图层仍为平面的图像，如图6-15所示。

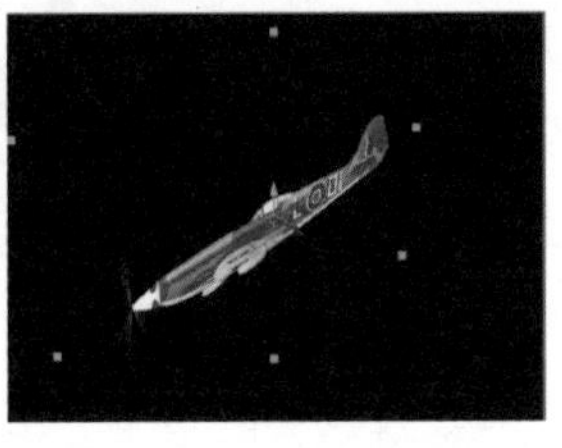

图6-15 嵌套三维图层的默认状态

打开“飞机”层的矢量开关后，“飞机”还原为创建时的立体状态，如图6-16所示。

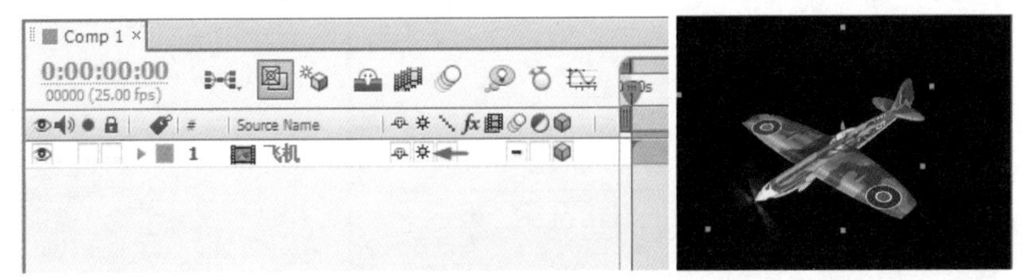


图6-16 打开矢量开关还原立体状态

## 6.6 三维合成实例

### 6.6.1 实例简介

本实例利用书册及折页素材，制作一个从书册中抽出折页、展开折页的动画效果，其中使用灯光照明画面，并使折页产生投影，效果如图6-17所示。

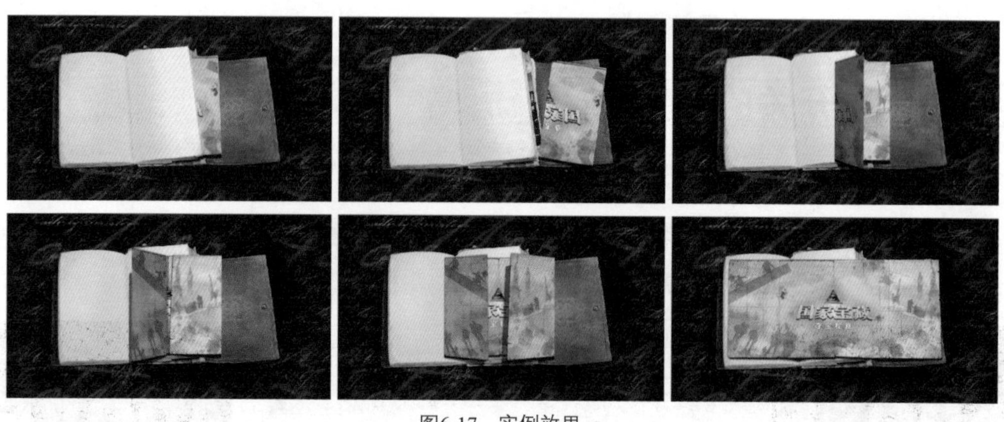

图6-17 实例效果

技术要点：使用三维图层、摄像机及灯光合成翻开折页的效果。

### 6.6.2 实例步骤

**3. 导入素材**

在新的项目面板中导入准备制作的素材。在Project（项目）面板中的空白处双击鼠标左键，打开Import File（导入文件）对话框，从中选择本例中所准备的图片素材文件，将其全部选中，单击“打开”按钮，将其导入到Project（项目）面板中，如图6-18所示。

**4. 建立“折页”合成**

选择菜单Composition→New Composition（合成→新建合成，快捷键为Ctrl+N），打开Composition Settings（合成设置）对话框，从中设置如下：Composition Name（合成名称）为“折页”，Preset（预置）为PAL D1/DV Widescreen（1.46），Duration（持续时间）为5秒，如图6-19所示。然后单击OK按钮。

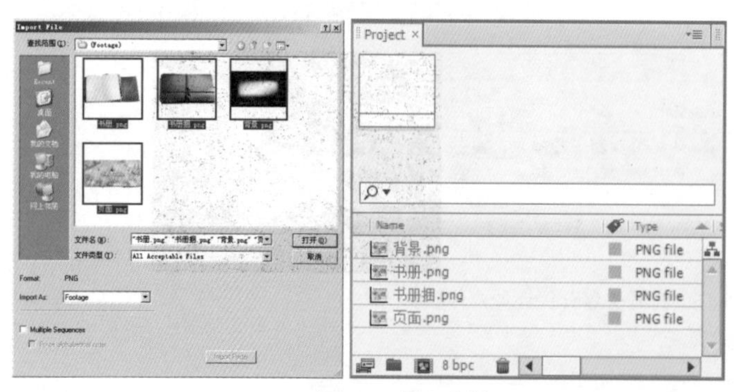


图6-18 导入素材

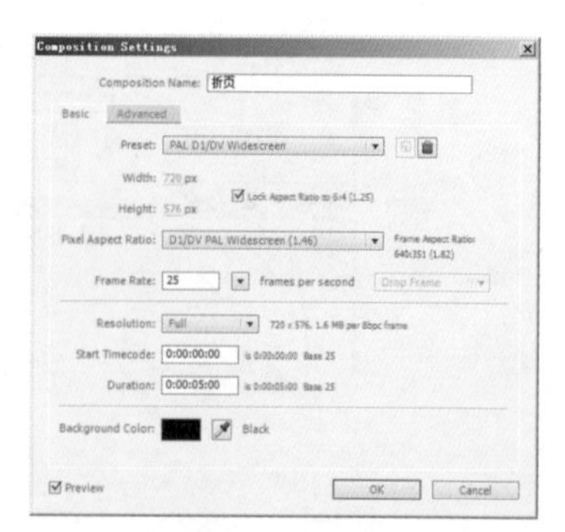

图6-19 新建合成

### 5. 分离折页

步骤 01 从项目面板中将“页面.png”拖至时间线中，根据图像中的3个折痕，准备将其制作成4折，先使用遮罩将其4部分分离出来。在工具栏中选择▢工具，选中“页面.png”层，参照左侧的折痕绘制遮罩Mask 1，将第1个折叠页分离出来，如图6-20所示。

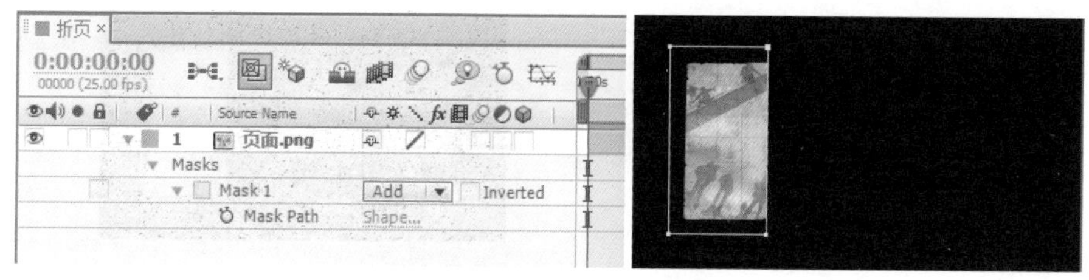

图6-20 绘制Mask，分离第1个折叠页

步骤 02 选中“页面.png”层，按Ctrl+D组合键创建一个副本，然后按Enter键，分别重新命名这两个图层，下层名称为“左”、上层名称为“左中”。

步骤 03 使用▢工具，参照中部折痕，选中“左中”层，绘制一个与Mask 1部分重叠的遮罩Mask 2，并将Mask 1移至Mask 2之下，设置遮罩运算方式为Subtract（相减），即Mask 1从Mask 2中减去重叠部分，这样将第2个折叠页分离出来，单独查看这个图层，如图6-21所示。

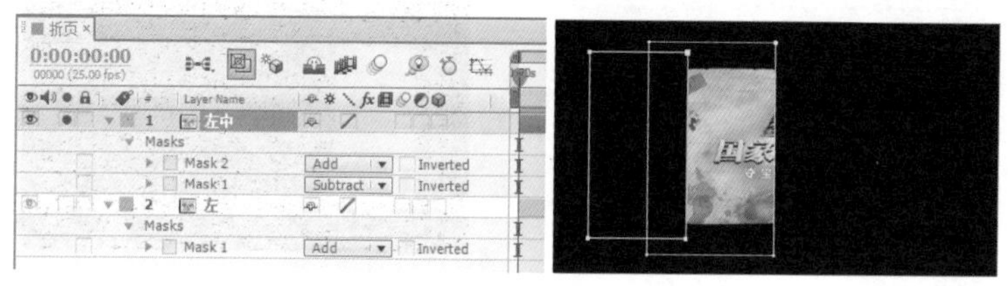

图6-21 分离“左中”折叠页

步骤 04 选中“左中”层，按Ctrl+D组合键创建一个副本，然后按Enter键重新命名为“中”。

步骤 05 使用▢工具，参照右侧折痕，选中“中”层，绘制一个遮罩Mask 3，然后将3个遮罩的运算方式均设为Subtract（相减），这样将第3个折叠页分离出来，单独查看这个图层，如图6-22所示。

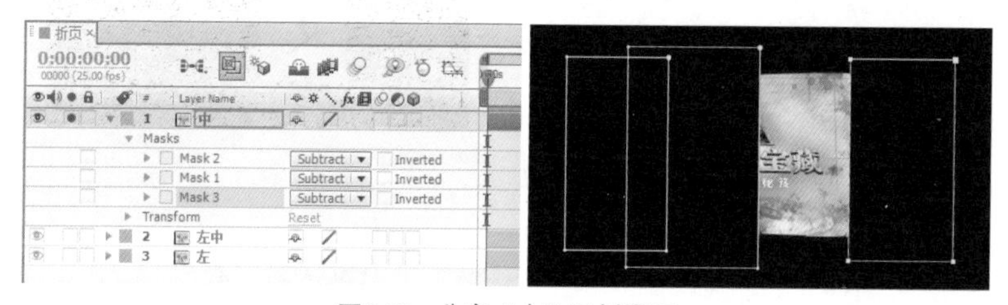

图6-22 分离“中”层折叠页

步骤 06 选中“中”层，按Ctrl+D组合键创建一个副本，然后按Enter键重新命名为“右”。

步骤 07 删除“右”层的Mask 1和Mask 2两个遮罩，将Mask 3的运算方式修改为Add（相加），这样将第4个折叠页分离出来，单独查看这个图层，如图6-23所示。

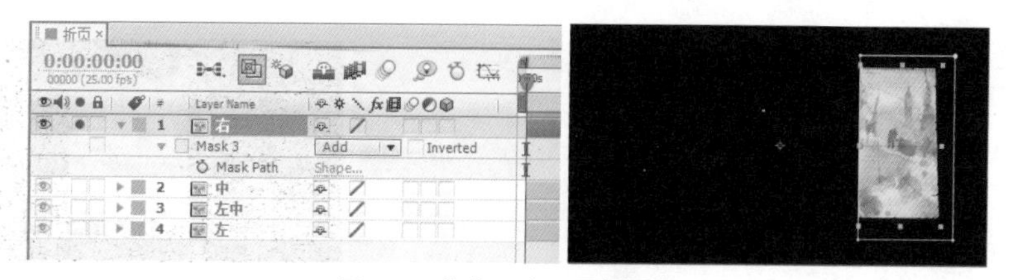

图6-23 分离“右”层折叠页

### 6. 重设轴心点

**步骤 01** 依次对“右”、“左中”和“左”三个图层的轴心点进行重设。先单独显示“右”层，使用工具栏中的▣工具，将“右”层在视图中原来居中的轴心点移至其图形左侧边缘，此时轴心点参数和位置参数的数值均发生变化，而图形在视图中的相对位置保持不变，如图6-24所示。

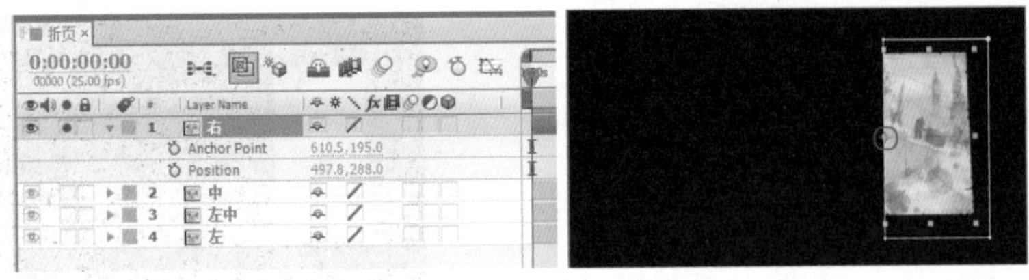


图6-24　重设“右”层轴心点

可以先将轴心点移到大致的位置，然后放大显示，更精确地移动轴心点。

**步骤 02** 单独显示“左”层，使用工具栏中的▣工具，将“左”层在视图中原来居中的轴心点移至其图形右侧边缘，如图6-25所示。

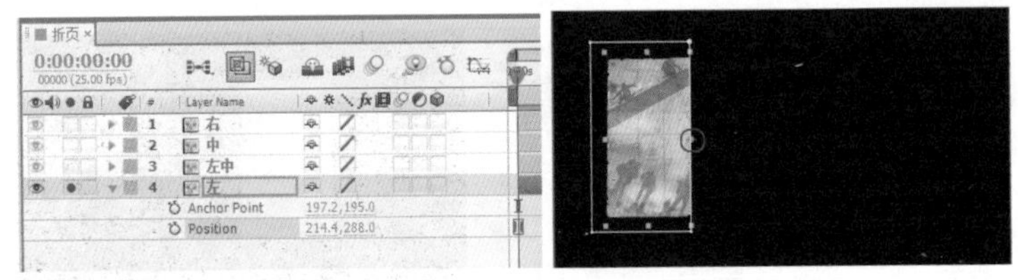


图6-25　重设“左中”层轴心点

**步骤 03** 单独显示“左中”层，使用工具栏中的▣工具，将“左中”层在视图中原来居中的轴心点移至其图形右侧边缘，如图6-26所示。

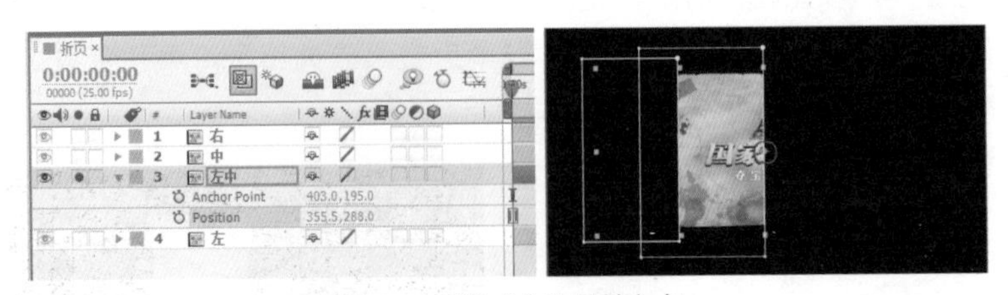


图6-26　重设“左”层轴心点

### 7. 制作翻页

**步骤 01** 打开各层的三维开关，并调整图层顺序，从上至下依次为“左”、“左中”、“右”和“中”。

**步骤 02** 只显示“左中”和“中”两个层，并展开“左中”层的Y Rotation属性。将时间移至第2秒20帧处，单击打开Y Rotation前面的码表，记录关键帧，当前数值为0°，然后将时间移至第2秒，将数值设为-180°，这样在第2秒至第2秒20帧之间产生一个展开页面的动画，如图6-27所示。

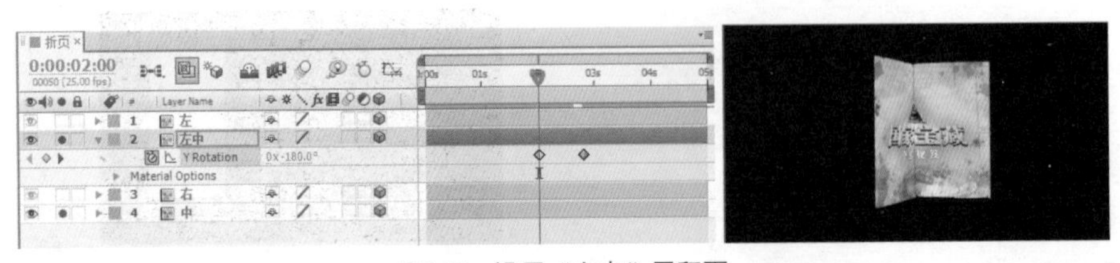


图6-27　设置“左中”层翻页

**步骤 03** 关闭“左”层，显示其他层，展开“右”层的Y Rotation属性。将时间移至第4秒处，打开Y Rotation前面的码表，记录关键帧，当前数值为0°，然后将时间移至第3秒处，将数值设为180°，这样在第3秒至第4秒之间产生展开页面的动画，如图6-28所示。

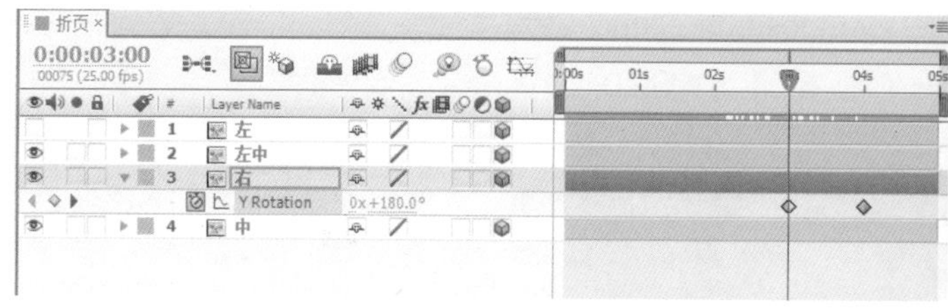

图6-28 设置“右”层翻页

**步骤 04** 显示所有层，在时间线中显示Parent栏，将时间移至第4秒处，将“左”层的Parent栏设为“左中”。

**步骤 05** 展开“左”层的Y Rotation属性。将时间移至第4秒处，打开Y Rotation前面的码表，记录关键帧，当前数值为0°，然后将时间移至第3秒处，将数值设为-180°，这样在第3秒至第4秒之间产生展开页面的动画，如图6-29所示。

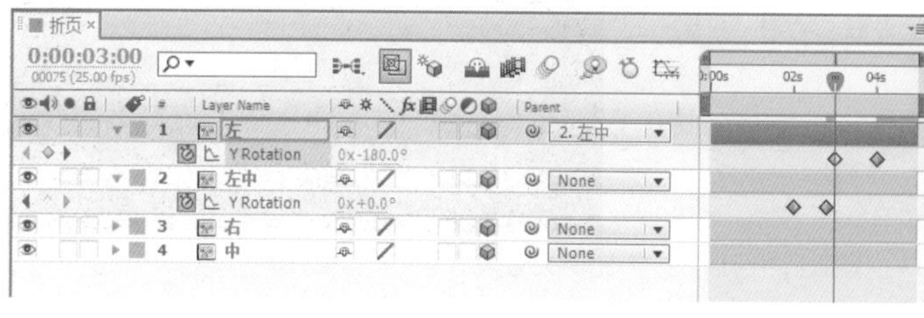

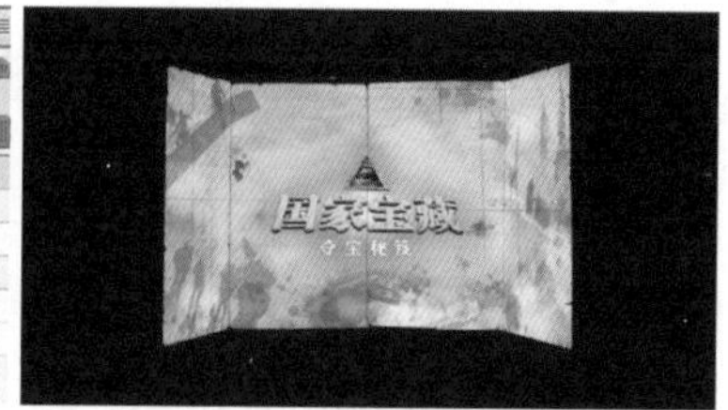

图6-29 设置“左”层翻页

**步骤 06** 将时间移至时间线开始处，可以看到出现“左”层图像遮挡住“左中”层图像的穿帮现象，如图6-30所示。

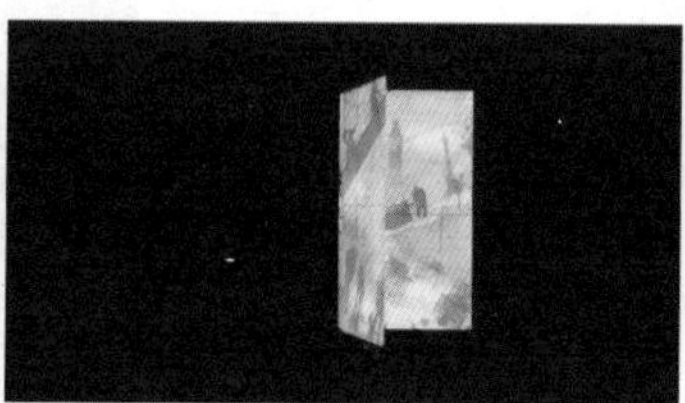
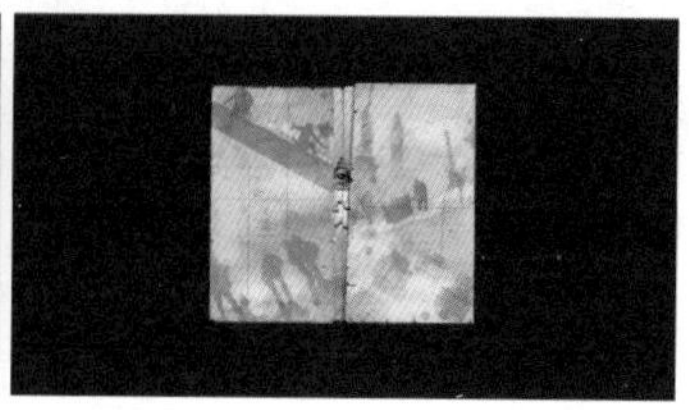

图6-30 “左”层与“左中”层穿帮

**步骤 07** 展开“左”层的Position（位置），将其Z轴向默认的0修改为-1，使其比“左中”层略微靠后，这样解决遮挡的现象。因为“左中”是“左”层的父级层，在“左中”层旋转180°之后，“左”层又旋转到“左中”层之上，这样符合翻页的实际效果，如图6-31所示。

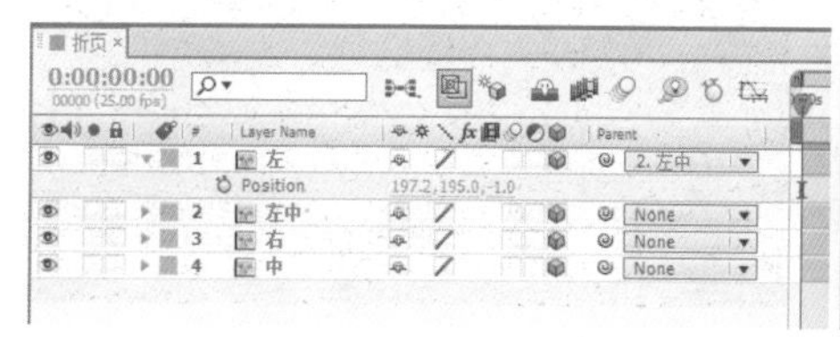

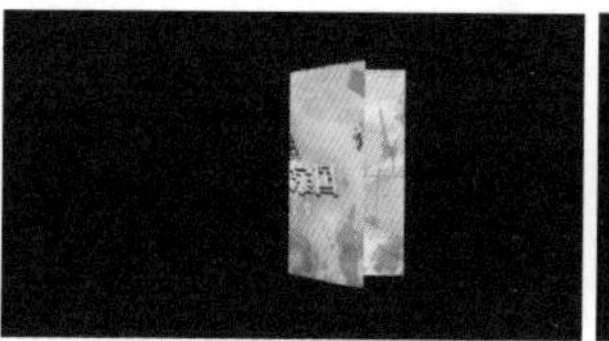
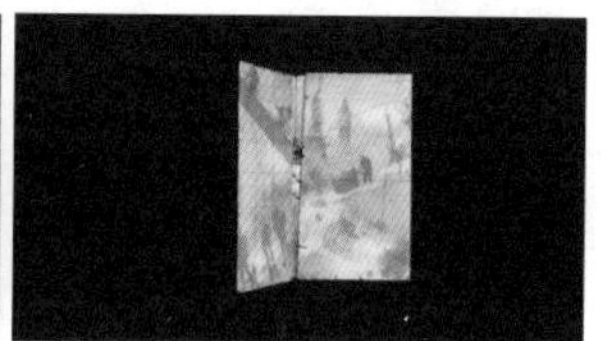

图6-31 解决穿帮效果

### 8. 建立“翻页效果”合成

选择菜单Composition→New Composition（合成→新建合成，快捷键为Ctrl+N），打开Composition Settings（合成设置）对话框，从中设置如下：Composition Name（合成名称）为“翻页效果”，Preset（预置）为PAL D1/DV Widescreen（1.46），Duration（持续时间）为7秒，如图6-32所示。然后单击OK按钮。

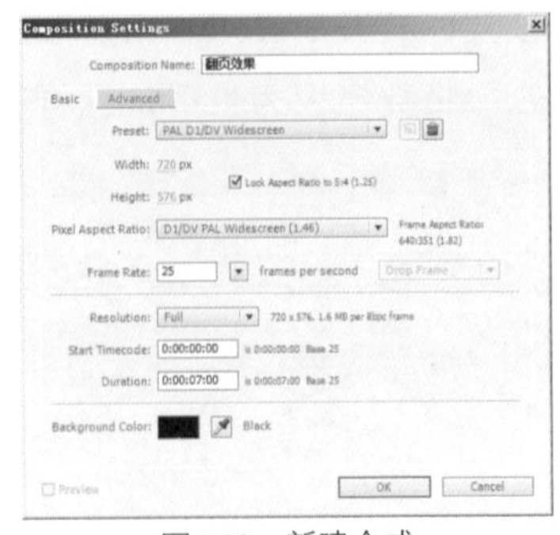

图6-32　新建合成

### 9. 设置翻页效果

**步骤 01**　从项目面板中将“书册.png”、“背景.png”和“书册捆.png”拖至时间线中，按从上至下的顺序放置。

**步骤 02**　暂时关闭“书册.png”的显示。展开底层“书册捆.png”的Scale（比例），在第0帧时设置为200%，并打开Scale（比例）前面的码表，记录关键帧，如图6-33所示。

图6-33　设置“书册捆.png”比例关键帧

**步骤 03**　将时间移至第1秒处，将Scale（比例）设为(20,20%)，并按Alt+]组合键，剪切出点，如图6-34所示。

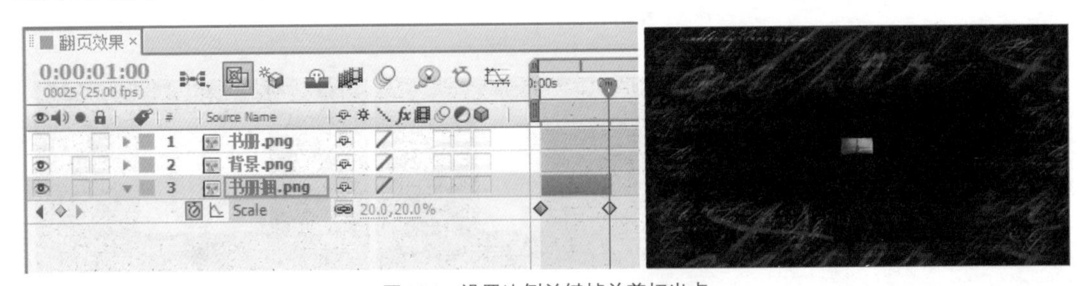

图6-34　设置比例关键帧并剪切出点

**步骤 04**　显示“书册.png”层，将其入点移至第1秒处，展开Scale（比例），将其第1秒处的数值设为(10,10%)，并打开Scale（比例）前面的码表，记录关键帧，如图6-35所示。

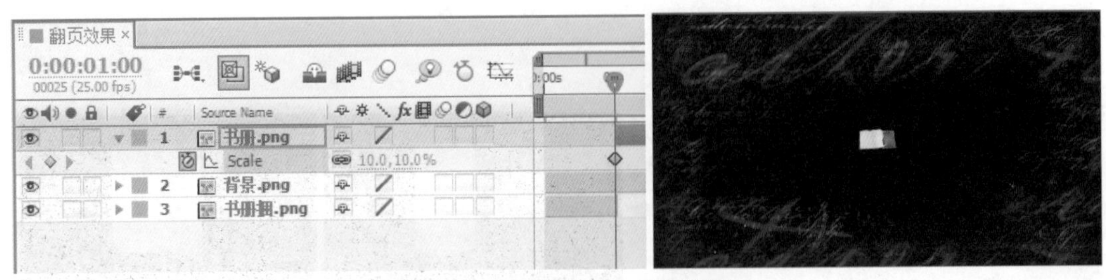

图6-35　设置“书册.png”比例关键帧

**步骤 05**　将时间移至第1秒15帧处，将Scale（比例）设为(110,110%)；将时间移至第1秒20帧处，将Scale（比例）设为(100,100%)，如图6-36所示。

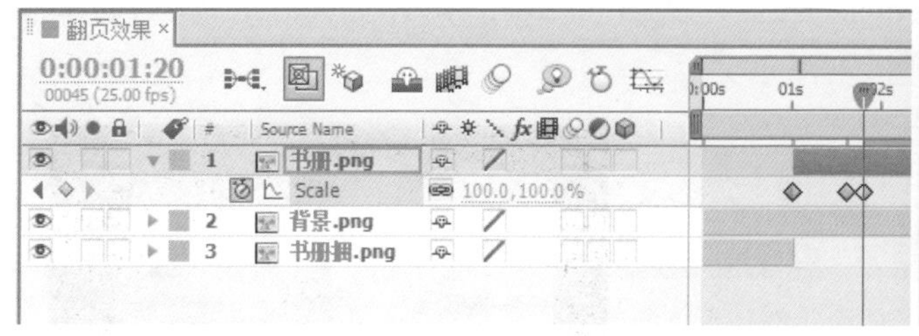

图6-36 设置比例关键帧

**步骤 06** 从项目面板中将“折页”拖至时间线中，入点移至第2秒处。

**步骤 07** 选中“书册.png”层，按Ctrl+D组合键复制一份，然后将“折页”层放在两个“书册.png”层之间。使用工具栏中的工具，在上面的“书册.png”层上绘制遮罩，制作“折页”夹在书页中的效果，如图6-37所示。

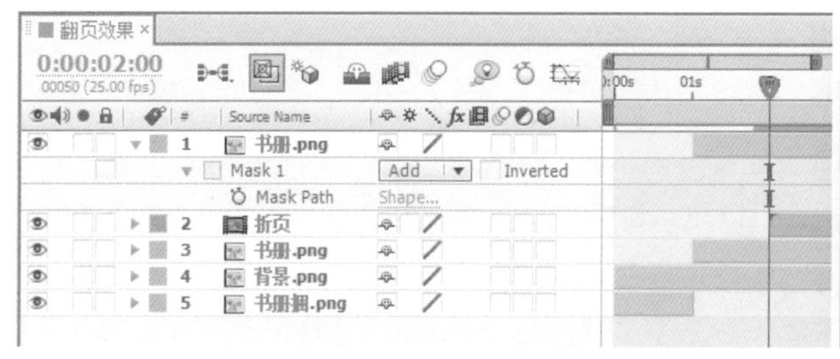

图6-37 制作夹在书页中的效果

**步骤 08** 为“折页”制作一个从书中移出的动画。将两个“书册.png”和“折页.png”层的三维开关打开，将下面的“书册.png”的Position（位置）的Z轴向数值设为2。在第2秒处设置“折页”层的Position（位置）为(286,288,1)，Z Rotation为-8°，将其“藏至”书页内，如图6-38所示。

图6-38 “藏至”书页内的设置

**步骤 09** 将时间移至第3秒处，设置“折页”层的Position（位置）为(476,288,0)，Z Rotation为8°，将其移出书页至右侧，如图6-39所示。

图6-39 移出书页

**步骤 10** 将时间移至第4秒处，将Position（位置）设为(360,288,-1)，Z Rotation设为0°，将其移至中部的“书册.png”图像之上，如图6-40所示。

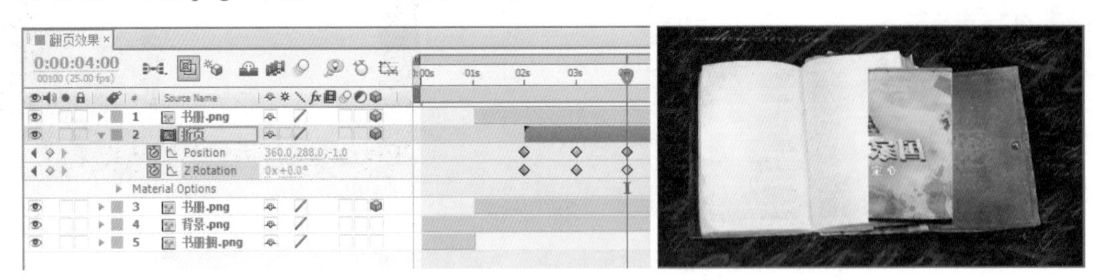


图6-40 移至中部图上

**步骤 11** 选择Layer→New→Camera（图层→新建→摄像机），在打开的Camera Settings对话框中，将Preset（预置）选择为35mm，如图6-41所示，单击OK按钮，建立摄像机Camera 1。

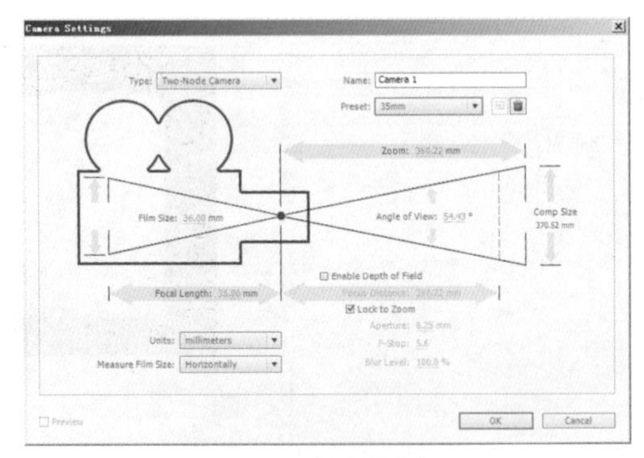


图6-41 新建摄像机

**步骤 12** 在时间线中将Camera 1的Position（位置点）的Z轴向数值增大为-1200，即拉远与素材层的距离，此时只打开三维开关的图层画面变小，“背景.png”大小不变，如图6-42所示。

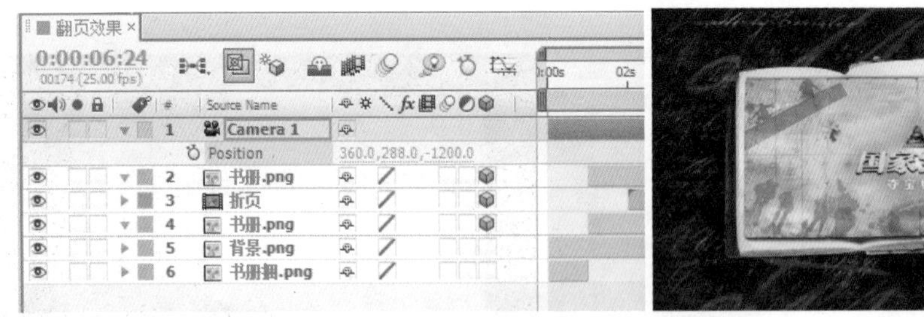


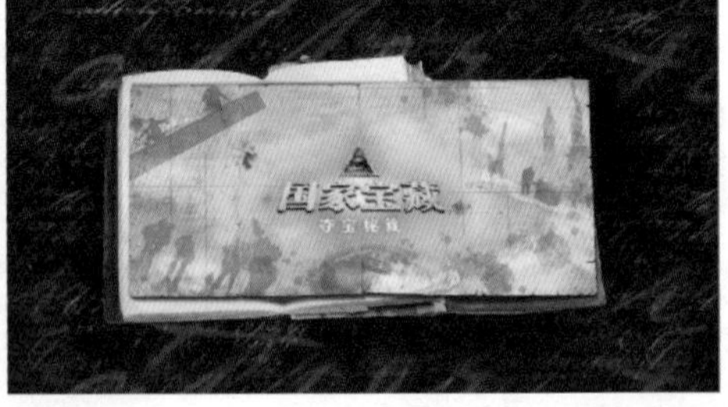

图6-42 拉远摄像机

**步骤 13** 建立灯光为“折页”添加投影效果。选择菜单Layer→New→Light（图层→新建→灯光），在打开的Light Settings（灯光设置）对话框中，将Light Type设为Parallel（平行光），并选中Casts Shadows，如图6-43所示。

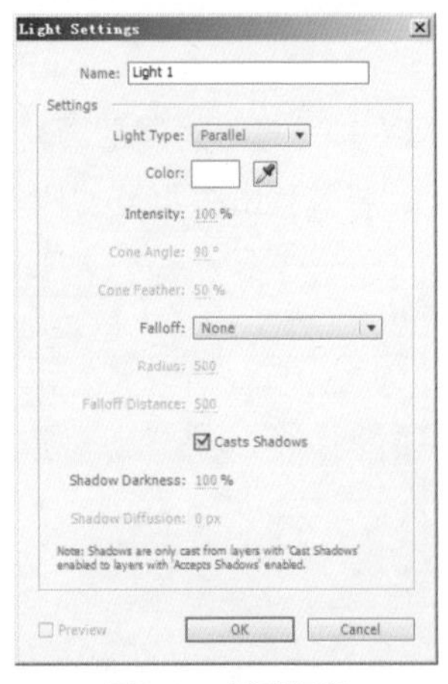


图6-43 新建灯光

**步骤 14** 在时间线中将Light 1的Point of Interest（目标点）设为(360,288,0)，Position（位置）设为(403.8,150,-364.7)，在合成视图的下部选择Custom View1，使用自定义视图，可以更清晰地观察灯光与素材层的关系，如图6-44所示。

**步骤 15** 将“折页”层的矢量开关☀打开，校正三维图层的动画效果，如图6-45所示。

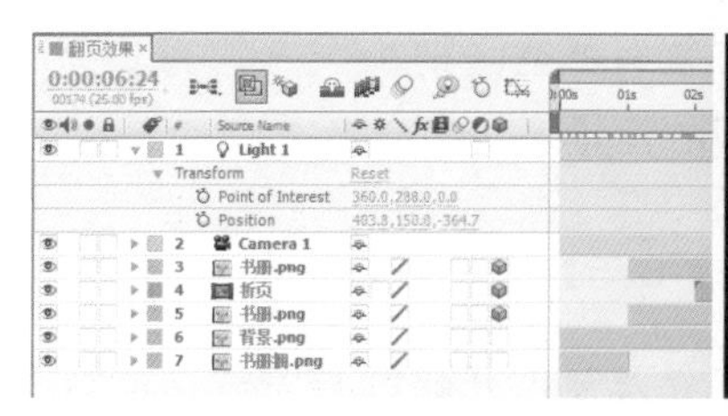

图6-44　调整灯光

图6-45　打开矢量开关

**步骤 16**　此时“折页”层并没有产生投影效果，可以双击“折页”层，切换到其时间线中，将其中各层Material Options下的Casts Shadows均设为On，再切换回“翻页效果”时间线，查看效果，“折页”显示出投影效果，如图6-46所示。

图6-46　设置投影

**步骤 17**　在合成视图下方将视角切换回Active Camera，以当前建立的摄像机视角来观察，可以看到一盏灯光的照明效果有所局限，背光处过暗，如图6-47所示。

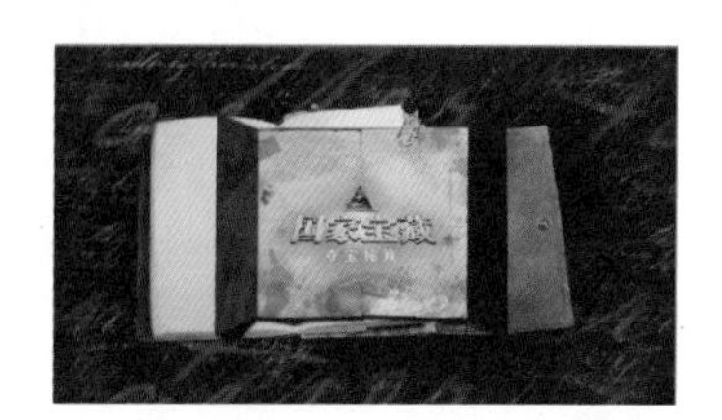

图6-47　观察效果

**步骤 18**　选择菜单Layer→New→Light（图层→新建→灯光），将Light Options设为Ambient（环境光）。当两盏灯光同时照明时，场景的光线会过强，需要分别降低两盏灯光的强度，将Light 1的Intensity设为70%，将Light 2的Intensity设为33%。这样完成本实例的制作，如图6-48所示。

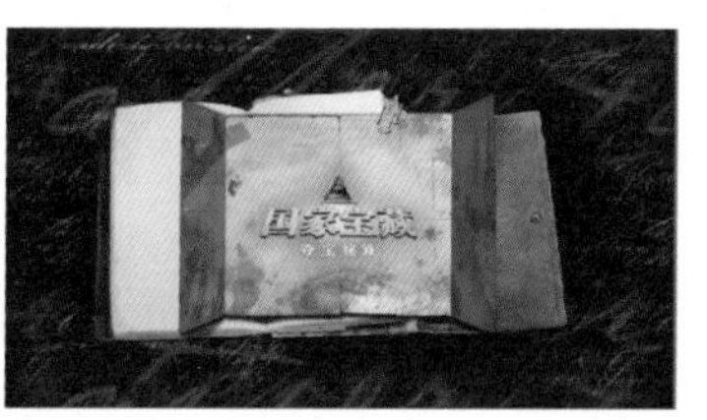

图6-48　设置灯光效果

# 思考与练习

一、思考题：

1. 二维与三维图层的属性有哪些区别？

2．创建摄像机时选择28mm与50mm的预置有哪些区别？

3．灯光的类型有哪些？怎样为一个常规的三维场景布光？

4．简述矢量开关在三维合成中的应用。

二、练习题：

1．使用三维图层建立由6个矩形围成的立方盒，并在嵌套合成中制作立方盒的旋转动画。在围成立方盒时可以采用位移图层加旋转的方式，也可以采用移动轴心点加旋转的方式。

2．在同一个三维场景中，建立预置为20mm至80mm的多个摄像机，使用多视图查看的方式对比效果。

3．制作一个摄像机聚焦到前后景的动画。

4．制作一个灯光照射并将其投影到平面上，并设置虚化阴影的效果。

# 第7章 文字动画模块

07 Chapter

## 7.1 文字工具和面板

在媒体制作方面，文字是一个重要的对象，After Effects CS6有很强的文字创建和动画功能，能够制作出丰富的文字动画效果。一方面，After Effects CS6可以通过文字层建立文字和设置复杂的文本动画，另一方面，也可以通过添加特效来制作创意文字特效。这里主要介绍文字层的应用操作。

选择菜单Layer→New→Text（图层→新建→文字）可以建立文字层，也可以在Tool（工具）栏中选择工具，在Composition（合成）面板中单击来建立文字层。工具用来建立垂直方向的文字。

### 7.1.1 字符面板

与文字层设置相关的面板有Character（字符）面板和Paragraph（段落）面板。Character（字符）面板及单击右上角图标弹出的相关菜单如图7-1所示。

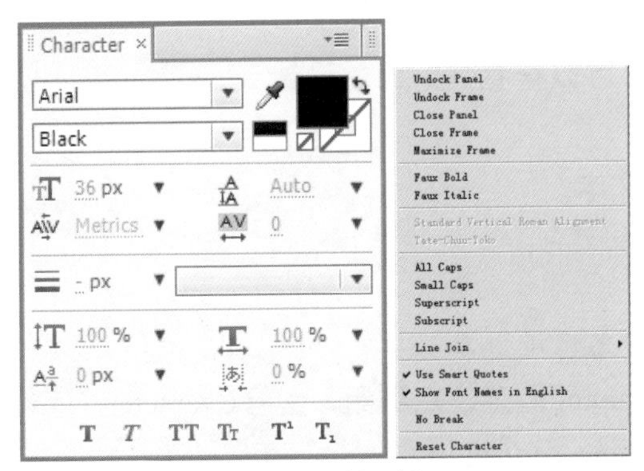


图7-1　字符面板

Character — 字符；Faux Bold — 粗体；Faux Italic — 斜体；Standard Vertical Roman Alignment — 标准垂直字体排列；Tate-Chuu-Yoko — 纵中横；All Caps — 大写字母；Small Caps — 首字大写；Superscript — 上标字符；Subscript — 下标字符；Use Smart Quotes — 使用精确引用符；Show Font Names in English — 字体名称英文显示；Reset

Character — 重置字符。

### 7.1.2 段落面板

Paragraph（段落）面板及单击右上角 按钮弹出的相关菜单如图7-2所示。

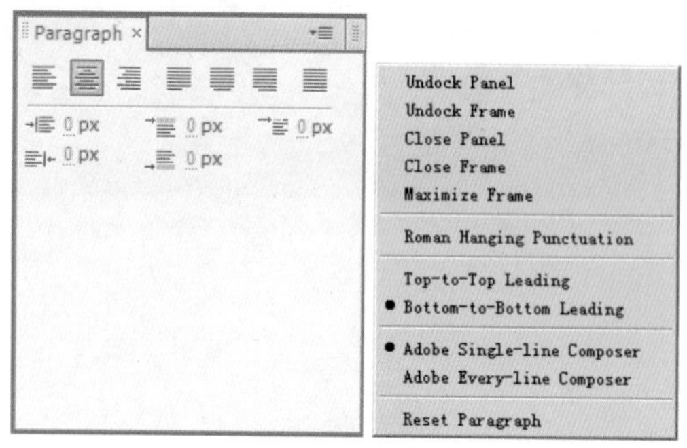


图7-2 段落面板

Roman Hanging Punctuation — 调整字行标点；Top-to-Top Leading — 顶到顶插入；Bottom-to-Bottom Leading — 底到底插入；Adobe Single-line Composer — Adobe 奇数行合并；Adobe Every-line Composer — Adobe 偶数行合并；Reset Paragraph — 重置段落面板。

## 7.2 文字动画模块操作

### 7.2.1 文字的动画属性

文字可以像对待有透明背景的图片一样，为其进行效果设置和变换动画制作。在Transform（变换）下的Anchor Point（轴心点）、Position（位置）、Scale（比例）、Rotation（旋转）和Opacity（不透明度）都可以进行常规的动画设置。在After Effects CS6中，文字还有更强大的文字动画功能，在Timeline（时间线）面板中展开文字层下面的Text，可以查看其下面的设置选项，如图7-3所示。

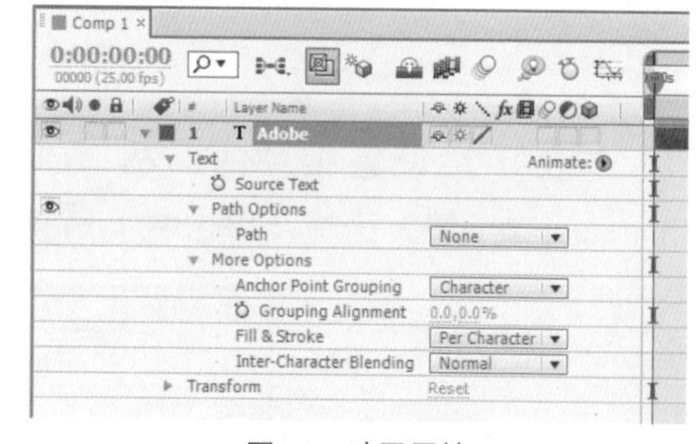


图7-3 动画属性

- Source Text：源文本。
- Path Options：路径选项。
- Path：路径。
- More Options：更多选项。
- Anchor Point Grouping：定位点群组，包含Character（字符）、Word（语句）、Line（行）和All（全部）几个选项。
- Groping Alignment：分组排列。
- Fill & Stroke：填充&描边，包含Per Character（字符面板）、All Fills Over All Strokes（全部填充覆盖全部描边）和All Strokes Over All Fills（全部描边覆盖全部填充）几个选项。

- Inter – Character Blending：字符间混合。
- Animate：动画。

在Animate右侧单击◐按钮，弹出文字动画属性菜单，如图7-4所示。

Anchor Point — 轴心点；Position — 位置；Scale — 比例；Skew — 倾斜；Rotation — 旋转；Opacity — 不透明度；All Transform Properties — 所有变换属性；Fill Color — 填充色彩，其下有RGB（RGB颜色）、Hub（色调）、Saturation（饱和）、Brightness（亮度）和Opacity（不透明度）子菜单；Stroke Color — 描边色彩，其下有与Fill Color（填充色彩）相同的子菜单；Stroke Width — 边宽；Tracking — 字距；Line Anchor — 行基线；Line Spacing — 行间距；Character Offset — 字符偏移；Character Value — 字符数值；Blur — 模糊。

### 7.2.2 添加文字动画

在文字层的Text项右侧，单击Animate后的◐按钮，在弹出的菜单中选择Opacity（不透明度），为文字层添加一个Animator 1。展开Animator 1查看其下的参数，如图7-5所示。

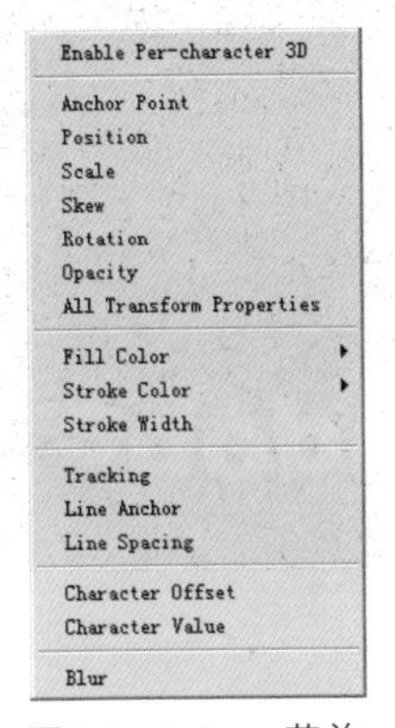

图7-4 Animate菜单

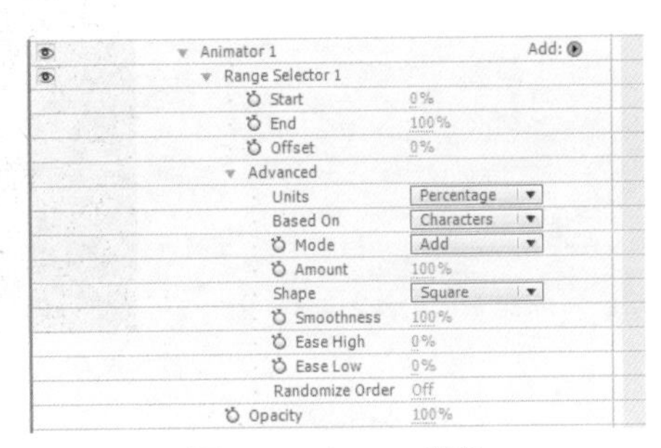


图7-5 Animator 1菜单

Animator 1：文字层添加的动画命名，如继续添加动画会命名为Animator 2、Animator 3。

Add：有◐按钮，单击之将弹出菜单，其中有两组类别的动画设置项，第一组为Property（属性），第二组为Selector（选择），每组又包含下级菜单的动画设置项。

① Range Selector 1：范围选择类1，如果在Animator 1右侧单击Add后的◐按钮弹出菜单，并选择第一组Property（属性）菜单下的某一项时，将都显示在Range Selector 1之下。

- Start：开始百分比。
- End：结束百分比。
- Offset：偏移百分比。

② Advanced：高级，其下包含高级部分的设置。

- Units：单位，有Percentage（百分比）和Index（索引）两个选项。
- Based On：基准，有Characters（字符）、Characters Excluding Space（字符间隔）、Words（语句）和Line（行）几个选项。
- Mode：模式，有Add（相加）、Subtract（相减）、Intersect（相交）、Min（最小）、Max（最大）、Difference（差值）几种模式。
- Amount：数量百分比。
- Shape：外形，有Square（矩形）、Ramp UP（向上渐变）、ramp Down（向下渐变）、Triangle（三角形）、Round（圆形）、Smooth（平滑）几个形状的选项。

- Smoothness：平滑原分比。
- Ease High：放高百分比。
- Ease Low：放低百分比。
- Randomize Order：随机顺序开关，当将其打开时，其下新增Random Seed（随机种子）数量设置。

③ Opacity：不透明度，即当前Animator 1中添加的动画参数项。

### 7.2.3　路径文字动画

After Effects CS6中可以制作沿路径运动的文字，在制作时先在文字层上建立路径，这个路径可以是开放的路径，也可以是封闭的路径（也称为遮罩）。然后将路径指定给文字，这样就可以设置First Margin、Last Margin等相关参数，制作文字沿路径运动的动画了，如图7-6所示。

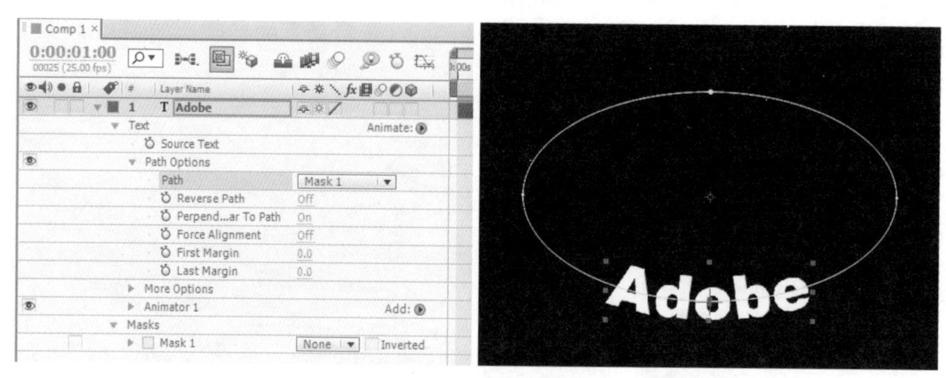


图7-6　路径文字动画

### 7.2.4　文字动画预置

After Effects CS6中预置有多种文字动画，给文字动画的学习和制作参考带来了方便。方法如下：

**步骤 01**　在Timeline（时间线）面板中先选中目标文字层，并确定时间指针在开始位置。选择菜单Animation→Apply Animation Preset（动画→应用动画预置），打开查找文件的对话框，从中选择Presets→Text文件夹，其中有多个子文件夹，这些子文件夹下则是不同类别的文件动画预置文件。例如，打开Text文件夹下的3D Text子文件夹，然后选中第一个预置文件，如图7-7所示。

图7-7　从菜单中选择文字的动画预置

**步骤 02** 选中预置文件后单击“打开”，这样动画预置效果便会应用到文字层上，Timeline（时间线）面板中的文字会添加上预置的动画关键帧，如图7-8所示。

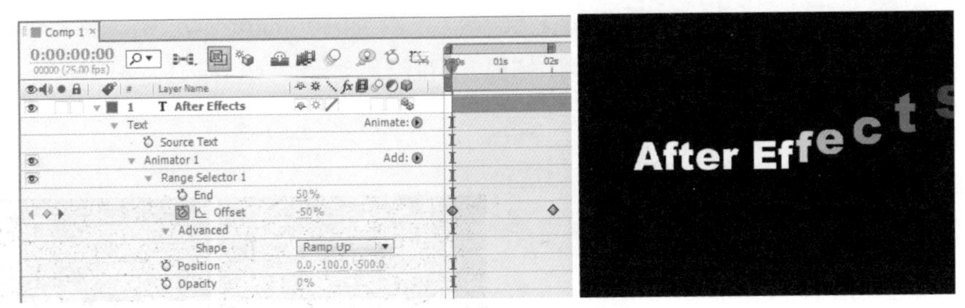


图7-8 应用文字动画预置

可以选择菜单 Animation→ Browse Presets（动画→浏览预置），调用 Adobe Bridge来直观地预览预置的动画效果。选中合适的预置后，在其上单击右键，选择弹出菜单中的 Place In After Effects，即可将其应用到 After Effects的时间线中。

也可以在Effects & Presets（特效&预置）面板中来进行添加预置的操作。选择菜单Window→Effects & Presets（窗口→特效&预置），将其菜单勾选，显示Effects & Presets（特效&预置）面板，从中展开Animation Presets下的Text文件夹，在Text文件夹中选择预置分类文件夹及预置。这些与前一方法中的预置文件是相同的，如图7-9所示。

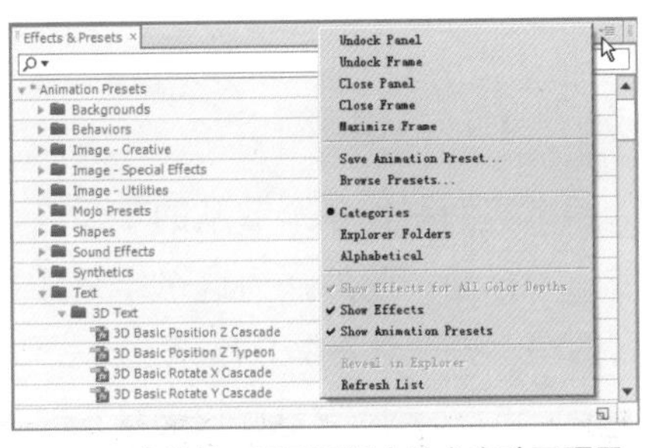


图7-9 在特效&预置面板中的文字动画预置

在 Effects & Presets（特效&预置）面板中要确认单击右上角 按钮弹出菜单中的 Show Animation Presets（显示动画预置）被勾选，否则将看不到 Animation Presets项。

## 7.3 文字的三维字符动画

在文字层下的Text右侧单击Animate后的 按钮，从弹出菜单中选择Enable Per-Character 3D，将文字层转换为三维字符方式，此时文字层的三维开关栏会出现 图标，这样文字可以在X、Y和Z轴向进行三维空间的动画。

例如，建立一个After Effects文字，转换为三维字符方式，然后设置字符飞入即旋转的动画，操作如下：

**步骤 01** 建立一个居中的After Effects文字，设置合适的字体、大小和颜色，在Animate后选择菜单Enable Per-Character 3D转换为三维字符方式，显示 图标。

**步骤 02** 建立一个Preset（预置）为35mm的摄像机。设置Position（位置点）第1帧为(−50,−30,−300)，第3秒为默认值(360,288,−765.8)。

**步骤 03** 在Animate后选择菜单Position（位置），添加Animator 1动画，设置Position（位置）为(500,0,-350)，设置Offset第0帧时为0%，第2秒时为100%。

**步骤 04** 在Animate后选择菜单Rotation（旋转），添加Animator 2动画，设置Y Rotation为3x+0°，设置Offset第10帧时为0%，第2秒10帧时为100%，如图7-10所示。

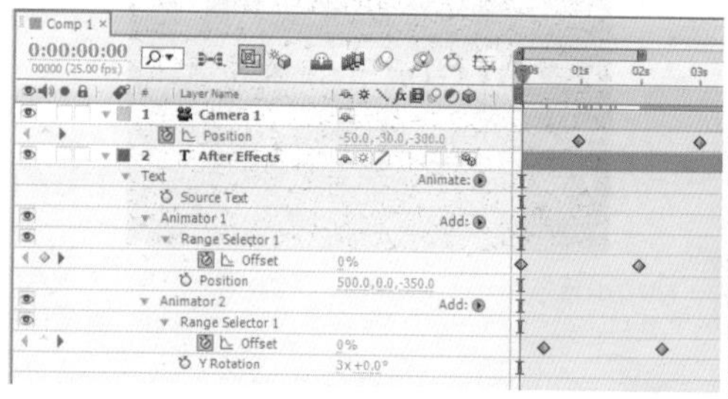

图7-10　三维字符动画

## 7.4 文字动画实例

### 7.4.1 实例简介

本实例制作多个散乱的字母在屏幕中晃动，并逐渐减小晃动幅度直至停止，整齐排列成一行标题。此外，为这个字母添加光效，并合成到三维场景中，使用灯光照明的方式进行渲染。效果如图7-11所示。

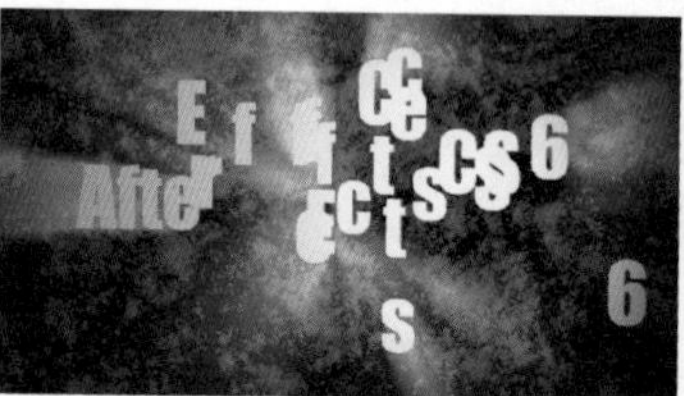

图7-11　实例效果

主要特效：CC Radial Fast Blur、Fractal Noise、Levels、Tritone。

技术要点：使用文字的Animate功能制作文字由散乱到整齐的动画，并在三维场景中渲染效果。

### 7.4.2 实例步骤

#### 1. 建立“文本动画”合成

**步骤 01** 选择菜单Composition→New Composition（合成→新建合成），打开Composition Settings（合成设置）对话框，从中设置如下：Composition Name（合成名称）为“文本动画”，Preset（预置）为PAL D1/DV Widescreen，Duration（持续时间）为05秒，如图7-12所示。然后单击OK按钮。

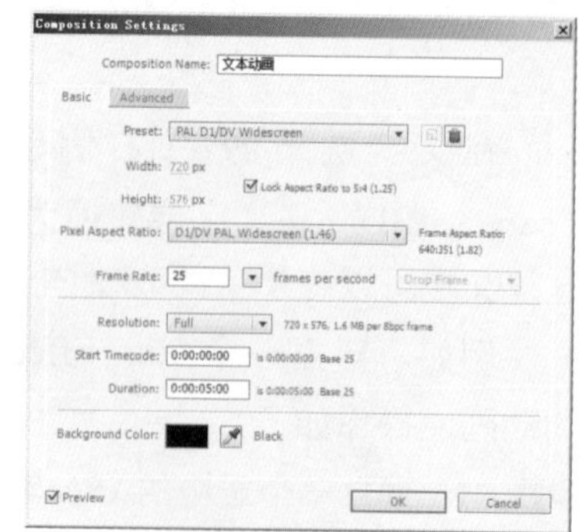


图7-12　新建合成

**步骤 02** 选择菜单Layer→New→Text（图层→新建→文字），输入“After Effects CS6”，在Character（字符）面板中设置字体为Impact，颜色为白色，大小为120，上下偏移为-40，在

Paragraph（段落）面板中设置文字对齐方式为居中，如图7-13所示。

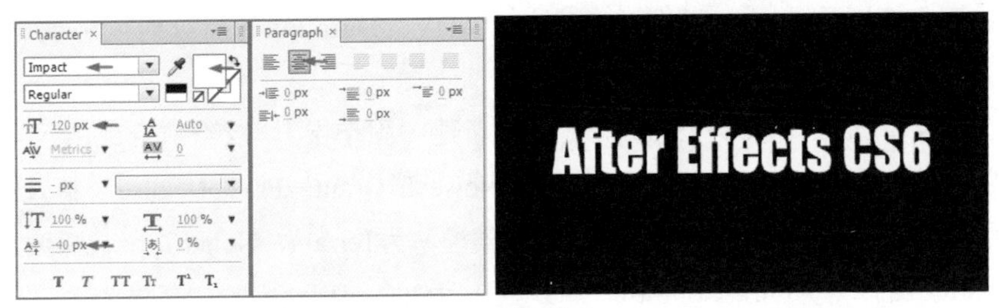


图7-13 建立文字

**步骤 03** 展开文字层下的Text，单击其右侧Animator（动画）后的◉按钮，在弹出菜单中选择Position（位置），添加一个Animator 1动画，将Position（位置）设为(200,260)，在第1秒处，打开Range Selector 1下Offset（偏移）前面的码表，记录动画关键帧，此处为0%。将时间移至第3秒，将Offset（偏移）设为100%。预览动画，文字从右下方逐一移至中部，如图7-14所示。

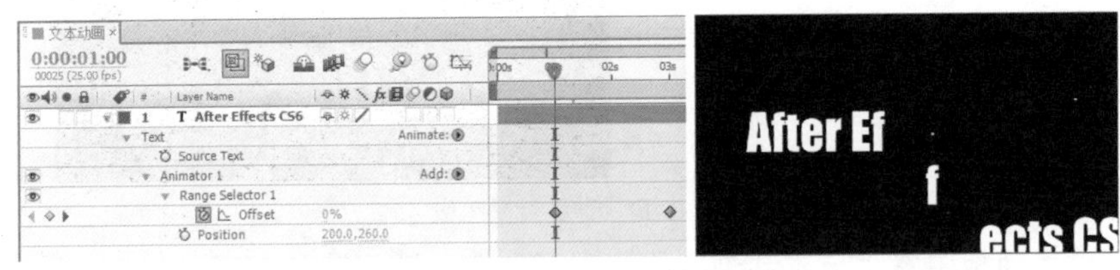


图7-14 设置位置动画

**步骤 04** 在Animator 1右侧单击Add（添加）后的◉按钮，在弹出菜单中选择Selector→Wiggly（选择→摇摆），添加一个Wiggly Selector 1，Mode（模式）设为Intersect（交叉），Wiggles/Second（摇摆/秒）设为1。这样文字在开始时被打乱并在屏幕的中部和下部晃动，在Offset（偏移）变化至100%时，才从左至右移至中部并停止晃动，如图7-15所示。

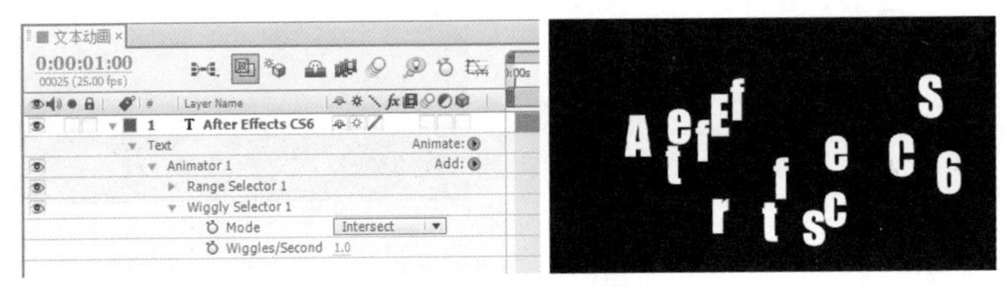


图7-15 设置摇晃动画

**步骤 05** 选中文字层，按Ctrl+D组合键创建副本，并将副本层中Animator 1下的Position（位置）的Y轴向数值修改为负数，即-260，文字在屏幕的中部和上部晃动，这样两个图层同时显示，文字在整个屏幕中晃动，如图7-16所示。

图7-16 创建副本

### 2. 建立“文字动画效果”合成

**步骤 01** 选择菜单Composition→New Composition（合成→新建合成，快捷键为Ctrl+N），打开

Composition Settings（合成设置）对话框，从中设置如下：Composition Name（合成名称）为“文字动画效果”，Preset（预置）为PAL D1/DV，Duration（持续时间）为05秒。然后单击OK按钮。

**步骤 02** 选择菜单Layer→New→Solid（图层→新建→固态层），以当前合成的尺寸建立一个固态层，命名为“背景”；再选择菜单Effect→Noise & Grain→Fractal Noise（特效→噪波&颗粒→分形噪波），设置如下：Fractal Type（分形类型）为Terrain，Noise Type（噪波类型为）为Linear，Invert（反转）为On，Contrast（对比度）为200，Brightness（亮度）为-70，Overflow（溢出）为Clip，Transform（变换）下的Rotation（旋转）为-25°，Scale（比例）为500，Complexity（复杂性）为16，Sub Settings（附加设置）下的Sub Influence(%)（附加影响(%)）为100，如图7-17所示。

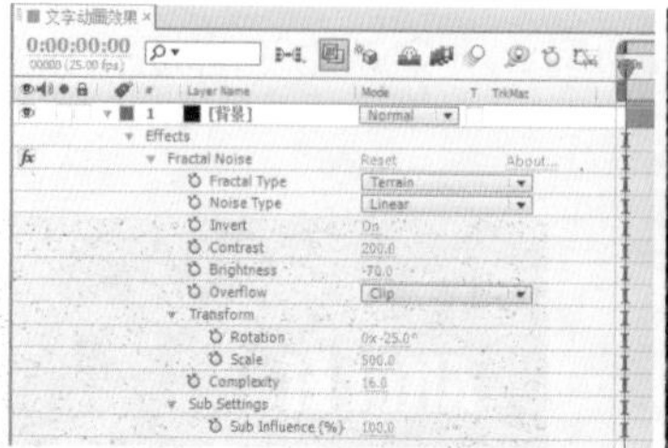

图7-17　建立背景图像

**步骤 03** 从项目面板中将“文本动画”拖至时间线中，选择菜单Effect→Blur & Sharpen→CC Radial Fast Blur（特效→模糊&锐化→CC放射快速模糊），设置Amount（数量）为96，如图7-18所示。

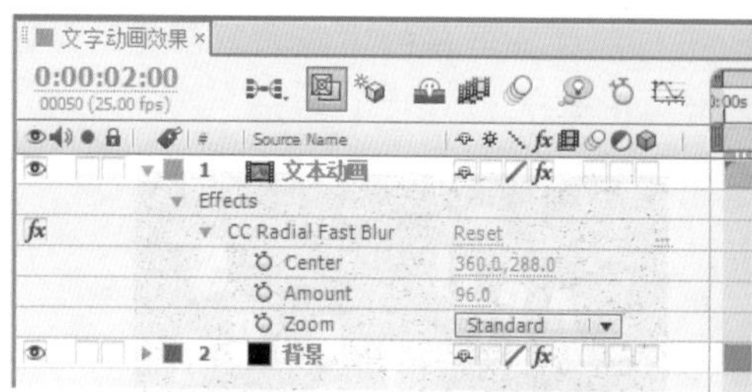

图7-18　添加光效

**步骤 04** 选中“文本动画”层，选择菜单Effect→Color Correction→Levels（特效→色彩校正→色阶），并将Levels（色阶）下的Channel（通道）设为Alpha，Alpha Input Black（Alpha 输入黑色）设为19.1，Alpha Input White（Alpha输入白色）设为140.1，如图7-19所示。

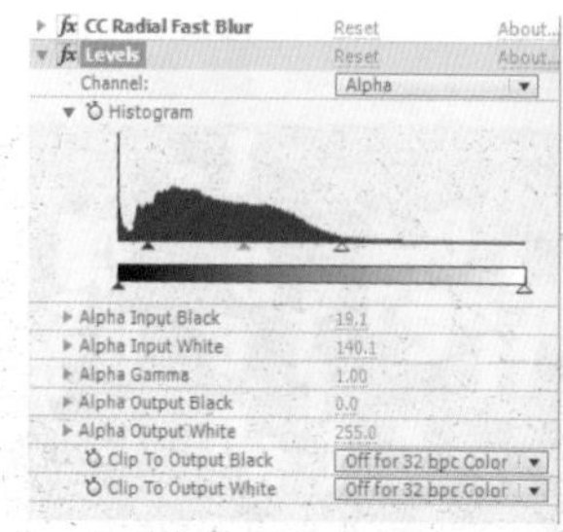
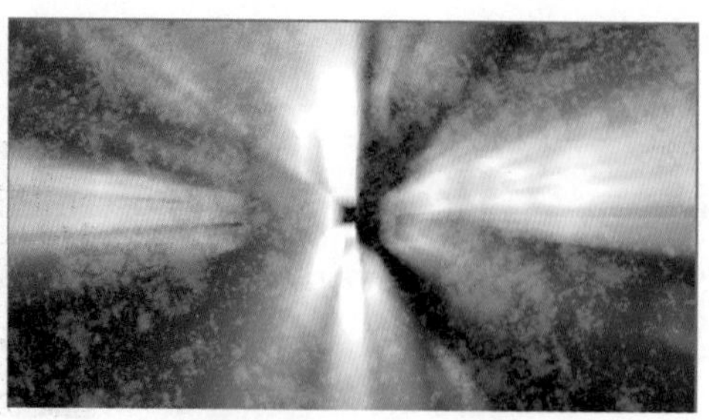

图7-19　调节色阶

**步骤 05** 选择菜单Layer→New→Solid（图层→新建→固态层），以当前合成的尺寸建立一个固态层，命名为“噪波”。选中“文本动画”层，按Enter键重命名为“文本光效蒙板”。将“噪波”层放在“文本光效蒙板”下面，TrkMat栏设为Alpha Matte方式，Mode设为Add方式，然后从项目面板中拖入“文本动画”放置在顶层，如图7-20所示。

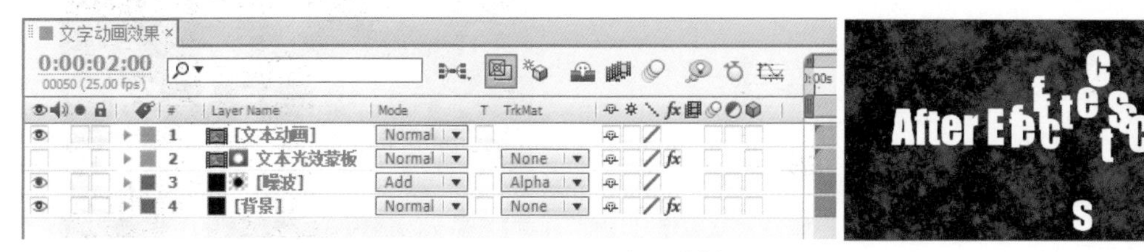


图7-20 设置蒙板

**步骤 06** 选中“噪波”层，选择菜单Effect→Noise & Grain→Fractal Noise（特效→噪波&颗粒），设置如下：

Invert（反转）为On，Overflow（溢出）为Clip，Complexity（复杂性）为15，Evolution（演变）的第0帧为0°、第4秒24帧为1x+0°。

Transform（变换）下Rotation（旋转）的第0帧为0°、第4秒24帧为-5°，Scale（比例）为600，Offset Turbulence（乱流偏移）的第0帧为(0,0)、第4秒24帧为(20,30)，Perspective Offset（透视偏移）为On。

Sub Settings（附加设置）下的Sub Influence（%）（附加影响(%)）为50，Sub Scaling（附加比例）为50，Sub Rotation（附加旋转）的第0帧为0°、第4秒24帧为5°，Sub Offset（附加偏移）的第0帧为(20,30)、第4秒24帧为(0,0)，如图7-21所示。

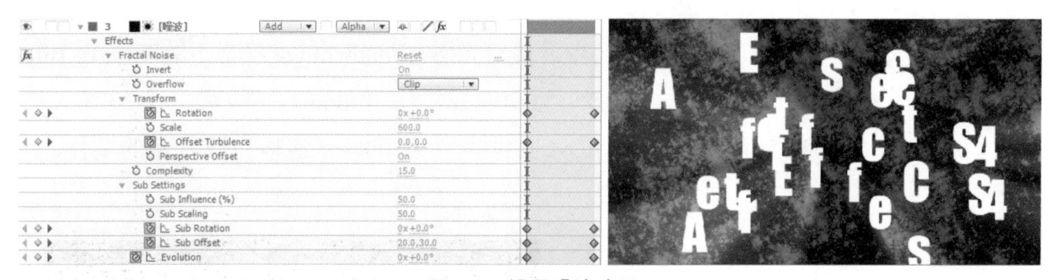


图7-21 设置噪波动画

**步骤 07** 选中“噪波”层，选择菜单Effect→Color Correction→Levels（特效→色彩校正→色阶），设置Alpha Input Black（Alpha 输入黑）为45，Alpha Input White（Alpha输入白）为120，如图7-22所示。

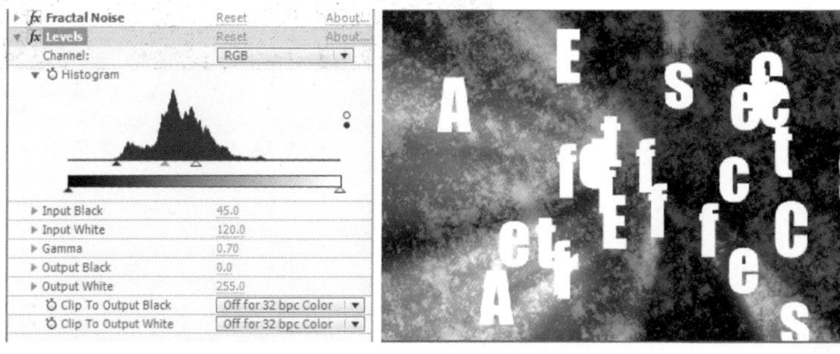


图7-22 调节色阶

**步骤 08** 选中“噪波”层，选择菜单Effect→Color Correction→Tritone（特效→色彩校正→三色调），设置Highlights（高光）为RGB(141,173,255)，Midtones（中间色）为RGB(82,131,255)，Shadows（阴影）为黑色，如图7-23所示。

图7-23　添加色彩

**步骤 09**　选中“文本光效蒙板”层，按T键，展开其Opacity（不透明度），设置第2秒20帧为100%，第4秒为0%，使光效在结束前淡出，如图7-24所示。

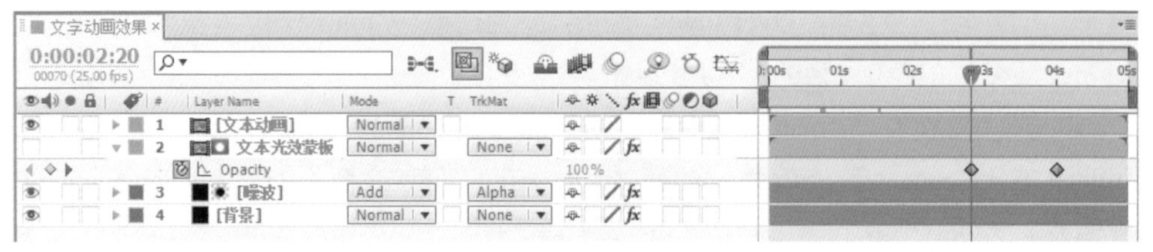


图7-24　设置淡出动画

**步骤 10**　将时间线中图层的三维开关均打开，然后选择菜单Layer→New→Camera（图层→新建→摄像机），建立一个Preset为35mm的摄像机Camera 1。

**步骤 11**　选择菜单Layer→New→Light（图层→新建→灯光），建立一盏Light Type（灯光类型）为Spot（聚光灯）的Light 1。在时间线中设置灯光层Transform（变换）下的Point of Interest（目标点）为(100,288,0)，Position（位置）为(900,288,0)，Intensity（强度）为200%，Color（颜色）为RGB(157,175,255)，Cone Feather（圆锥角）为100%。这样完成本例的制作，如图7-25所示。

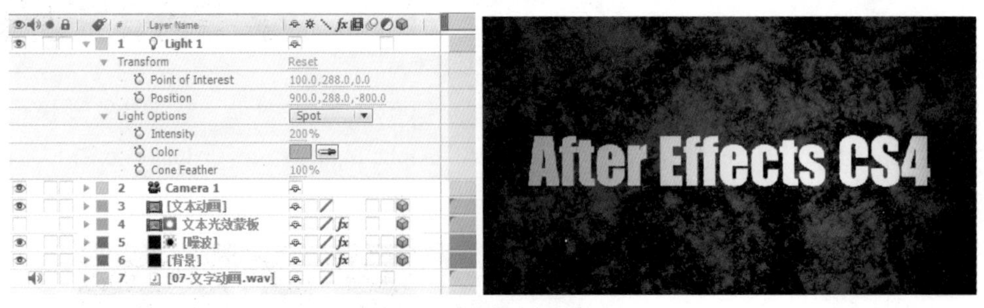


图7-25　建立摄像机及灯光

# 思考与练习

一、思考题：

1. 怎样在字符面板中显示出字体的中文名称？
2. 文字动画属性中，Range Selector下的Offset有什么样的作用？
3. 怎样制作出三维的字符动画？
4. 怎样为文字层添加预置的动画？其中怎样确定关键帧的起始点？

二、练习题：

1. 在同一文字层中建立不同字体、大小和颜色的文字。
2. 用一个文字层制作倒计时的数字动画效果。
3. 制作一个围绕中心循环移动的路径文字。
4. 制作同时含有多种变换动画的文字效果。
5. 结合灯光与摄像机制作在平面中“站立”排列的三维字符动画效果。

# 第8章 内置特效综述

## 8.1 特效菜单与面板

特效是After Effects的重要部分，是效果创作的主要手段。特效的添加方法比较简单，选择需要的特效添加到目标图层即可，而对于特效的选择应用与参数设置则具有挑战性。After Effects的特效众多，需要对其作用和效果有一定的了解，这就需要了解特效的分类及不断尝试，为以后的特效制作积累经验。

### 8.1.1 特效菜单

After Effects内置特效集中在Effect菜单下。

① Effect Controls（特效控制面板，快捷方式为F3键），可以打开Effect Controls面板，对所选中图层进行特效的添加和设置操作。

② Effect菜单下的第二项为最近添加的特效，选中后可重复添加这个特效。

③ Remove All（移除全部），为移除所选图层中全部已添加特效。

④ 除以上三个选项外，其他为Effect菜单的主要内容：特效组及其下众多的特效。选中图层，再选择Effect菜单某一特效组下的特效，即可将这个特效添加到所选图层，然后就可以在Effect Controls面板或时间线中对特效进行设置操作，如图8-1所示。

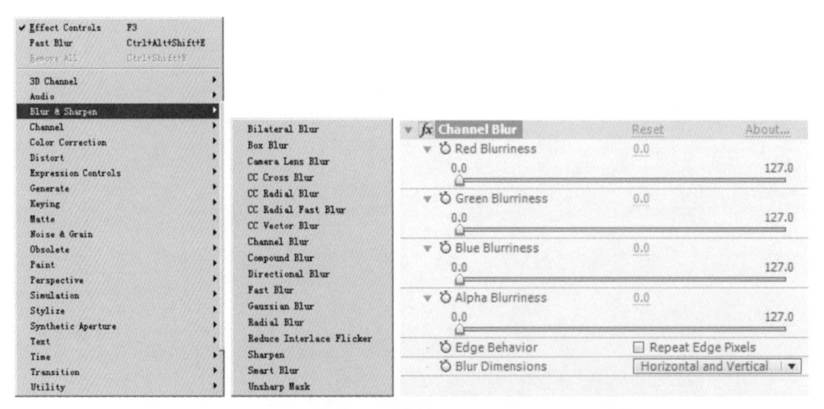


图8-1　Effect菜单、子菜单及Effect Controls面板

### 8.1.2 特效&预置面板

在Effects & Presets（特效&预置）面板中也可以选择和添加特效，操作方法是：先选中图层，然后双击Effects & Presets面板中的某个特效，添加特效；或者直接从Effects & Presets（特效&预置）面板中将某个特效拖至某个图层上。

在Effects & Presets（特效&预置）面板上部为搜索栏，忘记特效或预置全称或不太熟悉其分组时，可以在Effects & Presets（特效&预置）面板中的搜索栏中输入关键字，查找所需结果，这对于挑选相似的特效或预置也很有帮助。在只查找特效时，可以在面板右上角的菜单中将预置勾选去掉，这样会减小搜索的范围，使显示的结果更精确。Effects & Presets（特效&预置）面板如图8-2所示。

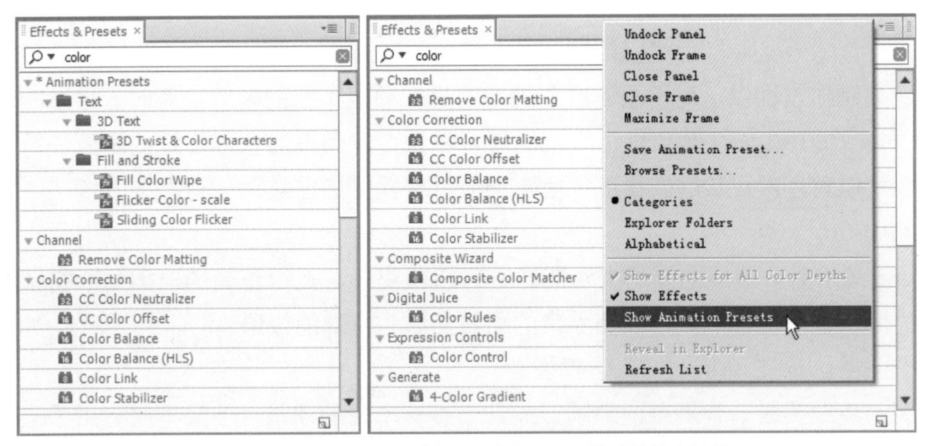


图8-2 Effect Controls面板及取消预置显示前后的搜索结果

在特效&预置面板中还可以查看到特效名称前面的图标上有8、16或32字样，说明这个特效可以用在哪种颜色位数的项目中。按住Alt键，单击项目面板下面的8bpc，可将其切换为16bpc或32bpc，即颜色位数。全部特效可应用于8bpc项目，但对于16bpc的项目，8bpc的特效将受限制。同理，32bpc的项目中只有32bpc的特效适用。

## 8.2 特效分类和介绍

#### 1. 3D Channel（三维通道）

After Effects通过3D Channel特效，导入三维软件中制作的带有多项附加信息的特殊素材文件，如通道信息、Z轴向深度信息、表面的法线方向、对象ID、背景颜色、材质的坐标及材质的ID号等。通过检测和使用这些信息，After Effects可以在合成的过程中沿Z轴向深度来遮挡素材中的3D元素，在素材的3D场景中插入其他元素、模糊3D场景，分离3D元素，应用带有深度的烟雾特技效果，以及提取3D通道信息作为其他特技效果的参数等。

#### 2. Audio（音频）

After Effects主要偏重于对视频部分的合成和特效制作，也有部分音频处理功能。

Audio音频效果用来为音频进行一些简单的处理，大多音频效果需要使用Premiere或相关音频处理软件。

### 3. Blur & Sharpen（模糊&锐化）

Blur & Sharpen（模糊&锐化）效果用来使图像模糊和锐化。模糊效果是最常应用的效果之一，也是一种简便易行的改变画面视觉效果的途径。动态的画面需要“虚实结合”，这样即使是平面的合成，也能给人空间感和对比，更能让人产生联想，而且可以使用模糊来提升画面的质量，有时很粗糙的画面经过处理后也会有良好的效果。

### 4. Channel（通道）

Channel（通道）效果用来控制、抽取、插入和转换一个图像的通道。通道包含各自的颜色分量（RGB）、计算颜色值（HSL）和透明值（Alpha）。

### 5. Color Correction（颜色修正）

在视频制作过程中，对于画面颜色的处理是一项很重要的内容，有时直接影响效果的成败。Color Correction（颜色修正）下的众多特效可以用来对色彩不好的画面进行颜色的修补，也可以对色彩正常的画面进行色彩调节，使其更加出彩。

### 6. Distort（扭曲）

Distort（扭曲）效果主要用来对图像进行扭曲变形，是很重要的一类画面特技，可以对画面的形状进行校正，更可以使平常的画面变形为特殊的效果。

### 7. Expression Controls（表达式控制）

当要创建或关联一个复杂的动画，如几个旋转车轮的动画，但又不愿意用手工的方法去设置几十个或几百个关键帧的时候，可以尝试用表达式来代替手工设置。表达式可以将一个图层的动画参数关键帧与另一个图层的动画参数进行关联。

表达式基于标准的JavaScript语言，但在使用表达式时也不一定需要了解JavaScript语言知识，可以通过创建简单的表达式，按需要进行适当的修改或进行参数项的链接操作。表达式不仅可以控制复杂的动画，还可以控制图层之间的关联动画，或者使用一个图层的某项参数去影响其他图层。

在Effect →Expression Controls（特效→表达式控制）下可以选择相应的表达式控制添加到目标图层上。

### 8. Generate（生成）

Generate（生成）效果组里包含很多特效，可以创造一些原画面中没有的效果，这些效果在制作的过程中有着广泛的应用。

### 9. Keying（键控）

Keying（键控）即抠像技术，在影视制作领域是被广泛采用的技术手段，当演员在绿色或蓝色构成的背景前表演，但这些背景在最终的影片中是见不到的，就是运用了键控技术，用其他背景画面替换了蓝色或绿色。

### 10. Matte（蒙板）

Matte（蒙板）组特效下只有Matte Choker（蒙板清除）和Simple Choker（简单清除）两个特效，其可以辅助Keying（键控）特效进行抠像处理。

### 11. Noise & Grain（噪波&颗粒）

Noise & Grain（噪波&颗粒）特效组为素材设置噪波或颗粒效果，通过分散素材或使素材的形状产生变化而完成。

### 12. Obsolete（旧版特效）

这是After Effects CS6版本中新设立的一个特效组，将原有的Basic 3D（基本3D）、Basic Text（基本文本）、Lightning（闪电）和Path Text（路径文字）这4个特效归到此组中。随着新软件版本的升级，新功能与新特效逐渐增加的同时，一些旧的功能和特效逐渐被替代，然而为了使软件的老用户能够使用新软件而兼容旧版本的项目，这些特效也有暂时保留的必要。

### 13. Paint（绘画）

Paint（绘画）特效有两个，一个是Vector Paint特效，另一个是Painter特效，可以模仿绘画、书写等过程性的动画效果。Paint的操作过程如同真实绘画一般，可以将它应用到固态层、素材层或者作为一个蒙板。每一步操作都可以将其记录为动画。在使用Paint特效时还可以配备一支压感笔，这样可以更好地发挥绘画特效的长处。

### 14. Perspective（透视）

Perspective（透视）用于制作各种透视效果，在简单的三维环境中放置图像，可以增加深度和调节Z轴。Perspective只提供了基本的三维环境中的几何变换，可以做出有“深度”的图像。

### 15. Simulation（仿真）

Simulation（仿真）组特效有Card Dance（卡片翻转）、Caustics（焦散）、Foam（泡沫）、Particle Playground（粒子运动场）、Shatter（粉碎）和Wave World（波形世界）。这些特效功能强大，可以用来设置多种逼真的效果，不过其参数项较多，设置也比较复杂。

### 16. Stylize（风格化）

Stylize（风格化）是一组风格化效果，用来模拟一些实际的绘画效果或为画面提供某种风格化效果。

### 17. Text（文本）

Text（文本）效果用来在图层的画面上产生文本、数字、时间码等文字效果，可以兼容早一些的版本，After Effects 6.0以后版本中的Text文字模块有着更强大的功能。

### 18. Time（时间）

Time（时间）效果提供和时间相关的特技效果，以原素材作为时间基准，在应用时间效果的时候忽略其他使用的效果。

### 19. Transition（切换）

Transition（切换）效果是一系列的转场效果，由于After Effects是合成特效软件，与非线性编辑软件有所区别，所以不像Premicre那样提供了数十种转场。在Premiere中，转场通常是作用在两个镜头之间的，而在After Effects中转场作用在某一层图像上。

### 20. Utility（效用）

Utility（效用）特效主要调整设置素材颜色的输入、输出。

# 8.3 内置特效实例

## 8.3.1 实例简介

本实例使用了一张图片，利用多个特效为其制作水中倒影效果，并将其天空部分替换为所制作的云天效果，如图8-3所示。

图8-3 实例效果

主要特效：Displacement Map、Fractal Noise、Levels、Linear Color Key、Simple Choker、Tint。

技术要点：使用Fractal Noise制作云天效果与水波参考层，使用键控特效替换天空，使用置换特效制作倒影。

## 8.3.2 实例步骤

### 1. 导入素材

先在新的项目面板中导入准备制作的素材。在Project（项目）面板中的空白处双击鼠标左键，打开Import File（导入文件）对话框，从中选择本例中所准备的图片素材“大剧院.jpg”，再单击“打开”按钮，将其导入到Project（项目）面板中。

### 2. 建立“云天”合成

**步骤 01** 选择菜单Composition→New Composition（合成→新建合成，快捷键为Ctrl+N），打开Composition Settings（合成设置）对话框，从中设置如下：Composition Name（合成名称）为“云天”，Preset（预置）为PAL D1/DV Widescreen，Duration（持续时间）为5秒。再单击OK按钮。

**步骤 02** 选择菜单Layer→New→Solid（图层→新建→固态层，快捷键为Ctrl+Y），新建一个与合成同尺寸的固态层。

**步骤 03** 选中固态层，选择菜单Effect→Noise & Grain→Fractal Noise（特效→噪波&颗粒→分形噪波），设置云彩的效果，在Transform（变换）下设置Offset Turbulence（乱流偏移）第0帧时为(0,0)，第4秒24帧时为(200,100)；设置Evolution（演变）第0帧时为0°，第4秒24帧时为180°，如图8-4所示。

**步骤 04** 选择菜单Effect→Color Correction→Levels（特效→色彩校正→色阶），设置Input Black（输入黑）为100，Input White（输入白）为230，如图8-5所示。

**步骤 05** 选择菜单Effect→Color Correction→Tint（特效→色彩校正→色彩），设置Map Black To（映射黑色到）为RGB(42,106,171)，如图8-6所示。

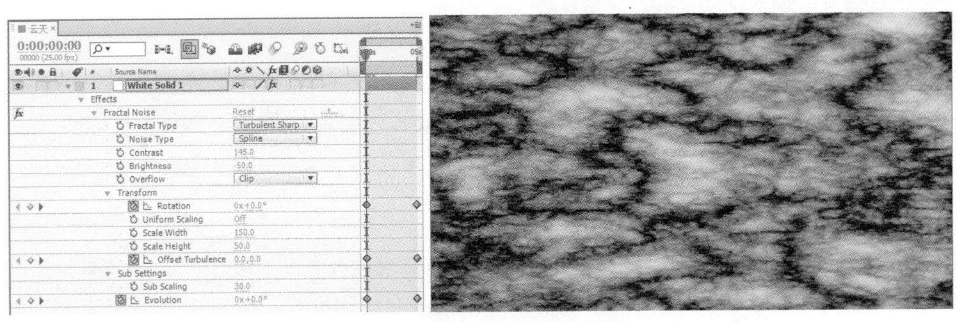


图8-4　为固态层添加噪波特效

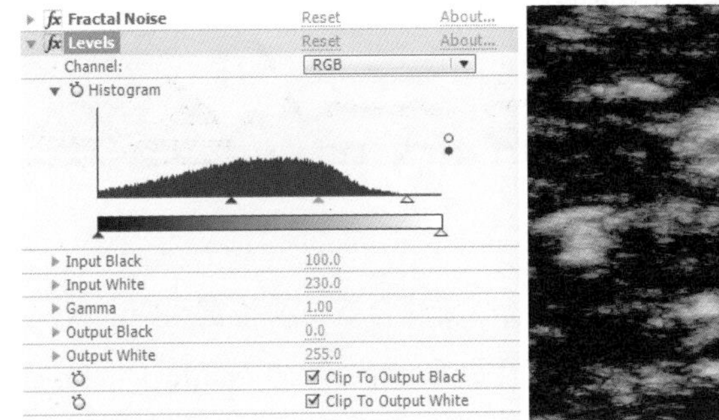


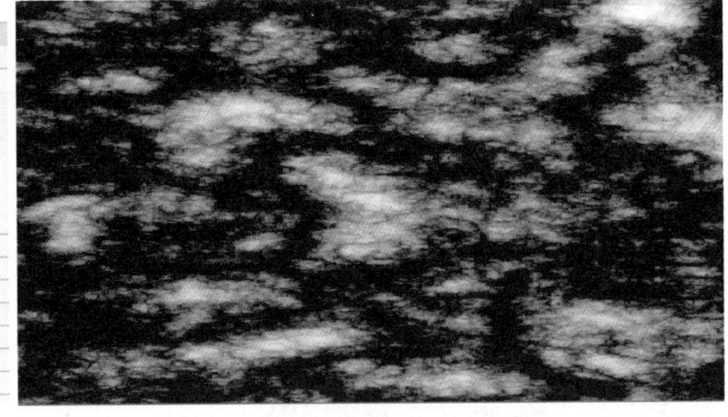

图8-5　添加色阶特效

Tint　Reset　About...
Map Black To
Map White To
Amount to Tint　100.0%

图8-6　添加色彩特效

**步骤 06**　在时间线中打开固态层的三维开关，设置Position（位置）为(360,336,-735)，X Rotation为60°，如图8-7所示。

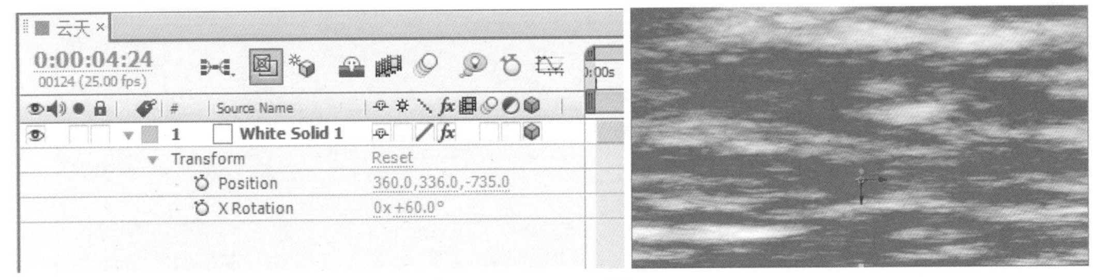


图8-7　设置透视效果

### 3. 建立“云天剧院”合成

**步骤 01**　在项目面板中将“云天”拖至面板下方的 按钮上释放，新建一个设置相同的合成，重命名为“云天剧院”，其时间线中包含“云天”层。

**步骤 02**　从项目面板将“大剧院.jpg”拖至时间线，适当缩放，移至画面的底部。

**步骤 03**　选中“大剧院.jpg”层，选择菜单Effect→Keying→Linear Color Key（特效→键控→线性色键），使用Key Colors（键色）右侧的颜色拾取工具在图像中部的蓝天上拾取颜色，查看键控效果，这里将拾取的颜色调整为RGB(86,153,255)，得到一个较好的去除蓝天的效果，但仍有部分残留的蓝色。

**步骤 04** 选择菜单Effect→Keying→Simple Choker（特效→键控→简单蒙板），将Choke Matte（蒙板抑制）设为1.2，将残留的蓝色消除，这样合成云天与剧院效果，如图8-8所示。

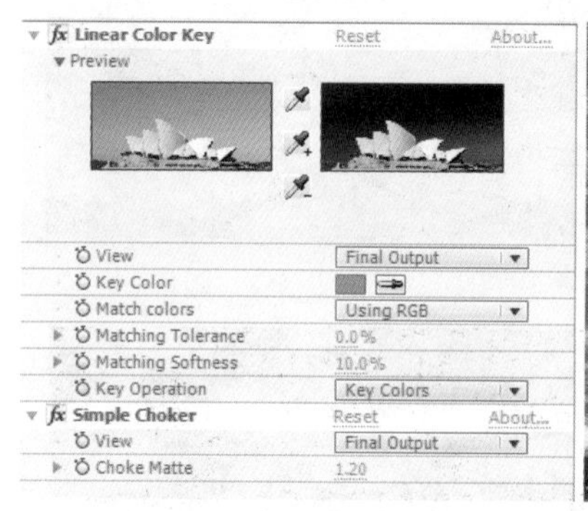

图8-8　键控设置

### 4. 建立“水波参考”合成

**步骤 01** 选择菜单Composition→New Composition（合成→新建合成，快捷键为Ctrl+N），打开Composition Settings（合成设置）对话框，从中设置如下：Composition Name（合成名称）为“水波参考”，Preset（预置）为PAL D1/DV Widescreen，Duration（持续时间）为5秒。然后单击OK按钮。

**步骤 02** 选择菜单Layer→New→Solid（图层→新建→固态层，快捷键为Ctrl+Y），在打开的Solid Settings对话框中设置Name（名称）为“水波”，Width设为1000，Height设为2000。然后单击OK按钮，建立固态层。

**步骤 03** 选中固态层，选择菜单Effect→Noise & Grain→Fractal Noise（特效→噪波&颗粒→分形噪波），设置水波效果：在Transform（变换）下，设置Rotation（旋转）第0帧时为0°，第4秒24帧时为-25°；在Sub Settings（附加设置）下，设置Sub Rotation（附加旋转）第0帧时为0°，第4秒24帧时为25°；设置Evolution（演变）第0帧时为0°，第4秒24帧时为1x+0°，如图8-9所示。

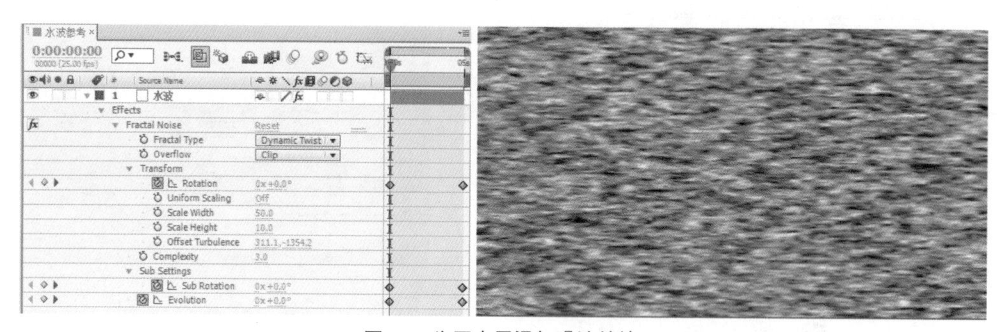


图8-9　为固态层添加噪波特效

*这个效果省力的做法是在Animation Preset后选择River预设的参数，然后适当修改。*

**步骤 04** 打开“水波”层的三维开关，设置Position（位置）为(360,400,-450)，X Rotation为-90°，如图8-10所示。

图8-10　设置位移和透视效果

### 5. 建立“水中倒影”合成

**步骤 01** 选择菜单Composition→New Composition（合成→新建合成，快捷键为Ctrl+N），打开Composition Settings（合成设置）对话框，在其中设置如下：Composition Name（合成名称）为“水中倒影”，Preset（预置）为PAL D1/DV Widescreen，Duration（持续时间）为5秒。然后单击OK按钮。

**步骤 02** 从项目面板中将“水波参考”和“云天剧院”拖至时间线中，将“云天剧院”适当上移，使其底部与“水波参考”的面面相连接。

**步骤 03** 选中“云天剧院”层，按Ctrl+D组合键创建一个副本，重命名为“云天剧院倒影”，设置其Scale（比例）的Y轴为负数，颠倒图像，并下移到合适的位置，如图8-11所示。

图8-11　创建副本

**步骤 04** 选中“云天剧院倒影”层，选择Effect→Blur & Sharpen→Fast Blur（特效→模糊&锐化→快速模糊），设置Blurriness（模糊值）为50，Blur Dimensions（模糊方向）为Vertical（垂直），产生图像在水面中垂直模糊的效果。

**步骤 05** 选择Effect→Distort→Displacement Map（特效→扭曲→置换贴图），Displacement Map Layer设为“水波参考”，Use For Horizontal Displacement（使用水平置换）设为Luminance（亮度），Max Horizontal Displacement（最大水平置换）设为0，Use For Vertical Displacement（使用垂直置换）设为Luminance（亮度），Max Vertical Displacement（最大垂直置换）设为70，产生图像在水波中扭曲的效果，如图8-12所示。

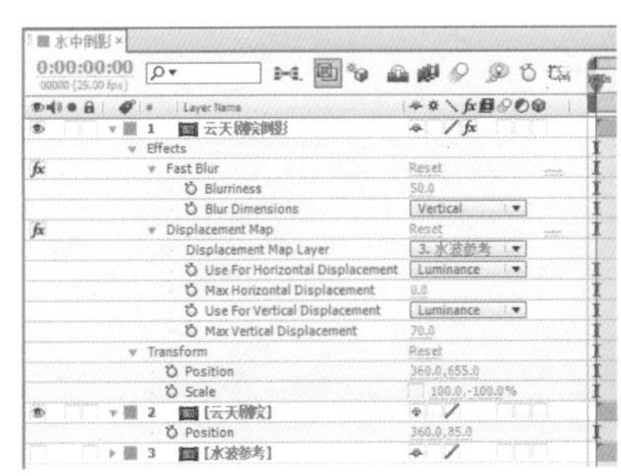

图8-12　设置模糊与置换效果

# 思考与练习

一、思考题：

1．怎样为素材添加特效？在哪里设置特效？

2．特效&预置面板有哪些应用优势？

3．如何快速找到名称不太确切的特效？

二、练习题：

1．制作由多个特效完成的效果。

2．针对本章内置特效实例中的图片素材，制作其他效果，如闪电、风雨等效果。

# 第9章 调色与风格组特效

## 9.1 Color Correction（颜色校正）

在视频制作过程中，对于画面颜色的处理是一项很重要的内容，有时直接影响效果的成败，Color Correction（颜色修正）下的众多特效可以用来对色彩不好的画面进行颜色的修补，也可以对色彩正常的画面进行色彩调节，使其更加出彩。

① Auto Color（自动颜色处理）特效：对画面的颜色进行自动化处理，通常Auto Color特效不需要手动调整参数即可得到合适的效果。如果仍然对效果不太满意，可以再进一步调整参数。

② Auto Contrast（自动对比度）特效：对画面的对比度进行自动化处理，与Auto Color（自动颜色处理）相似。

③ Auto Levels（自动色阶）特效：对画面的色阶进行自动化处理。

④ Brightness & Contrast（亮度&对比度）特效：用于调整画面的亮度和对比度，可以同时调整所有像素的高亮、暗部和中间色，不能对单一通道进行调节，对画面的调节简单而有效。

⑤ Broadcast Colors（广播级色彩）特效：将视频素材制作成播出节目时，校正广播级的颜色和亮度。由于电视信号发射带宽的限制，我国使用的PAL制式发射信号为8MHz带宽，美国和日本使用的NTSC发射信号为 6MHz，由于其中还包括音频的调制信号，进一步限制了带宽的应用，所以我们在计算机上看到的所有颜色和亮度并不是都可以反映在最终的电视信号上，而且一旦亮度和颜色超标，会干扰到电视信号中的音频，而出现杂音。

⑥ Change Color（修改色彩）特效：先在画面中选取颜色区域，然后调节颜色区域的色调、饱和度和亮度，通过制订某一个基色和设置相似值来确定区域，并进行调节。

⑦ Change To Color（定向修改色彩）特效：与Change Color（修改色彩）相似，通过在画面中选取和指定来源颜色，并指定一个要调节成的目标颜色，再调节颜色区域的色调。

⑧ Channel Mixer（通道混合）特效：用当前彩色通道的值来修改一个彩色通道。

Channel Mixer（通道混合）可以产生其他颜色调整工具不易产生的效果，通过设置每个通道提供的百分比来产生高质量的灰阶图，产生高质量的色调图像，交换和复制通道等。

⑨ Color Balance（色彩平衡）特效：用于调整图像的色彩平衡。通过对图像的R（红）、G（绿）、B（蓝）通道进行调节，分别调节颜色在暗部、中间色调和高亮部分的强度。

⑩ Color Balance (HLS)（色彩平衡（HLS））特效：通过调整色调、饱和度与明度对颜色的平衡度进行调节。这个效果主要是为了与以前的After Effects兼容，使用Hue / Saturation（色相/饱和度）有时会更有效。

⑪ Color Link（色彩链接）特效：根据周围的环境改变素材的颜色，这对于将合成进来的素材与周围环境光进行统一非常有效。比如，在蓝幕前拍的人物素材可以通过抠像技术将蓝幕处理为透明，但将这个素材放置到一个新的背景时，由于两个素材拍摄的光源不同，而看起来有些不协调，颜色链接命令可以在两个光源不同的素材中取得一些协调。

⑫ Color Stabilizer（颜色稳定）特效：根据周围的环境改变素材的颜色，这对于将合成进来的素材与周围环境光进行统一非常有效。颜色稳定器虽然可以让两个不同光源下的素材进行颜色上的匹配，但由于设置定位点需要设置关键帧记录颜色的变化方向而显得不易操作。Color Link（颜色链接）命令也可以起到同样的作用，而且使用起来更方便，可比较两者进行使用。

⑬ Colorama（彩色光）特效：一个功能强大、效果多样的特效，以一种新的渐变色进行平滑的周期填色，映射到原图上，可以用来实现彩光、彩虹、霓虹灯等多种神奇效果。

⑭ Curves（曲线）特效：用于调整图像的色调曲线，与Photoshop中的曲线控制功能完成类似，可对图像的各通道进行控制，调节图像色调范围，可以用0~255的灰阶调节颜色。用Level也可以完成同样的工作，但是Curves的控制能力更强。After Effects通过坐标调整曲线，水平坐标代表像素的原始亮度级别，垂直坐标代表输出亮度值，可以通过移动曲线上的控制点编辑曲线。曲线的Gamma值表示输入、输出值的对比度，向上移动曲线控制点降低Gamma值，向下移动则增加Gamma值。Gamma值决定了影响中间色调的对比度。

⑮ Equalize（均衡）特效：对图像的色调平均化，自动以白色取代图像中最亮的像素，以黑色取代图像中最暗的像素，平均分配白色与黑色间的色调取代最亮与最暗之间的像素。

⑯ Exposure（曝光）特效：用于调节画面曝光程度，可以对RGB通道分别曝光。

⑰ Gamma/Pedestal/Gain（伽马/基色/增益）特效：用来调整每个RGB独立通道的还原曲线值，这样可以分别对某种颜色进行输出曲线控制。对于Pedestal和Gain，设置0为完全关闭，设置1为完全打开。

⑱ Hue/Saturation（色相/饱和度）特效：用于调整图像中单个颜色分量的Hue色相、Saturation饱和度和Lightness亮度。其应用效果与Color Balance一样，但利用的是颜色相位调整轮来进行控制。在调节颜色的过程中，了解色轮的作用是必要的。可以使用色轮来预测一个颜色成分中的更改如何影响他颜色，并了解这些更改如何在RGB色彩模式间转换。

例如，可以通过增加色轮中相反颜色的数量来减少图像中某一种颜色的量，反之亦然。同样，通过调整色轮中两个相邻颜色，甚至将两种相邻色彩调整为其相反颜色，可以增加或减少一种颜色。

⑲ Leave Color（保留色）特效：用于消除给定颜色，或者删除层中的其他颜色。

⑳ Levels（色阶）特效：一个常用的调色特效工具，用于将输入的颜色范围重新映射到输出的颜色范围，还可以改变Gamma校正曲线，主要用于基本的影像质量调整。

㉑ Levels（Individual Controls）（色阶单项控制）特效：在Levels（色阶）的基础上扩展出来的，使用方法完全一样，只不过将参数分散到了各通道。

㉒ Photo Filter（照片过滤）特效：为画面加上适合的滤镜。当拍摄时，如果需要特定的光线感觉，往往需要为摄像器材的镜头上加适当的滤光镜或偏正镜。如果在拍摄素材时没有合适的滤镜，Photo Filter（照片过滤）可以在后期将这个过程进行补偿。

㉓ PS Arbitrary Map（PS映像）特效：用于调整图像的色调的亮度级别。如同在Photoshop文件中，可以设置一个层的Arbitrary Map文件，然后应用到整个层。

㉔ Shadow/Highlight（阴影/高光）特效：与Photoshop CS中的Shadow/Highlight（阴影/高光）一样，是从Photoshop CS中移植过来的高级调色特效，专门处理画面的阴影和高光部分。当遇到强光照的环境时，拍摄的画面因为取景的问题，可能造成大面积逆光，如果使用其他调色命令对暗部进行调校，很可能会把画面已经很亮的地方调得更亮，甚至调“曝”了，Shadow/Highlight（阴影/高光）则可以很好地保护这些不需要调节的区域，只针对阴影和高光进行调节。

㉕ Tint（色彩）特效：调整图像中包含的颜色信息，在图像的最亮和最暗的之间确定融合度。图像的黑色像素被映射到Map Black To（映射黑色到）指定的颜色，白色像素被映射至Map White To（映射白色到）指定的颜色，介于两者之间的颜色被赋予对应的中间值。

㉖ Tritone（三色调）特效：与Tint（色彩）用法相似，不过多了中间颜色。

## 9.2 Stylize（风格化）

Stylize（风格化）是一组风格化效果，用来模拟一些实际的绘画效果或为画面提供某种风格化效果。

① Brush Strokes（画笔描绘）特效：在图层的画面上产生类似水彩画的效果。

② Cartoon（卡通）特效：将图像处理成类似卡通画的效果。

③ Color Emboss（彩色浮雕）特效：与Emboss（浮雕）效果类似，不同的是该效果包含颜色。

④ Emboss（浮雕）特效：不同于 Color Emboss（彩色浮雕），本特效不应用在中间的彩色像素上，只应用在边缘，并且不包含颜色。

⑤ Find Edges（查找边缘）特效：通过强化过渡像素产生彩色线条。

⑥ Glow（辉光）特效：经常用于图像中的文字和带有Alpha通道的图像，产生发光或

光晕的效果。

⑦ Mosaic（马赛克）特效：在图层的画面上产生类似马赛克的方块图案效果。

⑧ Motion Tile（运动分布）特效：在同一屏画面中显示多个相同内容的小画面。

⑨ Posterize（色调分离）特效：指定图像中每个通道的色调级（或亮度值）的数目，并将这些像素映射到最接近的匹配色调上，转换颜色色谱为有限数目的颜色色谱，并且会拓展片段像素的颜色，使其匹配有限数目的颜色色谱。

⑩ Roughen Edges（粗糙边缘）特效：模拟在图层中的图像上产生腐蚀的纹理或融解的效果。

⑪ Scatter（分散）特效：将画面像素随机分散，产生一种透过毛玻璃观察物体的效果。

⑫ Strobe Light（闪光灯）特效：一个随时间变化的效果，在一些画面中不断地加入一帧闪白、其他颜色或应用一帧层模式，然后立刻恢复，使连续画面产生闪烁的效果，可以用来模拟屏幕的闪烁或配合音乐增强感染力。

⑬ Texturize（纹理）特效：应用其他层对本层产生浮雕形式的贴图效果。

⑭ Threshold（阈值）特效：将一个灰度或彩色图像转换为高对比度的黑白图像，将一定的色阶指定为阈值，所有比该阈值亮的像素被转换为白色，所有比该阈值暗的像素被转换为黑色。

## 9.3 水墨调色实例

### 9.3.1 实例简介

本实例将风景图片处理成水墨中国画的效果，将其合成到宣纸上，并合成文字，添加雾效，如图9-1所示。

图9-1　实例效果

主要特效：Curves、Find Edges、Fractal Noise、Gaussian Blur、Hue/Saturation、Levels。

技术要点：使用Find Edges、Hue/Saturation、Levels等制作水墨效果。

### 9.3.2 实例步骤

#### 1. 导入素材

先在新的项目面板中导入准备制作的素材。在Project（项目）面板中的空白处双击鼠标左键，打开Import File（导入文件）对话框，从中选择本例中所准备的图片素材“江南民居.jpg”和“宣纸.jpg”。再单击“打开”按钮，将其导入到Project（项目）面板中，如图9-2所示。

图9-2　导入的素材效果

### 2. 建立"水墨调色"合成

**步骤 01**　选择菜单Composition→New Composition（合成→新建合成，快捷键为Ctrl+N），打开Composition Settings（合成设置）对话框，从中设置如下：Composition Name（合成名称）为"水墨调色"，Preset（预置）为PAL D1/DV，Duration（持续时间）为5秒。然后单击OK按钮。

**步骤 02**　从项目面板中将"江南民居.jpg"拖至时间线中，选择菜单Effect→Stylize→Find Edges（特效→风格化→查找边缘），设置特效的Blend With Original（与原始图像混合）为11%，如图9-3所示。

图9-3　添加Find Edges特效

**步骤 03**　选择菜单Effect→Color Correction→Hue/Saturation（特效→色彩校正→色相饱和度），在特效下将Colorize（彩色化）勾选，这样将画面中条线边缘的色彩转换为灰色，如图9-4所示。

图9-4　添加Hue/Saturation特效

**步骤 04**　选择菜单Effect→Color Correction→Level（特效→色彩校正→色阶），在特效下将Input White（输入白色）设为225，Gamma设为2.8，调节画面的色阶，如图9-5所示。

**步骤 05**　选中"江南民居.jpg"图层，按Ctrl+D组合键创建一个副本，将上一层的Mode设为Multiply（正片叠加）方式。

**步骤 06** 选中下一图层，选择菜单Effects→Blur & Sharpen→Gaussian Blur（特效→模糊&锐化→高斯模糊），在特效下将Blurriness（模糊值）设为20，如图9-6所示。

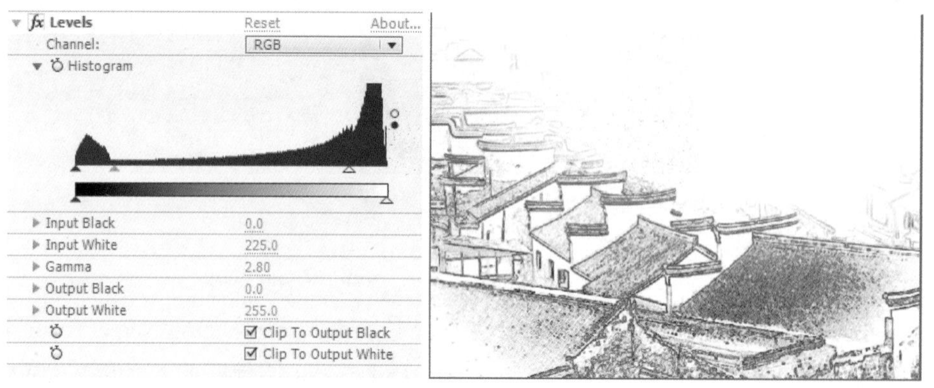


图9-5　添加Level特效

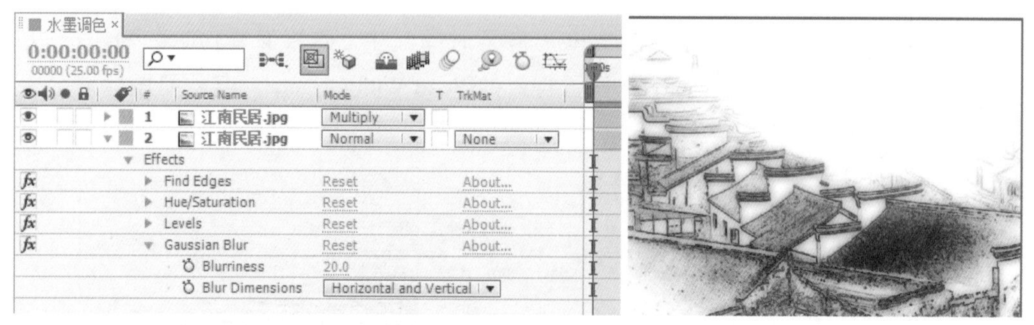


图9-6　添加Gaussian Blur特效

### 3. 建立“水墨效果”合成

**步骤 01** 选择菜单Composition→New Composition，打开Composition Settings（合成设置）对话框，从中设置如下：Composition Name（合成名称）为“水墨效果”，Preset（预置）为PAL D1/DV，Duration（持续时间）为5秒。然后单击OK按钮。

**步骤 02** 从项目面板中将“宣纸.jpg”拖至时间线中，选择Effect →Color Correction →Curves（特效→色彩校正→曲线），在Curves（曲线）的中部添加一个调节点，向右下方稍做偏移，使宣纸略偏黄色，如图9-7所示。

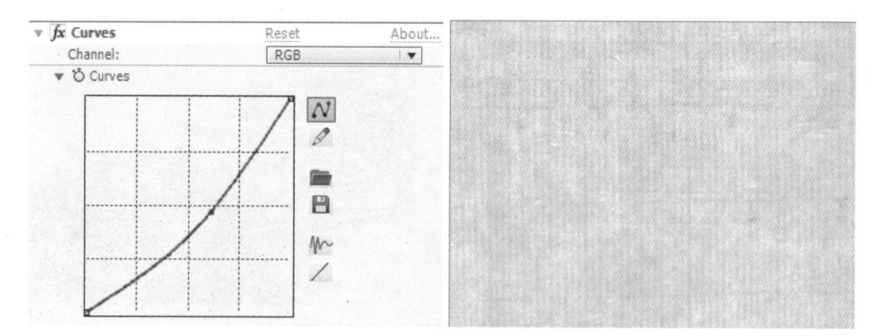


图9-7　调整Curves曲线

**步骤 03** 从项目面板中将“水墨调色”拖至时间线中，设置Mode为Multiply（正片叠加）方式，并设置第0帧时Position（位置）为(485,188)、Scale（比例）为(135,135%)，第4秒24帧时Position（位置）为(360,288)、Scale（比例）为(100,100%)，这样制作一个运动的画面效果，如图9-8所示。

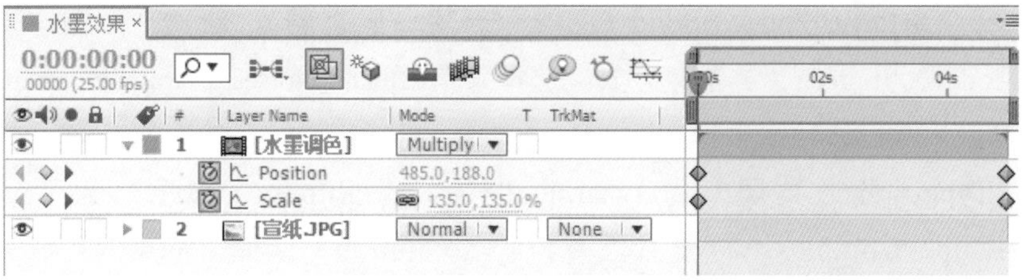

图9-8 设置“水墨调色”层

**步骤 04** 在画面的右上部分添加字幕，其中：“江”的字体为黄草体，尺寸为150；“南”的字体为黄草体，尺寸为120；“烟雨”的字体为宋黑体，尺寸为57；“无边风月”的字体为宋黑体，尺寸为28；“PICTURESQUE”的字体为Basemic Symbol，尺寸为30；“JIANGNAN”的字体为Basemic Symbol，尺寸为42。效果如图9-9所示。

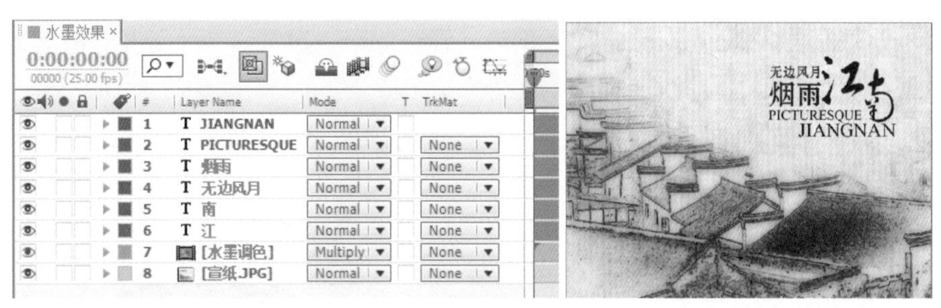


图9-9 建立文字

**步骤 05** 为文字设置淡入效果，先选中“江”文字层，设置Opacity（不透明度）的第0帧为0%、第2秒为100%。选中这两个关键帧，按Ctrl+C组合键复制，再选中其他文字层，按Ctrl+V组合键粘贴，这样各层的文字均设置了淡入效果，如图9-10所示。

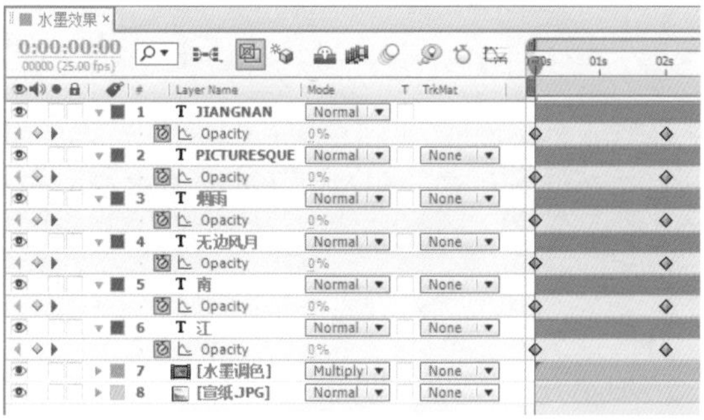

图9-10 设置文字淡入效果

**步骤 06** 调整各个文字层的入点，先将时间移至第1秒处，配合Shift键将“无边风雨”文字层向后移至入点与第1秒对齐。用同样的方式移动其他文字层，使各个文字逐一淡入画面，如图9-11所示。

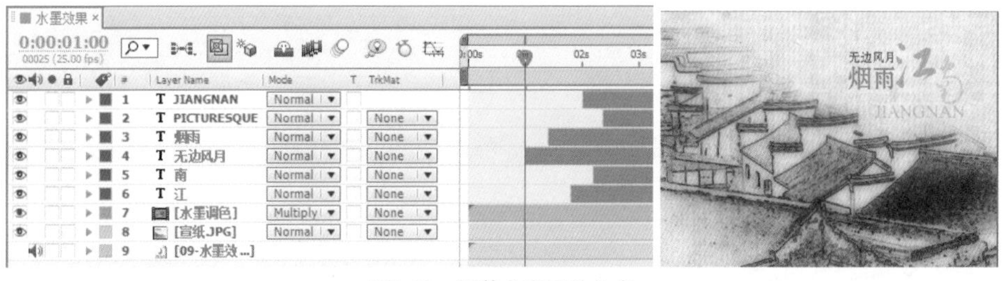

图9-11 调整文字层的入点

**步骤 07** 选择菜单Layer→New→Solid（图层→新建→固态层），新建一个固态层，命名为“雾”，将Mode设为Screen（屏幕）方式。选择菜单Effect→Noise & Grain→Fractal Noise（特效→噪波&颗粒），设置如下：

Fractal Type（分形类型）为Dynamic Twist，Brightness（亮度）为-15，Overflow（溢出）为Clip，Complexity（复杂性）为3，Evolution（演变）的第0帧为0°、第4秒24帧为90°。

Transform（变换）下Rotation（旋转）的第0帧为0°、第4秒24帧为20°，Uniform Scaling（统一比例）为Off，Scale Width（比例宽度）为400，Scale Height（比例高度）为200，Offset Turbulence（乱流偏移）为(300,-400)。

Sub Settings（附加设置）下Sub Rotation（附加旋转）的第0帧为0°、第4秒24帧为-20°。

这样完成本例的制作，如图9-12所示。

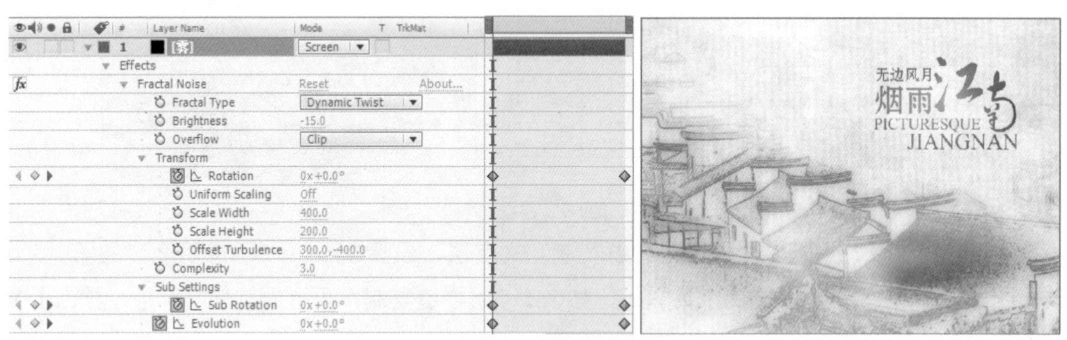


图9-12　设置雾效

# 思考与练习

1．熟悉Color Correction（颜色校正）组与Stylize（风格化）组各特效的效果和使用。

# 第10章 扭曲与生成组特效

## 10.1 Distort（扭曲）

Distort（扭曲）效果主要用来对图像进行扭曲变形，是很重要的一类画面特技，可以对画面的形状进行校正，更可以使平常的画面扭曲为特殊的效果。

① Bezier Warp（贝塞尔弯曲）特效：可以多点控制，在层的边界上沿一个封闭曲线来扭曲图像。曲线分为4段，每段由4个控制点组成，其中包括2个定点和2个切点，顶点控制线段位置，切点控制线段曲率。我们可以利用Bezier Warp产生标签贴在瓶子上的效果，或者模拟镜头（如鱼眼和广角），或者校正图像的扭曲，通过设置关键帧，还可以产生液体流动和简单的旗飘效果。

② Bulge（凸凹镜）特效：模拟图像透过气泡或放大镜时所产生的放大效果。

③ Corner Pin（边角定位）特效，通过改变4个角的位置来扭曲图像，根据需要进行定位，可以拉伸、收缩、倾斜和扭曲图形，也可以用来模拟透视效果，可以与运动遮罩层相结合，形成画中画效果。

④ Displacement Map（置换贴图）特效：使用其他图层作为映射层，通过映射的像素颜色值来对本层扭曲，实际是应用映射层的某个通道值对图像进行水平或垂直方向的扭曲。

⑤ Liquify（液化）特效：能够对图像产生类似水波动般的扭曲效果，其下有多个手动操作的工具。

⑥ Magnify（放大）特效：能够局部放大图像，并能将放大后的画面同应用层模式使用一般的方式叠加到原图像上。

⑦ Mesh Warp（网格扭曲）特效：使用网格化的曲线切片控制图像的变形区域。对于网格扭曲的效果控制，确定好网格数量后，更多的是在合成图像中通过鼠标拖曳网格的节点来完成。

⑧ Mirror（镜像）特效：通过设定角度的直线将画面反射，产生对称效果。

⑨ Offset（偏移）特效：用于在图层的画面上产生将画面从一边偏向另一边的效果。

⑩ Optics Compensation（光学补偿）特效：用来模拟摄像机的光学透视效果。

⑪ Polar Coordinates（极坐标）特效：将图像的直角坐标转化为极坐标，以产生扭曲效果。

⑫ Puppet（木偶）特效：为图形添加多个木偶钉，然后通过移动木偶钉来产生木偶动画效果。其在Effect Controls面板只有一个On Transparent（透明选项），相关属性设置需要在时间线中进行操作。

⑬ Reshape（形变）特效：借助几个遮罩实现，通过同一层中的多个遮罩，重新限定图像形状，并产生变形效果。使用方法如下：在素材上加上此特效→在素材的起始位置建一个遮罩→在素材的结束位置建一个遮罩→再建一个能框住前两个遮罩的大区域遮罩→Source Mask选Mask 1，Destination Mask选Mask 2，Boundary Mask选Mask 3→Percent调整为适当的数值。在设置遮罩的时候，可以使用复制来源遮罩并修改成目标遮罩的方法，同时复制后的遮罩可以重新命名，以方便识别。

⑭ Ripple（波纹）特效：可以在画面上产生波纹扭曲效果，类似水面的波纹效果。

⑮ Smear（涂抹）特效：先使用遮罩在图像中定义一个区域，然后以遮罩移动位置的方式对图像进行涂抹变形。使用时，先在素材上画两个遮罩，然后调整Percent的值。

⑯ Spherize（球面）特效：使图像产生如同包围到不同半径的球面上的变形效果。

⑰ Transform（变换）特效：在图像中产生二维的几何变换，从而增加了层的变换属性。

⑱ Turbulent Displace（强烈置换）特效：使整个画面产生强烈的偏移并扭曲的效果。

⑲ Twirl（旋涡）特效：通过围绕指定的点旋转像素，得到旋涡般的效果，与Liquify（液化）中的“顺时针/逆时针”工具极为相像。

⑳ Warp（弯曲）特效：使整个图像按需要进行扭曲，预设能够产生多种弯曲形状。

㉑ Wave Warp（波形弯曲）特效：将图像设置为自动飘动或波动的效果。

## 10.2 Generate（生成）

Generate（生成）效果组里包含很多特效，可以创造一些原画面中没有的效果，这些效果在制作的过程中有着广泛的应用。

① 4-Color Gradient（4色渐变）特效：模拟霓虹灯，流光溢彩等迷幻效果。

② Advanced Lightning（高级闪电）特效：通过参数调整，产生多种闪电效果。

③ Audio Spectrum（音频频谱）特效：用于产生音频频谱，将看不见的声音图像化，有力地增强音乐感染力。

④ Audio Waveform（音频波形）特效：产生音频波形，与Audio Spectrum（音频频谱）差不多，如果用电子工程来解释，就是一个表示“时间域”，一个表示“频域”。

⑤ Beam（激光光束）特效：在图像上创建光束图形，用来模拟激光光束的移动效果。

⑥ Cell Pattern（单元图案）特效：创建类似细胞图案的多种单元图案拼合效果。

⑦ Checkerboard（棋盘格）特效：在图像上创建类似西洋棋盘格的图案效果。

⑧ Circle（圆）特效：在图像中创建一个圆形图案，可以是圆形或者圆环。

⑨ Ellipse（椭圆）特效：产生椭圆形的图形效果，也可以模拟激光圈等图形效果。

⑩ Eyedropper Fill（取色器填充）特效：在图像中采样一种颜色，将采样的颜色填充到原始画面中。

⑪ Fill（填充）特效：向图层画面或图层画面中的遮罩内填充指定的颜色。

⑫ Fractal（分形）特效：用来模拟细胞体图案，制作成多种分形图案效果。

⑬ Grid（网格）特效：在图像中产生网格的效果，可以是单独的网格，也可以是图像上添加的网格。

⑭ Lens Flare（镜头光晕）特效：模拟镜头拍摄到发光的物体时，由于经过多片镜头所产生的很多光环效果，这是在后期制作中经常使用的提升画面效果的手法。

⑮ Paint Bucket（油漆桶）特效：在所选定的颜色区域内填充指定的颜色。

⑯ Radio Waves（电波）特效：以点为中心建立往四周扩散的各种图形的波形动画效果。

⑰ Ramp（渐变）特效：创建彩色渐变，使产生的黑白渐变为应用层模式（Blend Mode），与原图像混合。

⑱ Scribble（涂写）特效：为遮罩控制区域填充带有速度感的各种动画，类似于蜡笔画的效果。

⑲ Stroke（描边）特效：沿路径或遮罩产生边框效果，可以模拟手绘的动画过程。

⑳ Vegas（勾画）特效：在画面中勾画出物体边缘，还可以按照遮罩或路径的形状进行勾画，或者将另一幅图像的边缘勾画到当前图像中。

㉑ Write-on（书写）特效：设置用画笔在图层画面中绘画的动画，模拟笔迹和绘制过程。

## 10.3 内置特效实例

### 10.3.1 实例简介

本实例使用两张不同的人物图片，制作从第一张图片逐渐变形到第二张图片的动画效果，如图10-1所示。

图10-1 实例效果

主要特效：Reshape。

技术要点：使用Reshape，根据Mask产生变形。

## 10.3.2 实例步骤

### 1. 导入素材

先在新的项目面板中导入准备制作的素材。在Project（项目）面板的空白处双击鼠标左键，打开Import File（导入文件）对话框，从中选择本例中所准备的图片素材“人物A.tga”和“人物B.tga”。再单击“打开”按钮，将其导入到Project（项目）面板中，如图10-2所示。

图10-2 素材图片效果

### 2. 建立变形Mask

**步骤 01** 选择菜单Composition→New Composition，打开Composition Settings（合成设置）对话框，从中设置如下：Composition Name（合成名称）为“变形”，Preset（预置）为PAL D1/DV，Duration（持续时间）为3秒。然后单击OK按钮。

**步骤 02** 从项目面板中将“人物A.tga”拖至时间线中，选择菜单Composition→Background Color（合成→背景颜色），将背景颜色设为白色。

**步骤 03** 选中“人物A.tga”图层，选择菜单Layer→Auto-trace（图层→自动跟踪），在打开的Auto-trace（自动跟踪）对话框中勾选Current Frame（当前帧），将Channel（通道）设为Alpha，Tolerance（宽容度）设为5，Minimum（最小区域）设为10，Threshold（阈值）设为80%，Corner（拐角）设为50，取消Apply to new layer（应用到新图层）的勾选。可以将对话框移到一侧，显示合成视图中的图像，并勾选对话框中的Preview（预览），这样可以在合成视图中预览将要建立的Mask效果。设置完毕后，单击OK按钮，创建轮廓Mask，如图10-3所示。

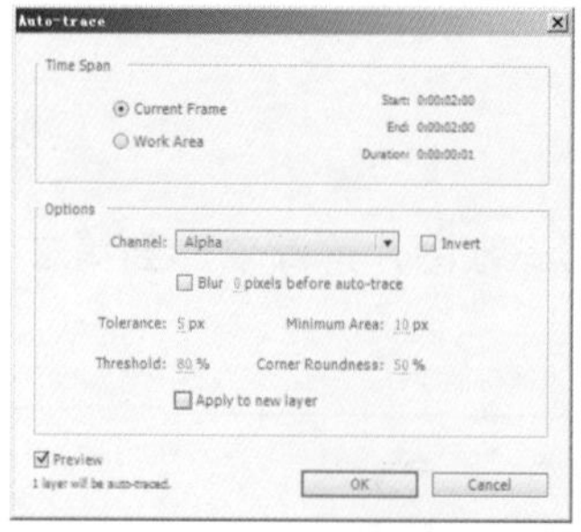

图10-3 为“人物A.tga”创建Mask

**步骤 04** 从项目面板中，将“人物B.tga”拖至时间线中，使用Auto-trace（自动咔嚓）创建轮廓Mask。

**步骤 05** 在时间线中，将两个图层的Mask分别重命名为Mask A和Mask B，并单击Mask前面的标签，将Mask的颜色改变为与人物及背景反差较大的颜色，便于查看，这里Mask A为绿色，Mask B为紫色，如图10-4所示。

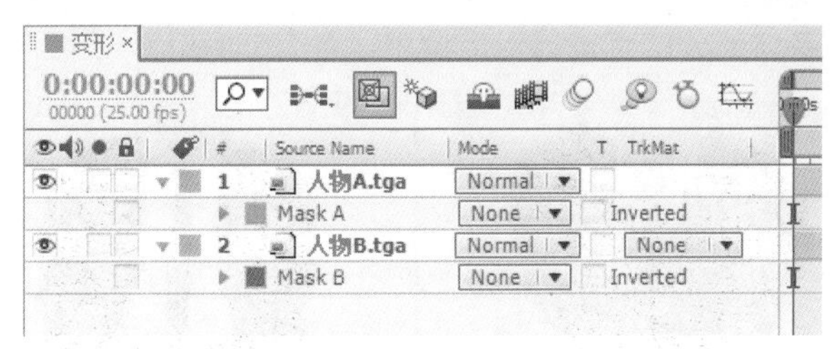


图10-4　改变Mask颜色

**步骤 06**　双击“人物A.tga”层，打开其Layer视图面板，单击视图面板左上方默认的按钮，使其切换为按钮，将视图面板锁定。再双击“人物B.tga”层，打开其Layer视图面板，并将其拖至右侧并列显示，如图10-5所示。

图10-5　并列两个图层视图

**步骤 07**　变形动画依据两个Mask来进行，两个Mask的起始点要处于两个图形对应的位置上，并尽量做到使两个Mask上的其他各点一一对应，使变形过程尽量少产生走样的扭曲。这里对两个Mask进行对比调整，先分别在两个Mask头顶的锚点上单击右键，在弹出菜单中选择Layer→Mask and Sharpe Path→Set First Vertex（图层→遮罩与形状路径→设置起始点），将其设为Mask 的起始点，起始点显示要大于其他普通的锚点，如图10-6所示。

图10-6　重设Mask起始点

**步骤 08**　对两个Mask中头部的点进行对应调整，两个Mask在头部各有4对锚点，如图10-7所示。

图10-7　对应头部Mask

**步骤 09** 对两个Mask身体部分的点进行对应调整，各有5对锚点，如图10-8所示。

图10-8 对应身体Mask

**步骤 10** 对两个Mask的腿和脚部分的锚点进行对应调整，如图10-9所示。

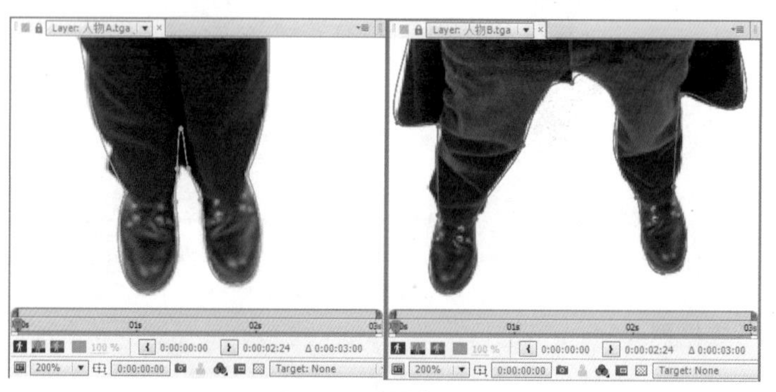


图10-9 对腿脚Mask

### 3. 设置整体变形动画

**步骤 01** 选中“人物B.tga”的Mask B，按Ctrl+C组合键复制，再选中“人物A.tga”层，按Ctrl+V组合键粘贴。然后暂时只显示“人物A.tga”层。

**步骤 02** 选中“人物A.tga”层，选择菜单Effect→Distort→Reshape（特效→扭曲→变形）来添加特效，将Source Mask（来源遮罩）设为Mask A，Destination Mask（目标遮罩）设为Mask B，设置Percent（百分比）在第1秒时为0%、在第2秒时为100%，如图10-10所示。

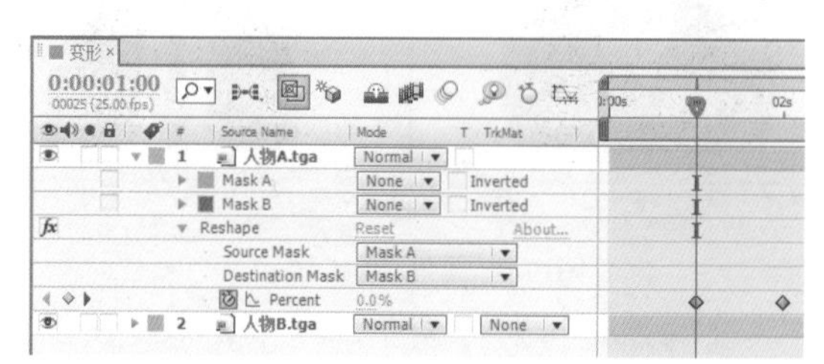


图10-10 为“人物A.tga”添加Reshape特效

**步骤 03** 查看此时的变形效果，如图10-11所示。

图10-11 查看“人物A.tga”的变形效果

**步骤 04** 复制“人物A.tga”的Mask A至“人物B.tga”层，然后暂时只显示“人物B.tga”层。

**步骤 05** 选中“人物B.tga”层，选择菜单Effect→Distort→Reshape（特效→扭曲→变形）来添加特效，将Source Mask（来源遮罩）设为Mask B，Destination Mask（目标遮罩）设为Mask A，设置Percent（百分比）在第1秒时为100%、在第2秒时为0%，如图10-12所示。

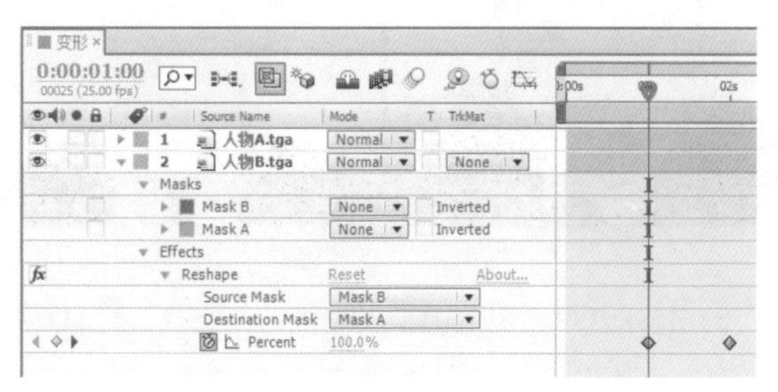


图10-12 为“人物B.tga”添加Reshape特效

**步骤 06** 查看此时的变形效果，如图10-13所示。

图10-13 查看“人物.tga”的变形效果

### 4. 设置头部变形动画

**步骤 01** 选中“人物A.tga”和“人物B.tga”，按Ctrl+D组合键创建副本，并分别选中图层，按Enter键重新命名为“头部A”和“头部B”，放置在第1和第2层。暂时只显示这两个图层，关闭这两个图层的特效，删除“头部A”中的Mask B，删除“头部B”中的Mask A，如图10-14所示。

图10-14 创建副本并删除部分Mask

**步骤 02** 并列显示两个Layer视图面板，并确保视图面板下方的View（查看）显示为Masks。在视图中删除头部之外的Mask锚点，准备为头部单独建立Mask，如图10-15所示。

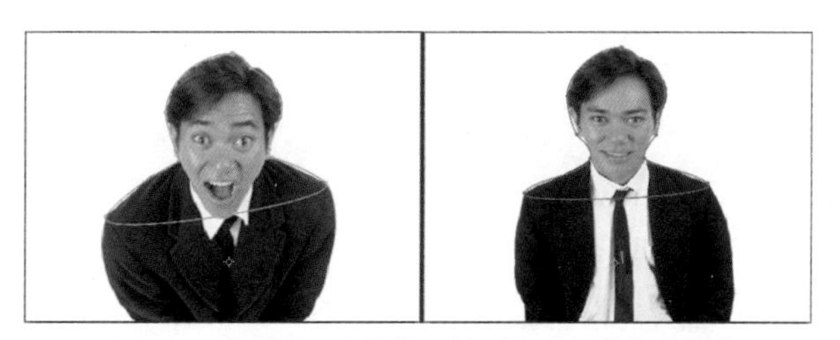

图10-15 并列显示图层视图并删除Mask的部分锚点

**步骤 03** 对头部的锚点重新设置，这样可以照顾到脸的下部，如图10-16所示。

图10-16 调整锚点

**步骤 04** 复制“头部A”的Mask A至“头部B”，复制“头部B”的Mask B至“头部A”。

**步骤 05** 将“头部A”的Mask A设为Add运算方式，将“头部B”的Mask B设为Add运算方式，这样只显示头部。

**步骤 06** 打开“头部A”特效，并只显示“头部A”层，Source Mask（来源遮罩）设为Mask A，Destination Mask（目标遮罩）设为Mask B，设置Percent（百分比）在第1秒时为0%、在第2秒时为100%，如图10-17所示。

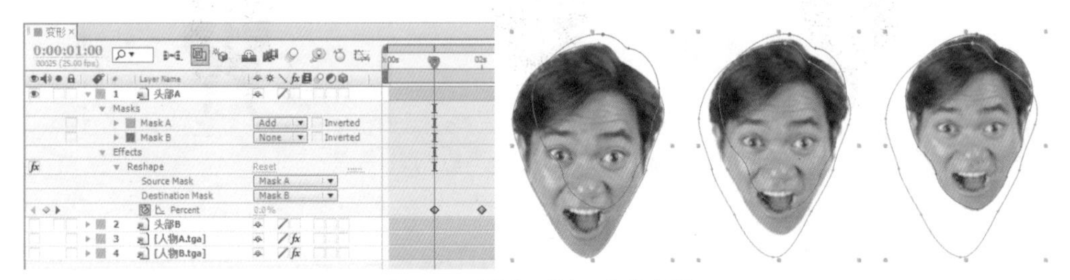


图10-17 设置“头部A”的变形

**步骤 07** 打开“头部B”特效，并只显示“头部B”层，Source Mask（来源遮罩）设为Mask B，Destination Mask（目标遮罩）设为Mask A，设置Percent（百分比）在第1秒时为100%、在第2秒时为0%，如图10-18所示。

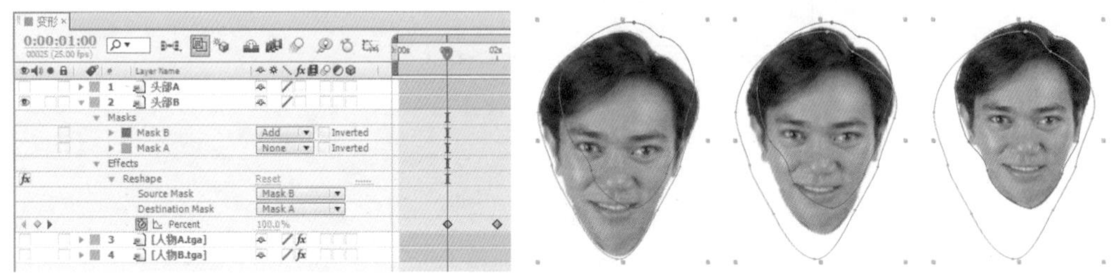


图10-18 设置“头部B”的变形

### 5. 设置变形过渡

**步骤 01** 选择菜单Layer→New→Solid（图层→新建→固态层，快捷键为Ctrl+Y），以当前合成尺寸的大小新建一个固态层。

**步骤 02** 使用工具栏中的◎在固态层上绘制一个头部大小的椭圆，并设置Mask Feather（遮罩羽化）为30，设置Mask Expansion（遮罩扩展）第1秒时为-60，缩小到处于不可见状态，第2秒时为60，完全遮挡住脸部。然后将“头部A”的TrkMat设为Alpha Inverted Matte，这样1至2秒之间，画面从“头部A”自然过渡到“头部B”，暂时单独显示两个头部图层，如图10-19所示。

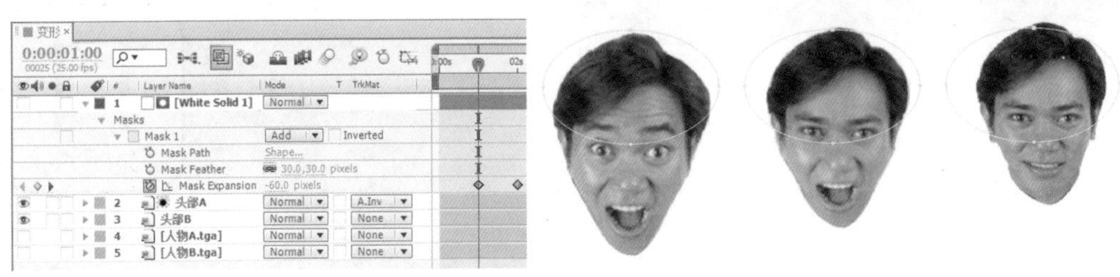

图10-19　为“头部A”设置轨道蒙板方式

**步骤 03**　选中固态层，按Ctrl+D组合键创建副本，移至“人物A.tga”层上面，调整Mask的大小和位置，设置Mask Expansion（遮罩扩展）第1秒时为-100，缩小到处于不可见状态，第2秒时为100，完全遮挡住身体。然后将“人物A.tga”的TrkMat设为Alpha Inverted Matte，这样1至2秒之间，画面从“人物A.tga”自然过渡到“人物B.tga”，如图10-20所示。

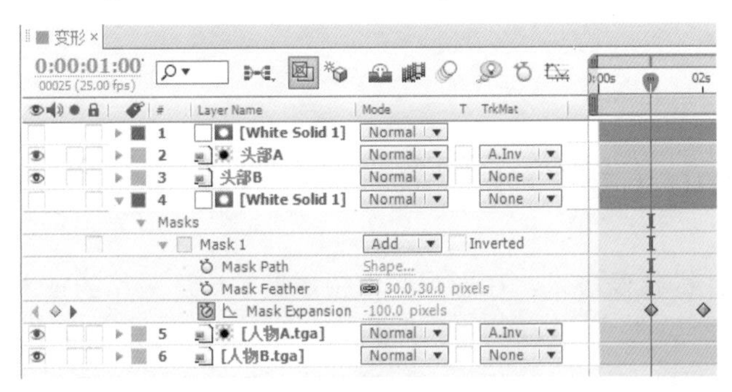


图10-20　为“人物A.tga”设置轨道蒙板方式

**步骤 04**　查看身体部分的变形效果，这样完成本例的制作，如图10-21所示。

图10-21　查看身体部分的变形效果

# 思考与练习

1．熟悉Distort（扭曲）组与Generate（生成）组各特效的效果和使用。

# 第11章 键控与蒙板特效组

## 11.1 Keying（键控）

Keying（键控）即抠像技术，在影视制作领域是被广泛采用的技术手段。演员在绿色或蓝色构成的背景前表演，但这些背景在最终的影片中是见不到的，就是运用了键控技术，用其他背景画面替换了蓝色或绿色。键控并不仅限于蓝色或绿色，理论上只要是单一的、比较纯的颜色就可以进行键控，但实际上，背景颜色与演员的服装、皮肤、眼睛、道具等的颜色反差越大，在后期中键控越容易实现。

① CC Simple Wire Removal（简单钢丝移除）：这是从After Effects CS3版本开始增加的擦除钢丝的特效。在影视特技拍摄中，有一项借助钢丝（Wire，威亚）悬挂人物进行表演的特技拍摄，后期制作中通常需要对钢丝进行擦除。CC Simple Wire Removal（简单钢丝移除）可以简易地去除视频中的钢丝，实际上是一种线状的模糊和替换效果，操作比较简单，如图11-1所示。

图11-1　CC Simple Wire Removal效果

② Color Difference Key（色差键）：通过两个不同的颜色对图像进行键控，从而使一个图像具有两个透明区域，蒙板A使指定键控色之外的其他颜色区域透明，蒙板B使指定的键控颜色区域透明，将两个蒙板透明区域进行组合得到第三个蒙板透明区域，这个新的透明区域就是最终的Alpha通道。以下依次为应用Color Difference Key（色差键）特效时的原图像、蒙板A、蒙板B、Alpha通道、键控结果以及添加了Spill Suppressor（溢出抑制）特效后的最终效果，如图11-2所示。

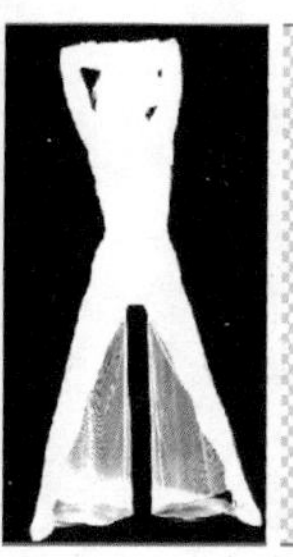

图11-2 Color Difference Key（色差键）效果

③ Color Key（色键）特效：通过指定一种颜色，系统会将图像中所有与其近似的像素键出，使其透明。这是一种比较初级的键控特效，当影片背景比较复杂时，效果不会很好。

④ Color Range（颜色范围）特效：通过键出指定的颜色范围产生透明，可以应用的色彩空间包括Lab、YUV和RGB。这种键控方式可以应用在背景包含多个颜色、背景亮度不均匀和包含相同颜色的阴影（如玻璃、烟雾等），如图11-3所示。

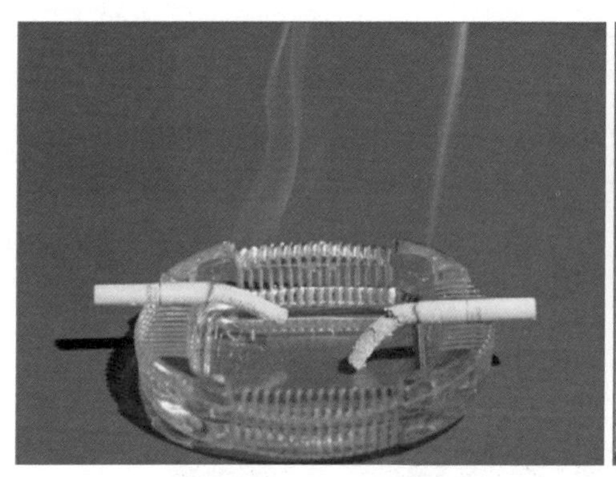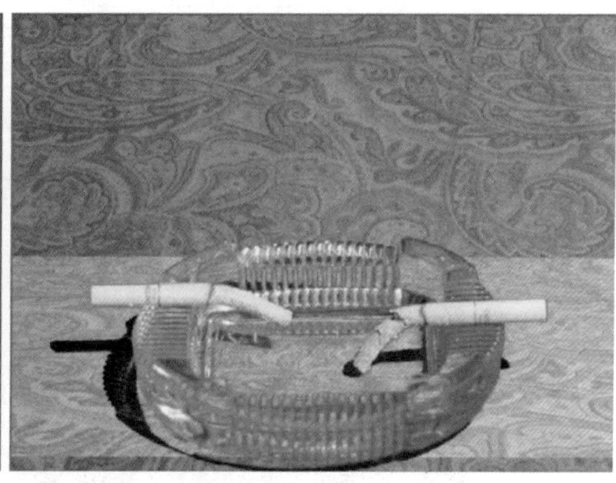

图11-3 Color Range（颜色范围）效果

⑤ Difference Matte（差异蒙板）特效：通过一个对比层与源层进行比较，然后将源层中位置与颜色与对比层中相同的像素键出。最典型的应用是静态背景、固定摄像机、固定镜头和曝光，只需要一帧背景素材，然后让对象在场景中移动。

⑥ Extract（抽出）特效：根据指定的一个亮度范围来产生透明，亮度范围基于通道的直方图（Histogram），适用于以白色或黑色为背景拍摄的素材，或者前、后背景亮度差异比较大的情况，也可消除阴影。

⑦ Inner/Outer Key（内/外部键）特效：After Effects中一个特殊的键控特效，对于毛发及轮廓可以得到最好的键控效果，甚至可以将演员的每根发丝都清晰地表现出来。使用Inner/Outer Key特效，需要为键控对象指定两个遮罩路径，一个遮罩路径定义键出范围的内边缘，另一个遮罩路径定义键出范围的外边缘，系统根据内外遮罩路径进行像素差异比较，完成键出人物，如图11-4所示。

⑧ Keylight：一个获得奥斯卡大奖的全新抠像插件，可以精确地控制残留在前景对象上的蓝幕或绿幕反光，并将其替换成新合成背景的环境光。Keylight是一个与众不同的蓝色或绿色荧幕调制器，运算快，容易使用，而且在处理反射、半透明面积和毛发方面功能非常强，可参考实例部分。

图11-4　Inner/Outer Key（内/外部键）效果

⑨ Linear Color Key（线性色键）特效：一个标准的线性键，可以包含半透明的区域。线性色键根据RGB彩色信息或色相及饱和度信息，与指定的键控色进行比较，产生透明区域。之所以叫做线性键，是因为可以指定一个色彩范围作为键控色，它用于大多数对象，不适合半透明对象。

⑩ Luma Key（亮度键）特效：对于明暗反差很大的图像，我们可以应用亮度键，使背景透明。亮度键设置某个亮度值为“阈值”，低于或高于这个值的亮度设为透明。

⑪ Spill Suppressor（溢出抑制）特效：可以去除键控后的图像残留的键控色的痕迹，消除图像边缘溢出的键控色，这些溢出的键控色通常是由于背景的反射造成的。此外，如果使用溢出控制器还不能得到满意的结果，可以使用效果中的Hue / Saturation（色相 / 饱和度）效果，降低饱和度，从而弱化键控色。例如在键控过程中，人物边缘仍有部分背景色不易键除，此时可以使用Spill Suppressor（溢出抑制）特效来去除这些背景色，如图11-5所示。

图11-5　Spill Suppressor（溢出抑制）效果

## 11.2 Matte（蒙板）

Matte（蒙板）组特效下只有Matte Choker（蒙板清除）和Simple Choker（简单清除）两个特效，其可以辅助Keying（键控）特效进行抠像处理，参数设置较为简单。

① Matte Choker（蒙板清除）特效：用于扩展和填充Alpha通道的透明区域，来抑制通道中的缝隙或剩余的像素。与Spill Suppressor（溢出抑制）特效不同的是，Matte Choker（蒙板清除）特效能清除边缘或背景中大面积的残留像素，而Spill Suppressor（溢出抑制）特效主要针对边缘部分或内部残留的颜色。

② Simple Choker（简单清除）特效：主要用来减小或扩大蒙板的边界，建立比较清晰和整齐的蒙板，与Matte Choker（蒙板清除）相似，使用更加简单。

Matte Choker（蒙板清除）和Simple Choker（简单清除）均能完成将以下人物图像中残留颜色的像素清除掉，如图11-6所示。

图11-6　蒙板清除残留像素效果

## 11.3 Keying（键控）的综合应用技巧

（1）对于主要为蓝色或绿色背景、亮度基本平稳的素材

首先使用Linear Color Key、Color Difference Key等色键进行键控，设置一个与键控色反差较大的合成背景色对比观察，通过色键的遮罩视图（Matte View）调整键控范围，包括透明、半透明和不透明的区域，再使用Spill Suppressor（溢出抑制）抑制边缘的键控色痕迹；使用Alpha Level调整Alpha通道的透明程度，使用Matte Choker（蒙板清除）消除通道中的缝隙或剩余的像素，这样来完成键控。

（2）对于在蓝色或绿色背景中包含多种颜色或亮度不稳定的素材

键控时可尝试使用Color Range（颜色范围键控），再使用Spill Suppressor（溢出抑制）或Matte Choker（蒙板清除）等辅助键控。

（3）对于黑暗和阴影的区域

对其键控时可尝试使用Extract（抽出）键控，设置为Luminance Channel（亮度通道）。

（4）对固定背景（可以是复杂背景）

键控时可尝试使用Difference Matte（差异蒙板），以单独的背景图层作为遮罩参考，进行差值键控。使用Spill Suppressor（溢出抑制）或Matte Choker（蒙板清除）等辅助键控。

对于不同的实际情况，应该选择适当的键控方法，以得到满意的效果。对复杂的键控处理，可能用到不同的键控组合，也可能使用一些功能强大的键控插件，包括After Effects中已收录的Keylight，才能得到满意的结果。

## 11.4 键控实例

### 11.4.1 实例简介

本实例使用Keylight(1.2)对绿背景的模特进行键控操作，键除颜色不太均匀的绿色背景及其上的标记点，合成背景，并对最终的效果进行详细的调色操作。效果如图11-7所示。

图11-7　实例效果

主要特效：CC Color Offset，Hue/Saturation，Keylight (1.2)，Levels (Individual Controls)。

技术要点：使用Keylight（1.2）键除人物背景。

### 11.4.2　实例步骤

#### 1. 初步键控

步骤 01　先在新的项目面板中导入准备制作的素材：人物序列素材Model_[000-099].tif和背景图片Background.tif，如图11-8所示。

图11-8　素材效果

步骤 02　在项目面板中将人物素材拖至面板下方的 按钮上释放，新建一个与其尺寸、长度设置相同的合成Model，其时间线中包含人物素材层。

步骤 03　选中人物图层，选择菜单Effect→Keying→Keylight (1.2)，使用Screen Colour（屏幕色）右侧的颜色拾取工具在人物素材中部的绿色背景处单击，选取Screen Colour（屏幕色）的颜色。可以看到素材中大部分绿色被消除。

步骤 04　可以使用透明背景方式查看键控效果，不过使用一个有差别的底色更有助于细节的观察。选择菜单Composition→Background Color（合成→背景颜色），将合成背景色设置成一种与绿背景反差较大的颜色，如紫色，如图11-9所示。

图11-9　添加Keylight并设置合成背景色

步骤 05　增大Screen Gain（屏幕增益）为120，增强对噪点的消除。减小Screen Balance（屏幕调和）为10，将Screen Matte（屏幕蒙板）下的Clip White（修剪白色）减小为70，减小对边缘头发部分的键控程度。将Screen Matte（屏幕蒙板）下的Screen Softness（屏幕柔化）设为1，对键控蒙板边缘适当羽化。可以在View（查看）后选择Screen Matte（屏幕蒙板）等方式观察键控蒙板效果，选择Final Result（最终结果）观察最终效果，如图11-10所示。

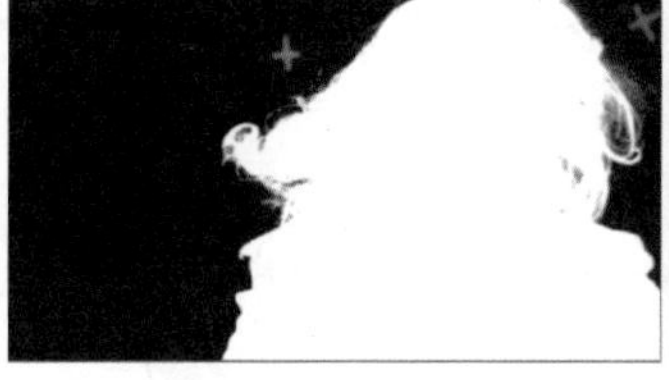

图11-10 调整Keylight键控效果

### 2. 蒙板键控

**步骤 01** 选中人物素材层，按Ctrl+D组合键创建一个副本，重新命名为Model Matte，放置在原素材层之上。在Model Matte层原Keylight (1.2)特效右侧单击Reset，恢复参数重新设置。

**步骤 02** 使用Screen Colour（屏幕色）右侧的颜色拾取工具在背景中的十字标记处单击，选取Screen Colour（屏幕色）的颜色，将十字标记键除。Screen Gain（屏幕增益）设为140，Clip White（修剪白色）设为40，并将View（查看）选择为Combined Matte（合成蒙板）方式，如图11-11所示。

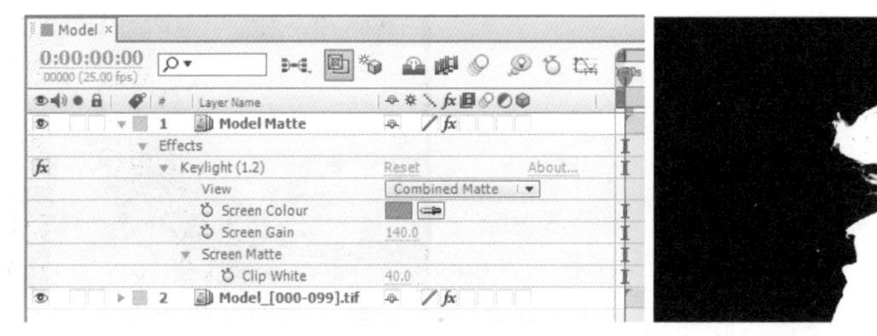


图11-11 创建副本重设Keylight键控

**步骤 03** 将人物素材层的TrkMat设为Luma Matte类型，消除背景中的十字标记图像，如图11-12所示。

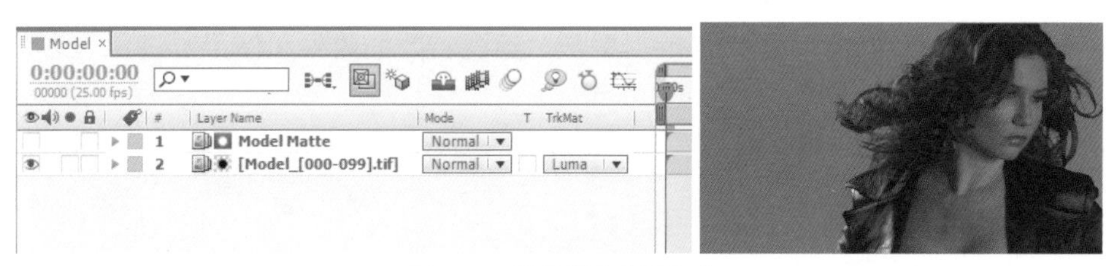


图11-12 设置轨道蒙板方式

### 3. 校正颜色

**步骤 01** 将Background.tif拖至时间线中，放置在底层。查看合成效果，画面中人物的颜色需要进一步调整。

**步骤 02** 选中中间的人物素材层，选择菜单Effect → Color Correction → Levels (Individual Controls)（特效 → 色彩校正 → 独立色阶控制），在其下对各通道的值进行调整，如图11-13所示。

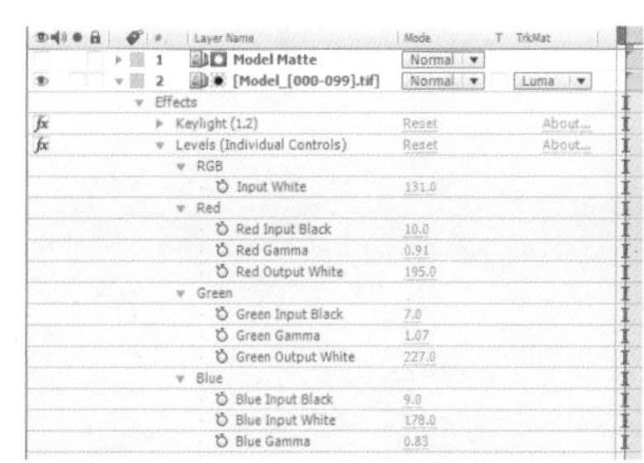

图11-13 添加Levels (Individual Controls)特效

步骤 03　选择菜单Effect → Color Correction → CC Color Offset（特效 → 色彩校正 → CC 色彩偏移），对偏色的图像进行校正，如图11-14所示。

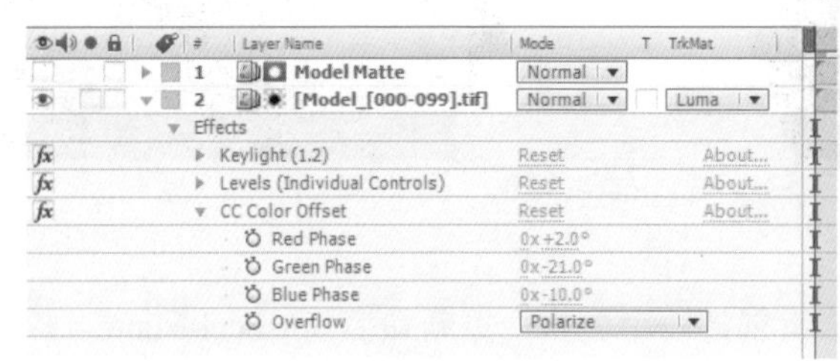

图11-14　添加CC Color Offset特效

步骤 04　选择菜单Effect → Color Correction → Hue/Saturation（特效→色彩校正→色相/饱和度），对头发一侧的偏色部分进行校正。

步骤 05　选择菜单Effect → Color Correction → Curves（特效→色彩校正→曲线），改善整个画面的色调，如图11-15所示。

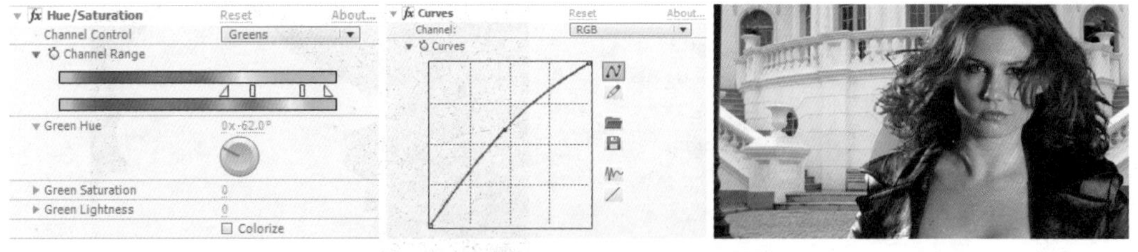


图11-15　添加Hue/Saturation和Curves特效

# 思考与练习

1．熟悉Keying（键控）组和Matte（蒙板）组各特效的效果和使用方法。

# 第12章 仿真效果

12 Chapter

Simulation（仿真）组特效有Card Dance（卡片翻转）、Caustics（焦散）、Foam（泡沫）、Particle Playground（粒子运动场）、Shatter（粉碎）和Wave World（波形世界），这些特效功能强大，可以用来设置多种逼真的效果，不过其参数项较多，设置也比较复杂。

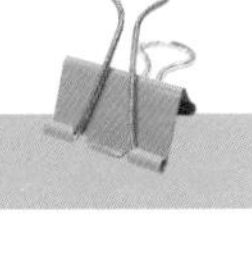

## 12.1 仿真特效简介

① Card Dance（卡片翻转）特效：根据指定层的特征分割画面，产生卡片舞蹈的效果，这是一个真正的三维特效。可以在X、Y、Z轴上对卡片进行位移、旋转或者比例缩放等操作，还可以设置灯光方向和材质属性。图12-1为两个图层原来的效果及应用Card Dance（卡片翻转）特效之后的效果。

图12-1 Card Dance（卡片翻转）效果

② Caustics（焦散）特效：模拟水中折射和反射的自然效果，常配合Radio Waves（电波）和Wave World（水波世界）特效使用。图12-2为原素材图像、Radio Waves（电波）效果及应用了Caustics（焦散）特效之后的效果。

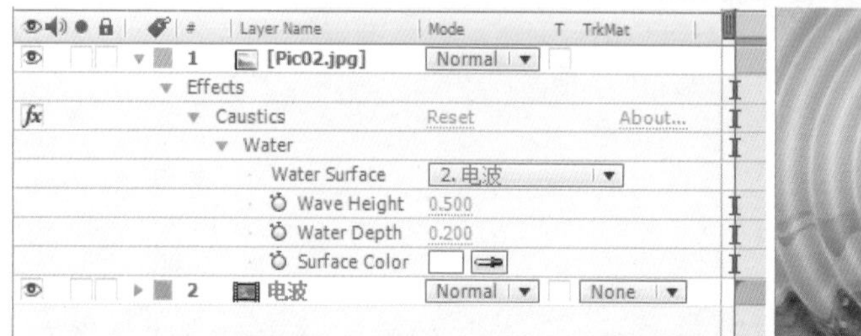

图12-2　特效演示

③ Foam（泡沫）特效：模拟气泡、水珠等流体效果，可以控制气泡的黏性、柔韧度及寿命，甚至可以在气泡中反射图像。Foam（泡沫）特效演示如图12-3所示。

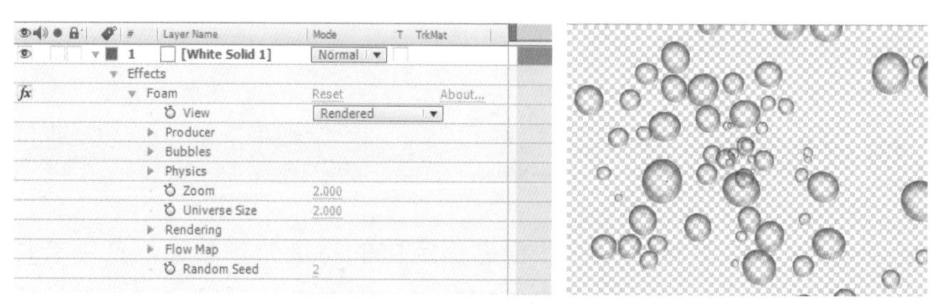


图12-3　Foam（泡沫）效果

④ Particle Playground（粒子运动场）特效：一个功能强大的粒子动画效果，可以产生大量相似物体独立运动的动画效果。粒子效果主要用于模拟现实世界中物体间的相互作用，如喷泉、雪花等效果，通过内置的物理函数保证了粒子运动的真实性。在粒子的制作过程中，首先产生粒子流或粒子面，或对已存在的层进行“爆炸”产生粒子。在粒子产生后，就可以控制它们的属性，如速度、尺寸和颜色等，使粒子系统实现各种各样的动态效果。例如，可以为粒子进行贴图操作，也可以用文本字符作为粒子。图12-4为在Particle Playground（粒子运动场）特效中发射所输入数字的效果。

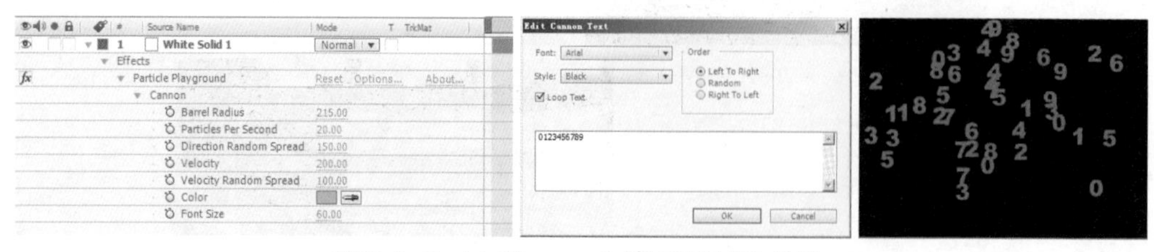


图12-4　Particle Playground（粒子运动场）效果

⑤ Shatter（破碎）特效：可以对图像进行破碎爆炸处理，使其产生爆炸飞散的碎片，可以控制爆炸的位置、力量和半径等。系统提供了多种真实的碎片效果，甚至可以自定义爆炸后产生的碎片形状。Shatter（破碎）特效演示如图12-5所示。

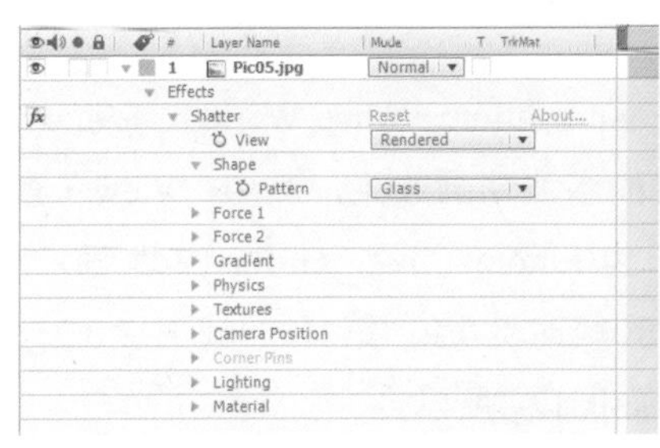

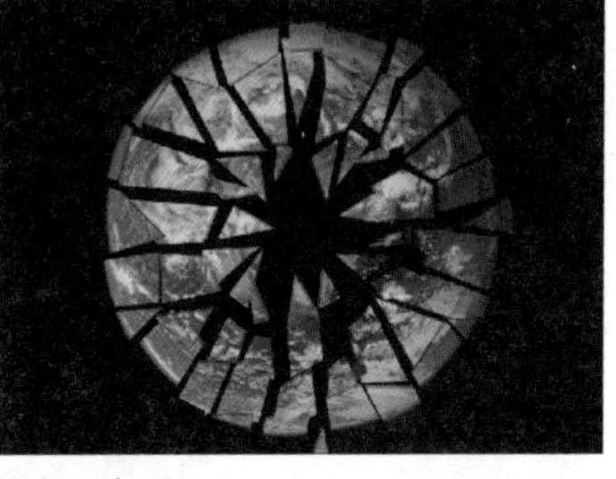

图12-5 Shatter（粉碎）效果

⑥ Wave World（波形世界）特效：用于创造液体波纹效果，从效果点发射波纹，并与周围环境相影响，可以设置波纹的方向、力量、速度以及大小等。Wave World产生一个灰度位移图，可以为其应用Colorama或Caustics特效，产生更加真实的水波效果，可以参考实例部分的内容。

## 12.2 仿真特效实例

### 12.2.1 实例简介

本实例使用一个Logo图像，为其制作从水下逐渐浮出水面的效果，其中在Logo上浮过程中，水面会产生与Logo形状相对应的涟漪效果，如图12-6所示。

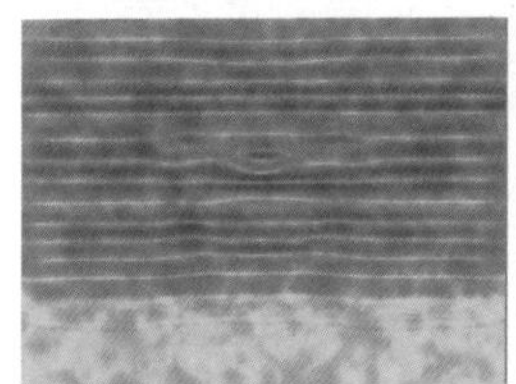 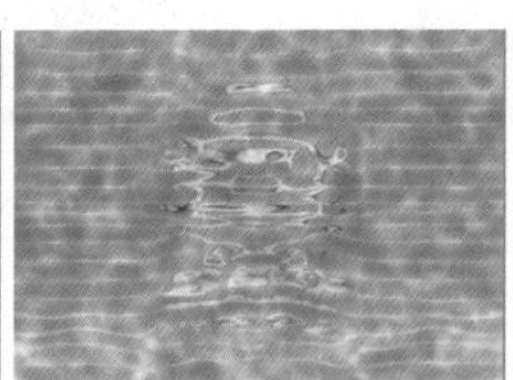  

图12-6 实例效果

主要特效：Caustics，Fractal Noise，Tint，Wave World。

技术要点：Wave World制作水波参考图，使用Fractal Noise制作水面纹理，使用Caustics产生涟漪。

### 12.2.2 实例步骤

#### 1. 导入素材

先在新的项目面板中导入准备制作的素材。在Project（项目）面板中的空白处双击鼠标左键，打开Import File（导入文件）对话框，从中选择本例中所准备的图片素材Logo.tga，单击“打开”按钮，将其导入到Project（项目）面板中。

#### 2. 建立“水波参考”合成

步骤 01 选择菜单Composition→New Composition，打开Composition Settings（合成设置）对话框，从中设置如下：Composition Name（合成名称）为“水波参考”，Preset（预置）为PAL D1/DV，Duration（持续时间）为5秒。然后单击OK按钮。

步骤 02 从项目面板中将Logo.tga拖至时间线中。

步骤 03 选择菜单Layer→New→Solid（图层→新建→固态层，快捷键为Ctrl+Y），以当前合成尺寸的大小新建一个名为“水波”的固态层。

**步骤 04** 选中“水波”层，选择菜单Effect→Simulation→Wave World（特效→仿真→水波世界）添加特效，设置Logo从水底浮出水面时的水波动画效果。其中，View（查看）为Height Map（高度贴图），Reflect Edges（边缘反射）为Bottom（下），Ground（地面）为Logo.tga层，Ground（地面）下的Steepness（倾斜度）第0帧时为0.1、第4秒24帧时为0.25，Producer 1和Producer 2下Type（类型）均为Line（线性），如图12-7所示。

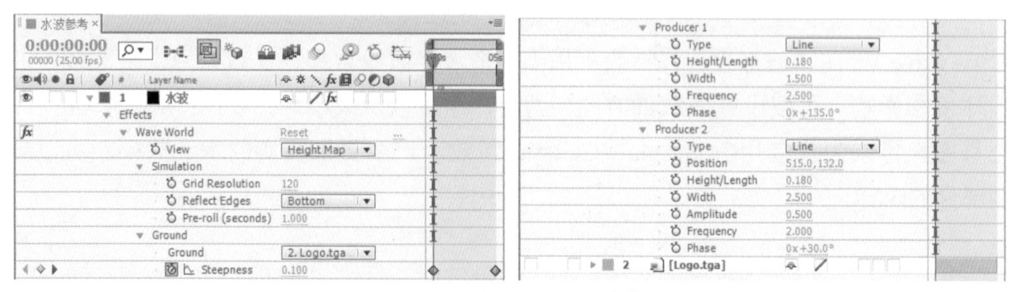


图12-7　设置Wave World特效

**步骤 05** 查看此时的动画效果，如图12-8所示。

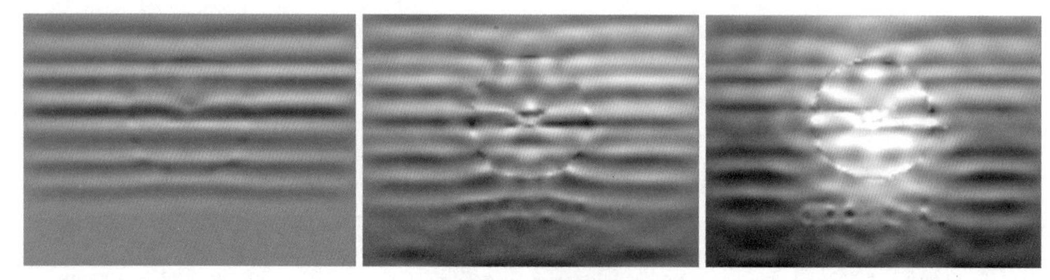

图12-8　水波效果

### 3. 制作“出水Logo”合成

**步骤 01** 选择菜单Composition→New Composition，打开Composition Settings（合成设置）对话框，从中设置如下：Composition Name（合成名称）为“出水Logo”，Preset（预置）为PAL D1/DV，Duration（持续时间）为5秒。然后单击OK按钮。

**步骤 02** 从项目面板中将Logo.tga和“水波参考”拖至时间线中，关闭图层的显示。

**步骤 03** 选择菜单Layer→New→Solid（图层→新建→固态层，快捷键为Ctrl+Y），以当前合成尺寸的大小新建一个名为Caustics的固态层。

**步骤 04** 选中Caustics层，选择菜单Effect→Simulation→Caustics（特效→仿真→焦散），添加特效，设置如下：Bottom（下）为logo.tga层，Scaling（比例）第0帧时为0.5、第4秒时为1；Repeat Mode（重复模式）为Once（1次），Water（水）下的Water Surface（水面）为“水波参考”层，Wave Height（波形高度）为0.35，Water Depth（水深）为0.2，Surface Color（表面色）为RGB(0,80,170)。Surface Opacity（表面透明度）第0帧时为1、第3秒时为0.5；Caustics Strength（焦散强度）为0.3，Material（质感）下的Highlight Sharpness（高光锐度）为30，如图12-9所示。

**步骤 05** 从项目面板中将Logo.tga再次拖至时间线的顶层，设置其Transform（变换）下的Scale（比例）第0帧为(50,50%)、第4秒24帧时为(90,90%)，Opacity（不透明度）第2秒时为0%、第4秒24帧时为100%，如图12-10所示。

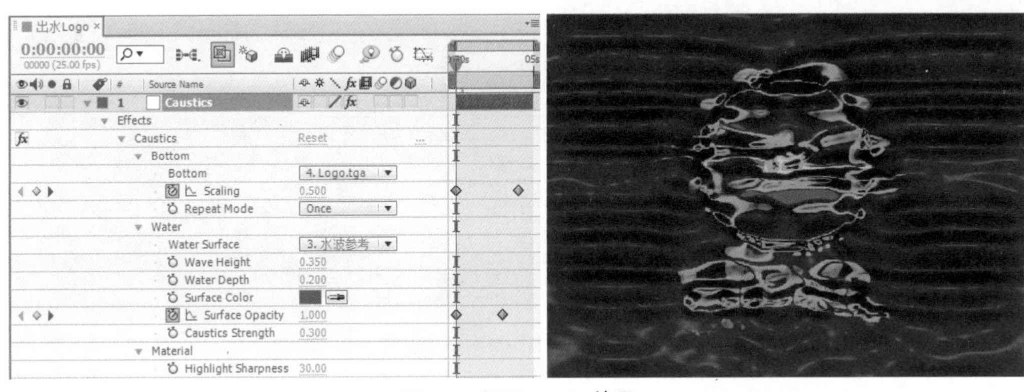


图12-9　设置Caustics效果

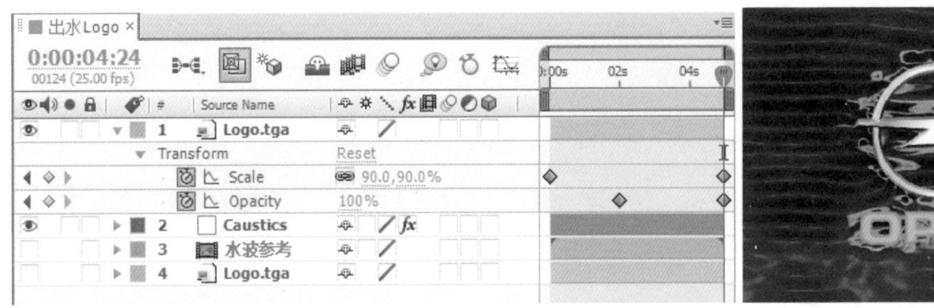

图12-10　设置Logo不透明度动画

### 4. 合成水面波纹

**步骤 01**　选择菜单Layer→New→Solid，以当前合成尺寸的大小新建一个名为“水面”的固态层。

**步骤 02**　选中“水面”层，选择菜单Effect→Noise & Grain→Fractal Noise（特效→噪波&颗粒→分形噪波），设置水面波纹的效果，其中Fractal Type（分形类型）为Terrain（地形），Evolution（演变）第0帧时为0°、第4秒24帧时为1x+0°，如图12-11所示。

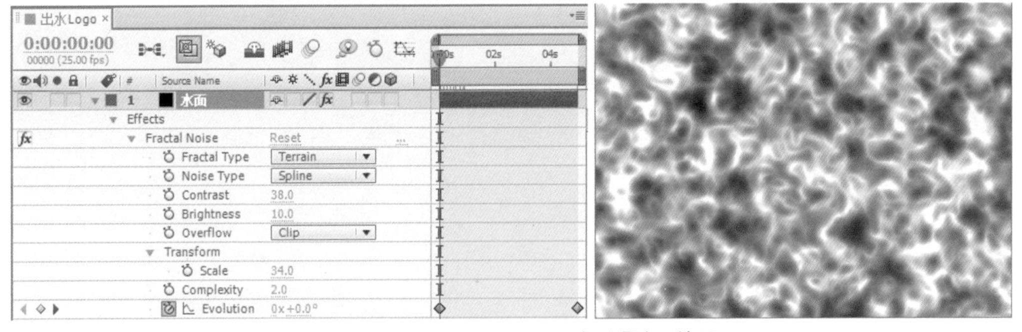


图12-11　设置Fractal Noise（分形噪波）效果

**步骤 03**　选择菜单Effect→Color Correction→Tint（特效→色彩校正→色彩），设置Map Black To（映射黑色到）为RGB(0,133,210)，如图12-12所示。

Fractal Noise　Reset　About...
Tint　Reset　About...
Map Black To
Map White To
Amount to Tint　100.0%

图12-12　设置Tint（色彩）效果

**步骤 04** 将“水面”层移至Caustics层之下，将Caustics层的Mode设为Hard Light（强光）方式，合成水面波纹效果，完成实例的制作，如图12-13所示。

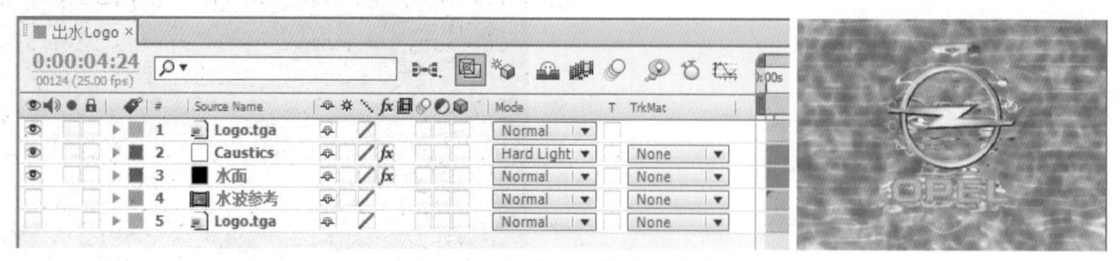


图12-13　调整图层顺序与模式

# 思考与练习

1．熟悉Simulation（仿真）组各特效的效果和使用方法。

# 第13章 运动跟踪和稳定

## 13.1 运动跟踪

### 13.1.1 运动跟踪介绍

运动跟踪在专业的影视后期制作软件中是一项不可缺少的功能，指对动态素材中的目标像素进行跟踪操作，将跟踪的结果数字化，并主要应用在两方面的制作上：一是用来匹配其他素材与当前的目标像素一致运动，包括摄像机视角的透视同步，二是用来消除素材自身的晃动。After Effects CS6可以对素材位置的移动、旋转、大小变化、透视变化等进行运动跟踪。

在跟踪之前需要根据视频创建跟踪摄像机，或在视频画面上定义跟踪范围，跟踪范围由两个方框和一个十字线构成。外面的方框为特征区域，里面的方框为搜索区域，中间的十字线为跟踪点。特征区域和搜索区域都是由封闭的方框构成的，可以调整其四个顶点来改变大小。跟踪点与其他图层的轴心点或效果点相连，使其他图层能与跟踪的运动结果保持关联。整个跟踪过程中起决定作用的是特征区和搜索区，十字线的跟踪点在跟踪过程中不起作用，可以在特征区或搜索区的内部或外部，只反映出跟踪结果的数值，如图13-1所示。

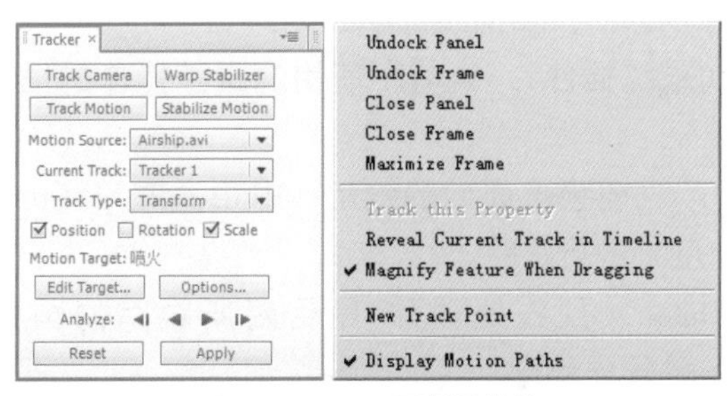


图13-1　Tracker面板及菜单

- Tracker Camera（摄像机跟踪）按钮：动态场景图层中摄像机跟踪按钮，为图层添加一个3D Camera Tracker（3D摄像机跟踪）特效，并自动计算摄像机轨迹，根据计算结果，在合成中为动态场景图层创建匹配的摄像机。

- Warp Stabilize（自动稳定）按钮：自动稳定晃动画面，为图层添加一个Warp Stabilize（自动稳定）特效，计算画面晃动的轨迹得出稳定的画面。
- Tracker Motion（运动跟踪）按钮：面板将显示运动跟踪操作的内容。
- Stabilize Motion（稳定跟踪）按钮：面板将显示稳定跟踪操作的内容。
- Motion Source（跟踪源）：要跟踪的源素材。
- Current Track（当前跟踪）：当前的跟踪轨迹。
- Track Type（跟踪类型）：跟踪轨迹的类型，有稳定、变换、平行角度、透视角度和RAW等选项。选择稳定后，相当于Stabilize Motion（稳定跟踪）按钮，面板显示稳定跟踪操作的内容。其他几个选项则为运动跟踪的不同类型。
- Position（位置）：进行位置变换的跟踪操作。
- Rotation（旋转）：进行位置旋转的跟踪操作。
- Scale（比例）：进行比例缩放的跟踪操作。
- Edit Target（编辑目标）：选择运动的目标图层。
- Options（选项）：跟踪的相关设置选项。
- Analyze（分析）：对跟踪的区域进行前后分析和跟踪。
- Reset（重置）：对面板上的参数进行重新设置。
- Apply（应用）：应用面板上的设置。

单击面板右上角的▾≡按钮，弹出菜单如下：

- Undock Panel：解除面板。
- Undock Frame：全部解除。
- Close Panel：关闭面板。
- Naximize Frame：全部关闭。
- Track this property：跟踪当前属性。
- Reveal Current Track in Timeline：显示当前轨迹到Timeline（时间线）面板。
- Magnify Feature When Dragging：拖曳时放大特性。
- New Track Point：新建轨迹锚点。
- Display Motion Paths：显示运动路径。

单击Options（选项）按钮后，打开其对话框，从中设置与跟踪相关的选项，如图13-2所示。

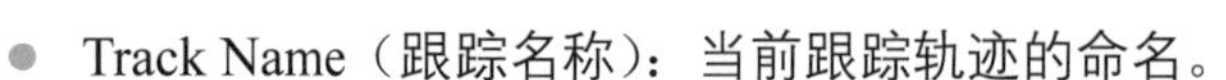

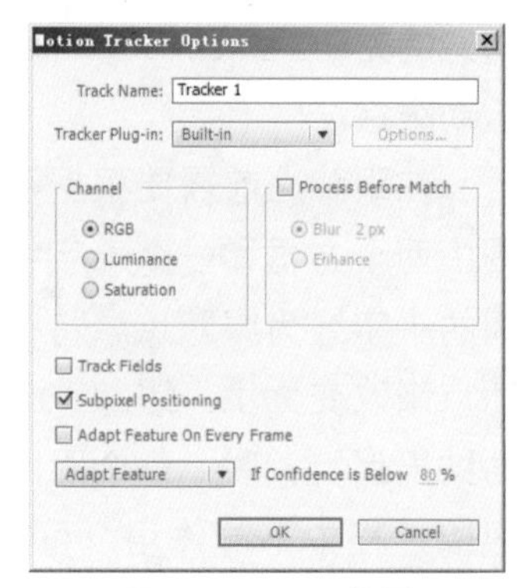


图13-2　Options设置

- Track Name（跟踪名称）：当前跟踪轨迹的命名。
- Tracker Plug-in（跟踪插件）：当前所使用的跟踪操作的插件，默认只有内置的跟踪插件。
- Channel（通道）：对视频画面中的RGB（RGB通道）、Luminance（亮度通道）或Saturation（对比度）进行跟踪。
- Process Before Match（预先处理）：是否对所跟踪的画面进行Blur（模糊）或Enhance（增强）的预先处理。
- Track Fields（跟踪场）：是否跟踪场。
- Subpixel Positioning（子像素配置）：是否启用子像素配置。
- Adapt Feature On Every Frame（适配全部帧特征）：是否适配全部帧特征。

- If Confidence Is Below（如果可靠性较低）：有Continue Tracking（继续跟踪）、Stop Tracking（停止跟踪）、Extrapolate Motion（推测运动）和Adapt Feature（适应属性）等下拉选项。

在Timeline（时间线）面板中展开Track Point 1，其参数项如图13-3所示。

| # | Source Name | Mode | T | TrkMat |
|---|---|---|---|---|
| 1 | Airship.avi | Normal | | |
| | Motion Trackers | | | |
| | Tracker 1 | | | |
| | Track Point 1 | | | |
| | Feature Center | 199.3,157.2 | | |
| | Feature Size | 20.0,20.0 | | |
| | Search Offset | 0.0,0.0 | | |
| | Search Size | 40.0,40.0 | | |
| | Confidence | 100.0% | | |
| | Attach Point | 199.3,157.2 | | |
| | Attach Point Offset | 0.0,0.0 | | |

图13-3　Track Point 1参数

- Feature Center：目标区域中心，运动跟踪的位置点。
- Feature Size：目标区域尺寸，运动跟踪所确定的目标范围的大小。
- Search Offset：搜索偏移，跟踪目标位置偏移的大小。
- Search size：搜索尺寸，在多大的范围内进行搜索。
- Confidence：置信，可靠性，搜索目标有差异时的准备性百分比。
- Attach Point：依据锚点。
- Attach Point Offset：依附锚点偏移。

运动跟踪的对象为运动的视频，并且在画面中有明显的运动物体显示，对于静止的图像或者没有明显运动轨迹的视频素材是无法进行运动跟踪的。

### 13.1.2　摄像机跟踪操作流程

**步骤 01**　自动计算摄像机轨迹。选择需要反求摄像机的视频层，选择菜单Window→Tracker（窗口→跟踪），打开Tracker面板，单击Track Camera（摄像机跟踪）按钮，此时视频层被添加一个3D Camera Tracker（3D摄像机跟踪）特效，合成视图中也显示正在自动计算的步骤，如图13-4所示。

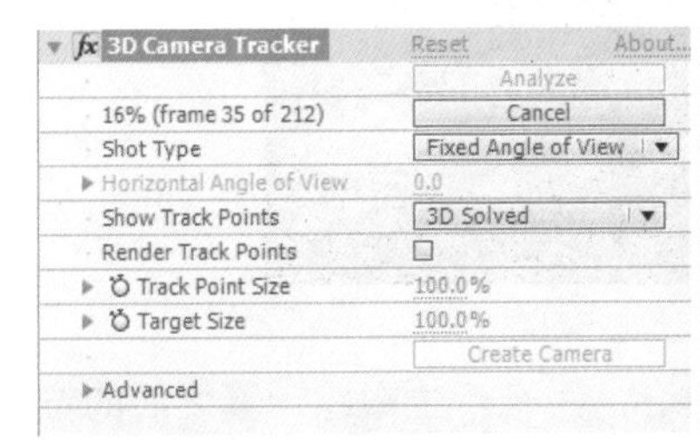

图13-4　使用摄像机跟踪

**步骤 02**　创建摄像机和跟踪点图层。计算结束后，合成视图中显示多个跟踪点，在某个跟踪点上单击右键，创建摄像机和需要的图层，如选择Create Text and Camera（创建文字和摄像机），如图13-5所示。

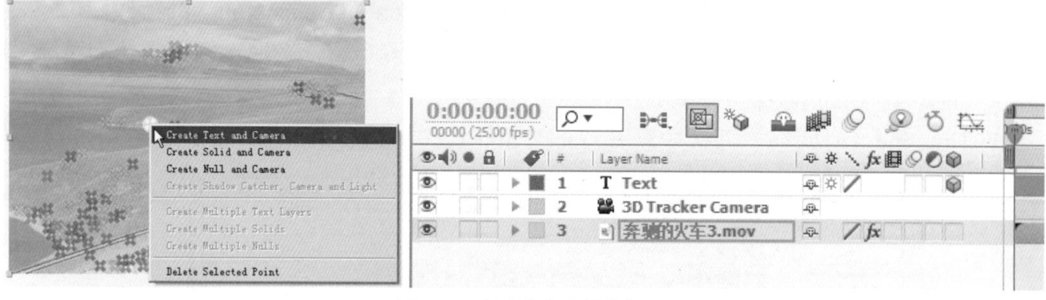


图13-5　创建文字和摄像机

查看动画效果，文字层在所建立跟踪摄像机的视角下，与视频内容的透视运动保持一致，如图13-6所示。

图13-6　视图中的跟踪效果

**提示**

当视图中没有出现跟踪点时，选中所添加的3D Camera Tracker（3D摄像机跟踪）特效即可显示出来。另外，所跟踪的文字也可以利用After Effects CS6中新增的立体文字功能，制作成立体的文字。

### 13.1.3　运动跟踪操作流程

**步骤 01**　选择理想的跟踪特征区域。选择理想的跟踪特征区域对于是否能顺利进行跟踪操作至关重要，这就需要在进行运动跟踪前，先分析视频素材中的移动像素，找出最好的跟踪目标。不适当的跟踪目标会导致After Effects CS6在自动推算目标运动时出现误差，甚至错误，恰当的跟踪目标会使跟踪更加顺利，如图13-7所示。

图13-7　将特征区域移至飞船左上部的点上进行跟踪

**步骤 02**　设置附着点偏移。附着点默认位于特征区域的中心，用来产生跟踪计算之后的位置坐标数值，可以在跟踪计算之前将附着点调整到合适的位置，方便跟踪之后的被其他素材利用，如图13-8所示。

**步骤 03**　调节跟踪区域大小。跟踪区域大小调节的原则是：特征区域要完全包括跟踪目标的像素范围，而且特征区域要尽量小；搜索区域的位置和大小取决于所跟踪目标的运动方

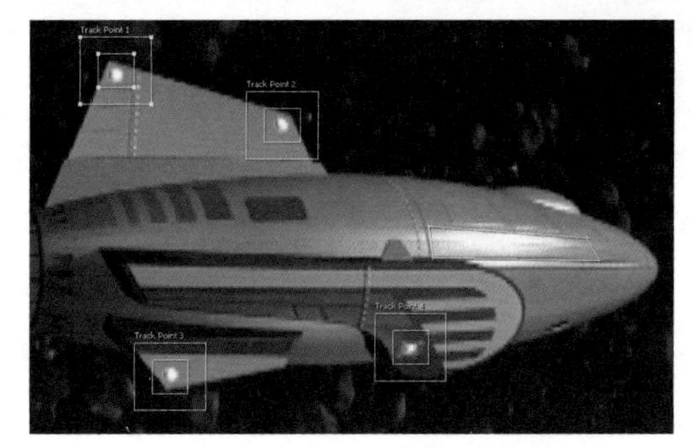

图13-8　将附着点移至需要的位置

向、偏移的大小和快慢。当跟踪目标像素运动速度较慢时，搜索区域只要略大于特征区域即可；跟踪目标像素运动较快时，搜索区域应该具备在帧与帧之间能够包含目标最大的位置或者方向改变的范围；还可以通过设置跟踪类型来决定采用什么方式来区别跟踪目标。例如，这里将跟踪区域调整到整个球的大小，并使用Transform（变换）方式来进行跟踪，如图13-9所示。

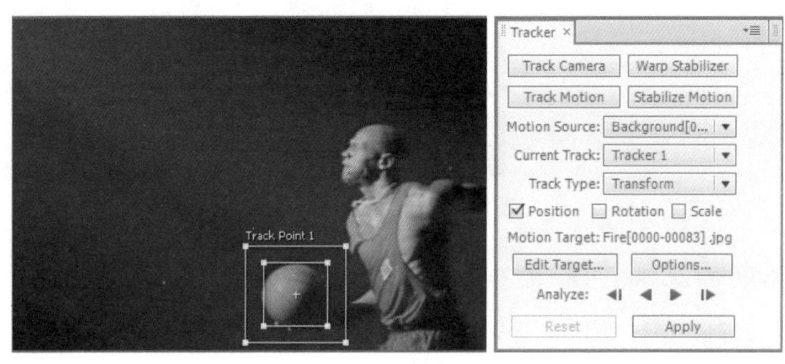


图13-9　调整跟踪区域大小

**步骤 04**　进行计算分析。在Tracker Controls（跟踪控制）面板中，单击分析按钮进行运动跟踪计算，这样会在计算的同时产生相应的跟踪关键帧。当然，在进行运动跟踪的计算分析时，往往因为各种原因出现误码差或错误，这时就需要先返回到跟踪正确的帧处，重新调整搜索区域和特征区域，然后重新进行计算分析。

**步骤 05**　应用跟踪数据。跟踪的计算分析完毕后，可以在Tracker Controls（跟踪控制）面板中选择应用图层，然后单击Apply（应用）按钮应用跟踪数据。

跟踪方式为Raw时，可以将它的跟踪数据复制到其他动画属性中，或使用表达式，将它关联到其他动画属性。

## 13.2 运动稳定

在后期制作中，有时会遇到一些拍摄条件不完备而导致画面摇晃、抖动的视频素材。如果需要改善画面的晃动，使其趋于稳定，可以使用Warp Stabilizer（自动稳定）或Stabilize Motion（运动稳定）功能来对其进行处理。

Warp Stabilizer（自动稳定）与Track Camera（跟踪摄像机）操作相似，可以生成自动稳定的图像；Stabilize Motion（运动稳定）与Track Motion（运动跟踪）操作相似，Stabilize Motion（运动稳定）根据视频画面晃动的方式，对于位置变化、角度变化和大小变化可以进行单独的操作，可以进行多种类型的稳定操作，也可以进行综合的操作。其操作流程与Track Motion（运动跟踪）基本相同，不同之处在于，其主要应用在本层上，而不是其他图层。

### 13.2.1 自动稳定操作流程

对如下晃动的视频素材进行自动稳定操作：在时间线中选中需要稳定的视频层，在打开的Tracker（跟踪）面板中单击Warp Stabilizer（自动稳定）按钮，此时视频层被添加一个Warp Stabilizer（自动稳定）特效，合成视图中也显示正在自动计算的步骤，计算完毕后视频图像自动稳定，如图13-10所示。

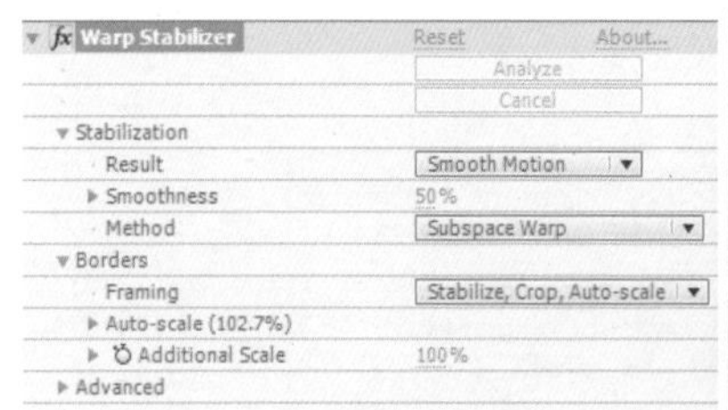

图13-10　使用自动稳定

### 13.2.2 运动稳定操作流程

对如下晃动的视频素材进行手动稳定操作。

**步骤 01** 进行计算分析。在时间线中双击素材，打开其Layer（图层）视图，显示Tracker面板，单击Stabilize Motion（运动稳定）按钮，勾选Position（位置）和Rotation（旋转）选项，在视图中将两个跟踪线框设置到像素有明显反差的位置，单击▶按钮进行计算，如图13-11所示。

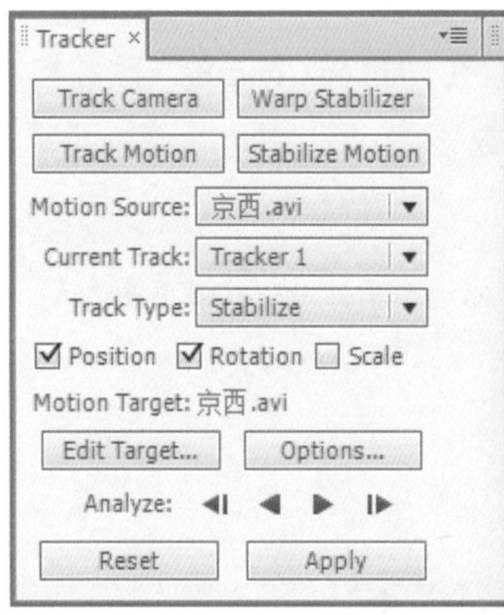

图13-11　设置运动稳定

**步骤 02** 应用计算结果。计算完毕后，单击Apply按钮，在提示Apply Dimensions是否为X and Y时，单击OK按钮。这样自动切换到合成视图，画面相对稳定了，同时在时间线中产生相应的关键帧。

大多情况下，自动稳定即可解决画面的抖动问题，但有时由于画面景深模糊等原因自动稳定效果不佳时，可以尝试用 Stabilize Motion（运动稳定）来手动选择跟踪点的方式来稳定画面。

## 13.3 关键帧平整器

在Tracker Motion（运动跟踪）、Stabilize Motion（运动稳定）、Motion Sketch（运动草图）以及转换表达式为关键帧、转换音频为关键帧等操作中，均会在相应的层中逐帧添加关键帧，这样容易产生大量的关键帧。对于很多情况，可以在保持动画效果的基础上减少这些关键帧的数量，而且这样大量的关键帧会影响软件的运算速度，降低工作效率。Smoother（平整）功能可以有效地精简关键帧，既不影响原来的效果，又提高了工作效率，如图13-12所示。

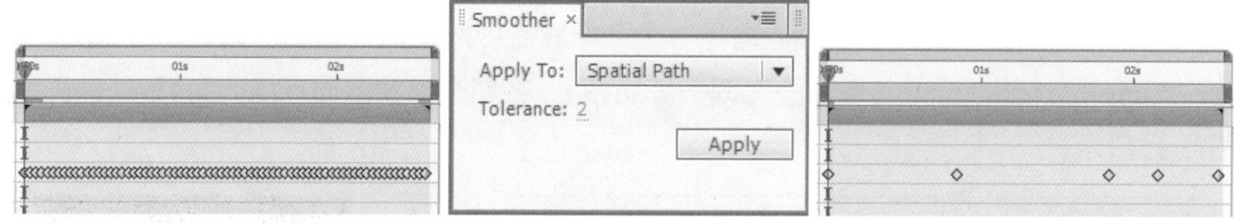


图13-12　平整器精简关键帧

有时，减少关键帧后动画效果会出现部分跳动的情况，如果想让运动路径更平滑，可以考虑将直线性的关键帧转换为曲线性的。

## 13.4 运动跟踪实例

### 13.4.1　实例简介

本实例使用了一个飞船飞行的视频素材，为其尾部合成一个喷火的效果。其中喷火效果由粒子特效制作，合成则使用本章中运动跟踪的方法来完成，效果如图13-13所示。

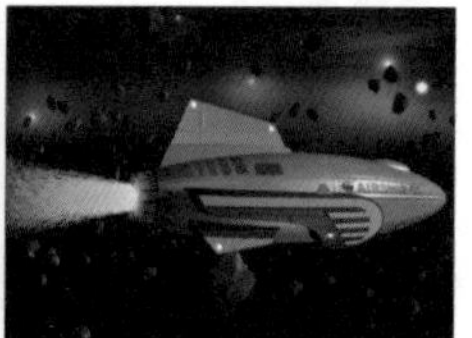

图13-13　实例效果

主要特效：CC Particle Systems II。

技术要点：使用运动跟踪功能为飞船添加尾部喷火的效果。

## 13.4.2 实例步骤

### 1. 导入素材

先在新的项目面板中导入准备制作的素材。在Project（项目）面板中的空白处双击鼠标左键，打开Import File（导入文件）对话框，从中选择本例中所准备的视频素材Airship.avi和Logo.psd，单击“打开”按钮，将其导入到Project（项目）面板中。

### 2. 制作喷火效果

**步骤 01** 在项目面板中，将Airship.avi拖至面板下方的新建合成按钮上释放，这样可以建立一个相应视频制式与长度的合成，并在其时间线中包含Airship.avi层。预览Airship.avi的视频，如图13-14所示。

图13-14　视频效果

**步骤 02** 选中时间线中的Airship层，选择一个飞船靠右的时间点，这里为第4秒处，选择菜单Layer→Time→Freeze Frame（图层→时间→冻结帧），将整个视频画面冻结为第4秒处的画面，如图13-15所示。

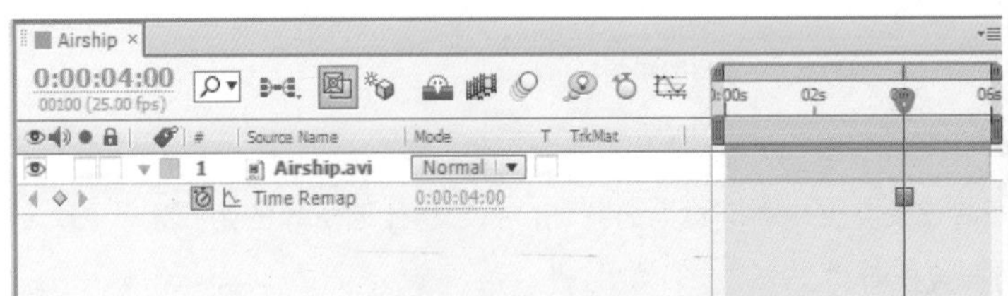

图13-15　冻结画面

**步骤 03** 选择菜单Layer→New→Solid（图层→新建→固态层），新建一个固态层，命名为“喷火”。

**步骤 04** 选中“喷火”层，选择菜单Effect→Simulation→CC Particle Systems II（特效→仿真→CC粒子系统II），设置如下：Producer（产生点）下的Position（位置）为(258,318)，Radius Y（半径 Y）为5；Physics（物理）下的Animation（动画）为Direction（方向），Gravity（重力）为0，Resistance（阻力）为10，Direction（方向）为-90°，Extra（额外）为0.1；Particle（粒子）下的Max Opacity（最大透明度）为35%，如图13-16所示。

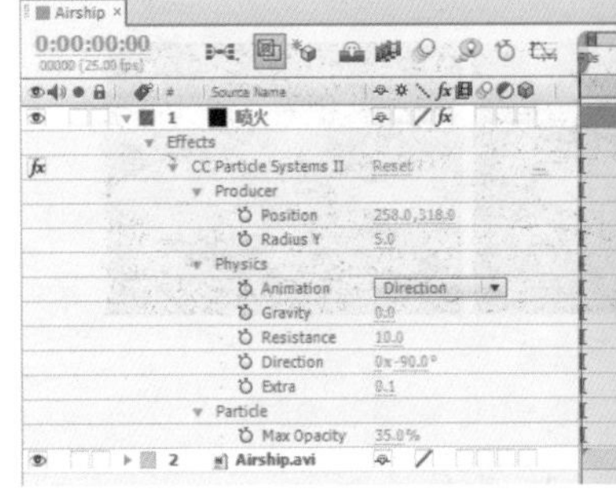

图13-16　制作喷火效果

**步骤 05** 粒子从第0帧开始有一个从无到有的发射过程，所以这里将“喷火”层前移一部分，使得在时间线中一开始就有粒子在发射。在“喷火”层的第2秒处按小键盘的*键，添加一个标记点，将图层前移2秒，然后将后面的出点向右拖至结尾处。

**步骤 06** 对照Airship层中飞船喷气口的位置，将“喷火”层移至合适的位置，如图13-17所示。

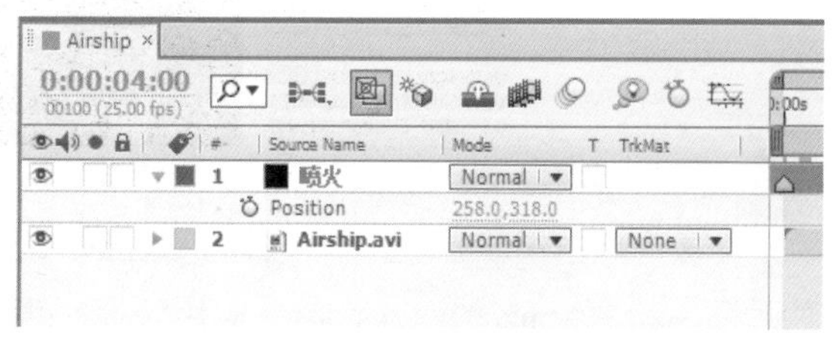


图13-17　调整喷火效果

### 3. 合成喷火到飞船

**步骤 01** 选中时间线中的Airship层，按U键，展开其添加关键帧的Time Remap，单击其码表，将Time Remap取消，恢复动态视频。进一步合成喷火效果到飞船上，随飞船一起变化。

**步骤 02** 选择菜单Window→Workspace→Motion Tracking（窗口→工作区→运动跟踪），切换到运动跟踪的操作界面，显示出Tracker（跟踪）面板。

**步骤 03** 选中时间线中的Airship层，单击Tracker（跟踪）面板中的Track Motion（运动跟踪），合成视图自动切换到Layer视图，此时默认Tracker 1为一个点的Position（位置）跟踪。这里因为飞船还有大小的变化，所以将Scale（比例）也勾选，Layer视图中出现两个跟踪线框，如图13-18所示。

图13-18　准备Tracker 1跟踪

**步骤 04** 将时间移至第0帧处，在Layer视图中将两个跟踪线框分别移至飞船左上部和左下部颜色反差较大的白色圆点上，如图13-19所示。

**步骤 05** 单击Tracker（跟踪）面板中的▶按钮，进行像素跟踪计算。计算完成后，在Layer视图中显示有两组逐帧的位移关键帧，在时间线中的Airship图层下新增Motion Trackers（运动跟踪），其下有Tracker 1，包含Track Point 1和Track Point 2所产生的关键帧，如图13-20所示。

图13-19　设置跟踪线框

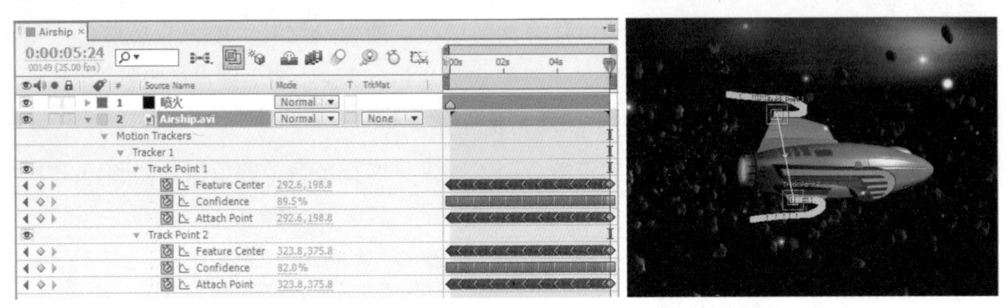


图13-20　跟踪计算

**步骤 06**　在Tracker（跟踪）面板中单击Apply（应用）按钮，弹出Motion Tracker Apply Options（运动跟踪应用选项）对话框，其中Apply Dimensions（应用坐标）为X and Y，单击OK按钮后，视图自动切换到合成视图中，并且"喷火"层的Position（位置）和Scale（比例）自动添加了相应的关键帧，如图13-21所示。

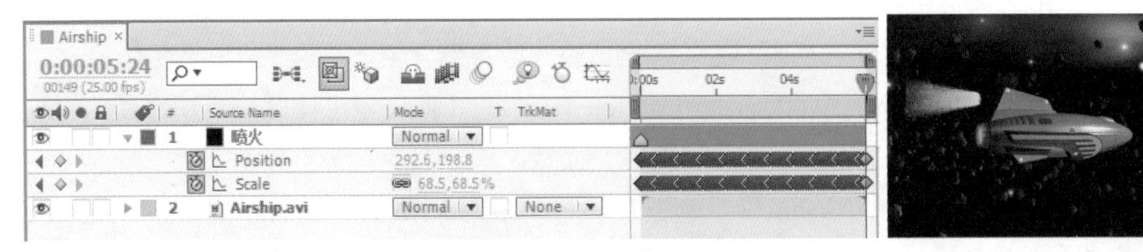


图13-21　应用计算结果

**步骤 07**　在合成视图中对喷火效果的位置进行修改，这里先将Producer（产生点）下的Position（位置）恢复为(360,288)，显示完整的喷火效果，然后按A键，显示"喷火"层的Anchor Point（轴心点），将其设为(460,120)，这样将喷火效果的位置移到飞船的喷气口处，如图13-22所示。

图13-22　调整喷火效果

### 4. 合成Logo到飞船

**步骤 01**　将Logo.psd拖至时间线中，选中Airship.avi层，单击Tracker（跟踪）面板中的Track Motion（运动跟踪），合成视图自动切换到Layer视图，准备进行Tracker 2跟踪。单击Edit Target（编辑目标）按钮，选择Motion Target为Logo.psd，选择Track Type（跟踪类型）为Perspective corner pin（透视拐点），Layer视图中出现4个跟踪线框，如图13-23所示。

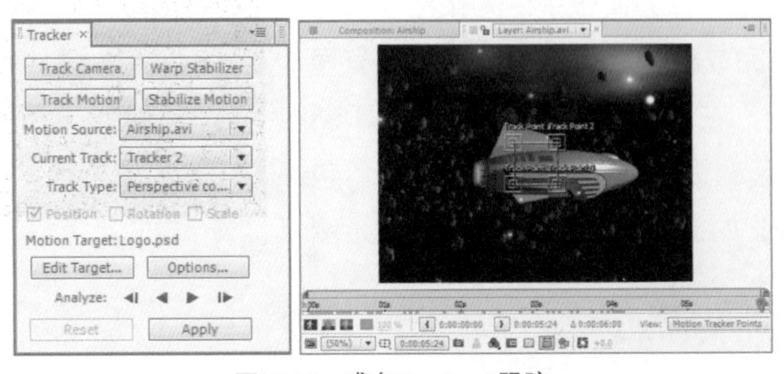


图13-23　准备Tracker 2跟踪

**步骤 02** 将4个跟踪线框分别移至飞船的4个颜色反差较大的白色圆点上，然后将线框内的跟踪点移至飞船头部，组成一个准备放置Logo的透视矩形区域，如图13-24所示。

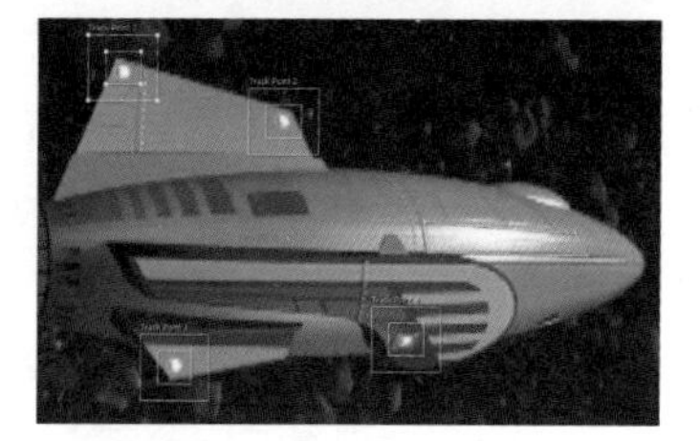

图13-24 设置跟踪线框与跟踪点

当操作跟踪线框时，鼠标指针形状为 时可移动线框，为 时可移动跟踪点。

**步骤 03** 单击Tracker面板中的 按钮，进行像素跟踪计算。计算完成后，在Layer视图中显示有4组逐帧的位移关键帧，在时间线中的Airship图层的Motion Trackers（运动跟踪）下新增Tracker 2，包含Track Point 1至Track Point 4 所产生的关键帧，如图13-25所示。

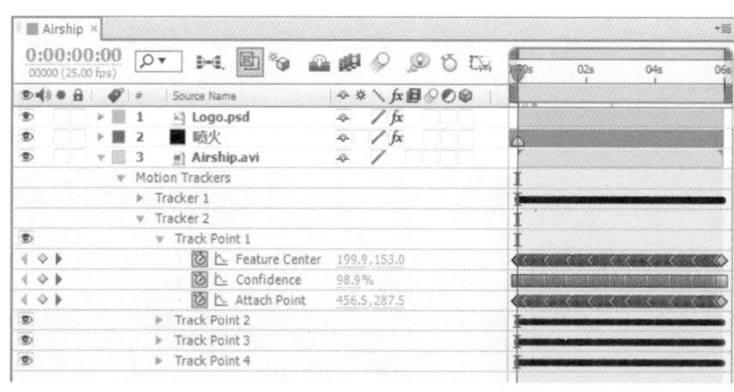

图13-25 进行跟踪计算

**步骤 04** 在Tracker（跟踪）面板中，单击Apply（应用）按钮，视图自动切换到合成视图中，Logo被合成到飞船头部，Logo.psd层自动添加了Corner Pin（边角固定）特效及相应关键帧，用来控制Logo的透视变形跟踪，Position（位置）自动添加了相应的关键帧，用来跟踪飞船的位移。最后将Logo.psd图层的Mode设为Multiply（正片叠加）方式，使Logo与飞船头部的高光吻合，这样完成本例的制作，如图13-26所示。

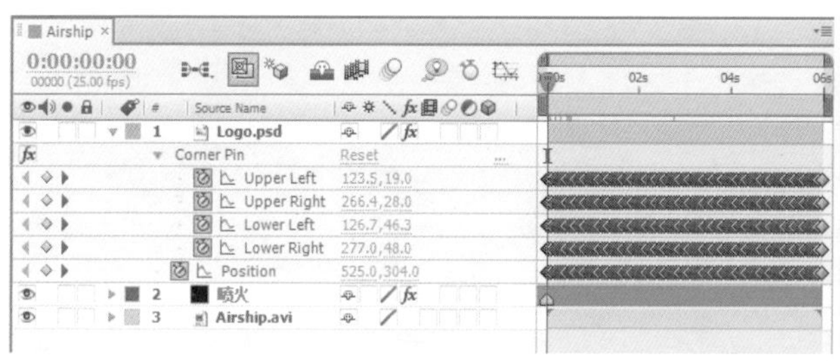

图13-26 应用计算结果并设置Logo图层模式

# 思考与练习

一、思考题：

1. 在什么情况下使用摄像机跟踪？
2. 运动跟踪与运动稳定有什么相同点和不同点？
3. 简述运动跟踪的操作流程。
4. 是不是将关键帧的数量平整得越少越好？

二、练习题：

1．从光盘提供的素材库中找出适合运动跟踪的素材并进行跟踪操作。

2．使用本章运动跟踪实例中的飞船素材，重新设置跟踪，在飞船上添加五角星标志。

# 第14章 表达式

14 Chapter

## 14.1 认识表达式

表达式是一个程序术语，表示新的创建要基于原来的数值。在After Effects中，用户可以用表达式把一个属性的值应用到另外一个属性，产生交互性的影响。只要遵循表达式的基本规律，用户就可以创建出复杂的表达式动画。

表达式是一种通过编程的方式来实现界面当中一些不能执行的命令，或者是节省一些重复性的操作。表达式可以创建一个层和一个层的关联，或者属性与属性之间的关联。例如，可以用表达式关联时钟的时针、分针和秒针，在制作动画时只要设置其中一项的动画，其余两项可以使用表达式关联来产生动画。

After Effects中的表达式基于传统的JavaScript语言，但是应用表达式并不要求熟练掌握JavaScript语言的编程语法，只要通过修改简单的表达式的例子，或者通过表达式元素指南或语言菜单将合适的属性、方法链接到例子后面创建自己的表达式即可。因此，即使没有接触过JavaScript语言，一样可以使用After Effects中的表达式。

创建表达式在Timeline面板中完成，用户可以使用表达式关联器为不同图层的属性创建关联表达式，可以在表达式输入框中输入和编辑表达式，如图14-1所示。

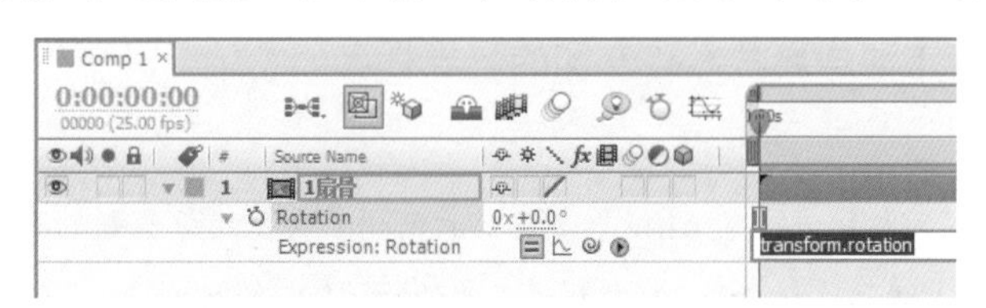


图14-1　建立表达式

- ▤：表示开关，用于激活或关闭表达式功能。如果要临时关闭表达式功能，可以单击表达式激活开关▤，当表达式处于临时关闭状态的时候，表达式激活开关显示为标志≠。
- ⊾：控制是否在曲线编辑模式下显示表达式动画曲线。
- ◎：表达式关联器。
- ▶：表达式语言菜单，在其中列出了一些常用的表达式命令。

# 14.2 表达式操作

## 14.2.1 添加、删除和编辑表达式

在After Effects中，可以在表达式输入框中手动输入表达式，也可以使用表达式语言菜单自动输入表达式，还可以使用表达式关联器◎，以及从其他表达式实例中复制表达式。图14-2为使用关联器◎进行关联。

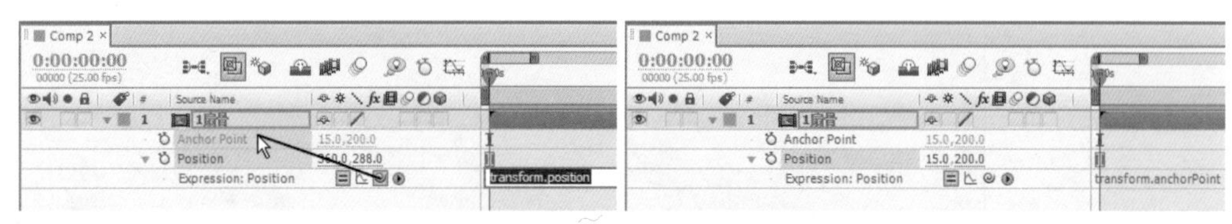

图14-2 用关联器建立表达式

在Timeline的表达式语言菜单中包含一些表达式的标准命令，这些菜单对用户正确书写表达式的参数变量及语法很有帮助。在表达式菜单中选择任何目标、属性或方法，After Effects会自动在表达式输入框中插入表达式命令，而用户只要根据自己的需要修改命令中的参数和变量即可，如图14-3所示。

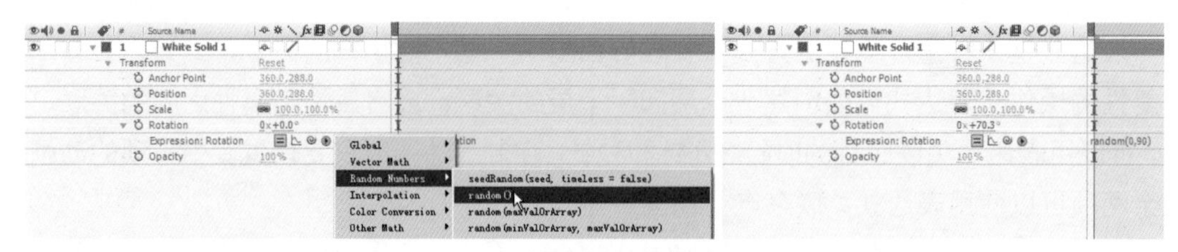

图14-3 使用表达式语言菜单

要为动画属性添加一个表达式，可以在Timeline面板中选择该动画属性，然后选择菜单Animation→Add Expression（动画→添加表达式，快捷键为Alt+Shift+=），或者在按下Alt键的同时使用鼠标单击靠近动画属性名称的码表。

如果要在一个动画属性中移除之前制作的表达式，可以在Timeline（时间线）面板中选择动画属性，然后选择菜单Animation→Remove Expression（动画→移除表达式），或者在按下Alt键的同时单击动画属性名称左侧的码表标志。

对于设有表达式的参数，按下Alt键单击其前面的码表会取消该参数的表达式，同时表达式也会被清除。如果不想表达式被清除，单击表达式前的⊟，使其变为≠，这样停用而不清除表达式。再次使用这个表达式时，可以再单击≠，使其再变为⊟即可。

使用After Effects表达式需要注意以下几个问题：

- JavaScript程序语言区分大小写。
- After Effects表达式使用分号作为一条语句的分行。
- 分行按主键盘的Enter键，结束填写状态按小键盘的Enter键。

- 当结束表达式填写状态，而After Effects检测到有错误时，会自动弹出提示并指明第几行有错误，这时要根据提示进行修改。
- 单词间多余的空格被忽略（字符串中的空格除外）。
- 表达式中字母和符号要使用半角符号。

### 14.2.2 保存和调用表达式

在After Effects中可以将含有表达式的动画保存为一个动画预置（Animation Presets），以方便在其他工程文件中调用这些动画预置。保存使用菜单Save Animation Preset（保存动画预置），调用使用菜单Apply Animation Preset（保存动画预置）。

如果在保存的动画预置中，动画属性仅包含表达式而没有任何的关键帧，那动画预置中只保存表达式的信息，如果动画属性中包含一个或者多个关键帧，那么动画预置中将同时保存关键帧和表达式的信息。

在同一个合成项目中，可以将动画属性的关键帧和表达式一同复制，将其粘贴到其他动画属性中，也可以仅复制和粘贴属性中的表达式。要将一个动画属性中的表达式连同关键帧一同复制到其他一个或者多个动画属性中，可以在Timeline（时间线）面板中选择源动画属性进行复制，然后将其粘贴至其他动画属性中。要将一个动画属性中的表达式（不包括关键帧）复制到其他一个或者多个动画属性中，在Timeline（时间线）面板中选择源动画属性，然后选择菜单Edit→Copy Expression Only（编辑→仅复制表达式），再选择目标动画属性进行粘贴即可。

### 14.2.3 使用Expression Controls（表达式控制）

通过使用Expression Controls（表达式控制）中的特效，然后在其他几个动画属性中调用该特效上的滑块控值，这样可以使用一个简单的控制特效一次性影响到其他多个动画属性。

用户可以将Expression Controls（表达式控制）中的特效应用到任意的图层中（建议将表达式控制特效应用到一个Null Layer上），因为这样可以将空物体层作为一个简单的控制层，然后为其他图层的动画属性制作表达式，并将空物体层上的控制值作为其他图层动画属性表达式的参考。

例如，为一个空物体层（Null 1）添加一个Slider Control（滑块控制）特效，然后为其他多个图层的Rotation（位置）动画属性应用如下表达式：

```
transform.rotation+2*(index-1)*thisComp.layer("Null 1").effect("Slider Control")("Slider")
```

这样，在拖曳滑块的时候，每个使用上面表达式的图层都会产生旋转，序号越大的图层产生旋转角度就越大；还可以为空物体层（Null 1）制作Slider关键帧动画，使用了表达式的图层也会根据这些关键帧产生相应的旋转效果，如图14-4所示。

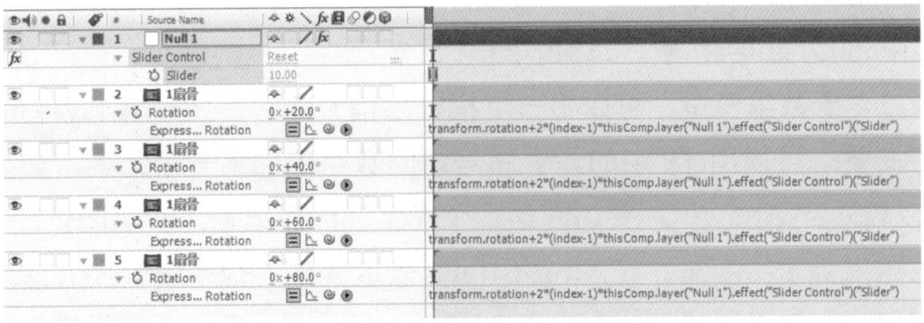

图14-4 使用空物体层和表达式控制图层旋转

## 14.3 表达式语法

### 14.3.1 表达式的写法

在AE中，表达式的写法类似于Java语言，一条基本的表达式可以由以下几部分组成：

thisComp.layer("White Solid 1").transform.opacity=transform.opacity+time*30

其中，thisComp为全局属性，用来指明表达式所应用的最高层级，layer("White Solid 1")指明是哪一个图层，transform.opacity为当前图层的某一个属性，transform.opacity+time*30为属性的表达式值。

也可以直接用相对层级的写法，省略全局属性，如“transform.opacity=transform.opacity+time*30”，或者更简洁地写成“transform.opacity+time*30”，如图14-5所示。

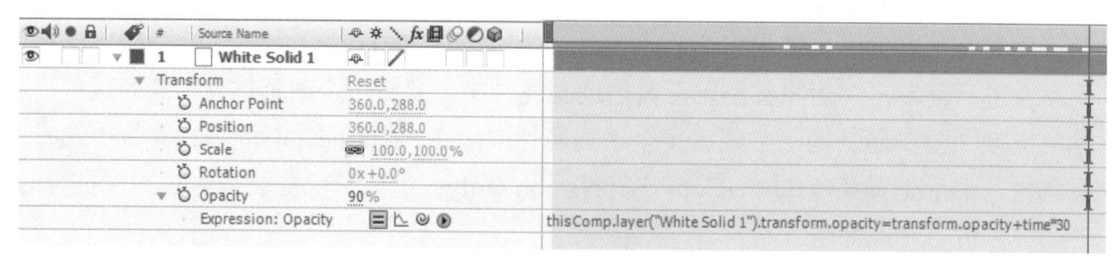


图14-5　表达式写法

### 14.3.2 表达式注解

因为AE表达式是基于JavaScript语言的，所以与其他编程语言一样，可以用“//”或“/*”和“*/”给表达式加注解，具体用法如下：

输入//在一行中开始注解。例如：

```
//This is comment.
```

输入/*在多行中开始注解，并在注解结束行加*/。例如：

```
/*This is a
Comment */
```

### 14.3.3 理解表达式中的量

在After Effects中，经常用到的常量和变量的数据类型是数组，理解JavaScript语言中的数组，对于写表达式有很大帮助。

数组常量：在JavaScript中，一个数组常量包含几个数，并且用中括号括起来，如[360,288]。其中360为第0号元素，288为第1号元素。

数组变量：对于数组变量，可以将一个指针来指派给它，如myArray=[360,288]。

访问数组变量：可以用"[]"中的元素序号访问数组中的某一个元素，如要访问第一个元素360，可以输入myArray[0]，要访问第二个元素288, 可以输入myArray[1]。

把一个数组指针赋给变量：在After Effects表达式中，很多属性和方法要用数组赋值或返回值。例如，在二维层或三维层中，thisLayer.position是一个二维或三维的数组。下面是一个位置在X方向保持为9、在Y方向运动的表达式：

```
y=position[1];
[360,y]
```

### 14.3.4 数组的维度

在After Effects中，不同的属性有不同的维度，一般为1～4维。例如，表达式中Opacity（不透明度）的属性只需一个数值，为一维属性；Position（位置）的属性表示空间，二维图层需要x、y两个数值，为二维属性；三维图层需要x、y、z三个数值，为三维属性。下面是一些常见的属性的维度：

- 一维：Rotation，opacity。
- 二维：scale[x,y],position[x,y]。
- 三维：position[x,y,z]。
- 四维：color[r,g,b,a]。

### 14.3.5 表达式语言菜单

由于After Effects的表达式是属于一种脚本式的语言，因此After Effects本身提供给用户一个表达式语言菜单，用户可以在里面查找自己要使用的表达式，在表达式属性名称右侧单击按钮，弹出表达式语言菜单，包括：

- Global：用于指定表达式的全局设置。
- Vector Math：进行矢量运算的一些数学函数。
- Random Numbers：生成随机数的函数。
- Interpolation：插值方法。
- Color Conversion：色彩转换方法类。
- Other Math：其他数学运算类。
- JavaScript Math：JavaScript数学函数类。
- Comp：合成层函数类。
- Footage：素材类。
- Layer Sub-object：层的子对象类。
- Layer General：层的一般属性类。
- Layer Properties：层的特征属性类。
- Layer 3D：三维层类。
- Layer Space Transforms：层的空间转换类。
- Camera：摄像机类。
- Light：灯光类。
- Effect：特效类。
- Mask：遮罩类。
- Property：属性类。
- Key：关键帧类。
- MarkerKey：标记点关键帧类。

## 14.4 表达式应用举例

### 14.4.1 随机变幻

**步骤 01** 在尺寸为320×240的合成中建立一个白色的固态层，选中固态层并双击工具栏中的☆按钮，添加一个五角星。

**步骤 02** 为五角星的Opacity（不透明度）添加一个随机变化的表达式，按住Alt键单击Opacity（不透明度）前面的码表，打开表达式填写状态，单击▶按钮，弹出表达式语言菜单，从中选择Random Numbers→random()，这样在表达式填写栏中填写random()，进一步修改表达式为“random(0,100)”，含义为在0至100之间产生随机变化的数值。

**步骤 03** 添加位置随机变化的表达式，在Position（位置）表达式栏中填写“[random(0,320), random(0,240)]”，即位置属性中的x值在0～320之间随机变化，y值在0～240之间随机变化。因为合成尺寸为320×240，即五角星会在整个屏幕中随机移动。

**步骤 04** 添加比例缩放随机变化的表达式，在Scale（比例）表达式栏中填写：

```
x=random(0,100);
[a,a]
```

这样，比例随机数中的X、Y 轴数值相等，五角星宽高比例不变。试试使用[random(0,100), random(0,100)]会是怎样的变化。

**步骤 05** 选中五角星层，选择菜单Effect→Color Correction→Hue/Saturation（特效→色彩校正→色相/饱和度），添加色彩效果，设置Colorize Saturation（颜色饱和度）为100，Colorize Lightness（颜色亮度）为-50，为Colorize Hue（色相）添加表达式“random(0,360)”。

**步骤 06** 将这个图层模式设为Screen方式，按Ctrl+D组合键创建多个副本，这样出现满屏随机变化的五角星，如图14-6所示。

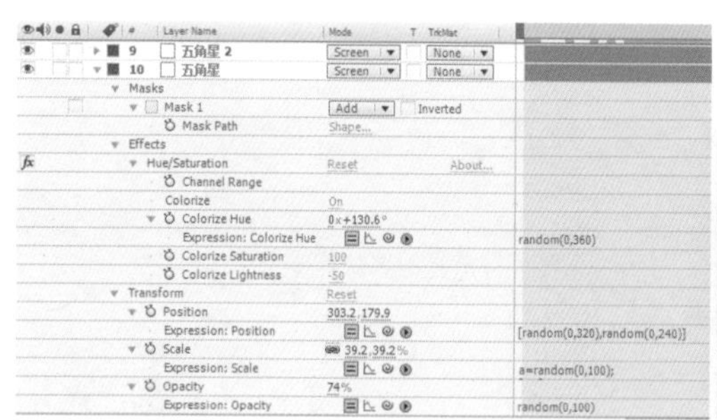

图14-6 随机表达式效果

### 14.4.2 放大镜

**步骤 01** 在合成中放置一个圆形镜面镂空的“放大镜”层和一个有图案的“背景图”。

**步骤 02** 调整“放大镜.tga”层的Anchor Point（轴心点）数值，使其轴心点位于圆形镜面的中心。

**步骤 03** 选中“背景图.jpg”层，选择菜单Effect→Distort→Bulge（特效→扭曲→膨胀），添加放大镜的效果。

**步骤 04** 在Bulge下设置表达式。

为Horizontal Radius（水平半径）添加表达式为：

```
thisComp.layer("放大镜").scale[0]/2
```

为Vertical Radius（垂直半径）添加表达式为：

```
thisComp.layer("放大镜").scale[1]/2
```

为Bulge Center（凸透中心）添加表达式为：

```
thisComp.layer("放大镜").position
```

这样，缩放和移动放大镜，透过放大镜的图像也相应产生放大效果，如图14-7所示。

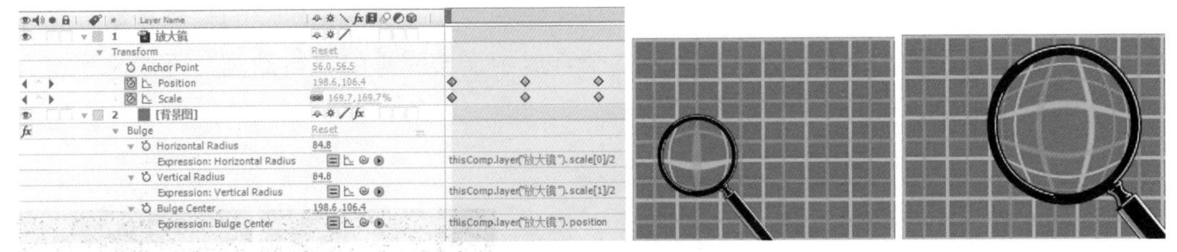


图14-7 放大镜效果

### 14.4.3 真实的滚动

**步骤 01** 在合成中放置“轮子”和“地面”图层。

**步骤 02** 为“轮子”的Rotation（旋转）建立表达式如下：

```
distance=thisComp.layer("轮子").position[0];
circumference=width*Math.PI;
(distance/circumference)*360
```

其中，distance为“轮子”位移的X轴向数值，即距离；width 为当前层的宽度，即直径；Math.PI为圆周率，即3.14等；circumference为周长，等于直径乘以圆周率。轮子的旋转与其滚动距离的关系如下：距离除以周长为其滚动的圈数，圈数乘以360度即为旋转的度数。

**步骤 03** 这样解决移动和滚动的统一问题，为“轮子”制作左右移动的动画时，其旋转动画自动产生，如图14-8所示。

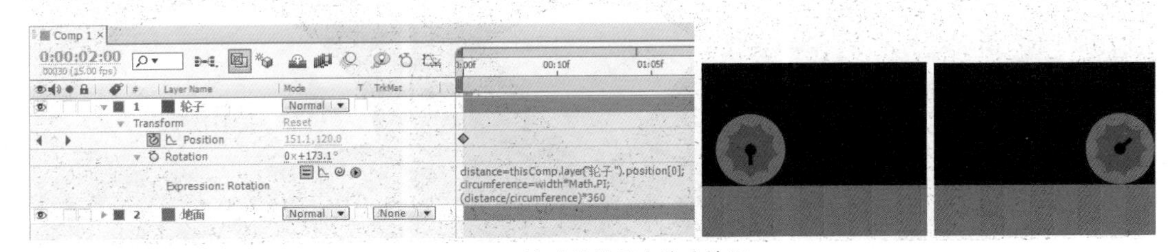


图14-8 滚动的轮子表达式效果

### 14.4.4 蝴蝶

**步骤 01** 在合成中放置蝴蝶的“左翅”、“右翅”和“身体”三个图层，全部打开三维图层开关，调整到合适的自定义视角。

**步骤 02** 为“左翅”层添加表达式如下：

```
Math.sin(time*10)*60
```

**步骤 03** 为“右翅”层添加表达式如下：

```
Math.sin(time*10)*60*-1
```

**步骤 04** 将“左翅”和“右翅”的父级层设为“身体”层，然后为“身体”层添加表达式如下：

```
x=position[0];
y=position[1];
z=Math.cos(time*10)*10-20;
[x,y,z]
```

这样，“左翅”层在上下60°的范围内扇动翅膀；“右翅”层因为另外乘以-1，与“左翅”层相对；“身体”层的Z轴向设置表达式，使其在翅膀扇动时发生相对应的轻微移动，使动画更加自然。最后可以将这个合成嵌套到其个合成中调整蝴蝶的飞行动画，不要忘了打开其矢量开关，如图14-9所示。

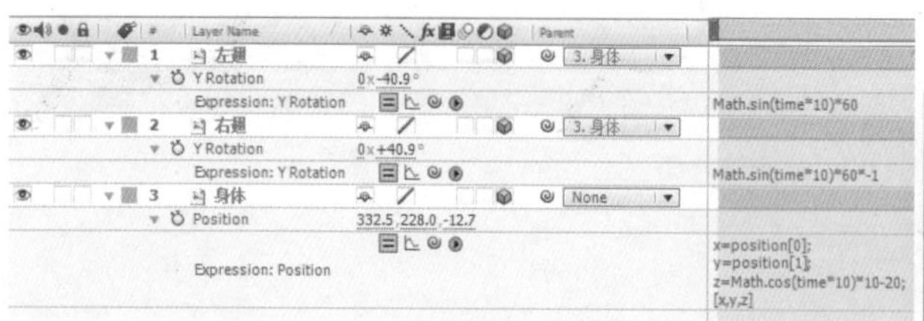

图14-9　表达式制作蝴蝶飞舞的效果

## 14.5 表达式实例

### 14.5.1 实例简介

本实例使用了一张用于扇面的图片，先绘制出扇子的各个图形元素，然后使用表达式制作出完整的扇子，同样利用表达式制作扇子打开的动画。效果如图14-10所示。

图14-10　实例效果

主要特效：Bevel Alpha、Slider Control。

技术要点：使用表达式制作完整的折扇及其动画。

### 14.5.2 实例步骤

**1. 导入素材**

在新的项目面板中导入准备制作的素材。选择菜单File→Import→Files（文件→导入

→文件，快捷键为Ctrl+ I），打开Import Files对话框，选择“墨竹图.jpg”，将其导入到项目面板中。

**2. 制作“1扇骨”合成**

**步骤 01** 选择菜单Composition→New Composition，打开Composition Settings（合成设置）对话框，从中设置如下：Composition Name（合成名称）为“1扇骨”，Width设为30px，Height设为400px，Duration（持续时间）为5秒。然后单击OK按钮。

**步骤 02** 选择菜单Layer→New→Solid（图层→新建→固态层，快捷键为Ctrl+Y），打开Solid Settings对话框，设置Name为“扇骨A”，尺寸与当前合成相同，颜色设为RGB(126,97,62)。单击OK按钮，建立固态层。

**步骤 03** 在固态层上制作一个扇骨，操作如下：

① 建立一个遮罩，并调整遮罩为扇骨的形状。

② 将其轴心点移至下部，即将来以此作为旋转的中心点。

③ 选择菜单Effect→Perspective→Bevel Alpha（特效→透视→斜面Alpha），添加少许的立体边缘效果，使用默认设置即可，如图14-11所示。

**步骤 04** 选中“扇骨A”层，按Ctrl+D组合键三次，复制三份，分别重命名为“扇骨B”、“扇叶”层和“扇钉”层。

**步骤 05** 选中“扇叶”层，对其遮罩图形进行调整，并将Bevel Alpha（斜面Alpha）下的Edge Thickness（边缘厚度）减小为1，如图14-12所示。

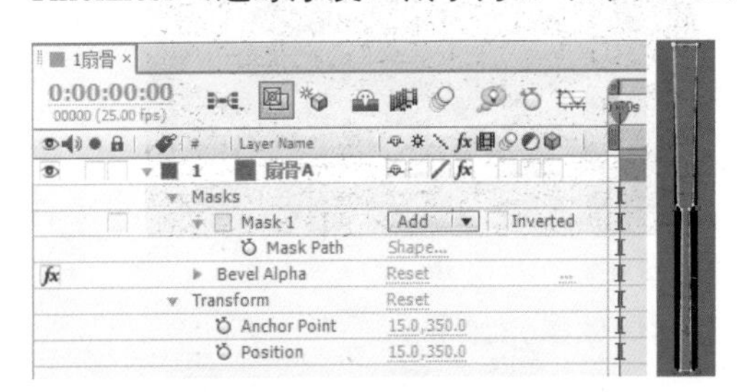


图14-11 制作“扇骨A”图形

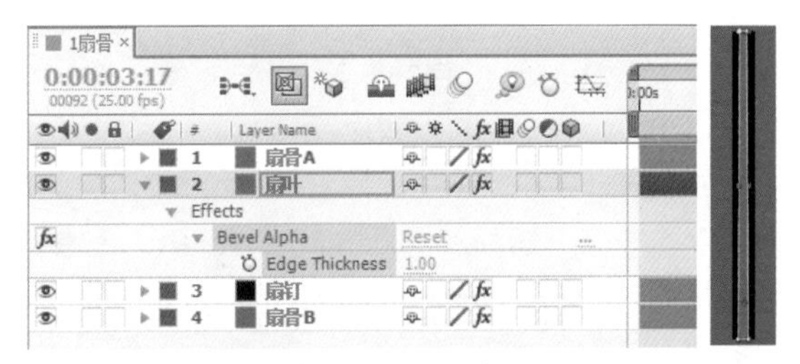


图14-12 制作“扇叶”图形

**步骤 06** 选中“扇钉”层，将其遮罩删除并重新在轴心点处绘制一个小圆作为扇钉，并选择菜单Layer→Solid Settings（图层→固态层设置），在打开的对话框中将其颜色设为RGB(18,11,0)，如图14-13所示。

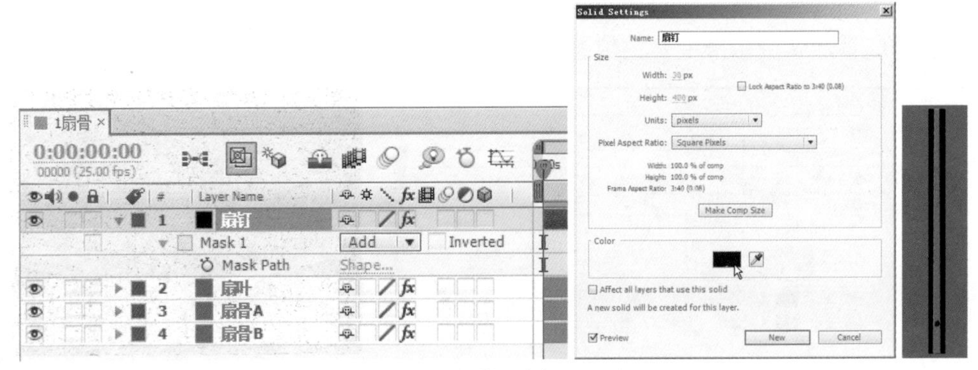


图14-13 制作“扇钉”图形

### 3. 制作“2扇面”合成

**步骤 01** 选择菜单Composition→New Composition，打开Composition Settings（合成设置）对话框，从中设置如下：Composition Name（合成名称）为“2扇面”，Preset（预置）为PAL D1/DV，Duration（持续时间）为5秒，如图14-14所示。单击OK按钮。

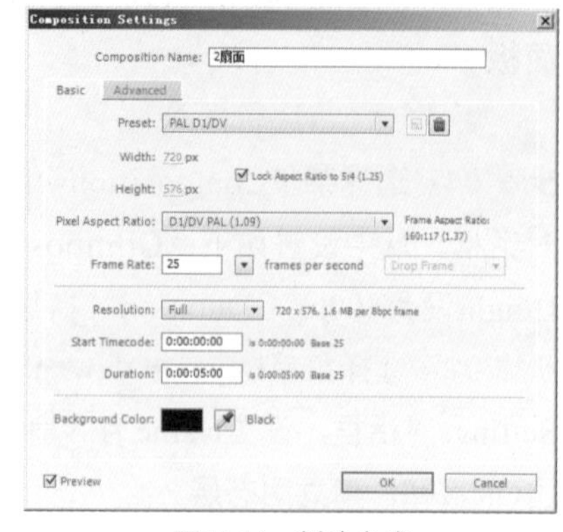


图14-14　新建合成

**步骤 02** 从项目面板中，将“1扇骨”拖至“2扇面”的时间线中，确定扇骨的位置和角度，为后面的扇面制作提供参照。具体操作如下：

① 调整“1扇骨”图层轴心点到扇钉的位置，可以先使用工具栏中的工具移动轴心点到大致的位置，然后将参数手动修改为更精确的数值，即Anchor Point（轴心点）为(15,350)，Position（位置）为(360,438)。

② 选中“1扇骨”图层，按Ctrl+D组合键创建一个副本，并设置两个图层的Rotation（旋转）分别为-75°和75°，如图14-15所示。

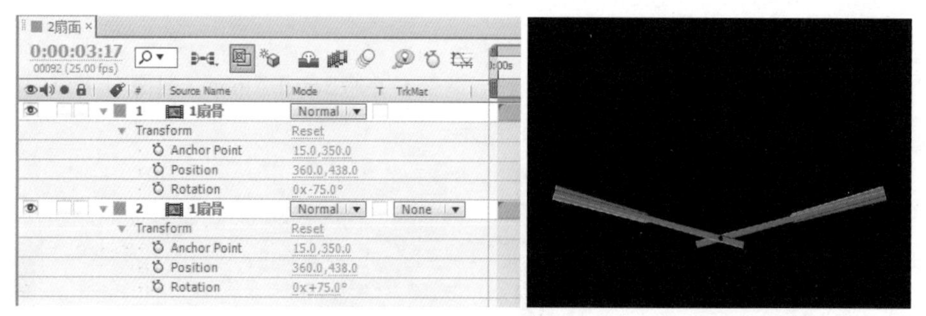


图14-15　调整扇骨的位置和角度

**步骤 03** 创建一个固态层并添加Mask制作扇形的遮罩，具体操作如下：

① 选择菜单Layer→New→Solid（图层→新建→固态层，快捷键为Ctrl+Y），打开Solid Settings对话框，设置Name为“扇面形状”，尺寸与当前合成相同，颜色为白色。单击OK按钮，建立固态层。

② 关闭“扇面形状”的显示，并将其选中，使用工具栏中的工具，在视图中扇钉的中心位置按下并拖动鼠标，再配合Ctrl+Shift组合键，绘制一个以扇钉为中心的正圆形，半径长度以扇骨形状中由窄变宽的位置为准，如图14-16所示。

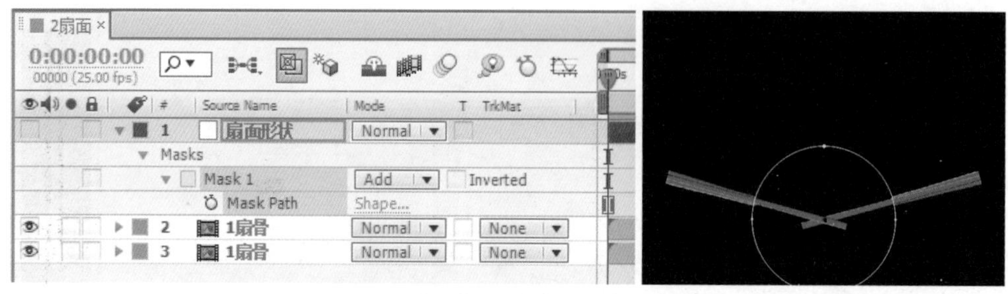


图14-16　在“扇面形状”层上建立Mask

③ 打开“扇面形状”的显示，选中绘制的Mask 1，按Ctrl+D组合键创建副本Mask 2，

并将Mask 2的运算设为Subtract（相减）方式。

④ 将Mask 1的Mask Expansion（遮罩扩展）设为195，即将遮罩扩大到以扇骨形状顶部的位置为准。

⑤ 使用工具栏的工具绘制一个遮罩Mask 3，运算方式设为Intersect（相交），将圆环形状制作成扇形，其中左侧“扇面形状”将扇骨遮挡住，如图14-17所示。

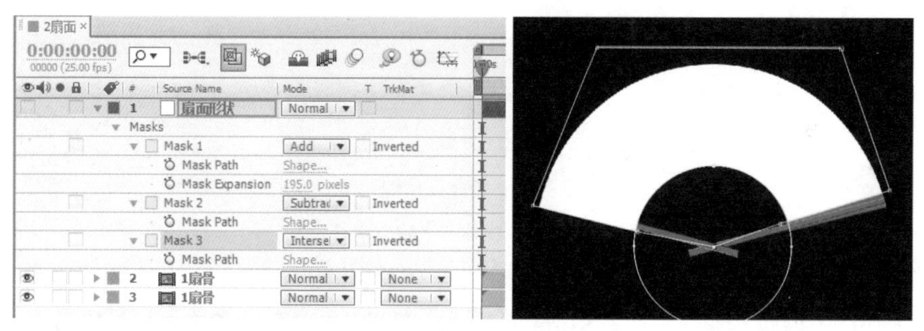


图14-17 调整“扇面形状”图形

**步骤 04** 从项目面板中将“墨竹图.jpg”拖至“扇面形状”层下，将其TrkMat设为Alpha Matte“扇面形状”，然后调整“墨竹图.jpg”的位置、角度和大小，这里Position（位置）为(270,300)，Scale（比例）为(80,80%)，Rotation（旋转）为-15°。最后关闭扇骨的显示，效果如图14-18所示。

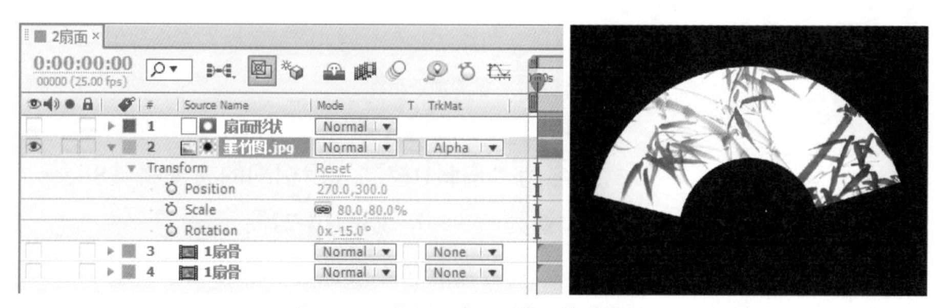


图14-18 设置“扇面形状”轨道蒙板

### 4. 制作“3开扇”合成

**步骤 01** 选择菜单Composition→New Composition，打开Composition Settings（合成设置）对话框，从中设置如下：Composition Name（合成名称）为“3开扇”，Preset（预置）为PAL D1/DV，Duration（持续时间）为5秒。然后单击OK按钮。

**步骤 02** 从“1扇骨”合成的时间线中全选各层，按Ctrl+C组合键复制，到“3开扇”合成时间线中按Ctrl+V组合键粘贴。在各层全部选中状态下，按P键展开其Position（位置）属性，在其中某一图层的Position（位置）参数上单击，修改为(360,288)，这样调整全部图层的位置，如图14-19所示。

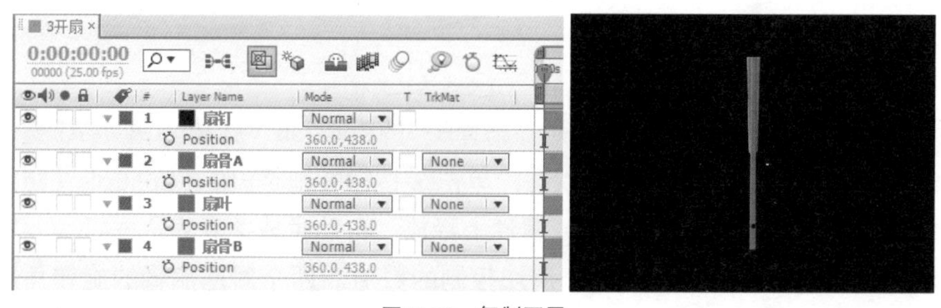


图14-19 复制图层

**步骤 03** 建立控制扇骨旋转的空物体层，并在其上设置滑条控制，具体操作如下：

① 选择菜单Layer→New→Null Object（图层→新建→空物体层），建立一个空物体层，将其命名为“扇骨控制”。

② 选择菜单Effect→Expression Controls→Slider Control（特效→表达式控制→滑杆控制），为其添加一个Slider Control（滑杆控制），如图14-20所示。

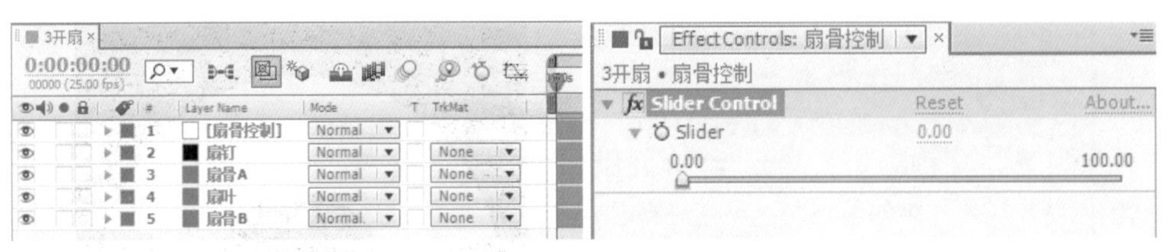


图14-20　在空物体层上建立滑杆控制

③ 将Slider Control重命名为“扇骨A控制”，在其Slider（滑块）的参数值上单击右键，选择Edit Value（编辑数值），打开Slide（滑块）设置对话框，将其中的to修改为75，这样Slider（滑块）范围为0～75，如图14-21所示。

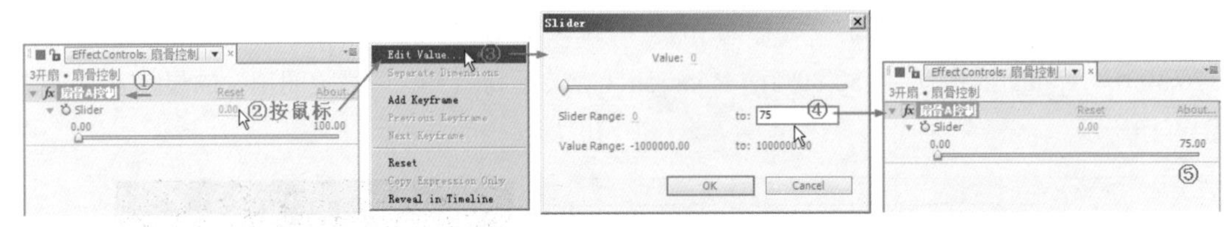


图14-21　设置滑条范围

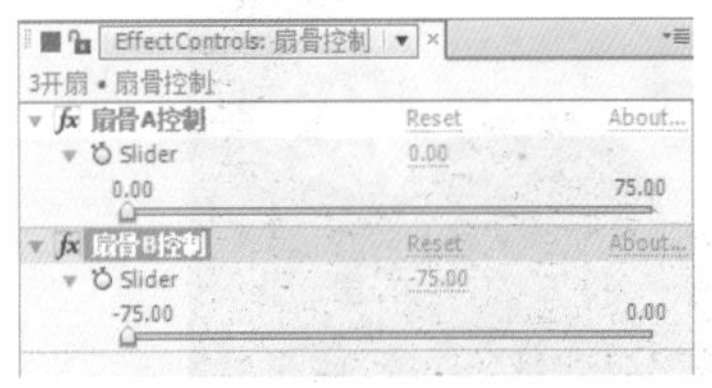


图14-22　建立滑杆控制副本

④ 选中“扇骨A控制”，按Ctrl+D组合键创建一个副本，命名为“扇骨B控制”，用相同的方法将其Slider（滑块）范围设置为-75～0，如图14-22所示。

**步骤 04** 建立扇骨控制表达式，操作如下：

① 选定Effect Controls（特效控制）面板，使其一直显示“扇骨控制”的两个滑杆控制。

② 在时间线中展开“扇骨A”的Rotation（旋转），配合Alt键，在其前面的码表上单击，打开其表达式填写状态；单击◎按钮并拖至Effect Controls面板的“扇骨A控制”的Slider（滑块）属性上释放，自动生成关联表达式，如图14-23所示。

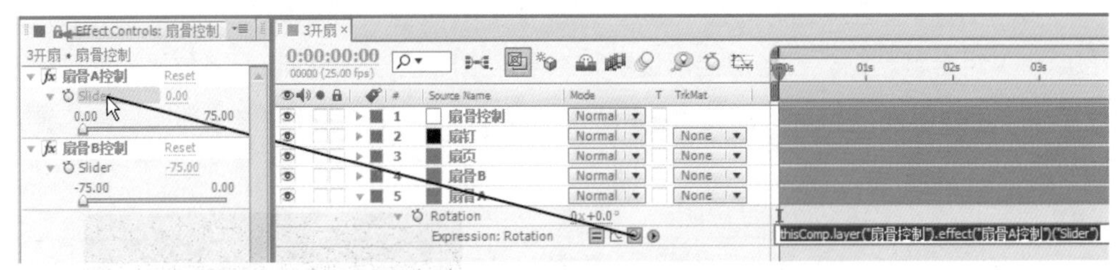


图14-23　建立表达式关联

③ 用同样的方法，在时间线中展开“扇骨B”的Rotation（旋转），配合Alt键，在其前面的码表上单击，打开其表达式填写状态；单击◎按钮并拖至Effect Controls（特效控制）面板的“扇骨B控制”的Slider（滑块）属性上释放，自动生成关联表达式。

④ 此时调整“扇骨控制”的两个滑块控制的数值，两个对应扇骨的旋转角度也会相

应改变，这里先将滑块控制分别设为75和-75，如图14-24所示。

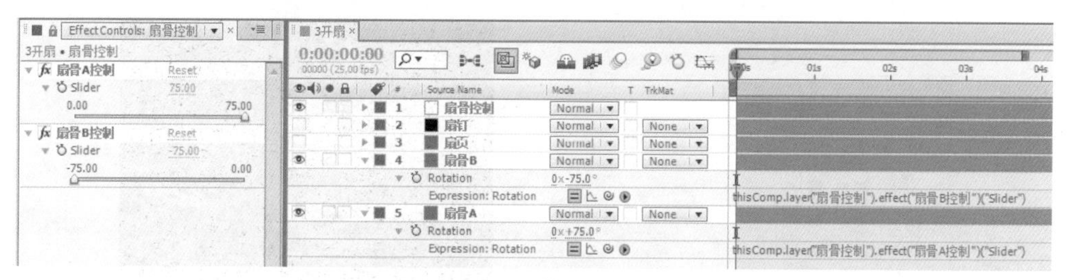


图14-24　调整滑块数值

**步骤 05**　为“扇叶”层建立表达式，使其在创建多个副本的同时，自动调整合理的旋转角度，具体操作如下：

① 调整图层的顺序，从上至下顺序放置“扇骨A”、“扇叶”和“扇骨B”。

② 展开“扇叶”层的Rotation（旋转），配合Alt键，在其前面的码表上单击打开其表达式填写状态，填写以下表达式：

```
a=thisComp.layer("扇骨A").transform.rotation;
b=thisComp.layer("扇骨B").transform.rotation;
m=thisComp.layer("扇骨A").index;
n=thisComp.layer("扇骨B").index;
x=(b-a)/(n-m);
(index-m)*x+a;
```

a=thisComp.layer("扇骨A").transform.rotation的含义是：定义a等于当前合成中“扇骨A”层变换属性下的旋转度数。

b=thisComp.layer("扇骨B").transform.rotation的含义是：定义b等于当前合成中“扇骨B”层变换属性下的旋转度数。

m=thisComp.layer("扇骨A").index的含义是：定义m等于当前合成中“扇骨A”层所处的层序号，即“扇骨A”层是第多少个层。

n=thisComp.layer("扇骨B").index的含义是：定义n等于当前合成中“扇骨B”层所处的层序号，即“扇骨B”层是第多少个层。

x=(b-a)/(n−m)的含义是：定义两个扇骨间的夹角除以被扇骨分隔开的份数，即扇骨与扇叶之间相等的间隔度数。

(index−m)*x+a/的含义是：得到每个扇叶所在层以“扇骨A”位置算起所旋转的度数，如图14-25所示。

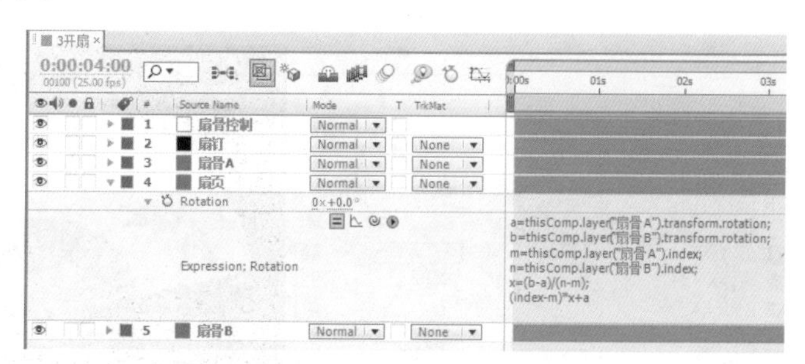


图14-25　建立表达式

**步骤 06**　选中“扇叶”，按Ctrl+D组合键创建副本，此时“扇叶”会根据表达式的计算自动调整为合理的旋转角度，如图14-26所示。

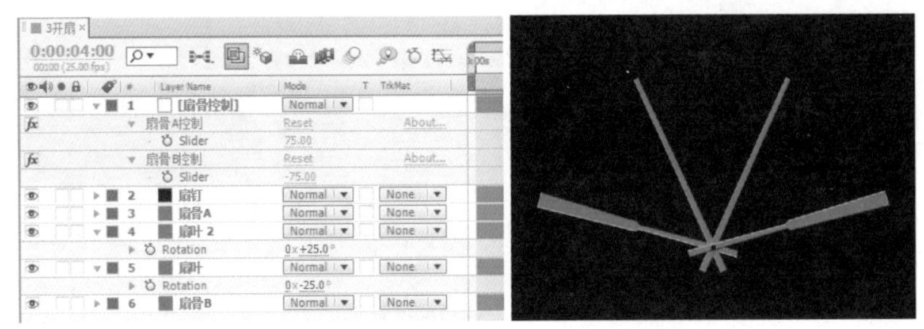

图14-26　创建副本时“扇叶”自动调整角度

**步骤 07**　连续按Ctrl+D组合键创建“扇叶”副本，直到自己满意的数量为止，如图14-27所示。

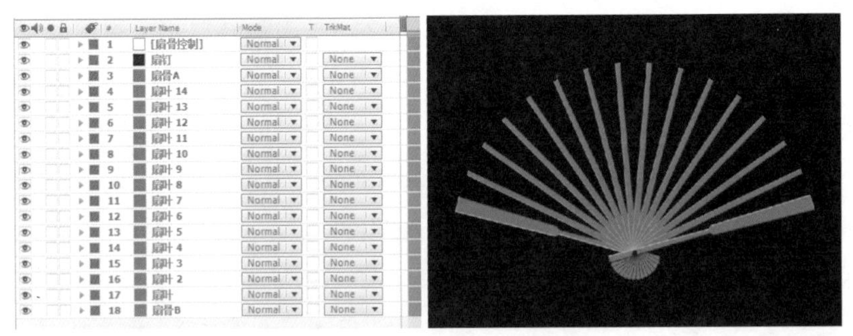

图14-27　创建适当数量的副本

**步骤 08**　测试调整Effect Controls（特效控制）面板中“扇骨控制”的两个滑块控制的数值，扇骨及扇页的旋转角度均会相应改变，测试之后仍将控制条分别设为75和-75，如图14-28所示。

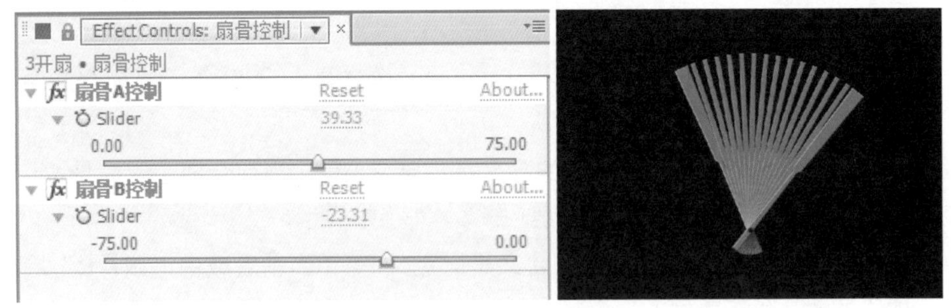


图14-28　测试滑块控制

**步骤 09**　为折扇添加扇面，具体操作如下：

① 将“2扇面”拖至时间线中，放在顶层。

② 按Ctrl+D组合键，为“2扇面”创建一个副本，并重新命名为“2扇面蒙板”，位于顶层，如图14-29所示。

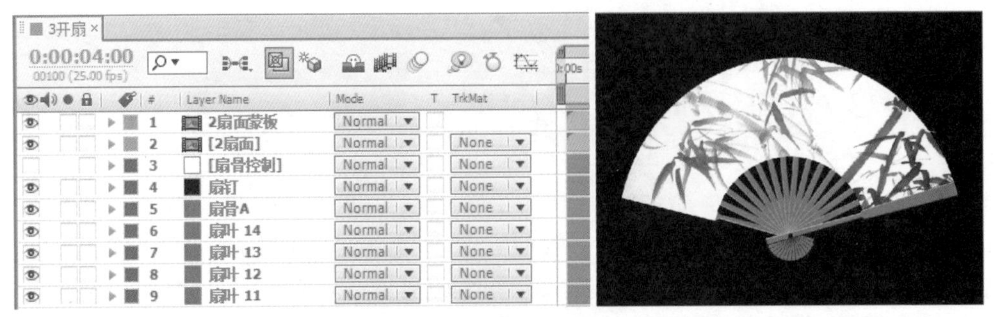


图14-29　创建扇面副本

③ 在时间线中，显示出Parent（父级层）栏，在“扇骨A”为75°和“扇骨B”为-75°的状态下，将“扇骨A”的Parent（父级层）设为“2扇面蒙板”层，将“扇骨B”的Parent（父级层）设为“2扇面”层。

④ 在时间线中，将“2扇面”的TrkMat栏设为Alpha Matte“2扇面蒙板”。此时再测试“扇骨控制”中的滑块，会发现水墨图已合成到折扇之中，如图14-30所示。

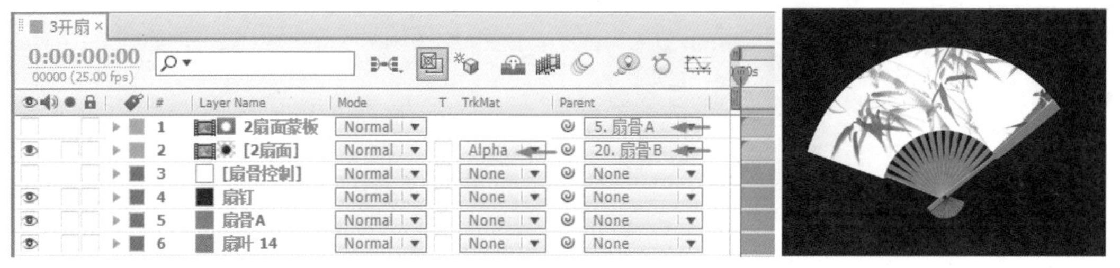


图14-30 设置轨道蒙板效果

**步骤 10** 为折扇设置一个打开的动画，具体操作如下：

① 将时间移至第0帧处，在Effect Controls（特效控制）面板中将“扇骨A控制”的滑块滑至左侧，使数值为0，单击打开其前面的码表，记录关键帧。

② 同时将“扇骨B控制”的滑块滑至右侧，使数值为0，打开其前面的码表，记录关键帧。此时折扇合起，如图14-31所示。

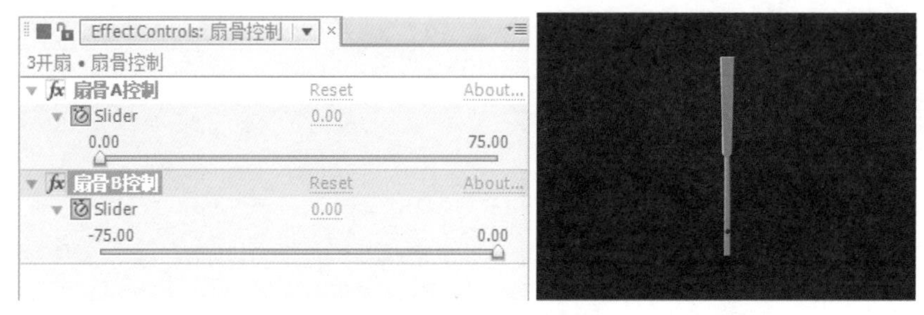


图14-31 设置第0帧关键帧

③ 将时间移至第2秒处，将“扇骨A控制”下的滑块滑至右侧，使数值为75；将“扇骨B控制”下的滑块滑至左侧，使数值为-75，记录关键帧并打开折扇，如图14-32所示。

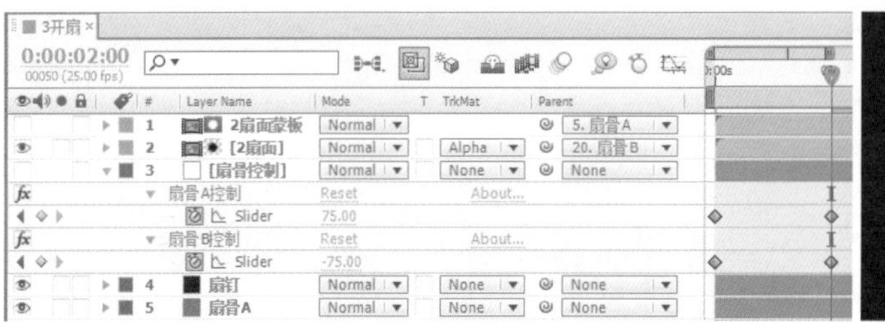

图14-32 设置第2秒关键帧

# 思考与练习

一、思考题：

1．简述After Effects中的表达式有什么作用，如何使用。

2．为了以后再次使用，怎样既保留所填写表达式，又不使用这个表达式？

3．在表达式中，Position[2]表示位置中的哪个轴向？

4．Expression Controls（表达式控制）有什么作用？

二、练习题：

1．使用表达式制作随机缩放和变化颜色的文字。

2．在After Effects中将完整侧视图的汽车及其前后车轮抠出来，使用表达式制作车轮旋转与移动的动画。

# 第15章 外挂插件

15 Chapter

After Effects有众多特效随软件一同被安装，称为内置特效。可以有选择地安装一些外挂的专项特效，也可称为外置特效或插件。外置特效是根据应用软件接口编写出来的扩展程序，其数量更丰富，专项效果的制作功能更强大，这也是After Effects成为应用最广泛的合成特效软件的一个原因。

随着软件的升级，After Effects也不断将一些优秀的插件收录为随软件一同安装使用的内置特效，例如Cycore FX plug-ins系列的众多插件（即以CC开头的特效），使得内置特效更强大。

After Effects的外挂特效的安装主要有两种方式：

- 使用外挂特效自带的安装程序安装，如Setup.exe或Install.exe等。
- 使用复制的方法，将外挂特效复制到安装了After Effects系统文件夹中的外挂特效文件夹中，如Adobe→After Effects CS6→Support Files→Plug-ins。

安装的外挂特效通常在After Effects的Effect（特效）菜单下出现，调用和设置的方法同内置特效相似，如图15-1所示。

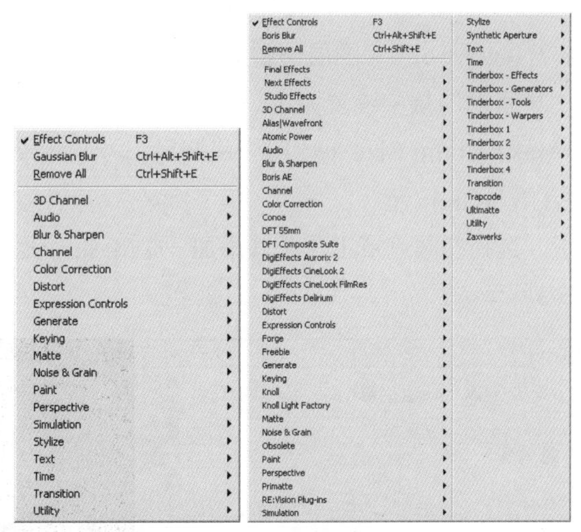


图15-1　安装插件前后的特效菜单

对于After Effects插件的使用，既有多多益善的好处，又不能盲目追求多过。软件的基本功能和特效是常用的，而插件只是专项效果应用之需。不过不可否认，很多优秀的插件效果的确使人眼前一亮，为创意制作带来灵感和活力。

这里介绍较经典的Trapcode系列插件。Trapcode系列插件包含多种特效，如3D Stroke、Echospace、Lux、Particular、Shine、Sound Keys、Starglow等，主要功能是在影片中建造独特的粒子效果与光影变化、音频的可视化、与摄影机的控制等。拥有Trapcode插件，有助于为影片带来更加丰富的光影粒子效果，让人留下更深刻的印象。

## 15.1 Trapcode 3D Stroke

Trapcode 3D Stroke根据Mask生成笔划描绘的线条，并且可以自由地在三维空间中旋转或移动，可以使用特效中的Camera或者在After Effects中创建Camera。线条路径能以 3D 的方式呈现，并且很容易制作动画。自从After Effect允许直接粘贴Adobe Illustrator 的Path作为 Mask 后，更可以自由发挥艺术力和想象力。其中的Repeater项可以将路径做3D空间的复制，并能设定旋转、位移以及比例缩放。3D Stroke 还包含了动态模糊功能，当线条快速移动的时候，动画看起来仍然非常流畅。其Transfer mode功能可以轻易在一个图层中叠加出许多效果，Bend和Taper功能可以在三维空间中自由地将笔划弯曲变形。

以下进行Trapcode 3D Stroke的实例制作，效果如图15-2所示。

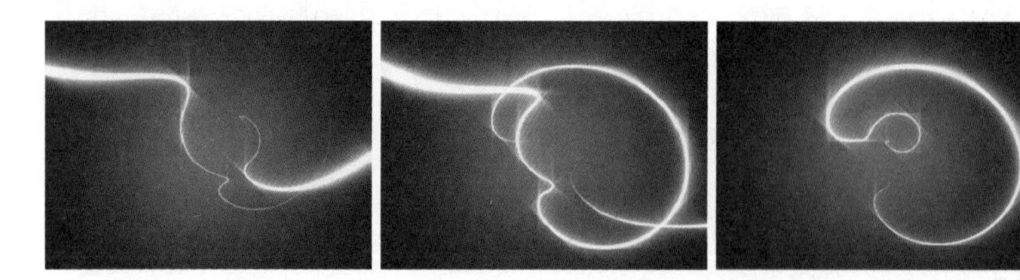
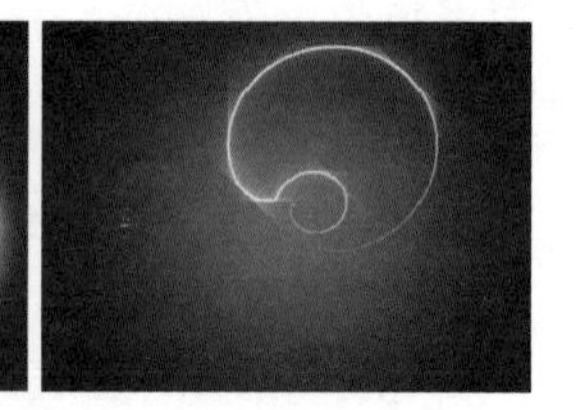

图15-2　实例效果

### 1. 建立背景

**步骤 01**　选择菜单Composition→New Composition，打开Composition Settings（合成设置）对话框，从中设置Preset（预置）为PAL D1/DV，Duration（持续时间）为8秒。然后单击OK按钮。

**步骤 02**　选择菜单Layer→New→Solid（图层→新建→固态层，快捷键为Ctrl+Y），打开Solid Settings（固态层设置）对话框，从中设置如下：Name（名称）为“背景”，将颜色设为RGB(50,150,50)，单击Make Comp Size（使用合成尺寸），使固态层的尺寸及像素比与当前合成的设置一致。然后单击OK按钮。

**步骤 03**　选中“背景”层，选择椭圆遮罩工具为其添加一个Mask，设置Mask Feather（遮罩羽化）为(400,400)，如图15-3所示。

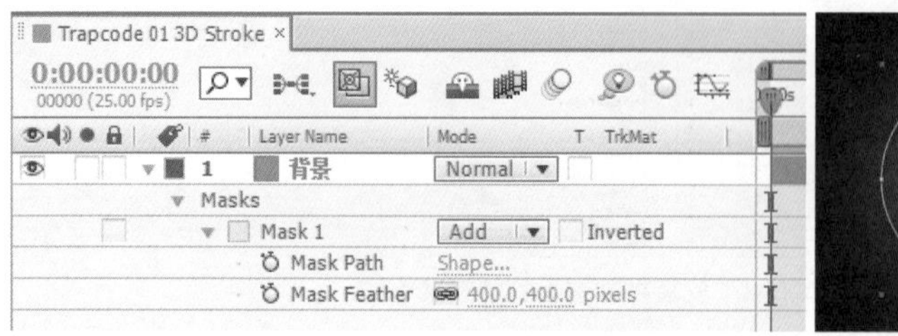


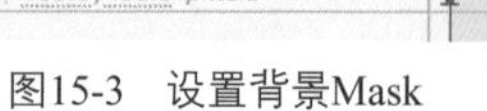

图15-3　设置背景Mask

### 2. 建立3D曲线

**步骤 01** 选择菜单Layer→New→Solid，建立一个名为“曲线”的黑色固态层。

**步骤 02** 选中“曲线”层，选择钢笔工具为其添加一个Mask，然后设置图层的模式为Screen（屏幕）方式，如图15-4所示。

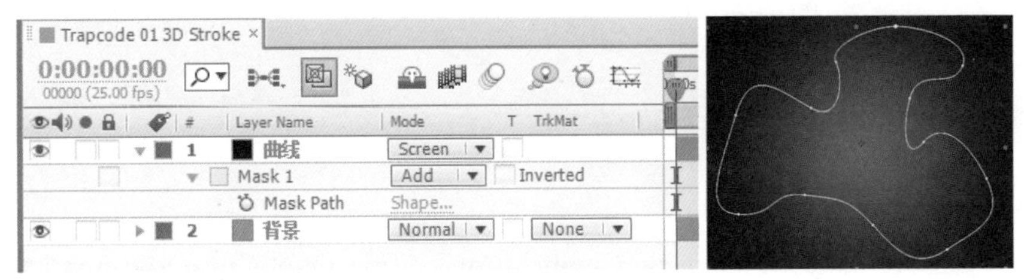


图15-4 建立曲线Mask

**步骤 03** 选中“曲线”层，选择菜单Effect→Trapcode→3D Stroke，为Mask添加3D描边的效果，设置如下：Color设为RGB(255,253,185)，Thickness设为2，End设为50，Offset第0帧设为200、第7秒24帧设为400，Loop设为On，Taper下的Enable设为On，Transform下的Bend设为4.6，Bend Axis第0帧时设为50°、第4秒时设为65°，XY Position设为(338,270)，Z Position设为-50，Y Rotation设为100100°，Z Rotation设为30°，Camera下XY Position设为(335,270)。如图15-5所示。

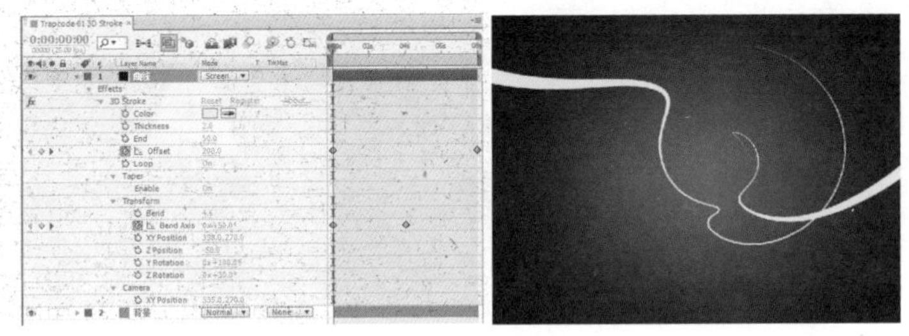

图15-5 设置3D Stroke效果

**步骤 04** 选中“曲线”层，选择菜单Effect→Trapcode→Starglow，为Mask添加一个辉光，改善描边效果，使用其默认设置即可，如图15-6所示。

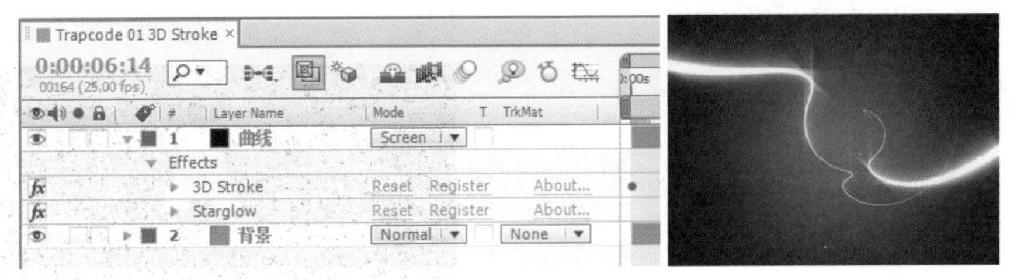


图15-6 添加Starglow效果

## 15.2 Trapcode Echospace

Trapcode Echospace是Trapcode公司开发的三维运动模式创建插件，应用于After Effects视频编辑软件中，可以为多种类型的图层（如视频层、文字层、图像层）创建三维运动效果。Echospace插件通过其内置Repeat（重复）功能，对原始图层进行复制，创建出若干个新的图层。这些新图层与普通的After Effects图层一样，也可以产生阴影和交叉效果。所有复制层都会自动产生运动表达式，这些运动表达式的参数设置与Echospace特效参数设置相关联，不同的参数设置表现出不同的运动模式与效果。

以下进行一个Trapcode Echospace的实例制作，效果如图15-7所示。

图15-7 实例效果

### 1. 建立字母合成

步骤 01 选择菜单Composition→New Composition，打开Composition Settings（合成设置）对话框，从中设置Composition Name（合成名称）为“A”，Preset（预置）为PAL D1/DV Widescreen，Duration（持续时间）为3秒。然后单击OK按钮。

步骤 02 选择菜单Layer→New→Text（图层→新建→文字），输入字母“A”，在Character（字符）面板中设置字体为Arial Black，尺寸为200，描边颜色为RGB(150,150)，描边尺寸为10，在Paragraph（段落）面板中将文字居中，如图15-8所示。

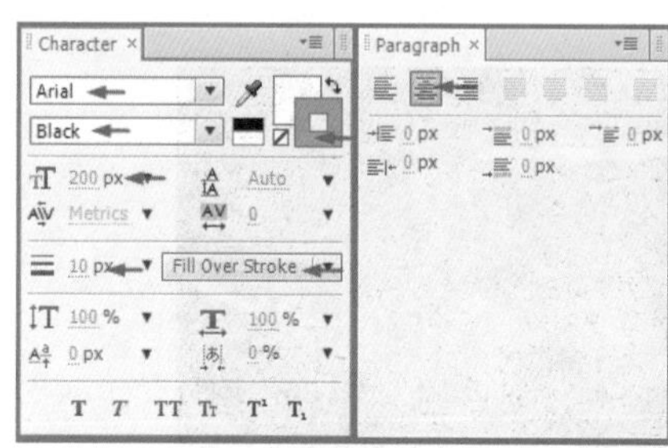

图15-8 建立文字

步骤 03 选中文字层，按Ctrl+D组合键创建副本，并将上层副本文字的描边取消，并选择菜单Effect→Generate→Ramp（特效→生成→渐变），为文字添加渐变色，设置End of Ramp（结束渐变）为(360,300)，如图15-9所示。

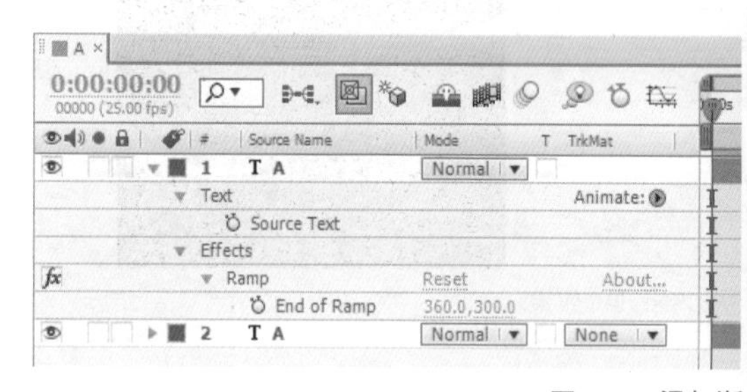

图15-9 添加渐变效果

步骤 04 在项目面板中，将A复制为D、O、B和E，然后分别在各自时间线中将字母修改为D、O、B和E。

### 2. 建立立体字母合成

步骤 01 在项目面板中，将A拖至面板下方的按钮上释放，新建一个与A设置相同的合成，重命名为“立体A”，其时间线中包含A层。

步骤 02 在时间线中打开A层的三维开关，设置Position（位置）的Z轴数值为-10，Material Options下的Cast Shadows设为On。

**步骤 03** 选择菜单Effect→Trapcode→Echospace，设置其Setup下的Instances为20，Repeater下的Z Offset为1，如图15-10所示。

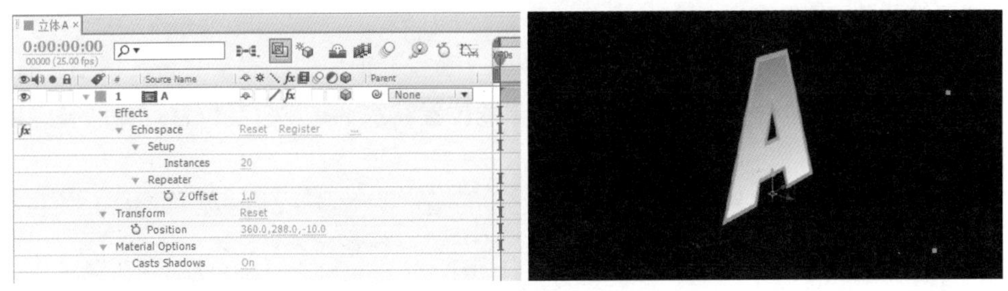


图15-10 设置三维图层并添加Echospace特效

**步骤 04** 在Effect Controls面板的Echospace的Setup下单击Repeat按钮，合成视图中的字母变成了立体，如图15-11所示。

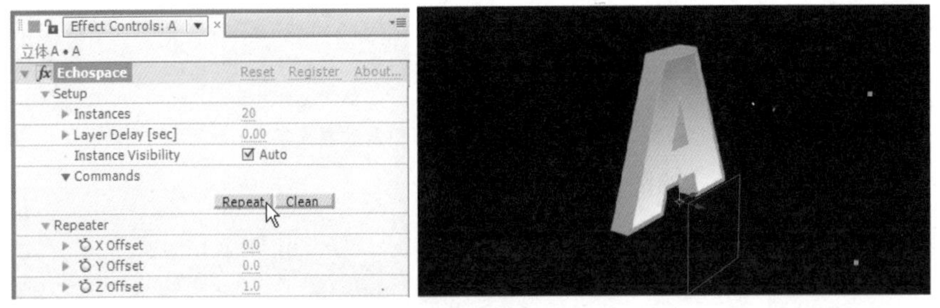


图15-11 应用Echospace效果

**步骤 05** 同时在时间线中可以查看由特效创建的多个图层，除首尾两个图层之外，其他层的Syh栏均为▭状态。单击时间线面板上部的▭按钮，可将时间线中众多图层隐藏，只显示首尾层，如图15-12所示。这里下一步还要进行替换操作，所以不隐藏图层。

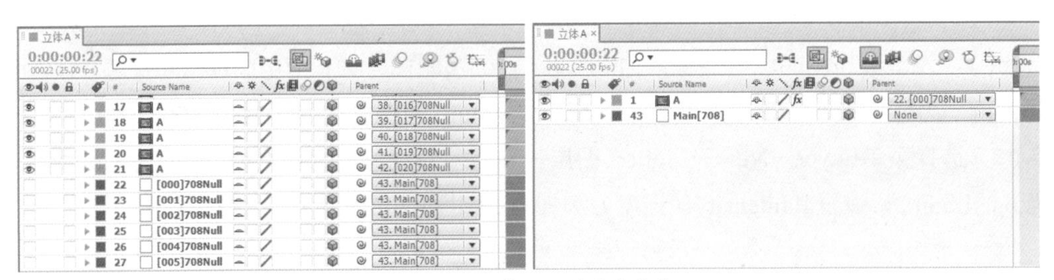


图15-12 切换图层的隐藏状态

**步骤 06** 在项目面板中，将“立体A”复制为“立体D”、“立体O”、“立体B”和“立体E”。先打开“立体D”时间线，将其中上面的21个字母图层选中，按住Alt键，从项目面板中将D拖至时间线中的字母层上释放，这样全部替换为D，完成“立体D”的建立。同样，将“立体O”、“立体B”和“立体E”替换为相应字母。

### 3. 建立“立体字母动画”合成

**步骤 01** 选择菜单Composition→New Composition，打开Composition Settings（合成设置）对话框，从中设置Composition Name（合成名称）为“立体文字动画”，Preset（预置）为PAL D1/DV Widescreen，Duration（持续时间）为3秒。然后单击OK按钮。

**步骤 02** 选择菜单Layer→New→Solid，建立一个名为“平面”的白色固态层，在时间线中打开其三维开关，设置X Rotation为-90°，并设置Scale（比例）为(1000,1000,1000%)。

**步骤 03** 选择菜单Layer→New→Camera（图层→新建→摄像机），建立一个Preset（预置）为

35mm的摄像机。

**步骤 04** 从项目面板将“立体A”、“立体D”、“立体O”、“立体B”和“立体E”也拖至时间线中，打开三维开关和矢量开关。

**步骤 05** 在第1秒处，打开这些立体文字Position（位置）前面的码表，并将其按ADOBE的顺序在水平方向一字排开，然后在第0帧处将各自的位置在水平高度打乱位置，并调整好摄像机视角，如图15-13所示。

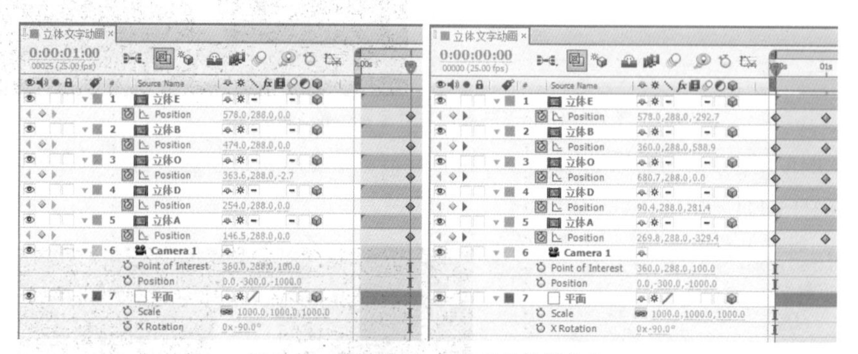

图15-13 建立平面、摄像机及放置文字

**步骤 06** 查看文字动画效果，如图15-14所示。

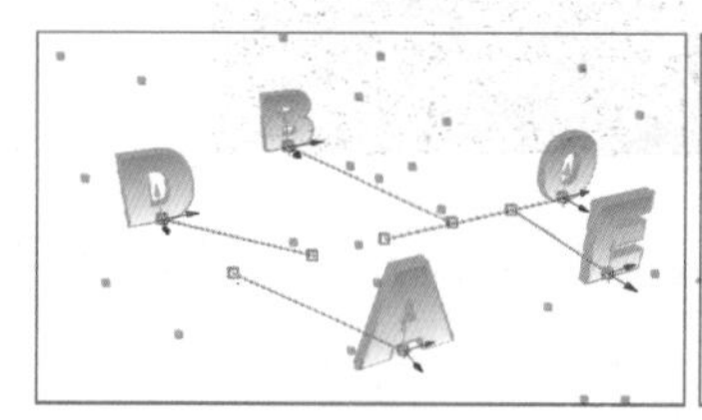

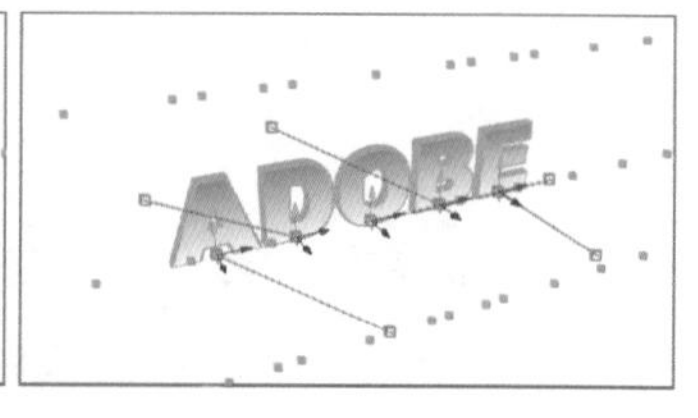

图15-14 查看文字位置的动画

**步骤 07** 选择菜单Layer→New→Light（图层→新建→灯光），建立一个类型为Spot（聚光灯）的Light 1，设置其Intensity（强度）为70%，Color（颜色）为RGB(0,200,255)，Cone Angle（圆锥角）为60°，Casts Shadows（投射阴影）为On。调整灯光的位置为(400,-100,-800)。

**步骤 08** 选择菜单Layer→New→Light（图层→新建→灯光），再建立一个类型为Ambient（环境光）的Light 2，设置其Intensity（强度）为70%，如图15-15所示。

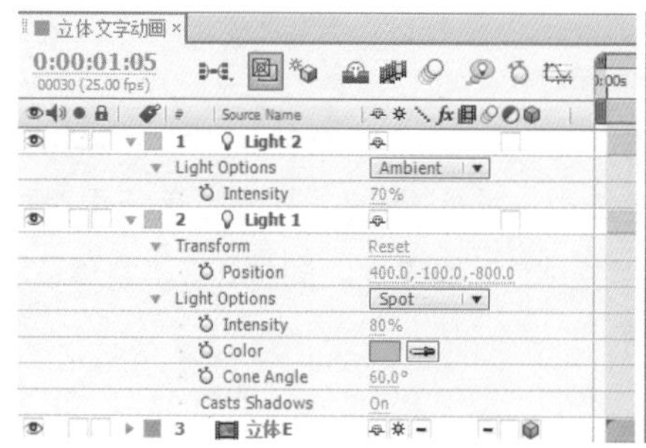

图15-15 建立灯光效果

**步骤 09** 为字母再设置旋转的动画，加强立体的表现。设置“立体B”的Y Rotation第0帧时为1x+0°、第1秒时为0°，设置“立体O”的Y Rotation第0帧时为0°、第2秒24帧时为2x+0°，如图15-16所示。

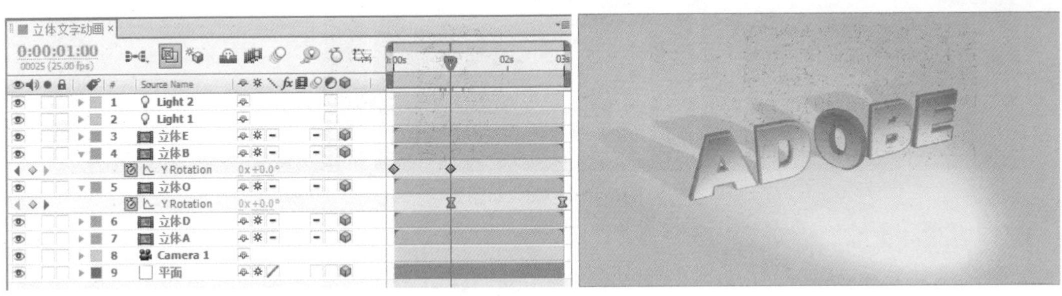


图15-16　设置字母旋转动画

## 15.3 Trapcode Form

Trapcode Form基于网格的三维粒子插件，用来制作液体、复杂的有机图案、复杂几何学结构和涡线动画。将其他层作为贴图，使用不同参数，可以进行无止境的独特设计，还可以用来制作音频可视化效果，为音频加上惊人的视觉效果。Trapcode Form可制作字溶解成沙、舞动的烟特效、轻烟“流”动、标志着火、附着水滴的波纹等。

以下进行一个Trapcode Form的实例制作，效果如图15-17所示。

图15-17　实例效果

### 1. 建立“渐变”合成

**步骤 01**　选择菜单Composition→New Composition，打开Composition Settings（合成设置）对话框，从中设置Composition Name（合成名称）为“渐变”，Preset（预置）为PAL D1/DV Widescreen Square Pixel，Duration（持续时间）为3秒。然后单击OK按钮。

**步骤 02**　选择菜单Layer→New→Solid，打开Solid Settings（固态层设置）对话框，从中设置如下：单击Make Comp Size（使用合成尺寸），使固态层的尺寸及像素比与当前合成的设置一致，将颜色设为白色，再单击OK按钮。

**步骤 03**　选中固态层，双击工具栏中的矩形遮罩工具，为其添加一个矩形Mask。在第2秒24帧处打开Mask Path前面的码表，记录关键帧，然后将时间移至第0帧处，将遮罩移至固态层左侧之外。再设置Mask Feather第0帧及第2秒24帧为(0,0)、第1秒12帧为(500,0)，如图15-18所示。

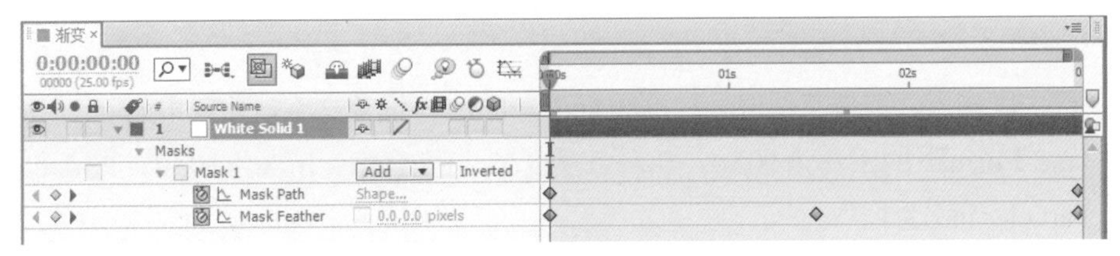


图15-18　建立固态层的Mask动画

**步骤 04**　查看此时的动画效果，如图15-19所示。

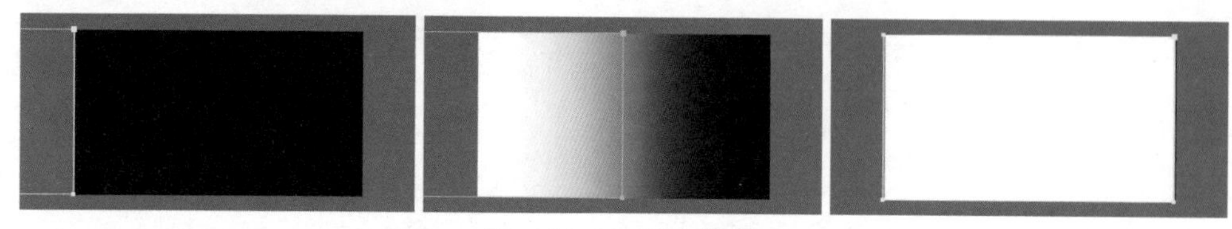

图15-19　Mask动画效果

### 2. 建立“文字”合成

步骤 01　选择菜单Composition→New Composition，建立与“渐变”相同的合成，命名为“文字”。

步骤 02　选择菜单Layer→New→Text（图层→新建→文字），输入“Trapcode Form”，在Character（字符）面板中设置字体为Arial Black，尺寸为130，颜色为白色，字间距为-110，上下偏移为-27，在Paragraph（段落）面板中将文字居中，如图15-20所示。

图15-20　建立文字

步骤 03　从项目面板中，将“渐变”拖至时间线顶层，设置文字层的TrkMat栏为Alpha Inverted Matte，如图15-21所示。

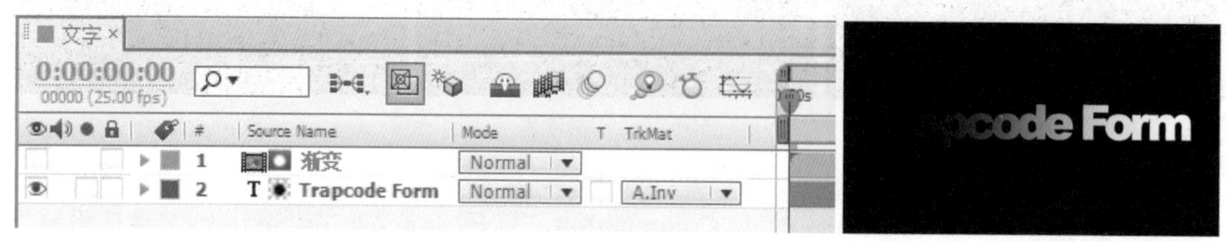


图15-21　设置轨道蒙板方式

### 3. 建立“沙化文字”合成

步骤 01　选择菜单Composition→New Composition，打开Composition Settings（合成设置）对话框，从中设置Composition Name（合成名称）为“沙化文字”，Preset（预置）为PAL D1/DV Widescreen，Duration（持续时间）为3秒。然后单击OK按钮。

步骤 02　选择菜单Layer→New→Solid，建立一个名为Form的固态层，在打开的Solid Settings（固态层设置）对话框中单击Make Comp Size（使用合成尺寸），使固态层的尺寸及像素比与当前合成的设置一致。

步骤 03　从项目面板中将“文字”和“渐变”拖至时间线中，关闭图层的显示，用来作为参考层。

步骤 04　选中固态层，选择菜单Effect→Trapcode→Form，设置文字沙化效果如下：

①Base Form下的Size为1050，Size Y为576，Particles in x为1050，Particles in Y为576，Particles in Z为1。

②Layer Maps的Color and Alpha下Layer为“文字”层，Functionality为RGBA to RGBA，Map Over为XY。Fractal Strength下Layer为“渐变”层，Map Over为XY；Disperse

下Layer为“渐变”，Map Over为XY。

③ Disperse & Twist下Disperse为100。

④ Fractal Field下Displace为500，Flow X为-50，Flow Y为-50，Flow Evolution为30。这样完成沙化动画的设置，如图15-22所示。

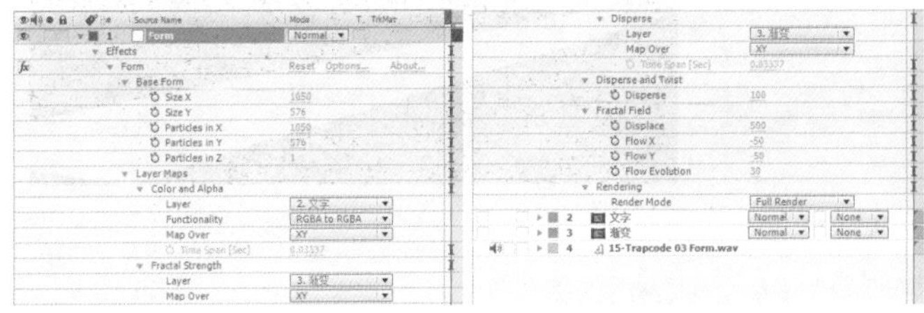

图15-22　设置Form效果

## 15.4 Trapcode Horizon

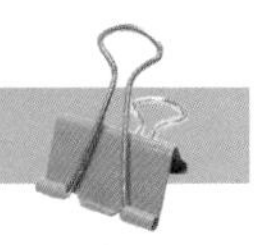

Trapcode Horizon插件是一个照相机识别图像绘图工具，可以将After Effects相机与三维世界绑定。当你在一个宽广的领域中运用图像或是梯度时，Horizon会帮你创建出一个无限的背景。无论你的相机是否调整精确，只需简单的操控，就可以拍摄出逼真的背景或是天空瞬间的变化。

以下进行一个Trapcode Horizon的实例制作，效果如图15-23所示。

图15-23　实例效果

### 1. 设置飞行动画

**步骤 01**　在项目面板中导入制作好的飞机模型，在本书三维合成实例中包含一个制作好的飞机模型，将其项目文件导入后，其中的“飞机”合成就是需要的模型。关于飞机模型的制作参见三维合成实例中的步骤。

**步骤 02**　选择菜单Composition→New Composition，打开Composition Settings（合成设置）对话框，从中设置Composition Name（合成名称）为“雪山中的飞机”，Preset（预置）为PAL D1/DV Widescreen Square Pixel，Duration（持续时间）为3秒。然后单击OK按钮。

**步骤 03**　选择菜单Layer→New→Solid，打开Solid Settings（固态层设置）对话框，从中设置如下：名称设为“地平面参考”，单击Make Comp Size（使用合成尺寸），使固态层的尺寸及像素比与当前合成的设置一致，再单击OK按钮。

**步骤 04**　打开固态层的三维开关，设置Position（位置）为(360,800,0)，Scale（比例）为(500, 100,100%)，X Rotation为-90°。

**步骤 05**　从项目面板中将“飞机”拖至时间线中，打开其三维开关和矢量开关，设置Position（位置）第0帧时为(2000,288,0)，第2秒24帧时为(-1000,288,0)。使用自定义视图调整视角查看动画，如图15-24所示。

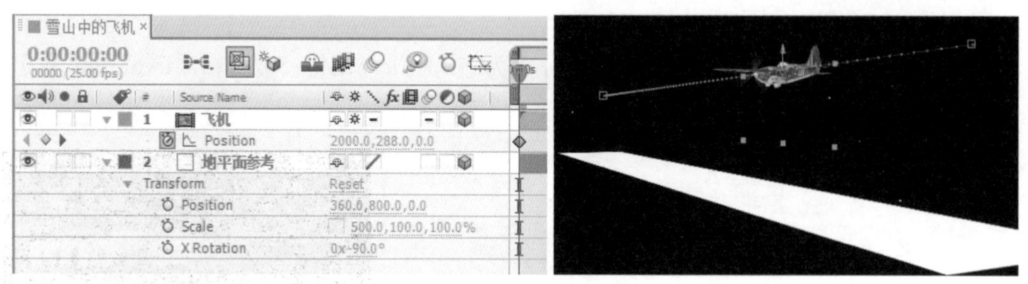


图15-24　设置飞机飞行动画

### 2. 合成雪山

**步骤 01**　从项目面板中将“雪山.jpg”拖至时间线底层，关闭显示，用来作为参考层。

**步骤 02**　选择菜单Layer→New→Solid，建立一个名为Horizon的白色固态层。

**步骤 03**　选中Horizon层，移至“飞机”层之下，选择菜单Effect→Trapcode→Horizon，设置如下：Image Map下的Layer为“雪山.jpg”层，H Coverage为270，V Coverage为90，Sampling为Nearest Neighbour。

**步骤 04**　选择菜单Layer→New→Camera（图层→新建→摄像机），新建一个Preset（预置）为35mm的摄像机，名称为“Camera 1地面”，设置其Position（位置点）为(360,800,-1000)，固定在地面的某一点。设置Point of Interest（目标点）第0帧为(1800,200,0)、第2秒24帧为(-800,288,0)，即目标点跟随飞行的飞机移动，保持其在视野之内，如图15-25所示。

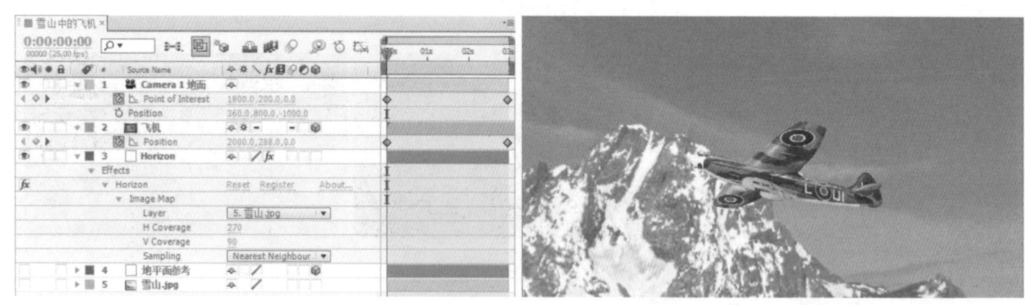


图15-25　设置Horizon特效和摄像机动画

### 3. 添加尾烟

**步骤 01**　选择菜单Layer→New→Solid，建立一个名为“尾烟”的固态层。

**步骤 02**　选中“尾烟”固态层，选择菜单Effect→Trapcode→Particular，为其Emitter下的Position XY设置表达式如下：

```
x = thisComp.layer("飞机").transform.position[0];
y = thisComp.layer("飞机").transform.position[1];
[x+200,y]
```

即粒子发射位置的X和Y轴与“飞机”层的X和Y轴相同，其中X加上适当的数值是为了将发射点从飞机图像的中心移至尾部。

为Position Z设置表达式如下：

```
thisComp.layer("飞机").transform.position[2]
```

即发射位置的Z轴与“飞机”的Z轴相同。这样将烟雾粒子发射点与飞行中的飞机尾部联接到一起。

继续设置Particles/sec为200，Velocity为10，Velocity Random[%]为30。

设置Particle下的Life[sec]为10，Life Random[%]为50，Particle Type为Cloudlet，Smokelet Feather为60，Size为50，Size Random[%]为50，Opacity为30，Color为RGB(230,210,210)。

将“尾烟”层入点移至第1秒处，即从第1秒开始尾部产生烟雾效果，如图15-26所示。

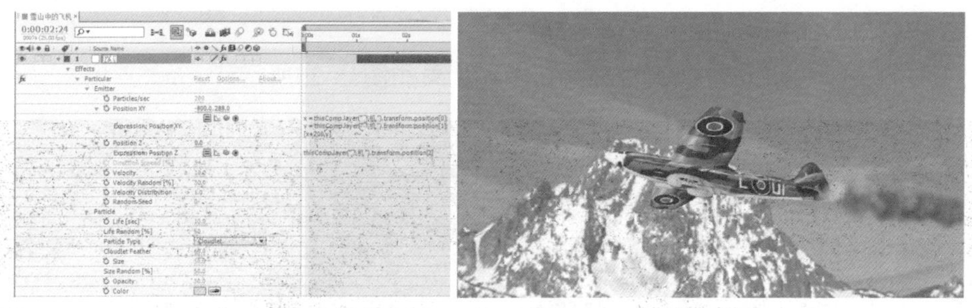

图15-26　设置尾烟效果

### 4. 添加多视角摄像机

**步骤 01** 选择菜单Layer→New→Camera（图层→新建→摄像机），新建一个Preset为80mm的摄像机，命名为“Camera 2飞行”。

**步骤 02** 在合成视图中以“Camera 2飞行”视角来观察。设置Point of Interest（目标点）第0帧为(2000,200,0)，第2秒24帧为(-1000,288,800)。设置其Position（位置点）第0帧为(2000,300,-2500)，第2秒24帧为(800,400,-2500)。即目标点与位置点均跟随飞行的飞机移动，数值有一定的差别，并保持飞机在视野之内，如图15-27所示。

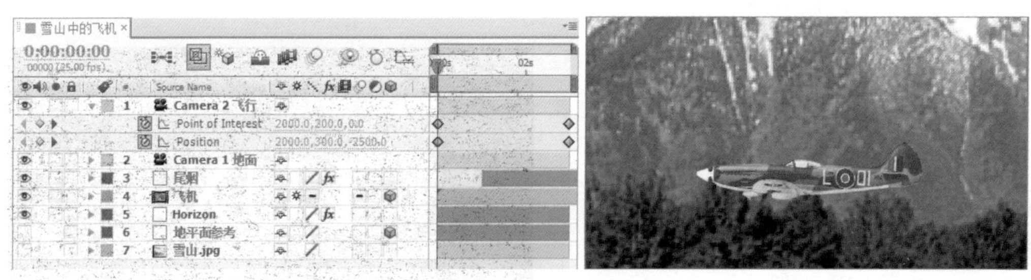


图15-27　添加新的摄像机

**步骤 03** 在合成视图中选择多视角视图来观察飞机和“雪山”背景的合成效果，如图15-28所示。

图15-28　多角度观察

## 15.5 Trapcode LUX

Trapcode LUX利用After Effects内置灯光来创建点光源的可见光效果，可以读取AE中所有灯光中的所有参数。

以下进行一个Trapcode LUX的实例制作，效果如图15-29所示。

图15-29　实例效果

### 1. 建立场景与视角

**步骤 01**　选择菜单Composition→New Composition，打开Composition Settings（合成设置）对话框，从中设置如下：Composition Name（合成名称）为“LUX灯光”，Preset（预置）为PAL D1/DV Widescreen Square Pixel，Duration（持续时间）为3秒。然后单击OK按钮。

**步骤 02**　选择菜单Layer→New→Text（图层→新建→文字），输入“LUX”，在Character（字符）面板中设置字体为Arno Pro，尺寸为200，颜色为白色，上下偏移为-60，在Paragraph（段落）面板中将文字居中，如图15-30所示。

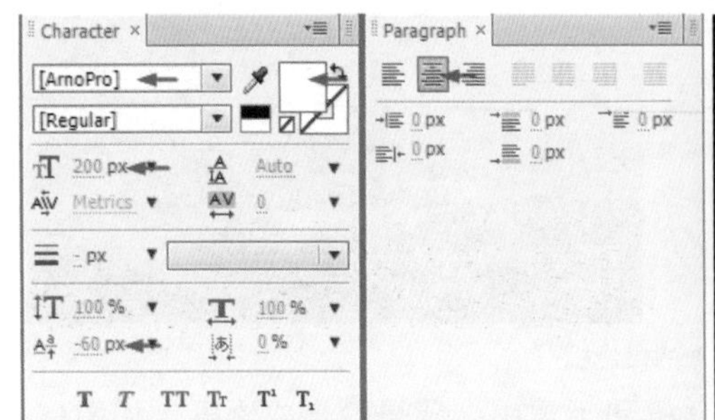

图15-30　建立文字

**步骤 03**　选择菜单Layer→New→Solid，打开Solid Settings（固态层设置）对话框，从中设置如下：名称为Floor，单击Make Comp Size（使用合成尺寸），使固态层的尺寸及像素比与当前合成的设置一致，将颜色设为RGB(175,175,175)。再单击OK按钮。

**步骤 04**　选中Floor层，将其移至文字层之下。打开文字层与Floor层的三维开关，设置文字层的X Rotation为-90°，Material Options（材质选项）下的Casts Shadows（投射阴影）为On。设置Floor层的X Rotation为-90°，Position（位置）为(360,400,0)。

**步骤 05**　选择菜单Layer→New→Camera（图层→新建→摄像机），新建一个Preset（预置）为35mm的摄像机，设置Point of Interest（目标点）为(320,100,-200)，Position（位置点）为(150,-200,-1200)，如图15-31所示。

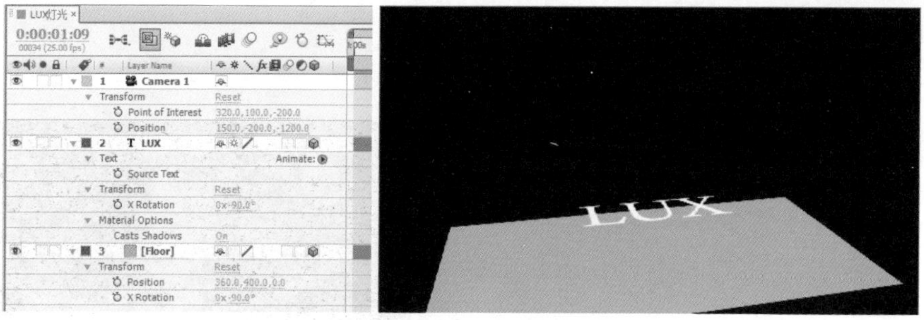

图15-31 建立Floor层和摄像机

## 2. 建立灯光

**步骤 01** 选择Layer→New→Light（图层→新建→灯光），新建一个类型为Point（点光）的灯光，名称为Light 1 Point。设置Position（位置）为(100,-100,0)，Intensity（强度）为70%，Color（颜色）为RGB(255,255,0)，Casts Shadows（投射阴影）为On，Shadow Darkness（阴影暗度）为50%。

**步骤 02** 选择Layer→New→Light（图层→新建→灯光），新建一个类型为Spot（聚光灯）的灯光，名称为Light 2 Spot。设置Position（位置）为(360,-100,0)，Intensity（强度）为80%，Casts Shadows（投射阴影）为On。

**步骤 03** 选择Layer→New→Light（图层→新建→灯光），新建一个类型为Point（点光）的灯光，名称为Light 3 Point。设置Position（位置）为(620,-100,0)，Intensity（强度）为70%，Color（颜色）为RGB(0,255,0)，Casts Shadows（投射阴影）为On，Shadow Darkness（阴影暗度）为50%，如图15-32所示。

图15-32 建立灯光

## 3. 建立LUX灯光效果

**步骤 01** 选择菜单Layer→New→Solid，新建一个名称为LUX的黑色固态层。

**步骤 02** 选中LUX固态层，选择菜单Effect→Trapcode→LUX，设置Point Lights下的Intensity为150，Spot Lights下的Intensity为120，Start Distance为20，Reach为500。这样将场景中建立的照明灯光转变为可见的灯光效果。

**步骤 03** 为Light 2 Spot设置一个旋转摆动的动画，设置Y Rotation第0帧为-15°，第2秒24帧为15°，如图15-33所示。

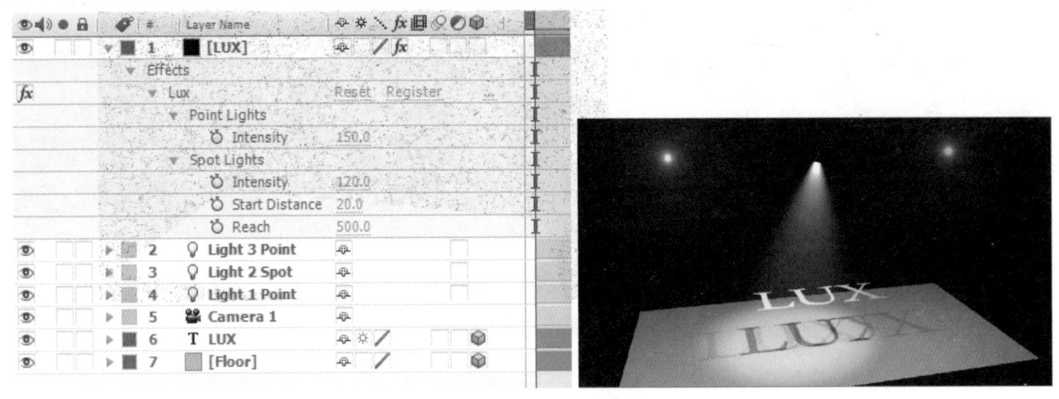


图15-33　添加LUX特效

## 15.6 Trapcode Particular

Trapcode Particular是一个三维粒子系统，可以产生各种自然效果，像雨雪、烟雾、焰火、闪光等。也可以产生有机的和高科技风格的图形效果，对于运动的图形设计非常有用。

以下进行一个Trapcode Particular的实例制作，效果如图15-34所示。

图15-34　实例效果

### 1. 建立文字场景

**步骤 01**　选择菜单Composition→New Composition，打开Composition Settings（合成设置）对话框，从中设置如下：Composition Name（合成名称）为“雨落水面”，Preset（预置）为PAL D1/DV Widescreen Square Pixel，Duration（持续时间）为5秒。然后单击OK按钮。

**步骤 02**　选择菜单Layer→New→Text（图层→新建→文字），输入Particular，在Character（字符）面板中设置字体为Arial Black，尺寸为120，颜色为白色，上下偏移为-45，在Paragraph（段落）面板中将文字居中，如图15-35所示。

图15-35　建立文字

**步骤 03**　打开文字层的三维开关，将其Orientation（方向）的X轴设为270°，图层模式设为Overlay（叠加）方式。

**步骤 04** 选择菜单Layer→New→Solid，打开Solid Settings（固态层设置）对话框，从中设置如下：名称为Water，设置Width（宽）和Height（高）均为2000，Pixel Aspect Ratio（像素比）为Square Pixels（方形像素），将颜色设为RGB(175,175,175)。再单击OK按钮。

**步骤 05** 选中Water层，双击工具栏中的矩形遮罩工具，为其添加一个Mask，设置Mask Feather（遮罩羽化）为(0,1000)。将Water层放在文字层之下，打开Water层的三维开关，设置其Orientation（方向）的X轴为270°。

**步骤 06** 选择菜单Layer→New→Camera（图层→新建→摄像机），新建一个Preset（预置）为35mm的摄像机，调整适当的视角观察场景，如Position（位置点）为(360,-500,-500)。

**步骤 07** 选择Layer→New→Light（图层→新建→灯光），新建一个类型为Spot（聚光灯）的灯光，设置Position（位置）为(400,-600,-300)，Intensity（强度）为120%，Cone Feather（锥角羽化）为100%，如图15-36所示。

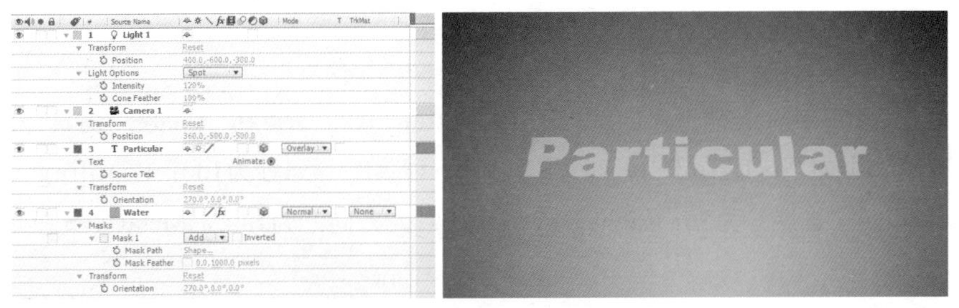


图15-36 建立Water层、摄像机及灯光

### 2. 设置落雨效果

**步骤 01** 选择菜单Layer→New→Solid，打开Solid Settings（固态层设置）对话框，设置名称为Rain，单击Make Comp Size（使用合成尺寸），使固态层的尺寸及像素比与当前合成的设置一致。

**步骤 02** 选中Rain层，将其图层模式设为Add（相加）方式，选择菜单Effect → Trapcode → Particular，设置粒子从高处发射并下落，形成落雨的效果，其参数如下：

① 在Emitter下设置Particles/sec为500，即每秒发射500个粒子；Emitter Type为Box类型；Position XY为(360,-500)，即从Y轴向较高的位置发射；Direction为Directional，即沿同一方向发射；Direction Spread[%]为0；X Rotation为-90°；Velocity为200；Emitter Size X为700，Emitter Size Y为600。

② 在Particle下设置Size为2，Physics下设置Gravity为90，Motion Blur设为On，如图15-37所示。

图15-37 设置Particular的粒子下落效果

**步骤 03** 设置雨滴落到水面时溅起水花的效果，将Physics Model选择为Bounce方式，即使用

粒子反弹效果。然后继续设置参数如下：

① 设置Bounce下的Floor Layer为Water层，这时会自动建立辅助的灯光层Floor[Water]；设置Bounce为10，Slide为125。

② 设置Aux System下的Emit为At Collison Event，Type为Sphere，Velocity为70，Size为1.5，Opacity为20，Color From Main[%]为100，如图15-38所示。

图15-38　设置Particular的粒子反弹效果

### 3. 设置水面涟漪效果

**步骤 01**　选中Water层，选择菜单Effect→Simulation→CC Drizzle（特效→仿真→细雨滴），设置水面涟漪效果如下：Drip Rate（滴落率）第1秒为0，第4秒为100；Rippling（涟漪）为2x+0°，Spreading（扩展）为50，Light Direction（灯光方向）为180°，Metal（质感）为50，如图15-39所示。

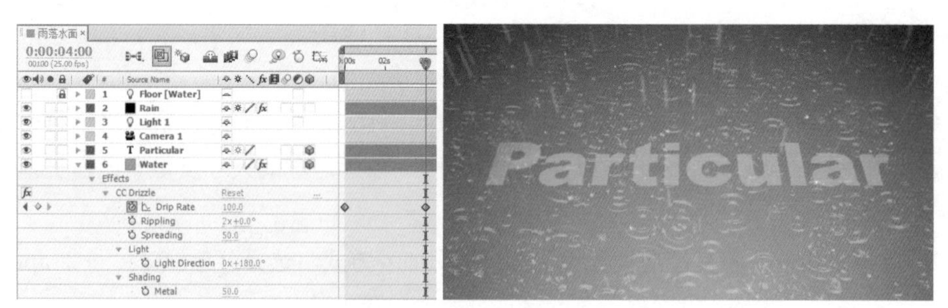


图15-39　设置CC Drizzle效果

**步骤 02**　选择菜单Layer→New→Solid，打开Solid Settings（固态层设置）对话框，设置名称为Horizon，单击Make Comp Size（使用合成尺寸），使固态层的尺寸及像素比与当前合成的设置一致。

**步骤 03**　选中Horizon层，选择菜单Effect→Trapcode→Horizon，添加一个背景效果，设置Gradient下Colors为3，Color 2为黑色，Color 3为RGB(80,135,170)。

**步骤 04**　设置摄像机动画：设置Point of Interest（目标点）第0帧为(360,-200,-100)，第3秒为(360,288,0)；设置Position（位置点）第0帧为(360,0,-700)，第3秒为(360,-100,-500)，第4秒24帧为(360,-500,-500)。

**步骤 05**　将Rain层适当前移，使第0帧时即有部分粒子发射出来，这里在第1秒处添加一个标记点，然后将图层前移1秒，即标记点处随图层移至第0帧处，然后将Rain的出点延长至合成尾部，如图15-40所示。

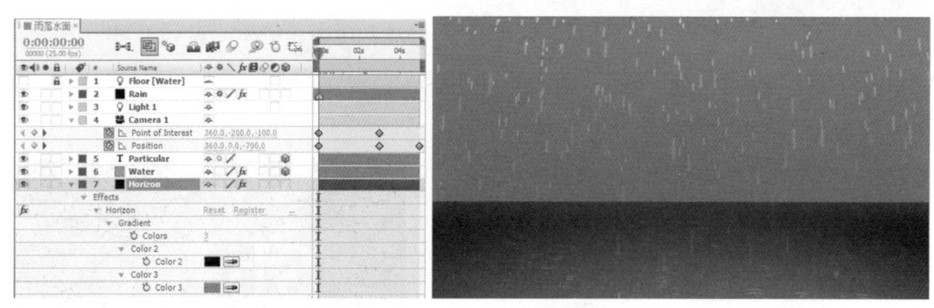

图15-40 设置Horizon效果和摄像机

## 15.7 Trapcode Shine

Trapcode Shine在After Effects中可快速制作各种炫光效果，这样的眩光效果可以在许多电影片头看到，有点像三维软件中的体积光，但实际上它是一种二维效果。在 Shine 推出之前，这样的效果必须在三维软件中制作，或是用其他速度较慢的二维合成软件中制作，耗费不少时间。Shine 提供了许多特别的参数，以及多种颜色调整模式。

以下进行一个Trapcode Shine的实例制作，效果如图15-41所示。

图15-41 实例效果

### 1. 建立文字

**步骤 01** 选择菜单Composition→New Composition，打开Composition Settings（合成设置）对话框，从中设置如下：Preset（预置）为PAL D1/DV Widescreen Square Pixel，Duration（持续时间）为3秒。然后单击OK按钮。

**步骤 02** 选择菜单Layer→New→Text（图层→新建→文字），输入“Shine”，在Character（字符）面板中设置字体为Minion Pro，尺寸为200，填充颜色及描边颜色均为RGB(255,245,205)，描边宽度为5，字间距为50，文字宽度为120%，上下偏移为-66，在Paragraph（段落）面板中将文字居中，如图15-42所示。

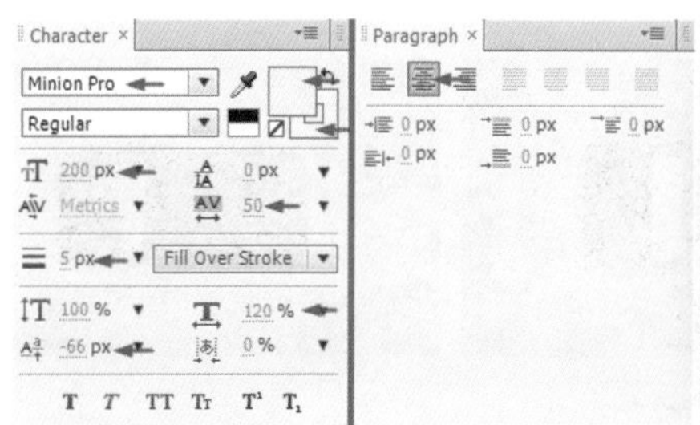



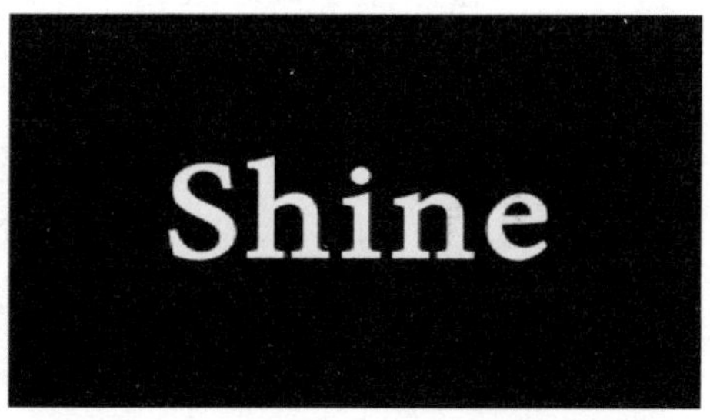



图15-42 建立文字

### 2. 设置光效

**步骤 01** 选中文字层，选择菜单Effect→Trapcode→Shine，设置光芒效果如下：Source Point第

15帧时为(360,288)，第2秒24帧时为(100,288)；Ray Length第0帧时为15，第15帧时为20；Boost Light第0帧时为0.6，第15帧时为4.7；Shine Opacity[%]第2秒15帧时为100，第2秒24帧时为0；Transfer Mode为Add，如图15-43所示。

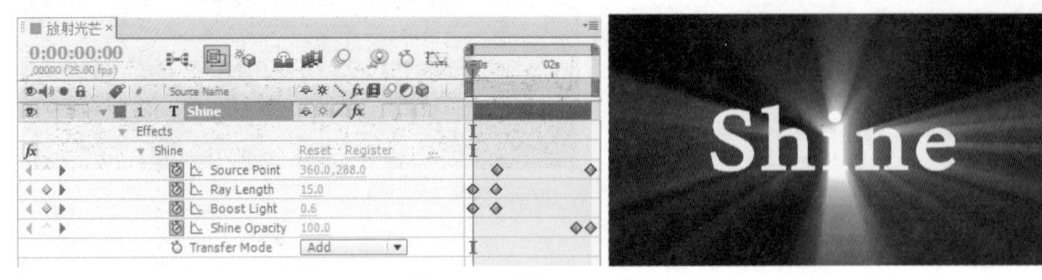

图15-43　设置Shine效果

步骤 02　选中文字层，为其Scale（比例）设置动画关键帧，第0帧时为(800,800%)，第15帧时为(90,90%)，第2秒24帧时为(100,100%)，如图15-44所示。

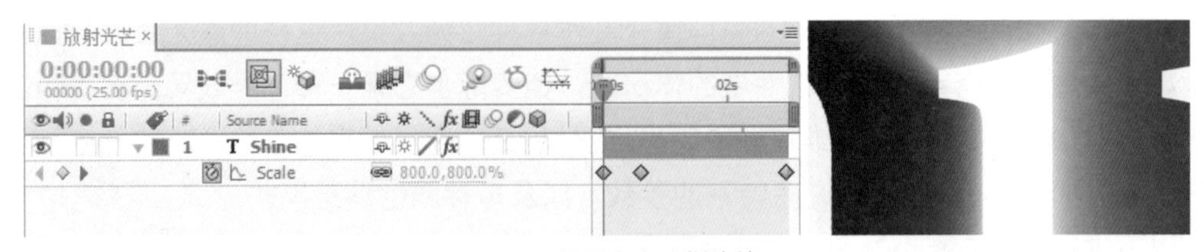

图15-44　设置文字比例缩放

## 15.8 Trapcode Sound Keys

Trapcode Sound Keys是After Effects的一个关键帧发生器插件，允许在音频频谱上直观地选择一个范围，并能将已选定频率的音频转换成一个关键帧串，可以非常方便地制作出音频驱动的动画。Sound Keys与来自于After Effects的关键帧发生器（如Wiggler、Motion Sketch等）有根本的不同，Sound Keys被应用于制作一个有规律的效果，并且用特效本身的输出参数生成关键帧，然后用一个表达式连接，这种方式的优点是插件所有的设置可以与工程文件一同被保存下来。Sound Keys发布以前，After Effects 6.0发行并包括新的关键帧发生器Convert Audio to Keyframes，其主要的区别在于两者所处的位置：Sound Keys能从频率范围中抽取关键帧而不仅仅是全部的音频振幅，这使得它能从最合适的击鼓声或是最合适的语音中提取动作，还提供了不同的Falloff模式。

以下进行一个Trapcode Sound Keys的实例制作，效果如图15-45所示。

图15-45　实例效果

### 1. 制作音频图形

步骤 01　在项目面板中导入“手机C.tga”和Music.wav素材。

步骤 02　选择菜单Composition→New Composition，打开Composition Settings（合成设置）对

话框，从中设置如下：Composition Name（合成名称）为“音频动画”，Preset（预置）为PAL D1/DV Widescreen Square Pixel，Duration（持续时间）为5秒。然后单击OK按钮。

**步骤 03** 从项目面板中将“手机C.tga”和Music.wav拖至时间线中。

**步骤 04** 设置“手机C.tga”层的Rotation（旋转）为-90°。

**步骤 05** 选择菜单Layer→New→Solid，新建一个名称为“背景”的固态层。

**步骤 06** 选中“背景”层，选择菜单Effect→Generate→Ramp（特效→生成→渐变），设置渐变效果如下：Start of Ramp（开始渐变）为(360,288)，Start Color（开始颜色）为白色，End of Ramp（结束渐变）为(720,576)，End Color（结束颜色）为RGB(0,125,50)，Ramp Shape（渐变形状）为Radial Ramp（放射渐变），如图15-46所示。

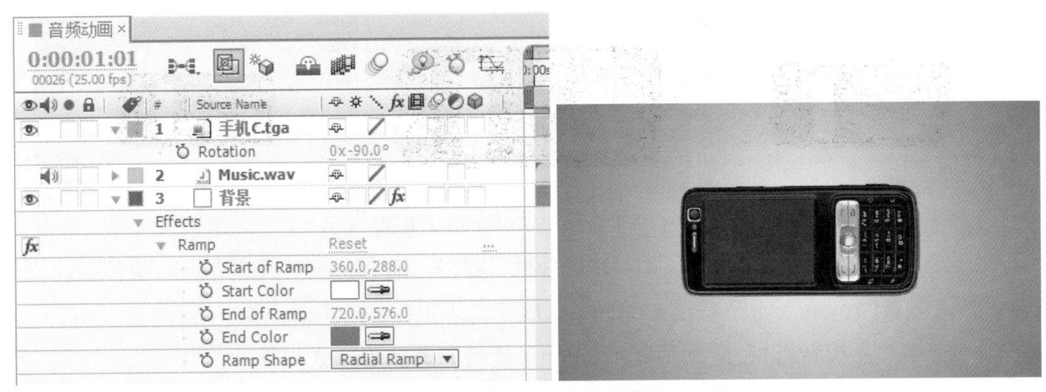


图15-46 放置手机与设置背景

**步骤 07** 选择菜单Layer→New→Solid，新建一个名称为“音频图形”的固态层。

**步骤 08** 选中“音频图形”层，选择菜单Effect→Trapcode→Sound Keys，设置音频图形如下：Audio Layer为Music.wav层，Spectrum Adjustment下的Scale为5。

**步骤 09** 对“音频图形”层进行缩放和移动，使其放置在手机屏幕处。设置Position（位置）为(295,290)，Scale（比例）为(22,33%)，如图15-47所示。

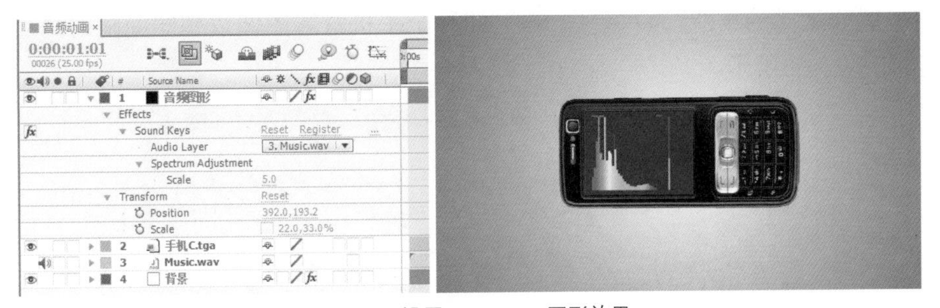


图15-47 设置Sound Keys图形效果

## 2. 制作音频动画

**步骤 01** 在“音频图形”层的Effect Controls（特效控制）面板中，单击Sound Keys下的Apply，Range 1下的Output 1会根据音频生成逐帧的关键帧。

**步骤 02** 先将“音频图形”层的Parent（父级）栏设为“手机C.tga”层，然后为“手机C.tga”层的Scale（比例）建立一个表达式如下：

```
a = thisComp.layer("音频图形").effect("Sound Keys")("Output 1");
[scale[0]+a,scale[1]+a]
```

即手机图像的尺寸为其原来尺寸数值加上“音频图形”层关键帧的数值，这样会随着音乐的强弱产生比例缩放动画，如图15-48所示。

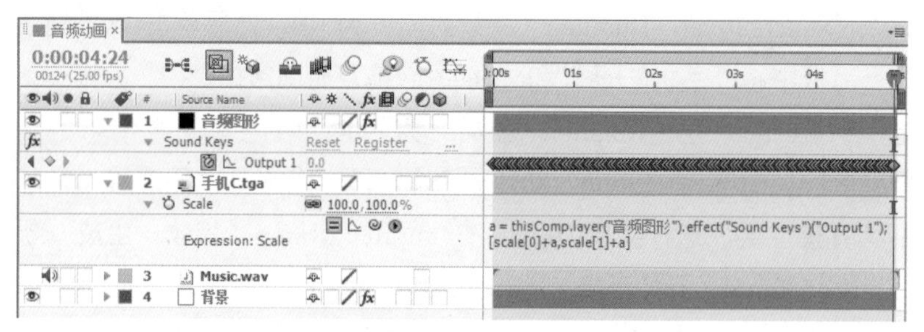


图15-48　设置Sound Keys关键帧动画效果

**步骤 03**　查看效果，如图15-49所示。

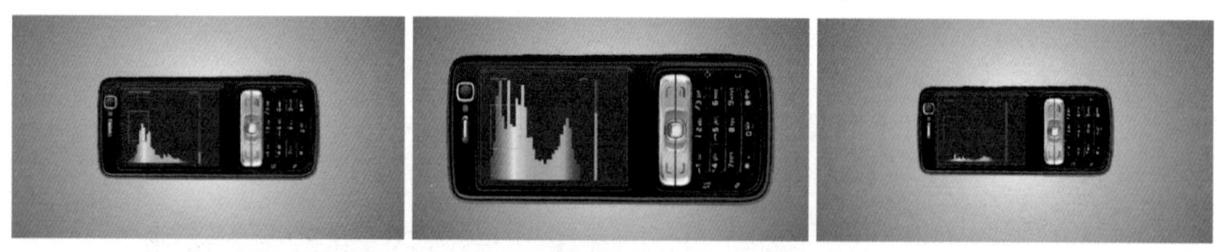

图15-49　手机随音频的强弱产生比例缩放动画

**步骤 04**　选中“手机C.tga”层，按Ctrl+D组合键创建副本，并删除副本中的Mask，重命名为“手机背影1”，设置Opacity（不透明度）为50%，放在“手机C.tga”层之下。

**步骤 05**　选中“手机背影1”层，为其Rotation（旋转）添加表达式如下：

```
a=thisComp.layer("音频图形").effect("Sound Keys")("Output 1");
a*10/3-90
```

即根据关键帧数值的大小，与“手机C.tga”产生一定的旋转偏移。关键帧数值较小时产生的旋转角度较小，反之较大。

**步骤 06**　同样，选中“手机背影1”层，按Ctrl+D组合键创建两个副本，名称为“手机背影2”层和“手机背影3”层，并修改“手机背影2”层表达式的第2行为“a*10*2/3-90”，修改“手机背影3”层表达式的第2行为“a*10-90”即三个手机背影图像以相同间隔的角度进行旋转动画，如图15-50所示。

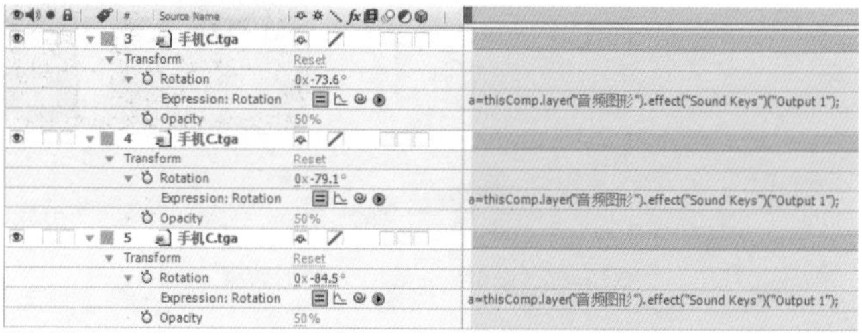

图15-50　设置手机背影动画效果

## 15.9 Trapcode Starglow

Trapcode Starglow 能在After Effects中快速制作星光闪耀的效果，在影像中高亮度的部分加上星形闪耀的光效；可以指定闪耀方向的颜色和长度,每个方向都能被单独地赋予颜色贴图和调整强度；可以为动画增加真实性，或制作出全新的梦幻的效果，甚至模拟镜头效果，在粒子或文字上也能产生不错的效果。

以下进行一个Trapcode Starglow的实例制作，效果如图15-51所示。

图15-51　实例效果

### 1. 转换Mask为位置路径

**步骤 01**　选择菜单Composition→New Composition，打开Composition Settings（合成设置）对话框，从中设置如下：Composition Name（合成名称）为“星光粒子”，Preset（预置）为PAL D1/DV Widescreen Square Pixel，Duration（持续时间）为3秒。然后单击OK按钮。

**步骤 02**　选择菜单Layer→New→Solid，新建一个名为Mask的固态层。

**步骤 03**　选中Mask层，使用钢笔工具在其上绘制一个心形的Mask，如图15-52所示。

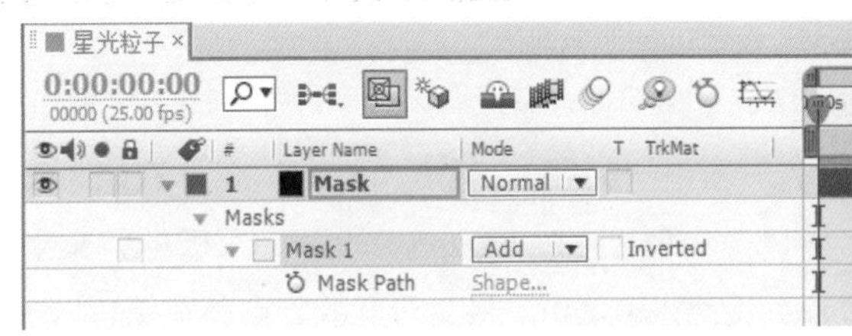


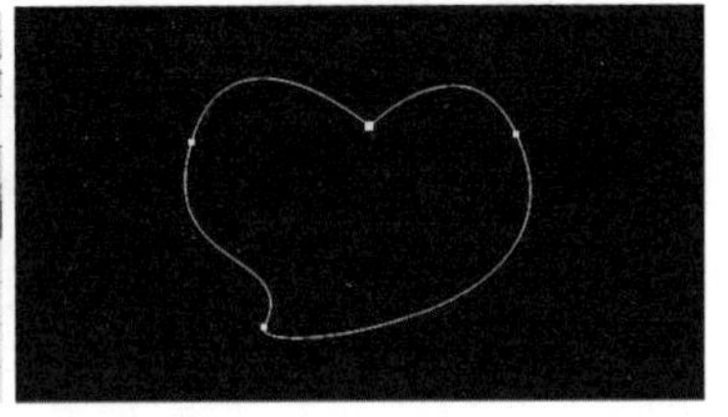

图15-52　绘制心形效果

**步骤 04**　选择菜单Layer→New→Null Object（图层→新建→空物体层）。

**步骤 05**　选中Mask层的Mask Path，按Ctrl+C组合键复制，再选中Null 1层的Position（位置），按Ctrl+V组合键粘贴，这样将Mask转换为位置动画的路径，如图15-53所示。

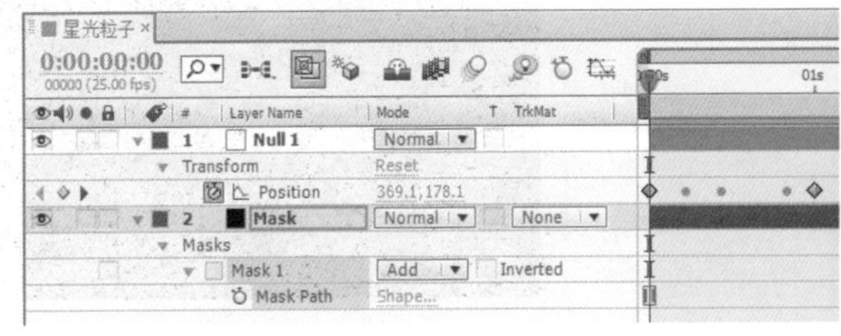


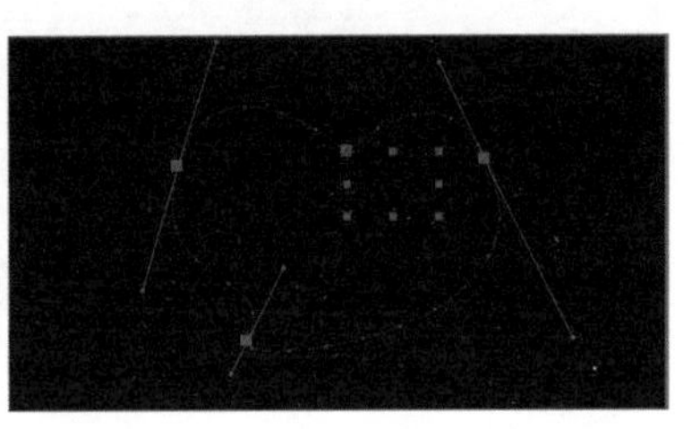

图15-53　Mask转换为位置路径关键帧

### 2. 设置光效粒子

**步骤 01**　选择菜单Layer→New→Solid，新建一个名为Particular的固态层。

**步骤 02**　选择Particular层，选择菜单Effect→Trapcode→Particular，设置粒子效果如下：Emitter下的Particles/sec第1秒为500，第1秒01帧为0；Position XY建立关联表达式“thisComp.layer("Null 1").transform.position”；Direction为Directional，Velocity from Motion[%]为0，如图15-54所示。

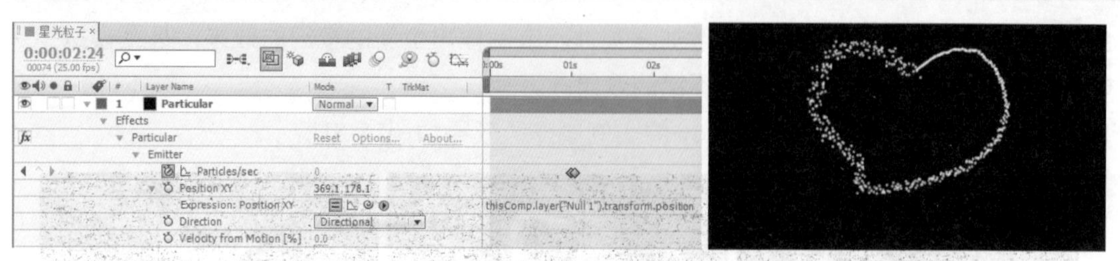


图15-54　设置Particular效果

**步骤 03**　设置Particular层的Position（位置）第1秒时为(360,288)，第2秒时为(360,188)。设置Scale（比例）第1秒时为(100,100%)，第2秒时为(50,50%)。

**步骤 04**　选择菜单Effect→Trapcode→Starglow，添加星光效果，设置Boost Light第1秒时为0，第2秒时为20，如图15-55所示。

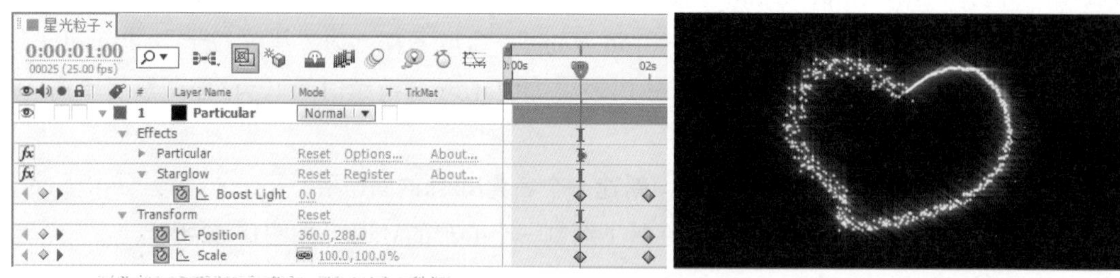


图15-55　设置Starglow效果

### 3. 设置光效文字

**步骤 01**　选择菜单Layer→New→Text（图层→新建→文字），输入“Starglow”，在Character（字符）面板中设置字体为Arial，尺寸为72，颜色为白色，在Paragraph（段落）面板中将文字居中。

**步骤 02**　在时间线中将文字的Position（位置）设为(360,420)，将文字层的入点移至第1秒处。

**步骤 03**　展开文字层下的Text，在其右侧单击Animator（动画）后的 ▶ 按钮并选择Tracking（跟踪），添加一个Animator 1动画，设置Tracking Amount（跟踪数量）第1秒时为100，第2秒24帧时为20，如图15-56所示。

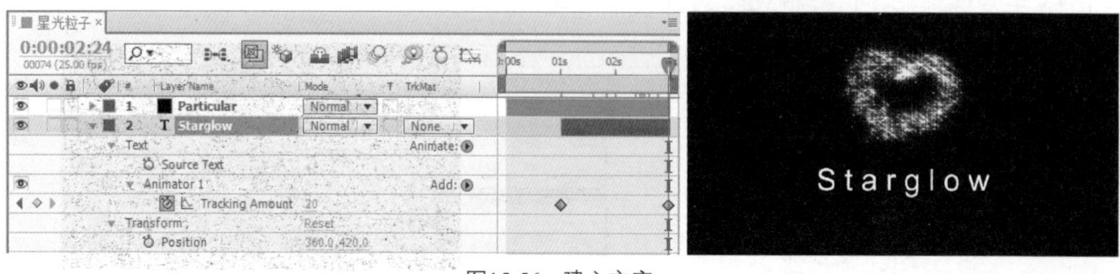


图15-56　建立文字

**步骤 04**　选中文字层，选择菜单Effect→Trapcode→Starglow，添加星光效果，这里使用默认设置。最后为文字设置一个淡入动画，Opacity第1秒时为0%，第2秒时为100%，如图15-57所示。

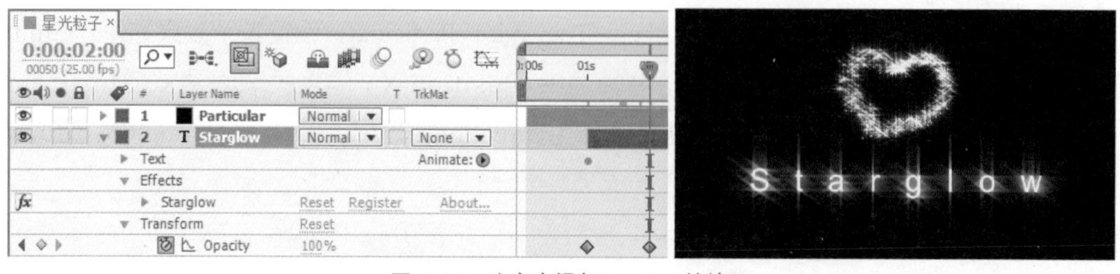


图15-57　为文字添加Starglow特效

## 15.10 变脸插件

RevisionFX出品的After Effects变形和弯曲效果插件包Reflex包括：RE:Flex Warp、RE:Flex Morph和RE:Flex Motion Morph。Reflex可以产生直观的变形和弯曲效果，易于使用和学习，利用After Effects中的Mask来完成变形效果，Mask可以是非闭合的，支持每通道8位或16位色彩深度。

以下进行一个RE:Flex Motion Morph的实例制作，效果如图15-58所示。

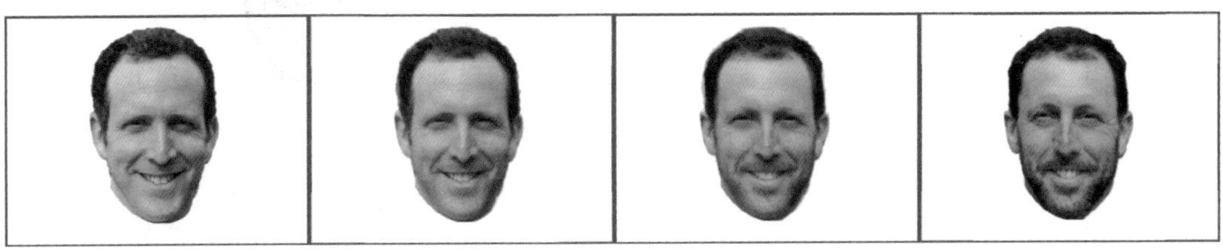

图15-58　文本

### 1. 导入素材

先在新的项目面板中导入准备制作的素材。在Project（项目）面板中的空白处双击鼠标左键，打开Import File（导入文件）对话框，从中选择本例中所准备的图片素材“人物1.tga”和“人物2.tga”，单击“打开”按钮，导入到Project（项目）面板中。素材如图15-59所示。

图15-59　素材效果

### 2. 建立“图片”合成

**步骤 01**　选择菜单Composition→New Composition（合成→新建合成，快捷键为Ctrl+N），打开Composition Settings（合成设置）对话框，从中设置如下：Composition Name（合成名称）为“图片”，Preset（预置）为PAL D1/DV，Duration（持续时间）为3秒，然后将Width（宽）修改为360，Height（高）修改为288。然后单击OK按钮。

**步骤 02**　从项目面板中将“人物1.tga”和“人物2.tga”拖至时间线中。将时间移至第1秒处，选中“人物1.tga”按Alt+]键剪切出点；将时间移至第2秒处，选中“人物2.tga”，按Alt+[ 键剪切入点，如图15-60所示。

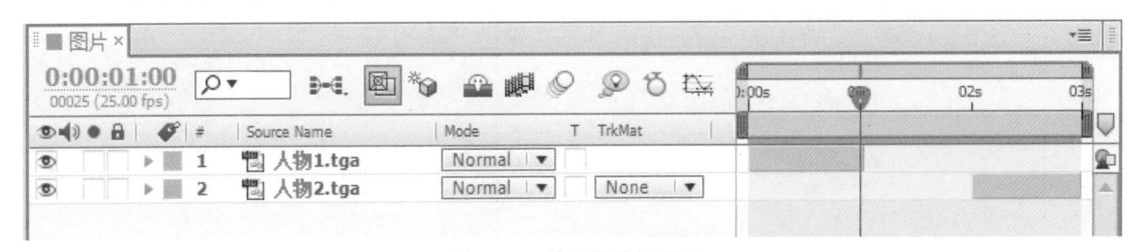


图15-60　放置和剪切图层

### 3. 建立变形Mask

**步骤 01** 在项目面板中，将“图片”拖至面板下方的按钮上释放，这样建立一个与“图片”一样的合成，其中包含“图片”层。

**步骤 02** 选择工具栏中的工具，在人物1的画面中绘制Mask，如图15-61所示。

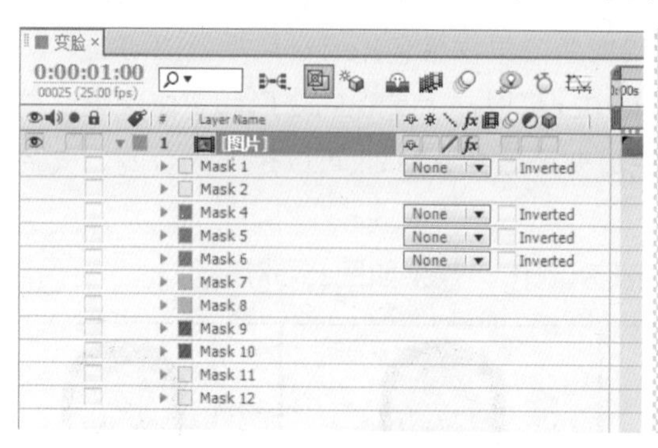

图15-61 建立人物1的Mask

**步骤 03** 在第1秒处，全选并展开Mask，单击其中一个Mask Path前面的码表，这样将全部Mask Path添加一个关键帧。

**步骤 04** 将时间移至第2秒人物2的画面上，修改Mask到对应的位置，如图15-62所示。

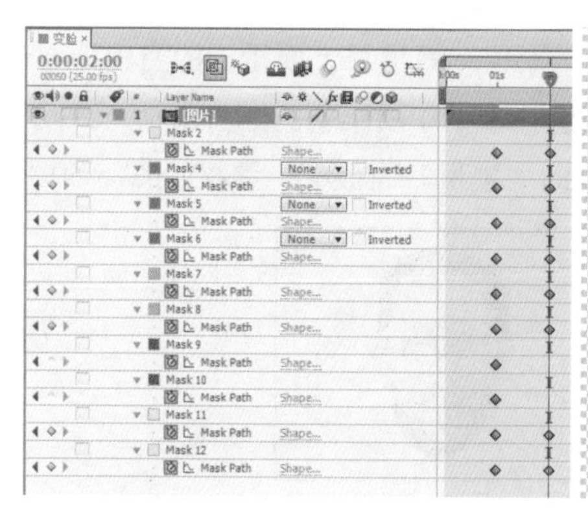

图15-62 建立人物2的Mask

### 4. 设置变脸动画

**步骤 01** 选中“图片”层，选择菜单Effect→RE：Vision Plug-ins→RE：Flex Morph添加特效，设置其下的Picture Key?在第1秒处为On，在第1秒01帧处为Off，在第2秒处为On。设置Quality为Best，Accumulate Folds为Off，Horiz Render为Right-to-Left，Vert Render为Top-to-Bottom，Match Vertices为Off，如图15-63所示。

图15-63 设置RE：Flex Morph效果

**步骤 02** 选择菜单Composition→Background Color（合成→背景色）将背景设为白色。

**步骤 03** 选中“图片”层显示出Mask，查看动画，可以看到图像根据Mask的变化而发生相应的演变，并同时从前一图片过渡到后一图片，这样完成本例的制作。如图15-64所示。

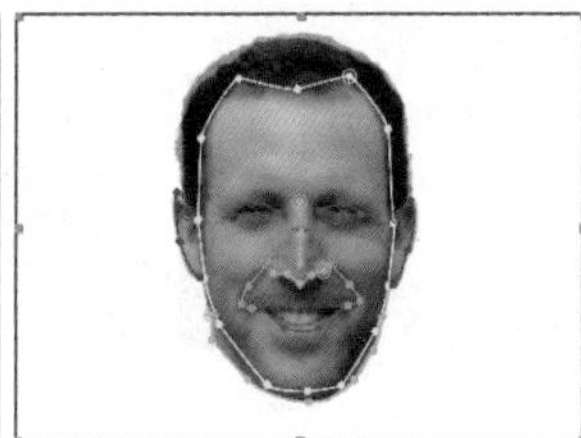
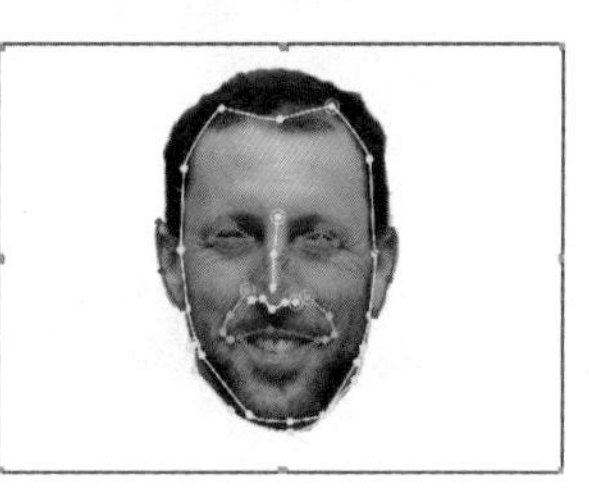

图15-64 根据Mask产生变脸动画

## 思考与练习

1. 测试手头上已有插件的效果和使用。

# 第16章 文字特效综合实例

文字特效在影视后期制作中有着很重要的地位，各种影视节目中也较为常见。本章实例综合本书所学内容，为SPIDER-MAN设计制作三种风格的文字特效，通过这些文字特效的制作来学习和应用相关合成及特效制作技术。

## 16.1 光效文字

### 16.1.1 实例简介

本实例制作一个纵向模糊光效的文字动画，由开始多个垂直光束左右晃动，逐渐集中为光效文字，然后由一个从左至右划过的光斑收起光效，显示出最终的文字。本实例是使用几个内置特效来完成的。效果如图16-1所示。

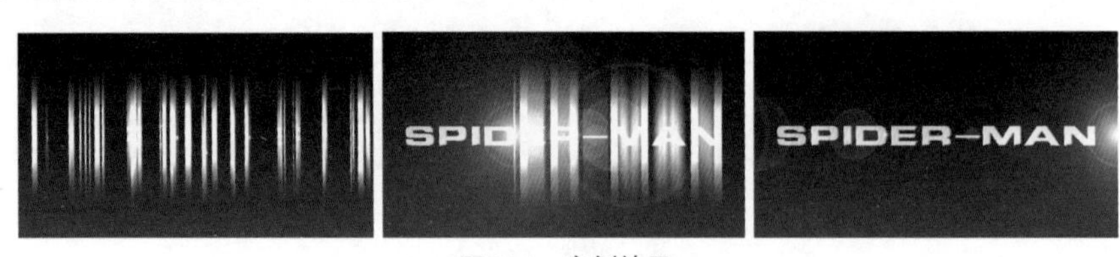


图16-1 实例效果

主要特效：Card Wipe、Directional Blur、Levels、Colorama、Lens Flare。

技术要点：使用Card Wipe制作文字左右晃动的效果，使用Directional Blur产生纵向模糊，使用Levels增强模糊效果，使用Colorama产生彩色光效，使用Lens Flare制作光斑效果，使用轨道蒙板处理光效收起的效果。

### 16.1.2 实例步骤

#### 1. 新建合成及背景

**步骤 01** 启动After Effects CS6软件，选择菜单Composition→New Composition，打开Composition Settings（合成设置）对话框，从中设置如下：Composition Name（合成名称）为“光效文字”，Preset（预置）为PAL D1/DV Widescreen，Duration（持续时间）为5秒，如图16-2所示。然后单击OK按钮。

**步骤 02** 选择菜单Layer→New→Solid，打开Solid Settings（固态层设置）对话框，从中设置如下：Name（名称）为“背景色”，单击Make Comp Size（使用合成尺寸），使固态层的尺寸及像素比与当前合成的设置一致，如图16-3所示。再单击OK按钮。

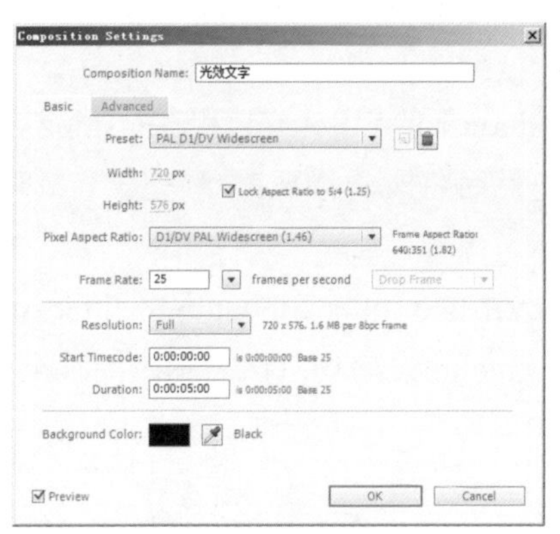


图16-2 合成设置

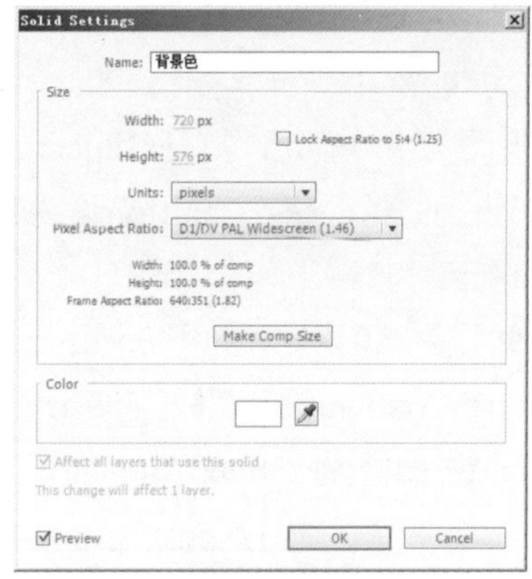


图16-3 固态层设置

**步骤 03** 选中“背景色”层，选择菜单Effect→Generate→Ramp（特效→生成→渐变填充），为单色的固态层添加渐变颜色，在Effect Controls（特效控制）面板中设置如下：Start of Ramp为(360,0)，End of Ramp为(360,576)，End Color为RGB(120,0,0)，如图16-4所示。

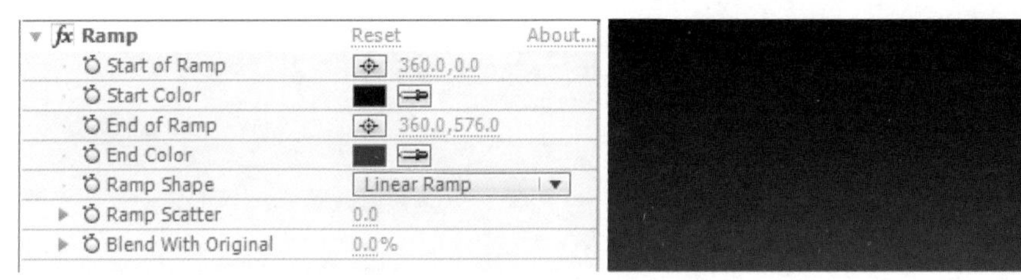


图16-4 设置Ramp（渐变填充）特效

提示

对于非方形像素画面的合成制作，在合成视图下方单击按钮时，要以正确的像素比宽度来显示结果。

## 2. 新建文字及翻转动画

**步骤 04** 选择菜单Layer→New→Text（图层→新建→文字），输入文字“SPIDER-MAN”，然后设置如下：在Character（字符）面板中设置文字的颜色为白色，字体为“汉仪菱心体简”，大小为80px，文字宽度比例为150%，文字上下偏移为-30px；在Paragraph（段落）面板中设置文字为居中对齐方式，如图16-5所示。

图16-5 设置文字参数

**步骤 05** 选中文字层，选择菜单Effect→Simulation→Card Wipe（特效→仿真→卡片翻转），为文字添加横向分割为多个卡片条块的效果，设置特效参数如下：

① Rows为1，Columns为50，Flip Axis为Y，Flip Direction为Positive，Flip Order为Left to Right，Gradient Layer为None。

② 将时间移至第0帧处，打开Transition Completion前面的码表，设为0%，将时间移至第2秒处，设为100%。

③ 将时间移至第0帧处，打开Camera Position下的Y Rotation和Z Position前面的码表，将Y Rotation设为110°，将Z Position设为1；然后将时间移至第2秒处，将Y Rotation设为0°，将Z Position设为2。

④ 将时间移至第0帧处，打开Position Jitter下的X Jitter Amount和Z Jitter Amount前面的码表，将X Jitter Amount设为0.5，将Z Jitter Amount设为10；然后将时间移至第2秒处，将X Jitter Amount设为0，将Z Jitter Amount设为0，如图16-6所示。

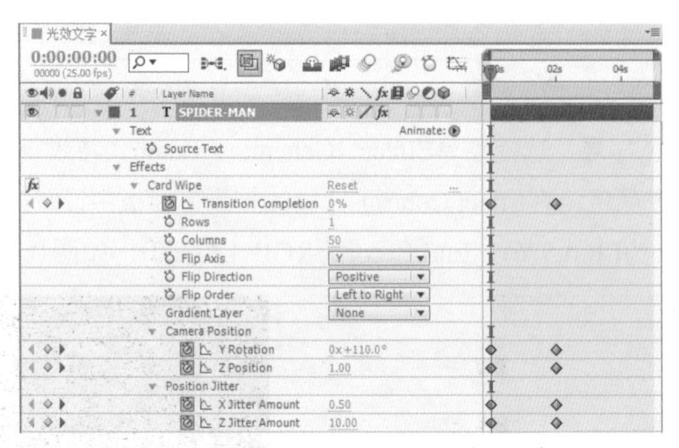

图16-6　设置Card Wipe（卡片翻转）特效

**步骤 06**　查看此时的动画效果，如图16-7所示。

图16-7　Card Wipe（卡片翻转）动画效果

### 3. 设置光效动画

**步骤 07**　选中文字层，按Ctrl+D组合键，在其上面一层创建一个副本，然后在选中副本层的状态下按Enter键，将其重新命名为“SPIDER-MAN光效”。

**步骤 08**　选中“SPIDER-MAN光效”层，选择菜单Effect→Generate→Fill（特效→生成→填充），设置Color的颜色为白色，为文字填充白色，这样在卡片翻转的过程中，灰色部分的文字也被填充为白色，如图16-8所示。

图16-8　设置Fill（填充）特效及填充白色前后对比

将灰色部分的文字填充为白色，这样有助于下一步制作出更明显的模糊光效。

**步骤 09** 选中“SPIDER-MAN光效”层，先将图层模式设为Add方式，然后选择菜单Effect→Blur & Sharpen→Directional Blur（特效→模糊&锐化→方向模糊），设置如下：将时间移至第0帧处，打开Blur Length前面的码表，记录关键帧数值，设置Blur Length在第0帧时为100，第1秒时为150，第2秒时为200，第2秒05帧时为250，第3秒时为0，如图16-9所示。

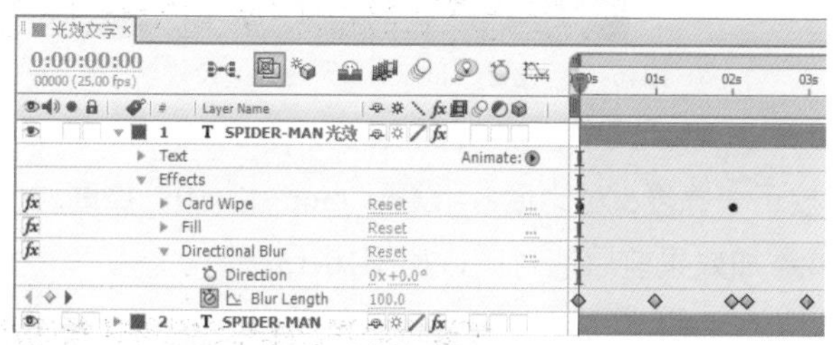

图16-9 设置Directional Blur（方向模糊）特效

**步骤 10** 查看此时的动画效果，如图16-10所示。

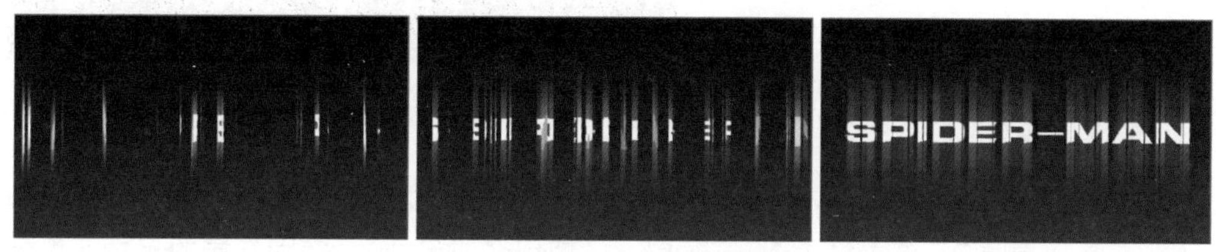

图16-10 Directional Blur（方向模糊）效果

**步骤 11** 选中“SPIDER-MAN光效”层，选择菜单Effect→Color Correction→Levels（特效→颜色校正→色阶），在Channel后的下拉选项中选择Alpha通道，然后将Alpha Input White设为50，如图16-11所示。

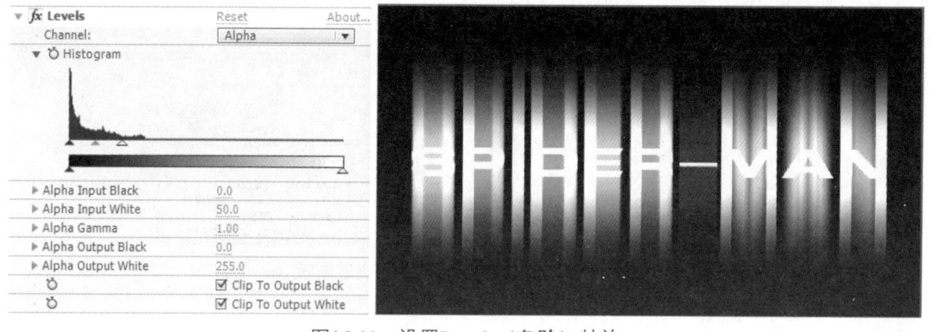

图16-11 设置Levels（色阶）特效

利用Levels（色阶）来提高光效是制作中常用的手法，需要针对Alpha通道来调整参数。

**步骤 12** 选中“SPIDER-MAN光效”层，选择菜单Effect→Color Correction→ Colorama（特效→颜色校正→彩色光），设置如下：在Output Cycle下的Use Preset Palette下拉选项中选择Fire，然后将Modify下的Modify Alpha去除勾选状态，如图16-12所示。

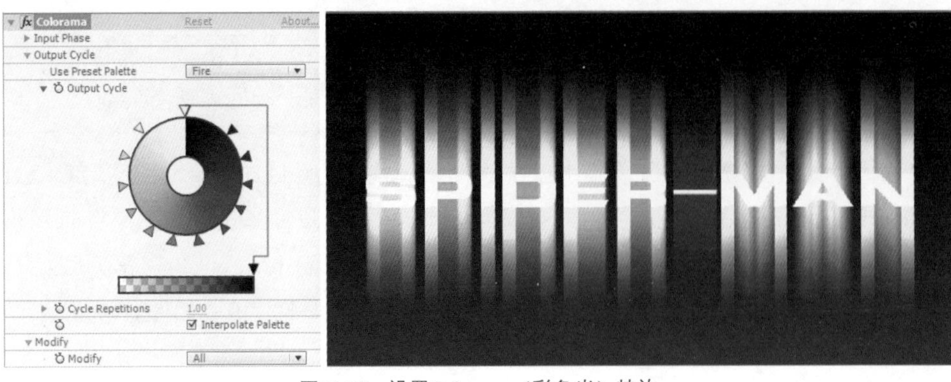


图16-12　设置Colorama（彩色光）特效

**步骤 13**　选中“SPIDER-MAN光效”层，选择菜单Effect→Color Correction→ Brightness & Contrast（特效→颜色校正→亮度&对比度），设置Contrast为10，提高对比度。这样可以在细节效果上得到改善，查看添加效果前后的对比，如图16-13所示。

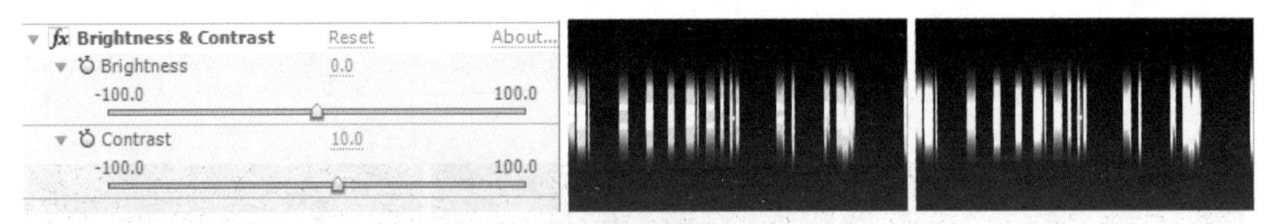


图16-13　设置Brightness & Contrast（亮度&对比度）特效

### 4. 制作光斑划过

**步骤 14**　选择菜单Layer→New→Solid，打开Solid Settings（固态层设置）对话框，从中设置如下：Name为“蒙板”，单击Make Comp Size（使用合成尺寸），使固态层的尺寸及像素比与当前合成的设置一致。再单击OK按钮。

**步骤 15**　用同样的方式，再建立一个固态层，命名为“光斑”，固态层的颜色为黑色。

**步骤 16**　选择“光斑”层，将图层模式设为Add方式；选择“SPIDER-MAN光效”层，将TrkMat设为Alpha Matte“蒙板”，如图16-14所示。

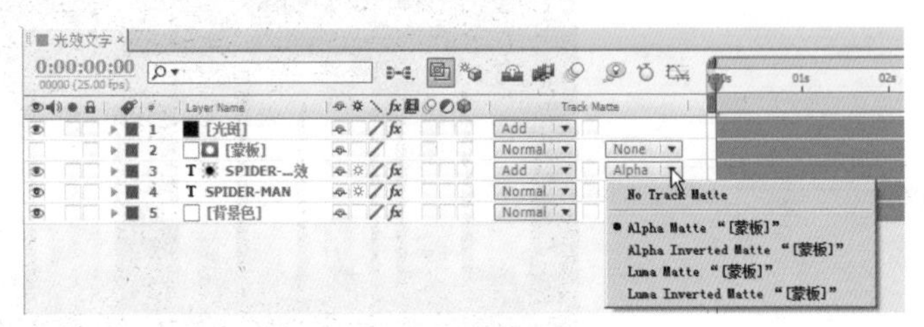


图16-14　建立固态层和设置轨道蒙板

**提示**

在添加各种点光效果时，通常不是直接在对象图层上添加特效，而是在对象图层上面建立一个黑色的固态层，然后将点光特效添加到黑色的固态层上，再将固态层的图层模式设为 Add 方式，这样更方便修改和设置。

**步骤 17**　选中“光斑”层，选择菜单Effect→Generate→Lens Flare（特效→生成→镜头光晕），将时间移至第2秒处，打开Flare Center前面的码表，记录动画关键帧，第2秒处设为(0,288)，第3秒处设为(720,288)。然后在第2秒处按Alt+[ 组合键，剪切入点，在第3秒处按Alt+] 组合键，剪切出点。

**步骤 18** 选中“蒙板”层，按P键，展开其Position（位置）参数，将时间移至第2秒处，打开Position（位置）前面的码表，记录动画关键帧，第2秒时为(60,288)，第3秒时为(1080,288)，如图16-15所示。

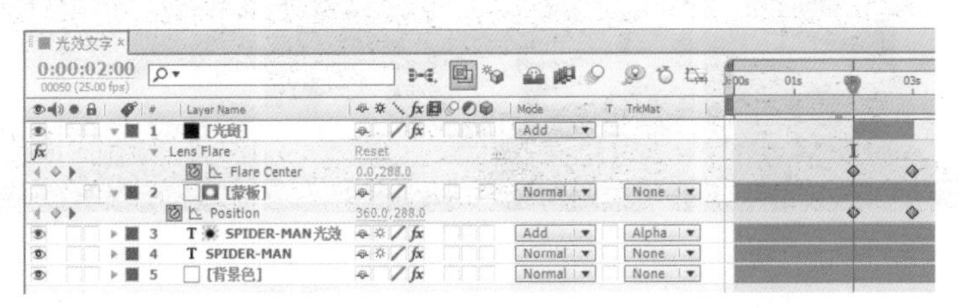


图16-15 设置Lens Flare（镜头光晕）及“蒙板”层动画

**步骤 19** 查看此时的动画效果，如图16-16所示。

图16-16 查看光斑划过的动画

### 5. 设置文字颜色与边缘导角

**步骤 20** 选中“SPIDER-MAN文字层”，选择菜单Effect→Generate→Ramp（特效→生成→渐变填充），设置如下：Start of Ramp为(477,83)，End of Ramp为(499,355)，Start Color为RGB(255,156,0)，End Color为RGB(255,255,220)。

**步骤 21** 选中“SPIDER-MAN”文字层，选择菜单Effect→Perspective→Bevel Alpha（特效→透视→Alpha边缘导角），使用其默认的设置即可，如图16-17所示。

图16-17 设置文字颜色与边缘导角

这样完成最终的制作，最终的效果见图16-1。

## 16.2 立体文字

### 16.2.1 实例简介

三维立体文字通常需要在相应的三维动画软件中进行制作，对于大多数后期制作者来说，没有太多的精力去研究和使用3ds MAX或Maya这类庞大的三维动画软件。本实例利用After Effects CS6的新增功能，在After Effects中制作立体文字，这给后期制作者带来了很大的便利。在After Effects中直接制作三维立体文字，与使用其他三维动画软件制作相比，既降低了操作难度，又给特效处理及合成制作带来了便利，更容易及时调试和修改，大大提高了工作效率。效果如图16-18所示。

图16-18　实例效果

主要特效：Shine（外挂插件），Light Factory EZ（外挂插件）。

技术要点：使用After Effects CS6新增的三维文字功能制作立体文字，使用Trapcode的外挂插件Shine制作放射光芒，使用Knoll Light Factory的外挂插件Light Factory EZ制作光斑效果，并结合空物体层和摄像机设置立体文字的变换动画和视角。

### 16.2.2　实例步骤

#### 1. 新建合成及文字层

**步骤 01**　启动After Effects CS6软件，选择菜单Composition→New Composition，打开Composition Settings（合成设置）对话框，从中设置如下：Composition Name（合成名称）为"立体文字"，Preset（预置）为PAL D1/DV Widescreen，Duration（持续时间）为5秒。切换到Advanced（高级）标签，将Renderer（渲染）选择为Ray-traced 3D（三维光线跟踪），如图16-19所示。然后单击OK按钮。

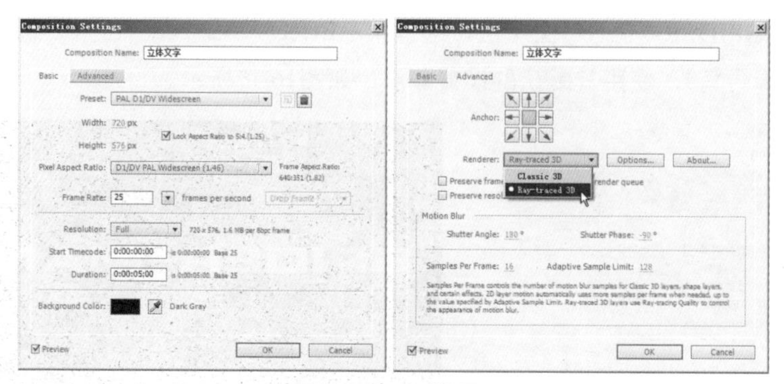

图16-19　合成设置

**步骤 02**　选择菜单Layer→New→Text（图层→新建→文字），输入文字"SPIDER-MAN"，然后设置如下：在Character（字符）面板中，设置文字的颜色为蓝色，RGB为(114,189,250)，字体为"汉仪菱心体简"，大小为80px，文字宽度比例为150%，文字上下偏移为-26px；在Paragraph（段落）面板中，设置文字为居中对齐方式，如图16-20所示。

图16-20　建立文字

### 2. 转换立体文字和设置灯光

**步骤 03** 打开SPIDER-MAN文字层的三维开关，设置Geometry Options下的Bevel Style为Angular，Extrusion Depth为15，使用自定义视图可以查看到文字已具有立体的效果，如图16-21所示。

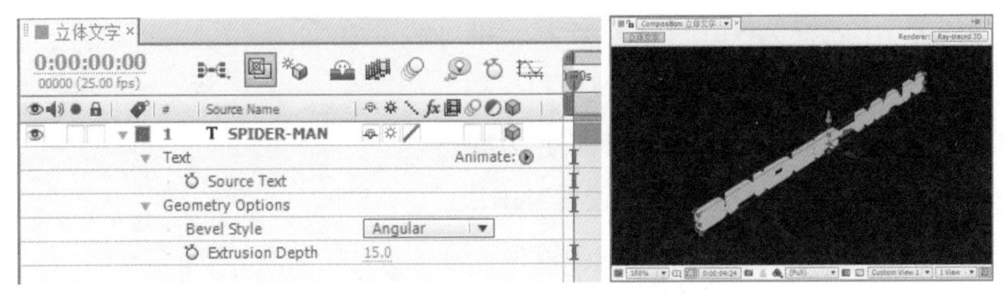


图16-21 将文字转换为立体

Geometry Options选项在合成的 Renderer（渲染）使用 Ray-traced 3D（三维光线跟踪）方式之后才出现。

**步骤 04** 选择菜单Layer→New→Light（图层→新建→灯光），依次操作三次，建立三个灯光，分别设置如图16-22所示。

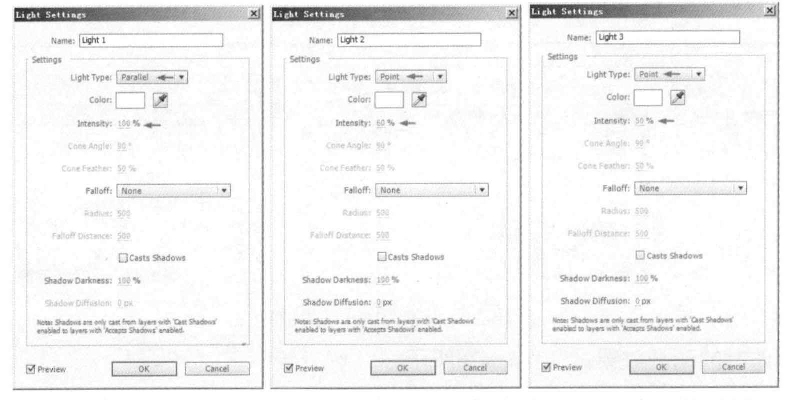


图16-22 建立三个灯光层

**步骤 05** 在时间线中设置灯光的位置，Light 1的Position（位置）为(−116,288,125)，Light 2的Position（位置）为(590,288,−1000)，Light 1的Position（位置）为(385,288,−400)，如图16-23所示。

图16-23 设置灯光的位置

### 3. 设置立体文字动画

**步骤 06** 选择菜单Layer→New→Camera（图层→新建→摄像机），名称为Camera 1，在打开的

Camera Settings对话框中，将Preset选择为15mm，使用一个透视角度较大的广角镜头效果，如图16-24所示。然后单击OK按钮。

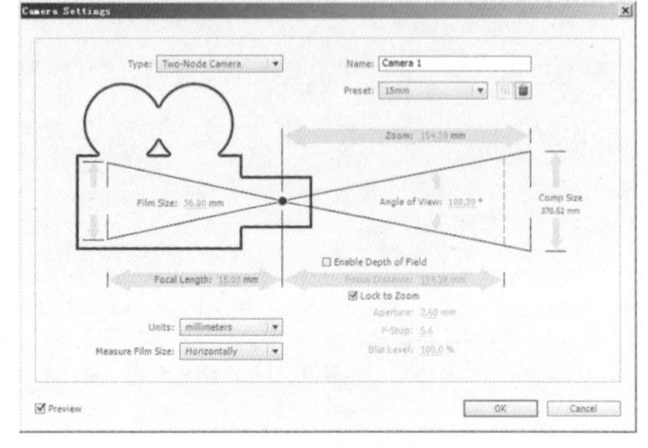


图16-24　建立摄像机

**步骤07**　选择菜单Layer→New→Null Object（图层→新建→空物体层），名称为Null 1，打开其三维图层的开关。

**步骤08**　显示Parent（父级）栏，将文字层的Parent（父级）栏选择为Null 1层，然后设置Null 1层的位置和旋转动画，制作立体文字的动画效果，经过调试，Null 1层的动画关键帧的参数分别如下：

① 第5帧处，Position（位置）为(500,288,0)，Y Rotation为125°，Z Rotation为0°。

② 第15帧处，Position（位置）为(336,288,-380)，Y Rotation为0°，Z Rotation为-12°。

③ 第1秒15帧处，Position（位置）为(336,288,-375)，Y Rotation为0°，Z Rotation为-10°。

④ 第2秒处，Position（位置）为(360,288,-250)，Y Rotation为-15°，Z Rotation为10°。

⑤ 第2秒20帧处，Position（位置）为(360,288,-245)，Y Rotation为-12°，Z Rotation为0°。

⑥ 第3秒05帧处，Position（位置）为(360,286,100)，Y Rotation为0°，Z Rotation为0°。

⑦ 第4秒24帧处，Position（位置）为(360,286,200)，如图16-25所示。

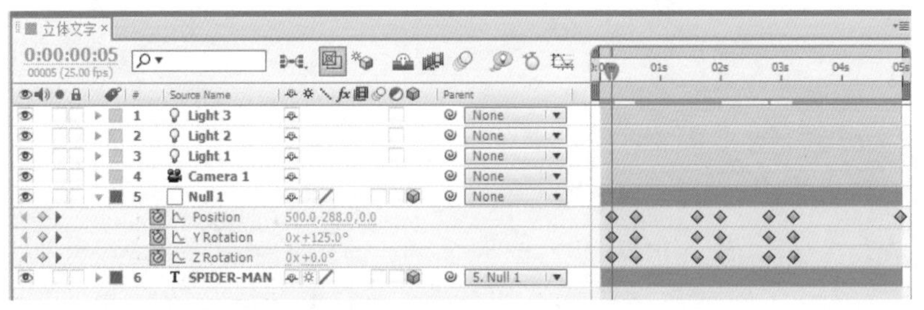


图16-25　设置变换动画关键帧

**步骤09**　查看此时的动画效果，如图16-26所示。

图16-26　查看变换动画效果

### 4. 添加光效

**步骤10**　选择菜单Layer→New→Adjustment Layer（图层→新建→调节层），新建一个名称为Adjustment Layer 1的调节层。将入点移至第2秒20帧处。

**步骤11**　选中调节层，选择菜单Effect→Trapcode→Shine，添加光芒效果，在Shine下设置Boost Light为0，Colorize下的Colorize为None，Transfer Mode为Add方式。将时间移至第2秒20帧处，打开Ray Length和Shine Opacity[%]前面的码表，记录关键帧如下（如图16-27所示）：

① 第2秒20帧处，Ray Length为0，Boost Light为0，Shine Opacity［%］为0。

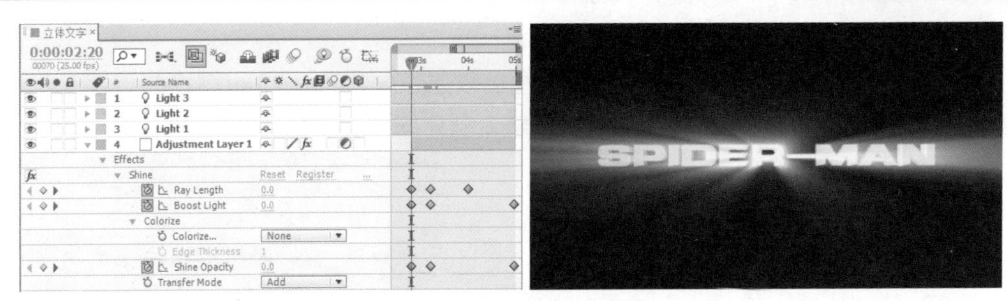


图16-27 设置Shine光芒效果

② 第3秒05帧处，Ray Length为5，Boost Light为1，Shine Opacity［%］为100。

③ 第4秒处，Ray Length为0。

④ 第4秒24帧处，Boost Light为0，Shine Opacity［%］为0。

**步骤12** 选择菜单Layer→New→Solid，打开Solid Settings（固态层设置）对话框，从中设置如下：Name为“光斑”，单击Make Comp Size（使用合成尺寸），使固态层的尺寸及像素比与当前合成的设置一致。再单击OK按钮，将入点移至第2秒20帧处。

**步骤13** 选中“光斑”层，选择菜单Effect→Knoll Light Factory→ Light Factory EZ，添加一个光斑特效，设置Flare Type为Vortex Bright，Light Source Location为(360,288)，将时间移至第2秒20帧处，打开Brightness前面的码表，记录Brightness的关键帧动画如下：第2秒20帧处为0，第3秒05帧处为100，第4秒处为0，如图16-28所示。

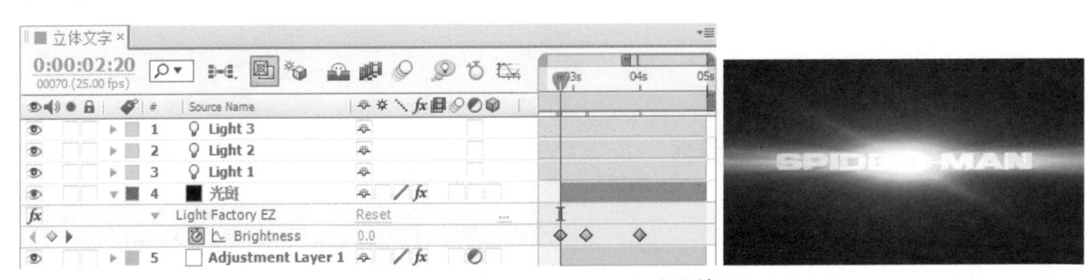


图16-28 设置Light Factory EZ光斑效果

这样完成最终的制作，最终的效果见图16-18。

## 16.3 网点文字

### 16.3.1 实例简介

文字有透明的背景并具有很强的辨认特性，是一类特殊的视觉元素，往往可以通过对文字的制作，将特效的效果发挥得淋漓尽致。这里使用Trapcode的一个外挂插件Particular，制作一种网点动画的文字效果，如图16-29所示。在本实例中所使用的效果运算量较大，在制作过程中需要讲究正确的方法，循序渐进，以保证操作的顺利进行。

图16-29 实例效果

主要特效：Particular（外挂插件），Ramp。

技术要点：使用Ramp制作文字的渐变颜色效果，使用Particular制作粒子效果，并利用文字合成图层来作为Particular效果的参考层，制作网点文字效果。

## 16.3.2 实例步骤

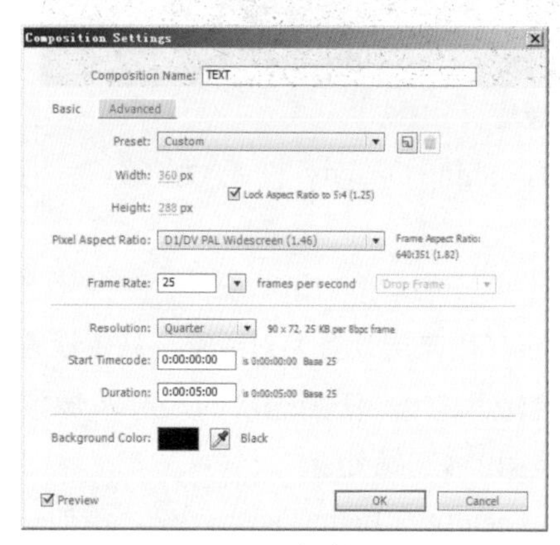


图16-30 合成设置

### 1. 建立文字合成

**步骤 01** 启动After Effects CS6软件，选择菜单Composition→New Composition，打开Composition Settings（合成设置）对话框，从中设置如下：Composition Name（合成名称）设为TEXT，Preset（预置）选择为PAL D1/DV Widescreen，更改Width（宽度）为360px，同时Height（高度）改变为288，Duration（持续时间）设为5秒，如图16-30所示。然后单击OK按钮。

由于本例中所使用的特效较复杂，运算和显示响应时间较慢，这里减小了画面尺寸，有助于顺利地进行实例的操作。

**步骤 02** 选择菜单Layer→New→Text（图层→新建→文字），输入文字“SPIDER-MAN”，然后设置如下：在Character（字符）面板中，设置文字的颜色为白色，字体为“汉仪菱心体简”，大小为36px，文字宽度比例为150%，文字上下偏移为-12px；在Paragraph（段落）面板中，设置文字为居中对齐方式，如图16-31所示。

图16-31 设置文字参数

**步骤 03** 选中文字层，选择菜单Effect→Generate→Ramp（特效→生成→渐变填充），为文字填充一个渐变的颜色，设置如下：Start of Ramp为(180,144)，End of Ramp为(360,144)，Start Color为RGB(255,72,0)，End Color为RGB(255,192,0)，如图16-32所示。

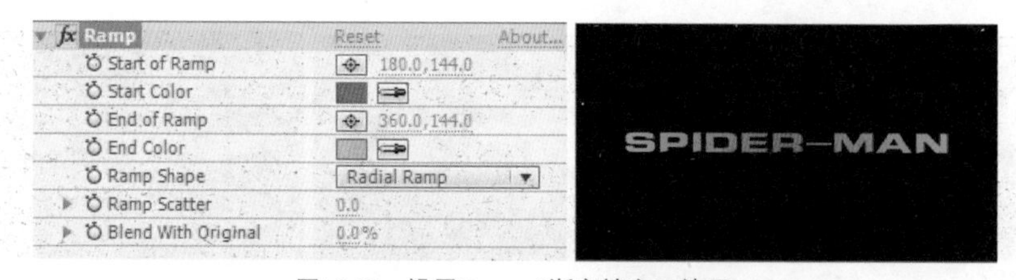


图16-32 设置Ramp（渐变填充）效果

### 2. 建立“网点文字”合成

**步骤 04** 选择菜单Composition→New Composition，打开Composition Settings（合成设置）对话框，将Composition Name（合成名称）设为“网点文字”，其他设置与之前的TEXT合成设置相同。然后单击OK按钮。

也可以在项目面板中将TEXT合成拖至项目面板下方的按钮上释放，这样自动新建一个与TEXT设置相同的合成，再将新合成的名称进行修改即可。

**步骤 05** 从项目面板中将TEXT拖至“网点文字”合成的时间线中，并打开TEXT图层的三维开关。

### 3. 初步设置粒子效果

**步骤06** 选择菜单Layer→New→Solid，打开Solid Settings（固态层设置）对话框，从中设置如下：Name（名称）为“粒子”，单击Make Comp Size（使用合成尺寸），使固态层的尺寸及像素比与当前合成的设置一致。再单击OK按钮，新建一个固态层，如图16-33所示。

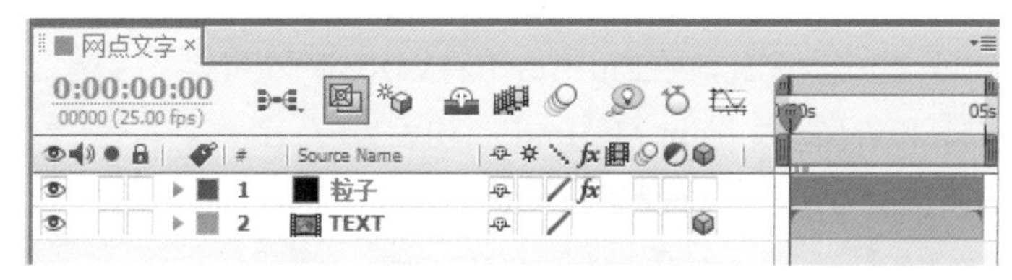


图16-33　设置固态层

**步骤07** 选中“粒子”层，选择菜单 Effect→Trapcode→Particular，添加一个粒子特效，默认效果是从中心点发射出白色的粒子，如图16-34所示。

图16-34　添加Particular粒子特效

**步骤08** 逐步对Particular进行设置，先展开Emitter项，将Emitter Type选择为Layer Grid，将Layer选择为TEXT层，在Grid Emitter下将Particles in X设为200，将Particles in Y设为100，如图16-35所示。然后单击OK按钮。

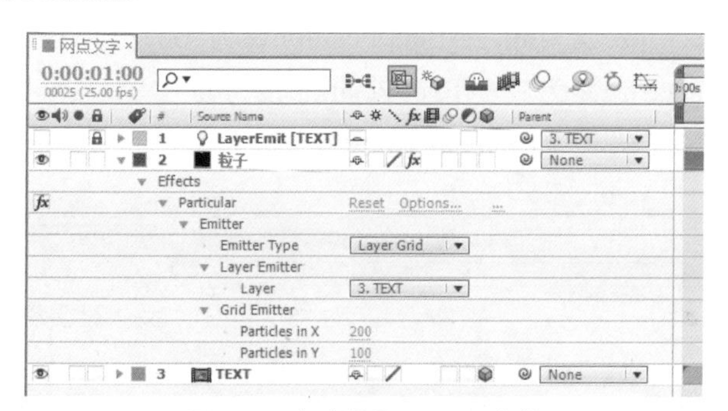


图16-35　初步设置Particular参数

这里将Particles in X设为200，将Particles in Y设为100，其实最终效果还需要设置更大的数值，但是为了防止运算量过大导致软件响应过慢，这里先使用较小的数值来进行效果调试制作。

**步骤09** 在时间线中，可以发现自动产生一个名为LayerEmit [TEXT]的灯光层，并且其父级层为TEXT层，这是由于将Emitter Type设为Layer Grid后自动产生的。

**步骤10** 暂时关闭TEXT层的显示，查看此时的动画效果，此时可以产生文字分裂为粒子颗粒的效果，如图16-36所示。

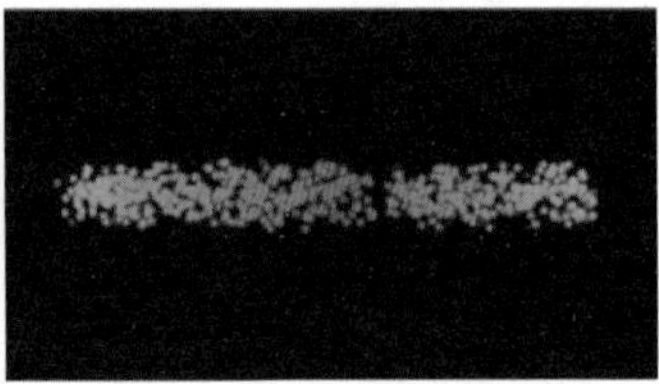
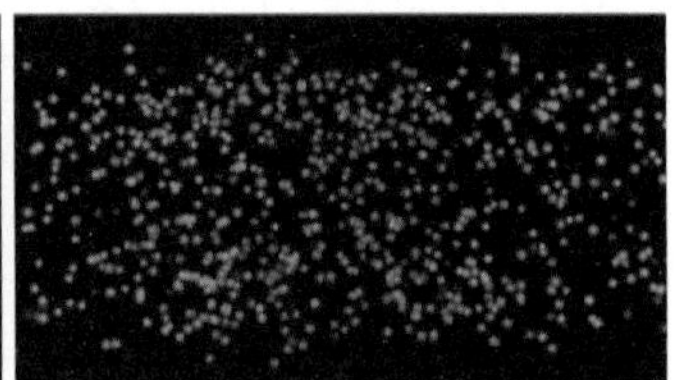

图16-36 查看初步效果

### 4. 设置网点文字雏形动画

**步骤11** 对Particular进一步设置，在Emitter下将Velocity、Velocity Random[%]和Velocity from Motion[%]均设为0；在Particle下将Life[sec]设为10，Size设为2，Opacity设为75，Opacity Random[%]设为30，Transfer Mode设为Screen；在Physics的Air下，再展开Turbulence Field，将Affect Size设为10，将Affect Position设为100，将Scale设为15，将Complexity设为4，将Octave Multiplier设为4，如图16-37所示。

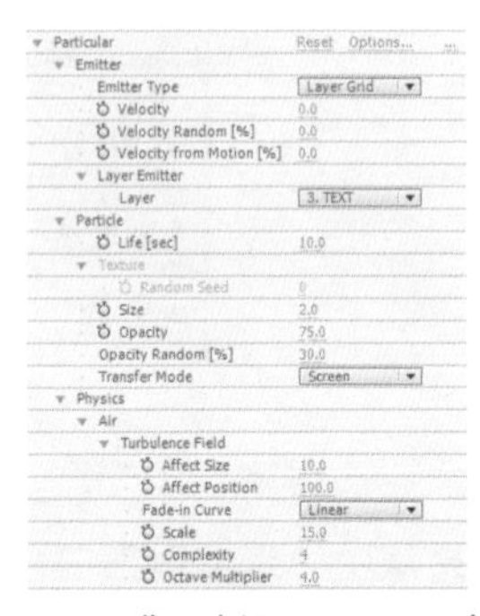


图16-37 进一步设置Particular参数

**步骤12** 查看此时的动画效果，如图16-38所示。

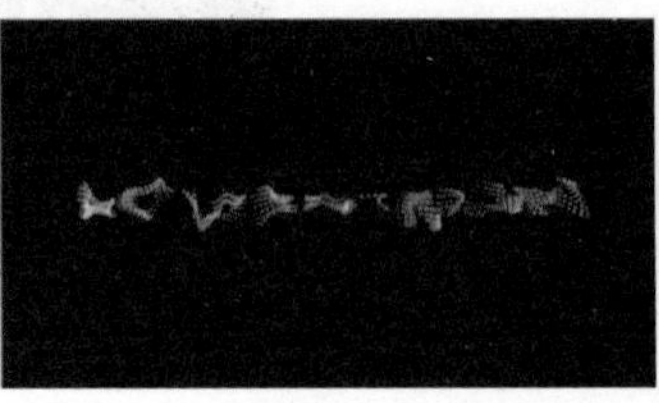
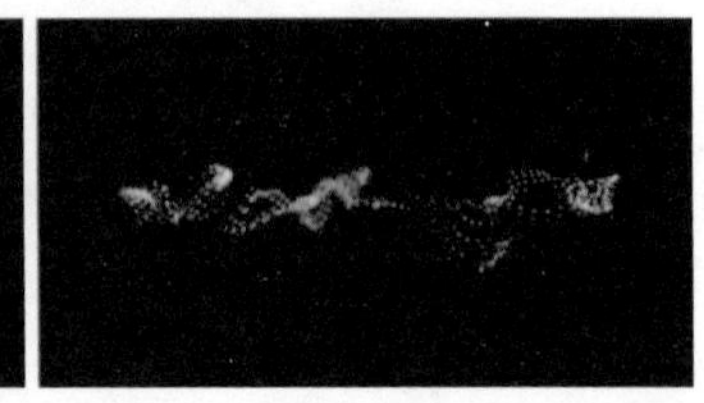

图16-38 查看进一步的效果

**步骤13** 将时间移至第2秒处，打开Affect Size和Affect Position前面的码表，设置动画关键帧如下（如图16-39所示）：

① 第2秒处，Affect Size设为30，Affect Position设为560。

② 第3秒处，Affect Size设为5，Affect Position设为0。

③ 第4秒处，Affect Size设为0，如图16-39所示。

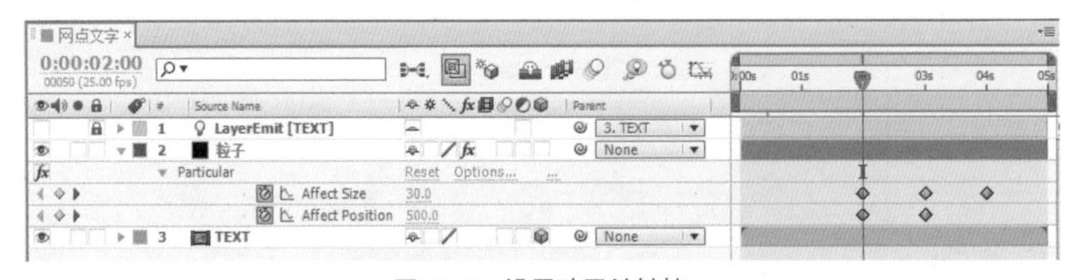


图16-39 设置动画关键帧

**步骤14** 查看此时的动画效果，如图16-40所示。此时已初步出现粒子汇聚成点状文字的效果，但此时的粒子数量还不够，没有形成网状的效果。

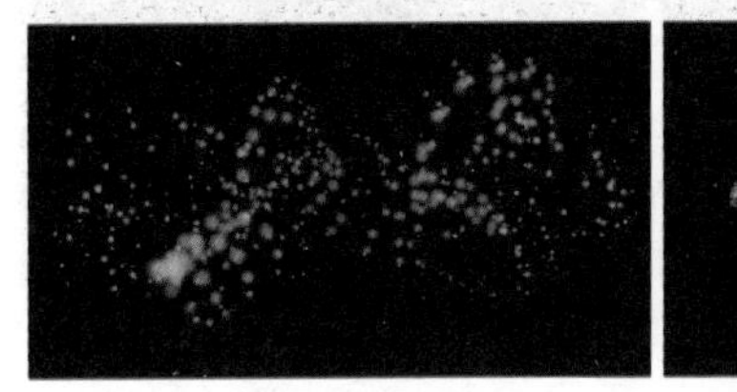

图16-40 查看动画效果

### 5. 设置网点文字最终效果

**步骤15** 文字动画的雏形已经出来了，在Grid Emitter下将Particles in X设为600，将Particles in Y设为300，如图16-41所示。然后单击OK按钮。

| ▼ Particular | Reset Options... |
|---|---|
| ▼ Emitter | |
| ▼ Grid Emitter | |
| Particles in X | 600 |
| Particles in Y | 300 |

图16-41 增大参数值改善效果

**提示**

制作中所使用的方法不正确往往会事倍功半，这里在开始调试效果的时候，将Particles in X和Particles in Y设为小一些的数值，可以加快渲染响应时间，提高制作效率，最后加大数值来得到更好的效果。如果一开始使用较大的数值，会导致运算量过大，渲染响应时间过长而无法进行正常的调试操作，使制作难以进行下去。

**步骤16** 查看此时的动画，效果得到改善，不断变化的网状元素变形为网点粒子组成的文字，如图16-42所示。

图16-42 查看改善的效果

**步骤17** 打开TEXT的显示开关，选中“粒子”层和TEXT层，按T键，展开其Opacity（不透明度）参数，将时间移至第3秒处，打开两个图层Opacity（不透明度）前面的码表，设置Opacity（不透明度）的动画关键帧如下：第3秒处，“粒子”层的数值为100%，TEXT的数值为0%；第4秒处，“粒子”层的数值为50%，TEXT的数值为100%，如图16-43所示。

网点文字 ×

0:00:03:00
00075 (25.00 fps)

| # | Source Name |  | Parent |
|---|---|---|---|
| 1 | LayerEmit [TEXT] | | 3. TEXT |
| 2 | 粒子 | | None |
| | Opacity | 100% | |
| 3 | TEXT | | None |
| | Opacity | 0% | |

图16-43 设置（不透明度）动画关键帧

**步骤18** 查看此时后面一部分文字效果，网点粒子文字最终转换为文字效果，如图16-44所示。

图16-44 查看后一部分文字效果

这样完成本实例的制作，最终的效果见图16-29。

## 思考与练习

一、思考题：

1．分析“光效文字”实例中哪几个特效最关键，说明“光效文字”实例中Fill、Level和Brightness & Contrast三个特效的作用。

2．能不能使用合成中的其他图层来控制三维文字的位移、旋转和缩放？

3．与三维文字关联的图层是二维图层还是三维图层？

4．在制作过程中，特效运算量过大时软件响应会较慢，严重时会影响制作的进程，以“网点文字”实例为例简述如何解决这样的问题。

二、练习题：

请以SPIDER-MAN文字为例，设计和制作其他文字特效方式。

# 第17章
# 三维合成综合实例

## 17.1 飞机起飞

### 17.1.1 实例简介

本实例使用含有飞机顶视图、侧视图的平面图像，使用Mask抠出飞机的顶视图、侧视图及螺旋桨，在三维空间中搭建出飞机的模型，并设置螺旋桨动画。通过在新的合成中创建三维场景，并嵌套飞机模型，将其制作成从场景中起飞的效果，如图17-1所示。

图17-1 实例效果

主要特效：Radial Blur。

技术要点：在三维空间中搭建飞机模型，嵌套合成制作飞行动画。

### 17.1.2 实例步骤

#### 1. 导入素材

先在新的项目面板中导入准备制作的素材。在Project（项目）面板中的空白处双击鼠标左键，打开Import File（导入文件）对话框，从中选择本例中所准备的图片素材“飞机图示.jpg”、“云.jpg”、“风景.jpg”和“跑道.psd”（如图17-2所示），单击“打开”按钮，将其导入到Project（项目）面板中。

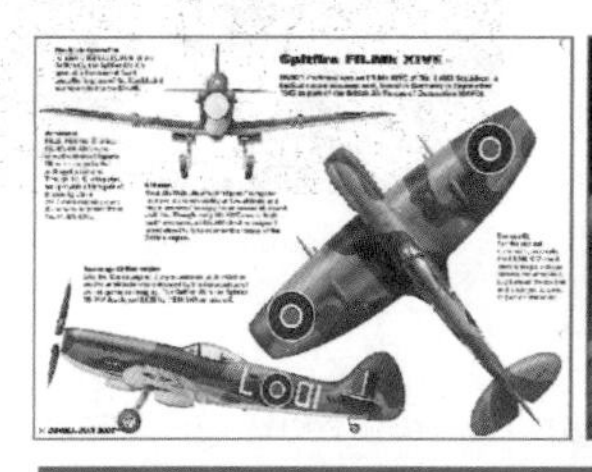

图17-2 素材图像

### 2. 建立“飞机_顶视图”

**步骤 01** 选择菜单Composition→New Composition，打开Composition Settings（合成设置）对话框，从中设置如下：Composition Name（合成名称）为“飞机_顶视图”，Preset（预置）为PAL D1/DV Square Pixel，Duration（持续时间）为6秒，如图17-3所示。然后单击OK按钮。

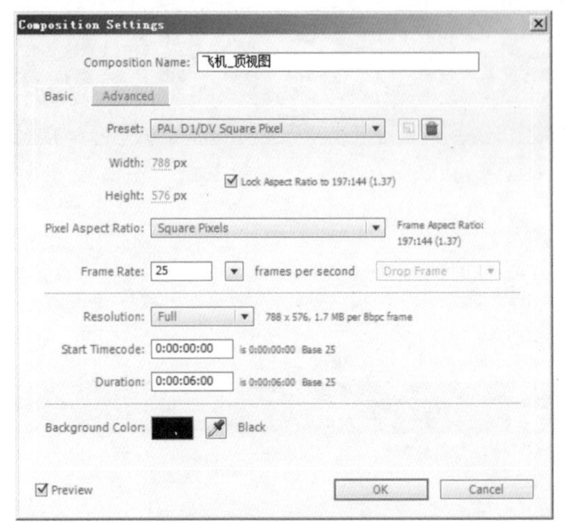


图17-3　建立合成

**步骤 02** 从项目面板中将“飞机图示.jpg”拖至时间线中。

**步骤 03** 在合成视图下方单击按钮并选中Title/Action Safe（字幕/视频安全框），然后参照辅助线将顶视图飞机移至视图中心，调整旋转角度，使飞机垂直放置，如图17-4所示。

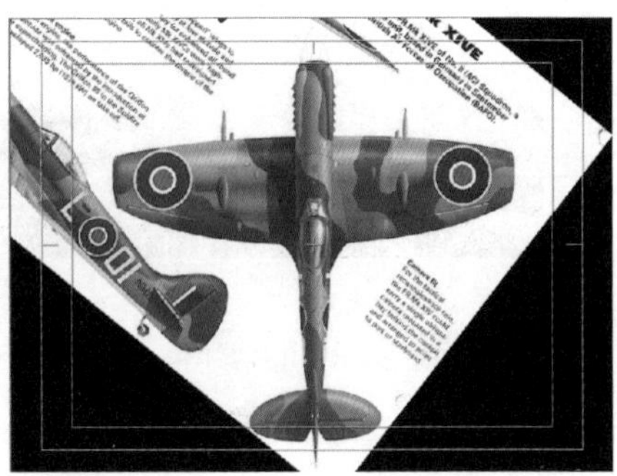

图17-4　调整顶视图飞机的显示角度

**步骤 04** 沿飞机顶视图的轮廓建立一个Mask，将飞机从原图像中分离出来，如图17-5所示。

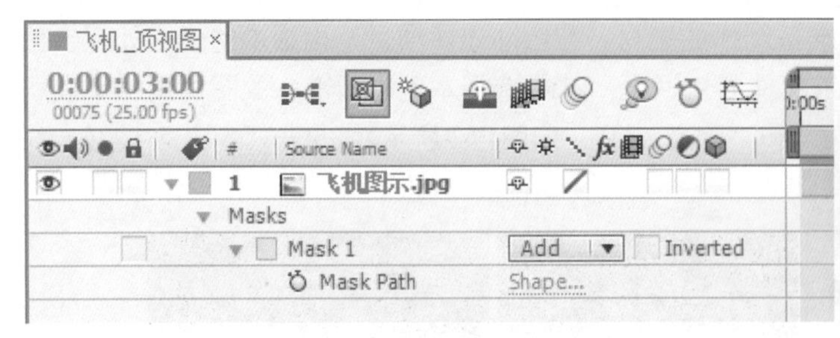

图17-5　绘制顶视图飞机的轮廓

### 3. 建立“飞机_侧视图”

**步骤 05** 选择菜单Composition→New Composition，打开Composition Settings（合成设置）对话框，从中设置如下：Composition Name（合成名称）为“飞机_侧视图”，Preset（预置）

为PAL D1/DV Square Pixel，Duration（持续时间）为6秒。然后单击OK按钮。

**步骤 06** 从项目面板中将“飞机图示.jpg”拖至时间线中，将飞机侧视图移至视图中心，调整旋转角度，使飞机水平放置，如图17-6所示。

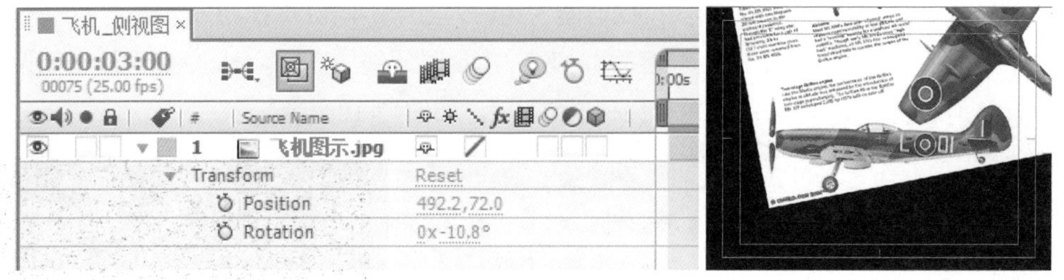


图17-6 调整侧视图飞机的显示角度

**步骤 07** 沿飞机侧视图的轮廓建立一个Mask，将飞机从原图像中分离出来，如图17-7所示。

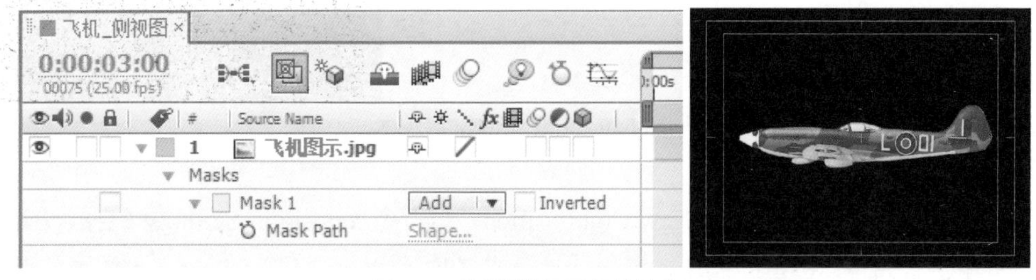


图17-7 绘制侧视图飞机的轮廓

### 4. 建立“飞机_螺旋浆_叶片”

**步骤 08** 选择菜单Composition→New Composition，打开Composition Settings（合成设置）对话框，从中设置如下：Composition Name（合成名称）为“飞机_螺旋浆_叶片”，Preset（预置）为PAL D1/DV Square Pixel，Duration（持续时间）为6秒。然后单击OK按钮。

**步骤 09** 从项目面板中将“飞机图示.jpg”拖至时间线中，将飞机螺旋浆移至视图中心，如图17-8所示。

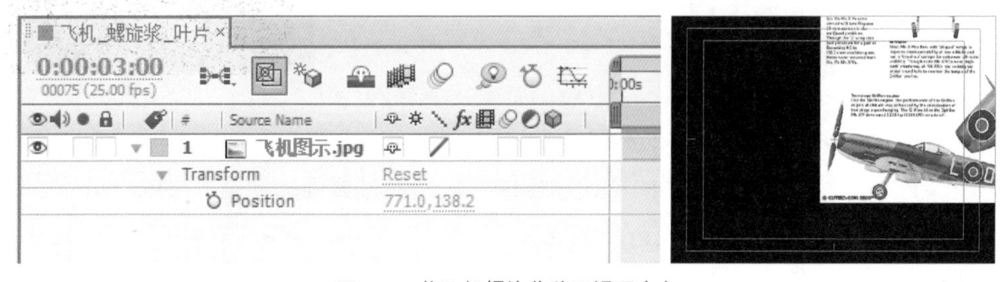


图17-8 将飞机螺旋浆移至视图中心

**步骤 10** 沿飞机上面螺旋浆的轮廓建立一个Mask，将螺旋浆从原图像中分离出来，如图17-9所示。

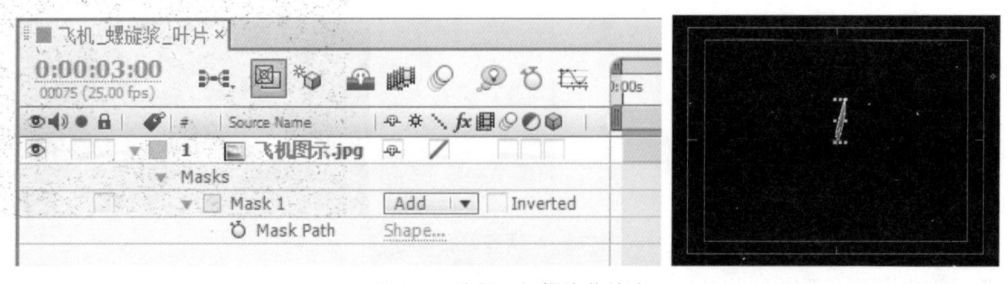


图17-9 绘制飞机螺旋浆轮廓

### 5. 建立“飞机_螺旋桨”

**步骤 11** 选择菜单Composition→New Composition，打开Composition Settings（合成设置）对话框，从中设置如下：Composition Name（合成名称）为“飞机_螺旋桨”，Preset（预置）为PAL D1/DV Square Pixel，Duration（持续时间）为6秒。然后单击OK按钮。

**步骤 12** 从项目面板中将“飞机_螺旋桨_叶片”拖至时间线中，按Ctrl+D组合键创建两个副本，然后分别调整其Rotation（旋转）为120°和240°，如图17-10所示。

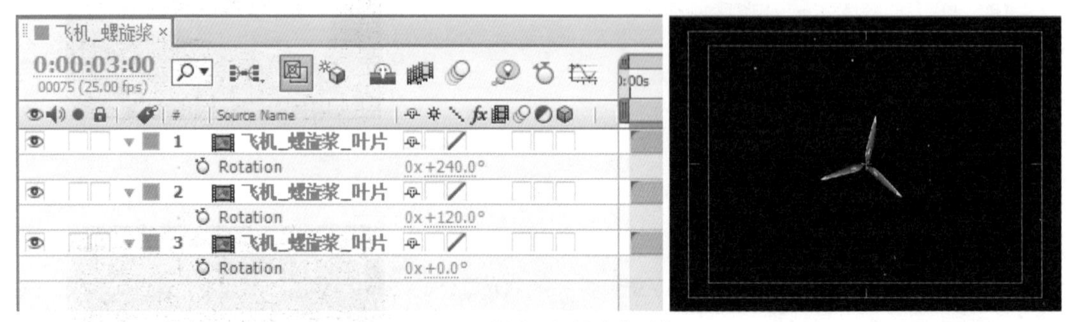


图17-10　创建飞机螺旋桨副本

### 6. 建立“飞机”

**步骤 13** 选择菜单Composition→New Composition，打开Composition Settings（合成设置）对话框，从中设置如下：Composition Name（合成名称）为“飞机”，Preset（预置）为PAL D1/DV Square Pixel，Duration（持续时间）为6秒。然后单击OK按钮。

**步骤 14** 从项目面板中将“飞机_顶视图”、“飞机_侧视图”和“飞机_螺旋桨”拖至时间线，打开三维图层开关。在合成视图中选择Custom View 1方式查看，如图17-11所示。

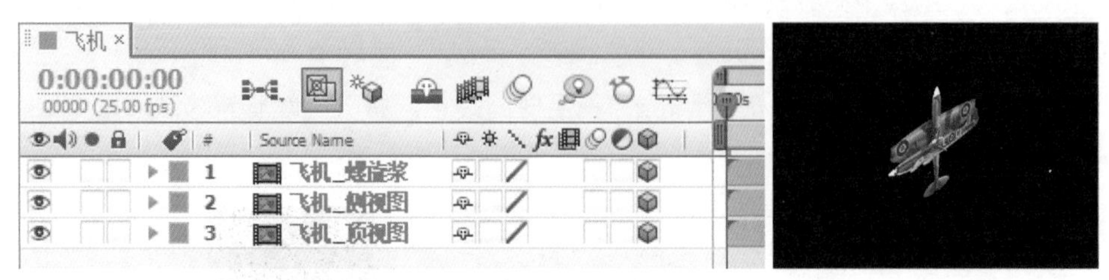


图17-11　放置三维图层

**步骤 15** 修改“飞机_顶视图”层的旋转方向，将Orientation设为(90°,0,270°)。

**步骤 16** 修改“飞机_螺旋桨”层的位置和旋转方向，并设置旋转动画。将Position（位置）设为(114,288,0)，将Orientation设为(0°,0°,0°)，设置Z Rotation第0帧时为0°，第5秒24帧时为5x+0°，如图17-12所示。

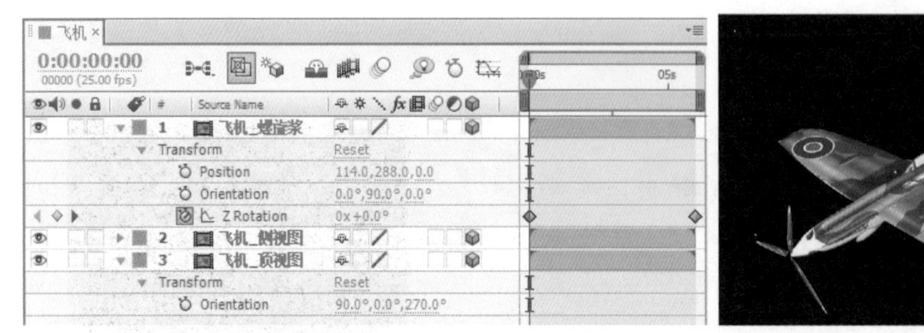


图17-12　调整图层角度

**步骤 17** 为“飞机_螺旋桨”的旋转动画添加模糊效果，选中“飞机_螺旋桨”层，选择菜单

Effect→Blur & Sharpen→Radial Blur（特效→模糊&锐化→半径模糊），添加旋转模糊效果，设置Amount为50，如图17-13所示。

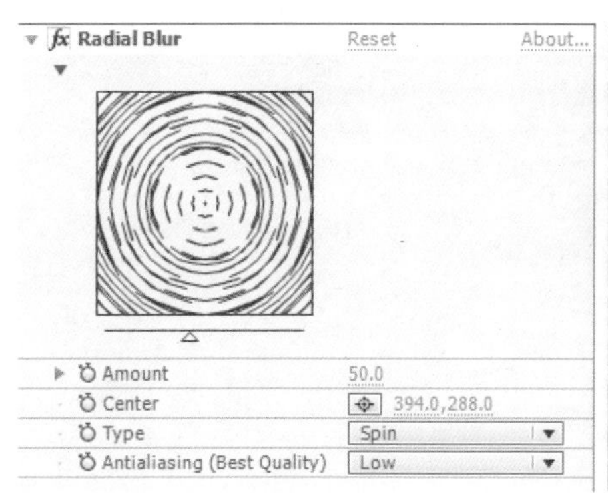

图17-13　设置转旋模糊

### 7. 建立“背景”

**步骤 18**　选择菜单Composition→New Composition，打开Composition Settings（合成设置）对话框，从中设置如下：Composition Name（合成名称）为“飞机”，Preset（预置）为PAL D1/DV，Duration（持续时间）为6秒，如图17-14所示。然后单击OK按钮。

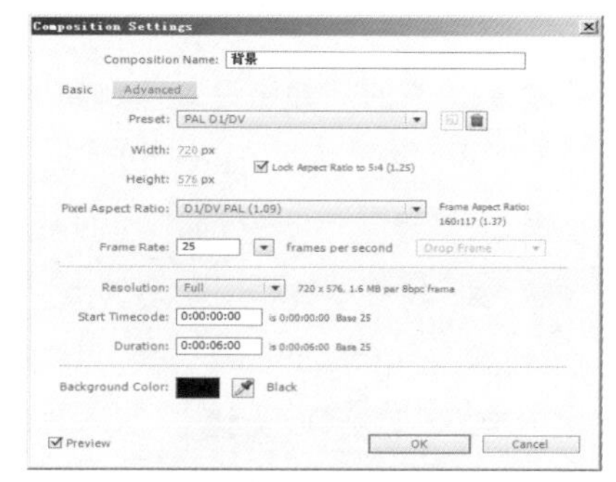


图17-14　建立合成

**步骤 19**　从项目面板中将“云.jpg”拖至时间线，设置其Scale（比例）为(300,300%)，设置其Position（位置）第0帧时为(0,-280)，第5秒24帧时为(1000,-280)，使云的图像产生一个平移动画，如图17-15所示。

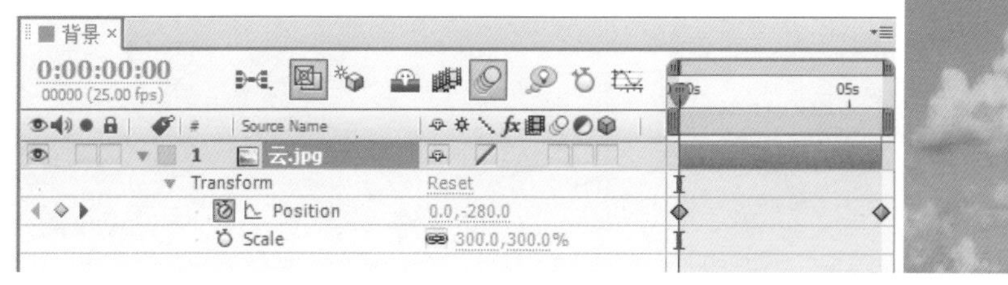


图17-15　设置平移动画

### 8. 建立“起飞场景”

**步骤 20**　选择菜单Composition→New Composition，打开Composition Settings（合成设置）对话框，从中设置如下：Composition Name（合成名称）为“起飞场景”，Preset（预置）为PAL D1/DV，Duration（持续时间）为6秒，如图17-16所示。然后单击OK按钮。

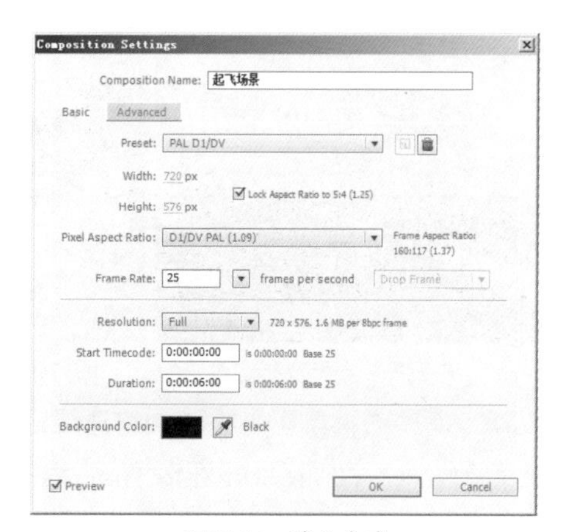


图17-16　建立合成

**步骤 21**　从项目面板中将“背景”、“风景.jpg”、“跑道.psd”和“飞机”拖至时间线，打开“风景.jpg”、“跑道.psd”和“飞机”三个图层的三维开关。

**步骤 22** 选择菜单Layer→New→Camera（图层→新建→摄像机），建立一个摄像机，在Camera Settings（摄像机设置）对话框中将Preset选择为35mm，如图17-17所示。然后单击OK按钮。

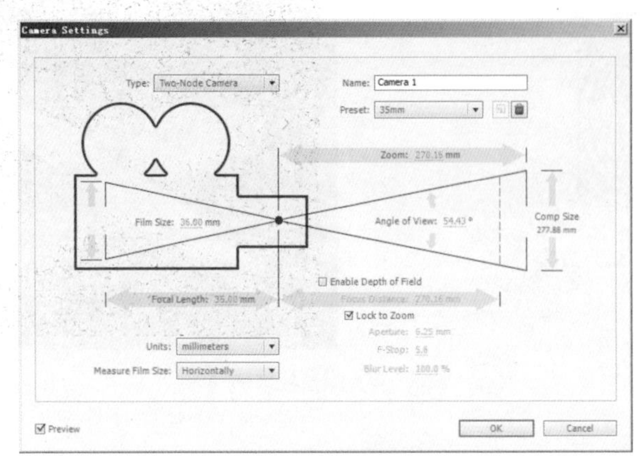


图17-17　建立摄像机

**步骤 23** 在时间线中设置“风景.jpg”下的Position（位置）为(360,266,0)，Scale（比例）为(3000,3000%)，X Rotation为90°。

**步骤 24** 设置“跑道.psd”的Position（位置）为(360,266,0)，X Rotation为−90°。

**步骤 25** 打开“飞机”图层的开关，显示出立体状态，设置如下：“飞机”的Scale（比例）为(12,12%)；Position（位置）第0帧时为(1600,250,0)，第3秒时为(−600,180,30)；Z Rotation第0帧时为0°，第3秒时为12°。

**步骤 26** 设置Camera 1层的Position（位置）为(360,260,−20)。展开“飞机”层的Position（位置）属性，按住Alt键，单击Camera 1层Point of Interest前面的码表，建立表达式，将其下的按钮拖至“飞机”层的Position（位置）属性上释放，自动建立表达式链接，如图17-18所示。

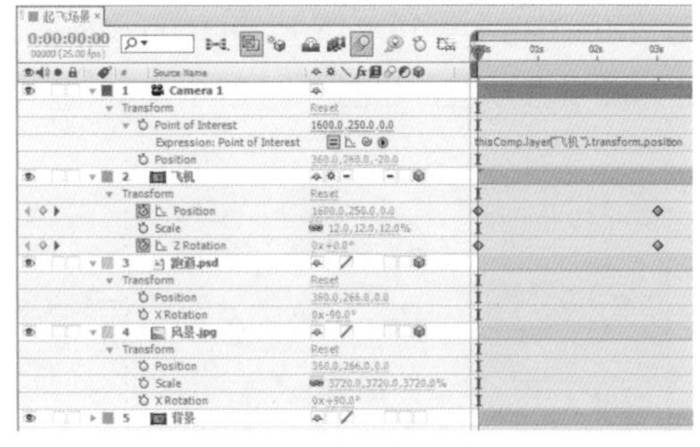


图17-18　设置场景动画

**步骤 27** 查看此时的动画效果，如图17-19所示。

图17-19　查看飞机起飞动画

**步骤 28** 调整“背景”平移动画的速度，将其与摄像机的视角平移相匹配。选中“背景”层，选择菜单Layer→Time→Enable Time Remapping（图层→时间→时间重映像），在图层下添加Time Remap，其首尾有两个关键帧。在第5秒24帧处添加一个关键帧，将其移至第3秒处，并删除原来尾部的关键帧，如图17-20所示。

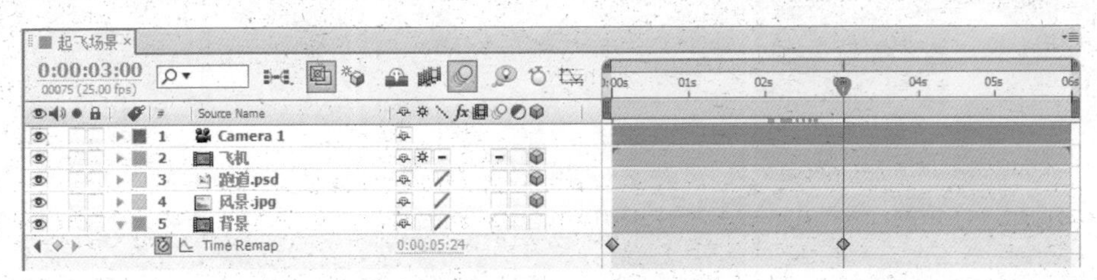


图17-20 添加时间重映像

**步骤 29** 单击时间线上部的按钮，切换到关键帧编辑器面板，单击面板下部的按钮并选中Edit Speed Graph。双击Time Remap，选中其关键帧，然后单击按钮，使关键帧速率两端慢、中间快，如图17-21所示。

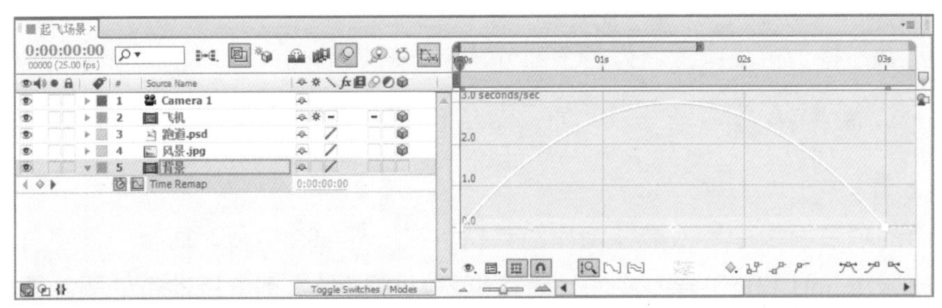


图17-21 调整关键帧曲线

**步骤 30** 进一步调节关键帧曲线手柄，如图17-22所示。

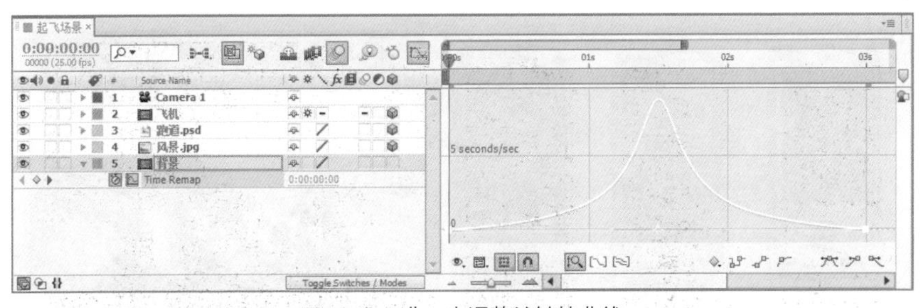


图17-22 进一步调整关键帧曲线

**步骤 31** 调节完毕，单击时间线上部的按钮，切换到图层编辑面板。这样完成本实例的制作，可以对动画进行预览或输出。

## 17.2 变形金刚手机版

### 17.2.1 实例简介

本实例制作一个变形的手机动画，从一种手机变形为另一种手机，并具有一定程度的三维转换效果。其中主要使用了3张手机的图片，通过对这些图片的拆分和组合，产生由一部完整的手机分化为多个分体部件，再由分体部件的互相转换，最终组合成另一部完整的手机的效果。具体效果如图17-23所示。

图17-23　实例效果

主要特效：CC Light Sweep，Ramp。

技术要点：将手机图像拆分为多个部分，制作转换动画。

## 17.2.2　实例步骤

### 1. 导入素材

先在新的项目面板中导入准备制作的素材。在Project（项目）面板中的空白处双击鼠标左键，打开Import File（导入文件）对话框，从中选择本例中所准备的图片素材“手机A.tga”、“手机B.tga”、“手机C.tga”和“map.jpg”（如图17-24所示），单击“打开”按钮，将其导入到Project（项目）面板中。

图17-24　素材图像

### 2. 建立“变形1”合成

**步骤 01**　选择菜单Composition→New Composition，打开Composition Settings（合成设置）对话框，从中设置如下：Composition Name（合成名称）为“变形1”，Preset（预置）为PAL D1/DV Square Pixel，Duration（持续时间）为1秒，如图17-25所示。然后单击OK按钮。

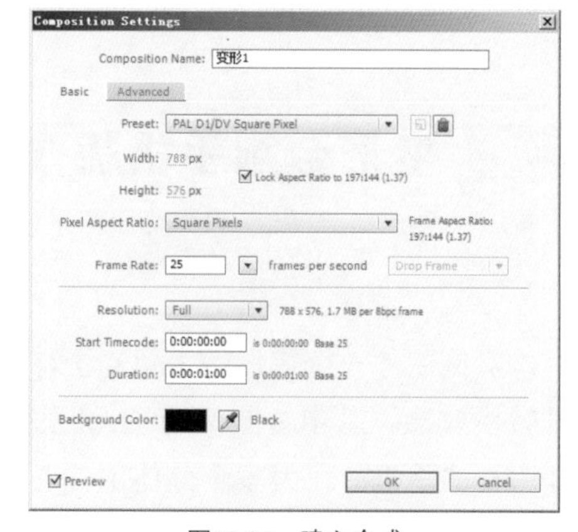


图17-25　建立合成

**步骤 02**　从项目面板中将“手机A.tga”拖至时间线中。

### 3. 拆分“手机A.tga”

**步骤 03**　选中“手机A.tga”层，在其上按变形设计建立多个Mask，将其拆分开，这里依次建立了10个Mask，将其拆分成10个部件。在初步绘制Mask时，将所有Mask的运算设为None方式，如图17-26所示。

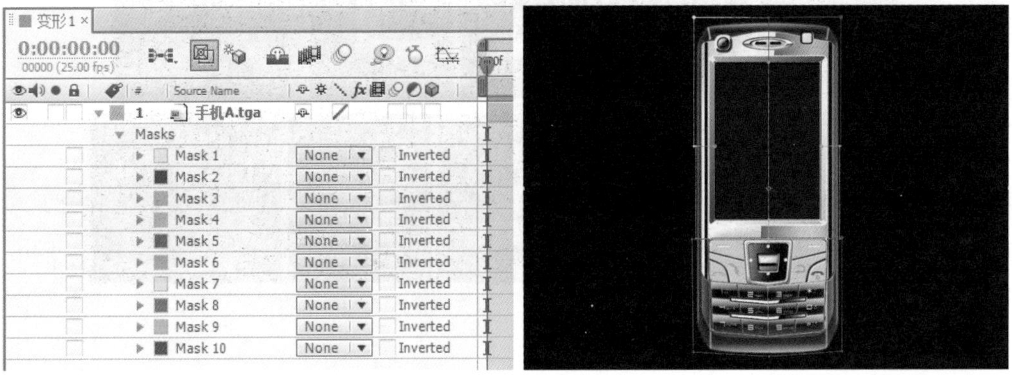

图17-26 建立Mask

**步骤 04** 选中全部10个Mask，将运算均设为Add方式。选中“手机A.tga”层，连续按Ctrl+D组合键，共建立10个图层，然后每层保留一个不同的Mask，这样每个图层成为手机的一个部件，如图17-27所示。

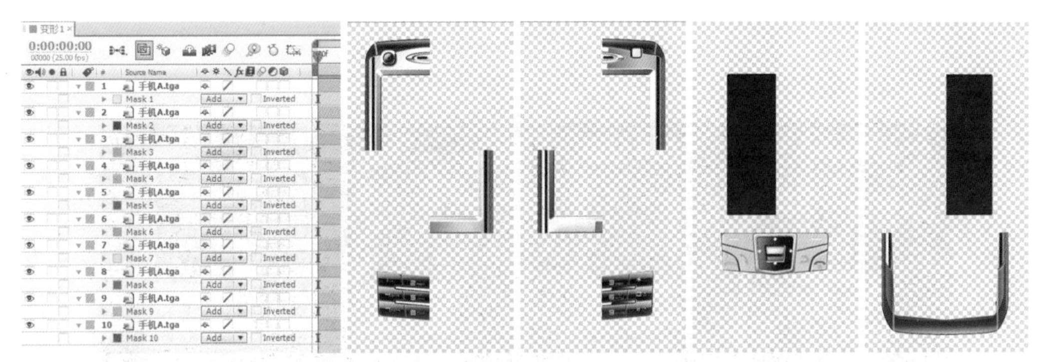

图17-27 拆分手机各部件

### 4. 重设“手机A.tga”部件轴心点

**步骤 05** 在合成视图中，使用工具对各部件图层的轴心点重新定位，第1层（左上角部件）的轴心点由默认的视图中心点移至部件左侧边缘，这里时间线中图层的Anchor Point（轴心点）变为(279.8,122.4)，同时Position（位置）也相应变为(279.8,122.4)，如图17-28所示。

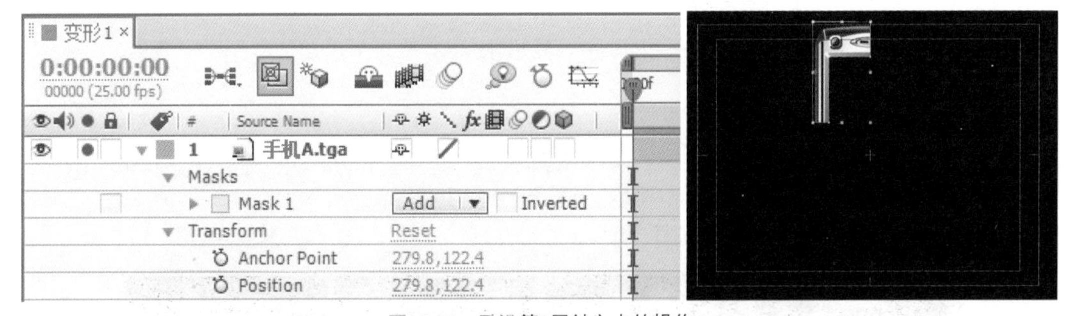


图17-28 重设第1层轴心点的操作

**步骤 06** 同样，依次对其他各层的轴心点进行重新定位。在完成重新定位之后，打开全部图层的三维开关，如图17-29所示。

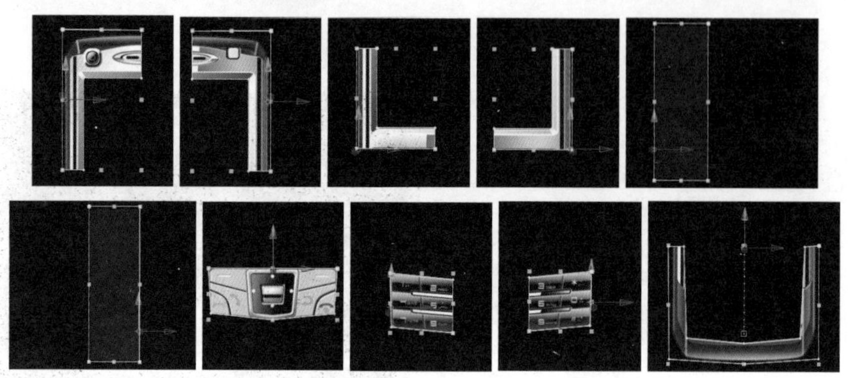

图17-29　重设各层轴心点并转换为三维图层

## 5. 设置“手机A.tga”变形动画

**步骤 07**　选中第1层，设置其Y Rotation第0帧时为0°，第20帧时为265°，如图17-30所示。

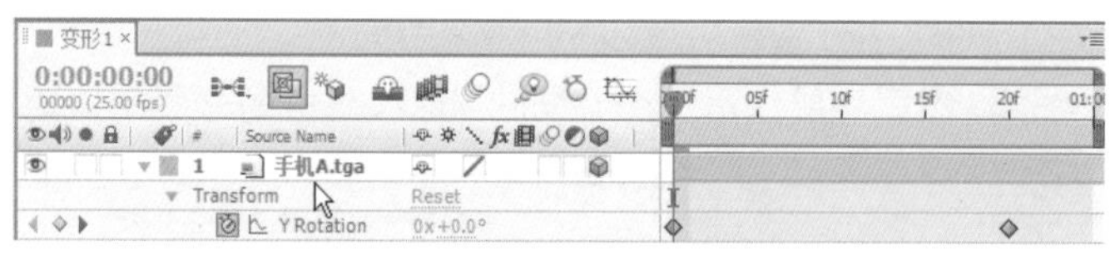


图17-30　设置第1层动画关键帧

**步骤 08**　查看此时这个部件的动画效果，如图17-31所示。

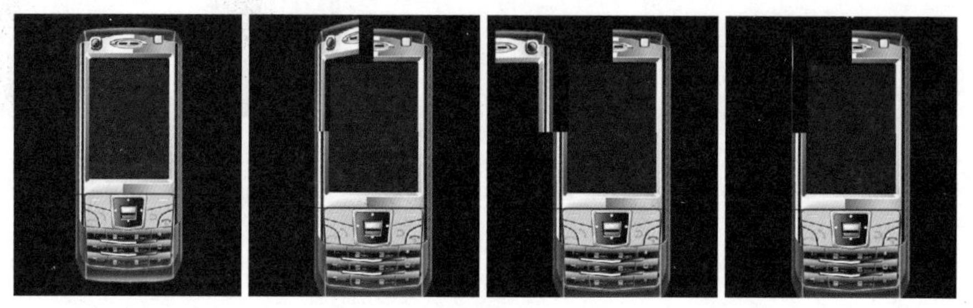

图17-31　查看第1层动画效果

**步骤 09**　同样为其他部件设置动画，如图17-32所示。

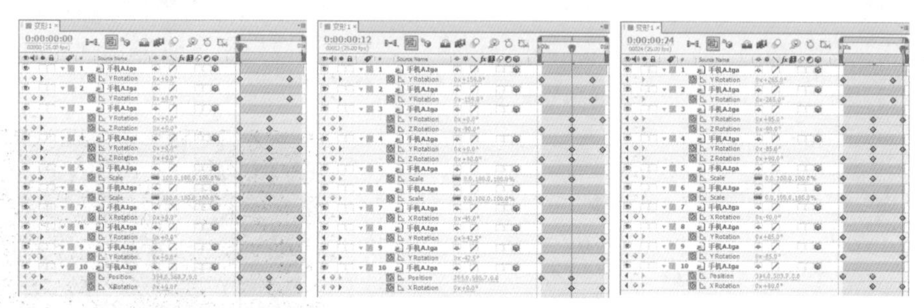

图17-32　设置各层动画关键帧

**步骤 10**　查看动画效果，如图17-33所示。

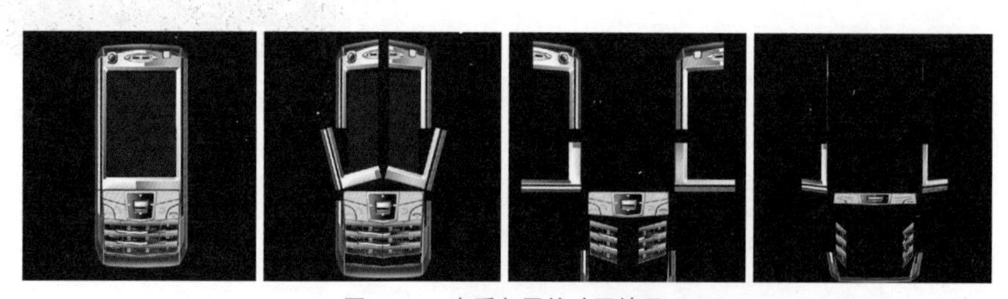

图17-33　查看各层的动画效果

### 6. 建立“变形2”合成

**步骤 11** 选择菜单Composition→New Composition，打开Composition Settings（合成设置）对话框，从中设置如下：Composition Name（合成名称）为“变形2”，Preset（预置）为PAL D1/DV Square Pixel，Duration（持续时间）为3秒。然后单击OK按钮。

**步骤 12** 在合成视图中将“手机C.tga”拖至时间线中。

### 7. 拆分“手机C.tga”

**步骤 13** 选中“手机C.tga”层，在其上按变形设计建立多个Mask，将其拆分开，这里依次建立了10个Mask，将其拆分成9个部件。在初步绘制Mask时，将所有Mask的运算设为None方式，如图17-34所示。

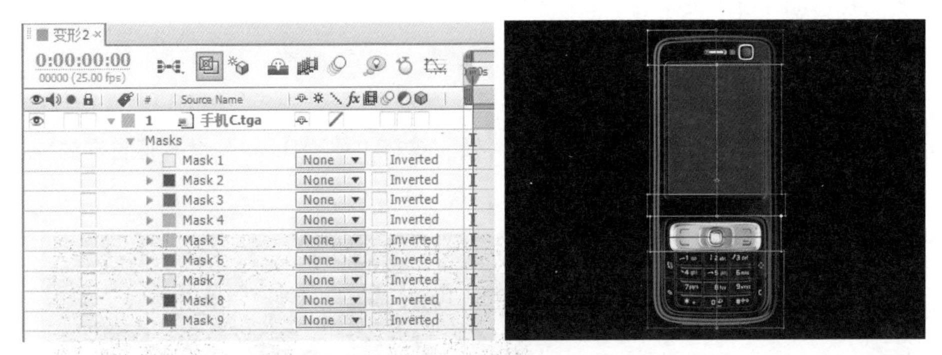


图17-34 建立Mask

**步骤 14** 选中全部9个Mask，将运算均设为Add方式。选中“手机A.tga”层，连续按Ctrl+D组合键，共建立9个图层，然后每层保留一个不同的Mask，这样每个图层成为手机的一个部件，如图17-35所示。

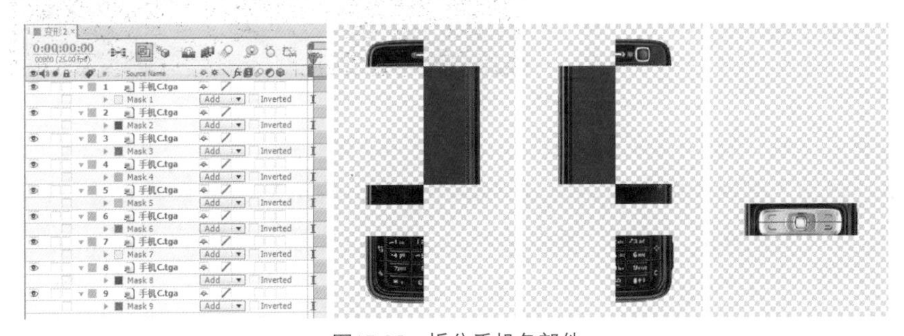


图17-35 拆分手机各部件

### 8. 重设“手机C.tga”部件轴心点

**步骤 15** 在合成视图中，使用工具对各部件图层的轴心点重新定位，第1层（左上角部件）的轴心点由默认的视图中心点移至部件的中心位置，这里时间线中图层的Anchor Point（轴心点）变为(331,52)，同时Position（位置）也相应改为(331,52)，如图17-36所示。

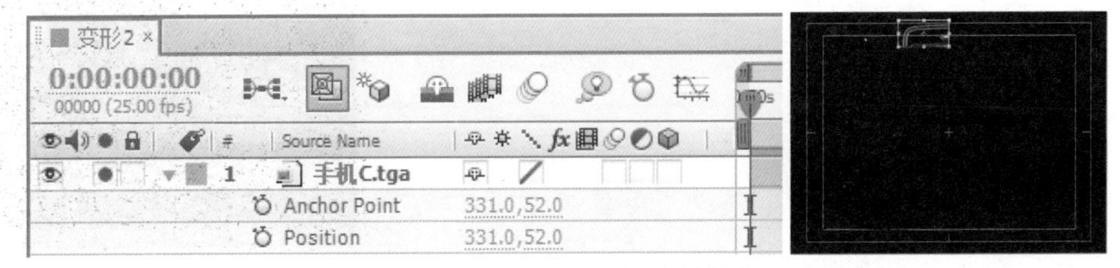


图17-36 重设第1层轴心点的操作

**步骤 16** 同样，依次对其他各层的轴心点进行重新定位。在完成重新定位之后，打开全部图层的三维开关，如图17-37所示。

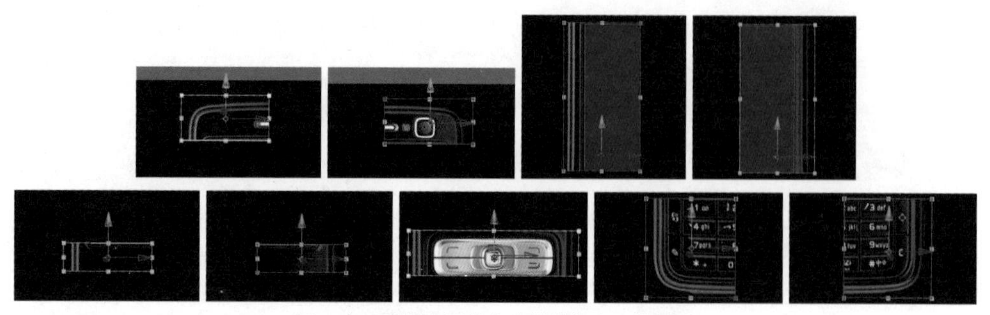

图17-37　重设各层轴心点并转换为三维图层

### 9. 复制和替换“手机B.tga”部件

**步骤 17**　全选这9个图层，按Ctrl+D组合键创建副本。

**步骤 18**　在副本全部选中的状态下，按住Alt键，从项目面板中将“手机B.tga”拖至时间线中某个选中的图层上释放，将所选中图层全部替换。这样“手机B.tga”也具有同样的Mask拆分和同样的轴心点设置，如图17-38所示。

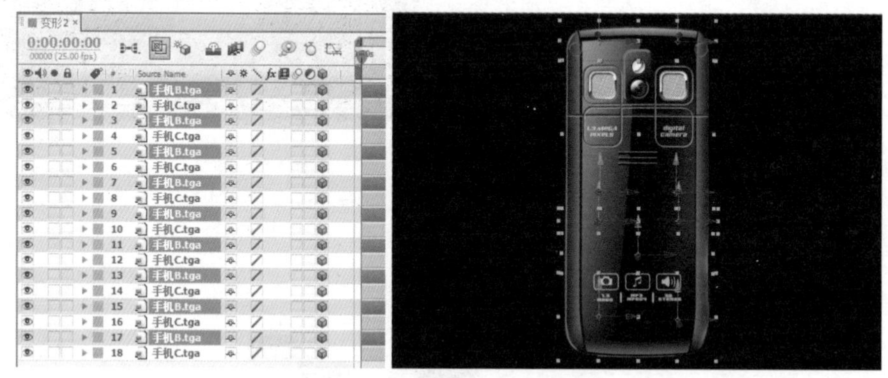


图17-38　创建副本并替换图层

### 10. 调整“手机B.tga”和“手机C.tga”部件的角度

**步骤 19**　单独显示上面两个图层，将合成视图切换至Custom View 1查看方式，并自由调整视图数量和查看视角预览效果。将两个图层的Anchor Point（轴心点）和Position（位置）的*Z*轴数值均设为22，然后将“手机C.tga”部件的X Rotation设为90°。

**步骤 20**　在时间线中显示Parent栏，将第1层“手机B.tga”的Parent栏设为其下面的“手机C.tga”层，然后设置“手机C.tga”层的X Rotation第0帧时为90°，第1秒时为0°，如图17-39所示。

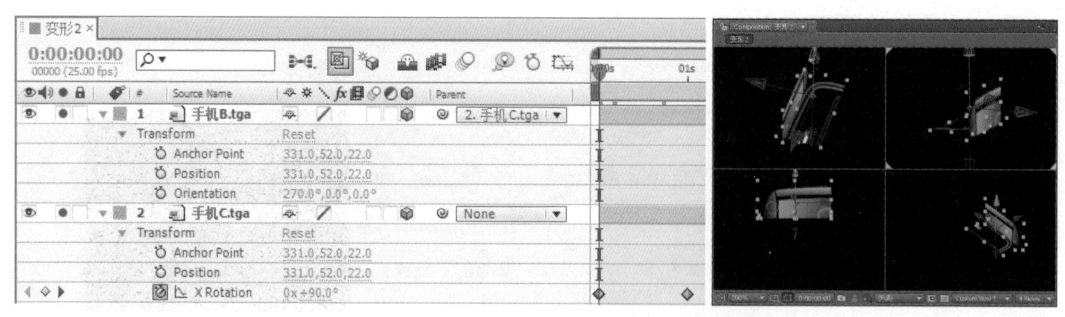


图17-39　设置上面两图层空间角度、父级层及旋转动画

由于“手机C.tga”当前X Rotation为90°，在“手机B.tga”的Parent栏设置父级层为“手机C.tga”层后，“手机B.tga”层的orientation的*X*轴向数值自动转变为270°。

**步骤 21** 查看此时的动画效果，由“手机B.tga”部件转换到“手机C.tga”部件，如图17-40所示。

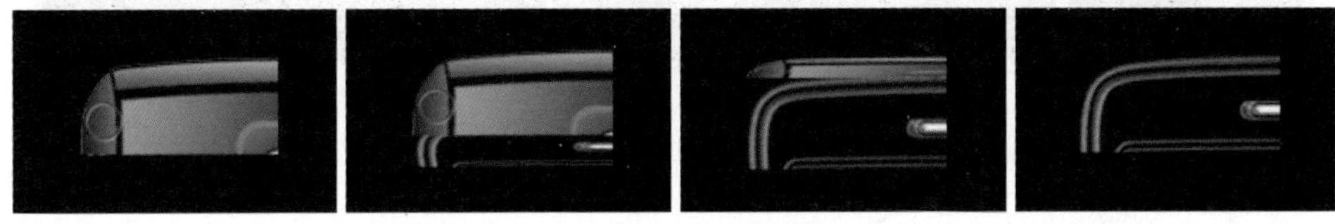

图17-40 查看上面两层动画效果

**步骤 22** 同样，为其他部件调整轴心点与位置点的*Z*轴向数值，然后设置角度、父级层及旋转动画。其中，将第3、4、13、14层Anchor Point（轴心点）与Position（位置）的*Z*轴向数值也设为22，其他图层则设为50。第4层X Rotation为90°，第14层X Rotation为-90°，第6、12、16层的Y Rotation均为90°，第8、10、18层的Y Rotation均为-90°。调整完角度之后，分别将各“手机B.tga”部件的Parent栏设置为其下层的“手机C.tga”层，如图17-41所示。

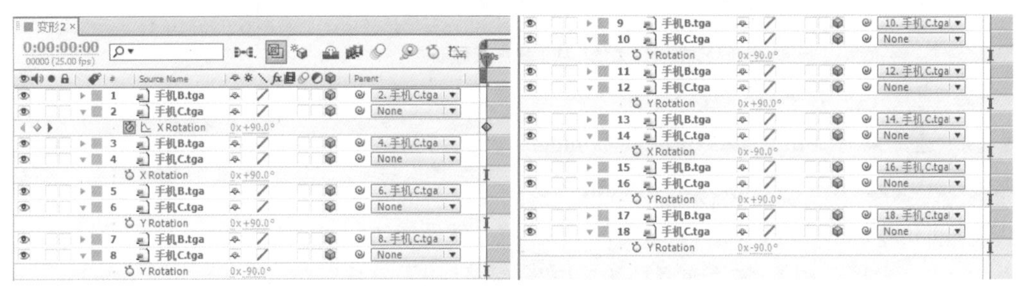


图17-41 设置其他各层

**步骤 23** 设置各部件的旋转动画，以下各“手机C.tga”层的前一个关键帧为所设置的角度，后一个关键帧均设置为0°。然后分别剪切图层，将各部件在旋转之前和旋转之后不需要的显示消除掉，如图17-42所示。

变形2
0:00:00:00
00000 (25.00 fps)
Source Name
Parent
01s
02s
03s
1 手机B.tga 2. 手机C.tga
2 手机C.tga None
X Rotation 0x+90.0°
3 手机B.tga 4. 手机C.tga
4 手机C.tga None
X Rotation 0x+90.0°
5 手机B.tga 6. 手机C.tga
6 手机C.tga None
Y Rotation 0x+90.0°
7 手机B.tga 8. 手机C.tga
8 手机C.tga None
Y Rotation 0x-90.0°
9 手机B.tga 10. 手机C.tga
10 手机C.tga None
Y Rotation 0x-90.0°
11 手机B.tga 12. 手机C.tga
12 手机C.tga None
Y Rotation 0x+90.0°
13 手机B.tga 14. 手机C.tga
14 手机C.tga None
X Rotation 0x-90.0°
15 手机B.tga 16. 手机C.tga
16 手机C.tga None
Y Rotation 0x+90.0°
17 手机B.tga 18. 手机C.tga
18 手机C.tga None
Y Rotation 0x-90.0°

图17-42 设置关键帧、入点及出点

**步骤 24** 查看动画效果，如图17-43所示。

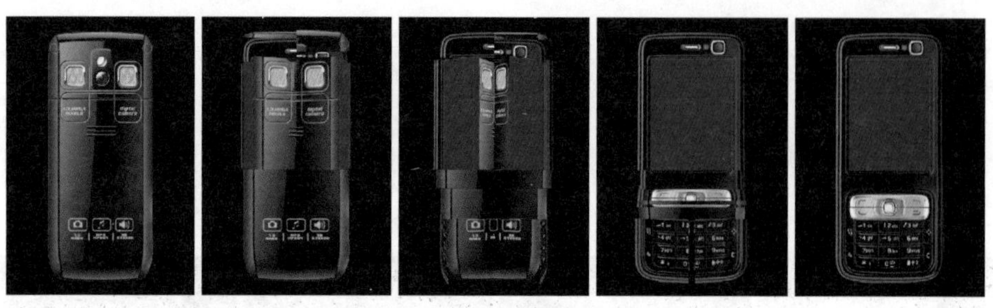

图17-43 查看动画效果

### 11. 建立“变形叠加”合成

**步骤 25** 选择菜单Composition→New Composition，打开Composition Settings（合成设置）对话框，从中设置如下：Composition Name（合成名称）为“变形叠加”，Preset（预置）为PAL D1/DV Square Pixel，Duration（持续时间）为6秒。然后单击OK按钮。

**步骤 26** 在合成视图中将“变形1”和“变形 2”拖至时间线中，如图17-44所示。

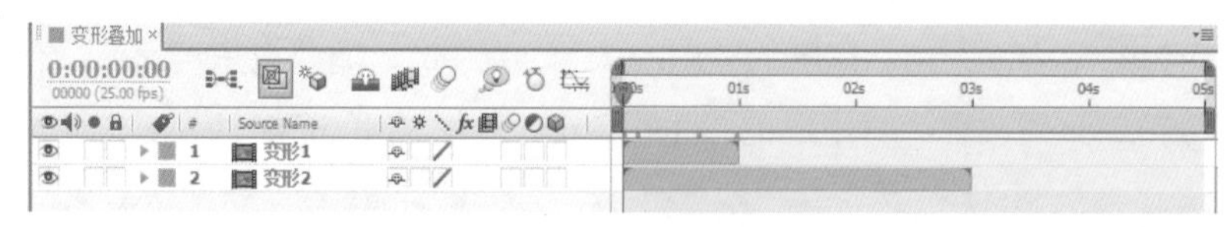


图17-44 叠加变形动画

### 12. 建立“变形手机”合成

**步骤 27** 选择菜单Composition→New Composition，打开Composition Settings（合成设置）对话框，从中设置如下：Composition Name（合成名称）为“变形手机”，Preset（预置）为PAL D1/DV Square Pixel，Duration（持续时间）为5秒。然后单击OK按钮。

**步骤 28** 在合成视图中，将“变形叠加”拖至时间线中。选择菜单Layer→Time→Enable Time Remapping（图层→时间→启用时间重映像），为图层添加时间重映像功能，将时间移至第2秒12帧的变形结束位置，添加一个关键帧，并在其上单击右键，选择Toggle Hold Keyframe（切换保持关键帧）为保持关键帧，如图17-45所示。

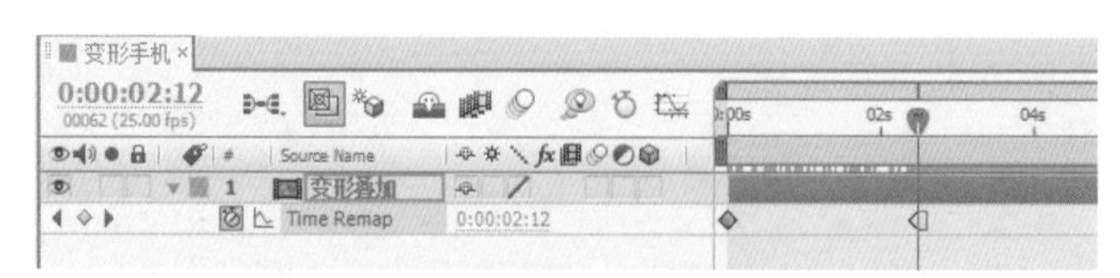


图17-45 设置时间重映像

**步骤 29** 先将两个Time Remap（时间重映像）关键帧整体后移1秒，然后设置Scale（比例）第12帧与第4秒时为(100,100%)、第1秒与第3秒12帧时为80%；设置Rotation（旋转）第12帧与第4秒时为-90°、第1秒和第3秒12帧时为0°，如图17-46所示。

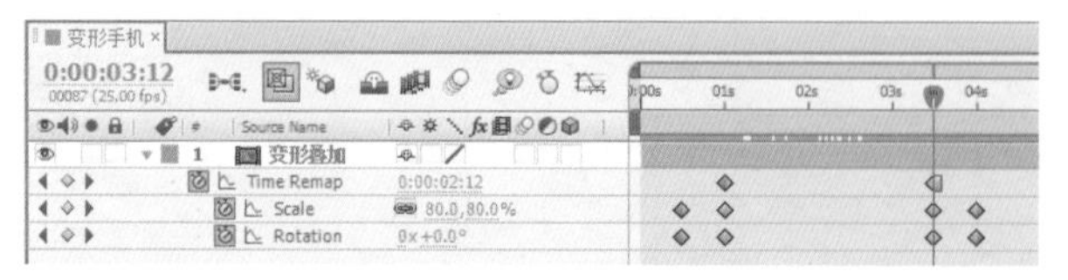


图17-46 设置调整时间关键帧

**步骤 30** 打开“变形叠加”与“变形手机”中当前图层的开关，校正变形时的边缘剪切问题，如图17-47所示。

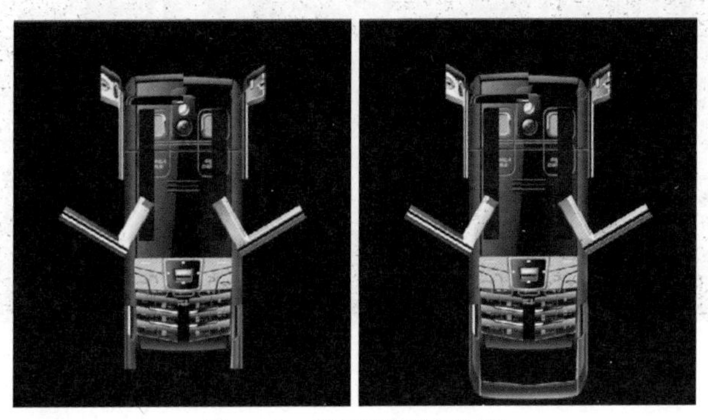

图17-47 校正边缘剪切问题

### 13. 设置屏幕与背景

**步骤 31** 在“手机变形”时间线中，选中“手机叠加”层，在第1秒与第3秒12帧处按Ctrl+Shift+D组合键，分割图层，然后分别从项目面板中拖入map.jpg，放置在首尾两个图层之下，剪切相同的入点和出点。

**步骤 32** 为首尾两个图层的手机屏幕建立Mask，并将Mask设置为Subtract运算方式。将其下的map.jpg缩放至适合手机屏幕的大小，设置map.jpg的Parent栏分别为其上层的“变形叠加”层，如图17-48所示。

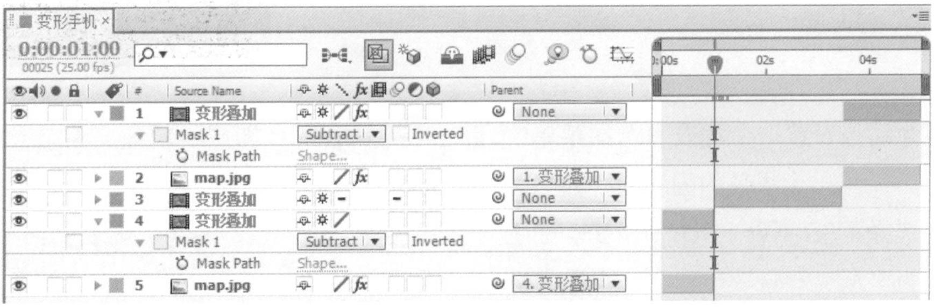

图17-48 添加屏幕图像

**步骤 33** 为手机图像设置一个闪屏的效果，选中当前底部的map.jpg层，选择菜单Effect→Generate→Ramp（特效→生成→渐变），设置Blend With Original（与原始图像混合）第20帧时为100%，第22帧时为0%，第24帧时为100%。

**步骤 34** 选中底部map.jpg层的Remap特效，按Ctrl+C组合键复制，选中上面的map.jpg层，在其入点按Ctrl+V组合键粘贴，为其复制特效及关键帧设置，如图17-49所示。

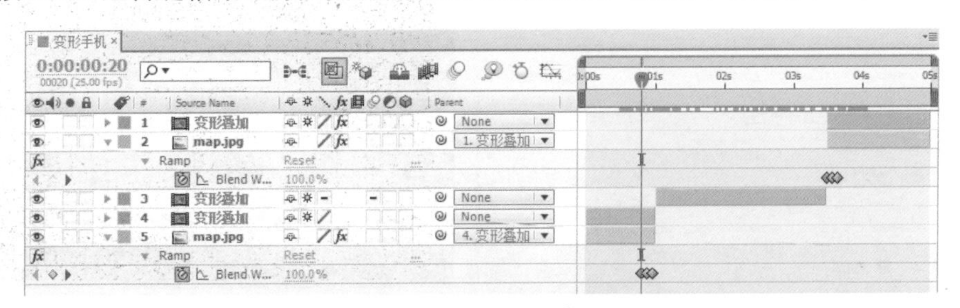


图17-49 设置闪屏效果

**步骤 35** 手机在变形之前闪屏并关闭显示，变形之后再闪屏并打开显示，如图17-50所示。

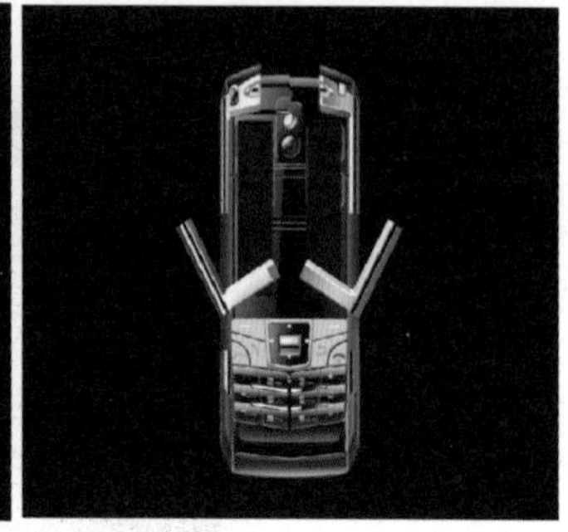

图17-50　查看闪屏效果

**步骤 36**　为结束变形后的手机设置一个划光效果，选中上面的map.jpg层，选择菜单Effect→Generate→CC Light Sweep（特效→生成→CC 划光），设置Center（中心）第4秒时为(0,100)，第4秒12帧为(600,100)。设置Sweep Intensity（划光强度）为18，Light Color（光色）为白色，如图17-51所示。

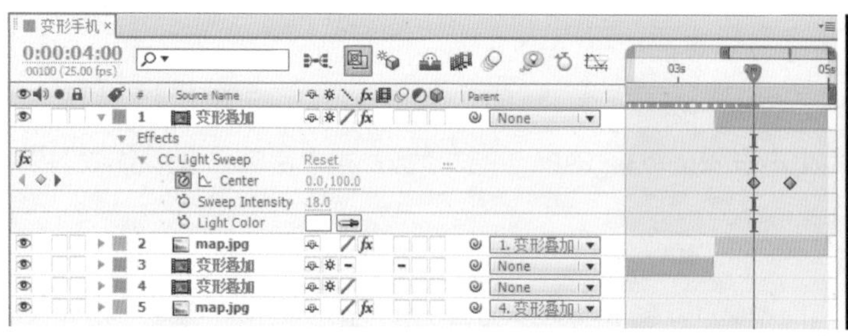

图17-51　设置划光效果

**步骤 37**　为动画设置一个背景。选择菜单Layer→New→Solid（图层→新建→固态层，快捷键为Ctrl+Y），新建一个黑色的固态层，命名为“黑色底”。

**步骤 38**　选择菜单Layer→New→Solid，新建一个黑色的固态层，命名为“渐变背景”。

**步骤 39**　为“渐变背景”层建立一个椭圆Mask，设置Mask Feather为(150,150)。然后选择菜单Effect→Generate→Grid（特效→生成→网格），设置Anchor（定位点）为(−5,5)，Corner（边角）为(730,10)，Border（宽度）为3，Opacity（不透明度）为20%，Blending Mode（混合模式）为Normal（正常）。

**步骤 40**　选中“渐变背景”层，再选择菜单Effect→Generate→Ramp（特效→生成→渐变），设置End Color（结束颜色）为RGB(102,102,102)，如图17-52所示。

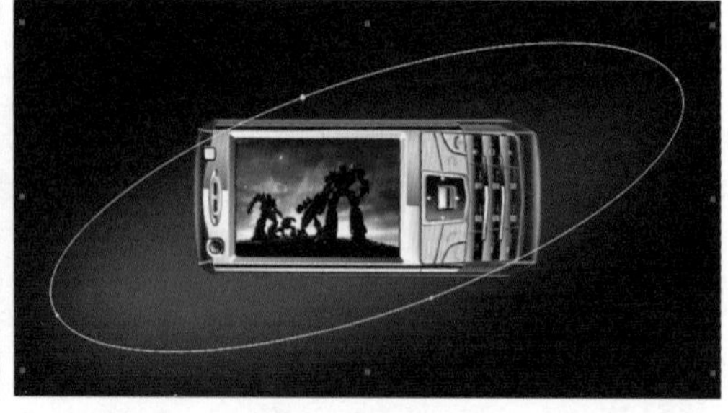

图17-52　设置背景效果

**步骤 41**　这样完成本例的制作，可以对动画进行预览或输出。

# 思考与练习

一、思考题：

1．在After Effects中进行三维合成时，图形对象均是三维空间中的面片，需要合理调整摄像机视角来尽量减少失真。本章两个实例中各适合使用什么角度的摄像机？

2．总结对时间线中大量图层操作时的经验，例如，怎样统一调整参数，怎样选择同类图层，怎样只显示有用属性设置，怎样隐藏图层等。

二、练习题：

1．利用本章实例中的飞机图片制作双翼飞机，并加入飞行尾烟及爆炸等特效制作。

2．挑选素材制作不同的物体变形动画，不限于物体形状是否相同，重要的是变化方式。

# 第18章 Logo动画综合实例

18 Chapter

## 18.1 Logo动画1

### 18.1.1 实例简介

在众多的Logo动画中，有一类行之有效的办法就是“先拆分，后组合”。本实例使用一张Logo图片，在After Effects中将拆分和还原为多个独立元素，然后通过对这些独立元素的动画制作，形成完整的Logo动画。效果如图18-1所示。

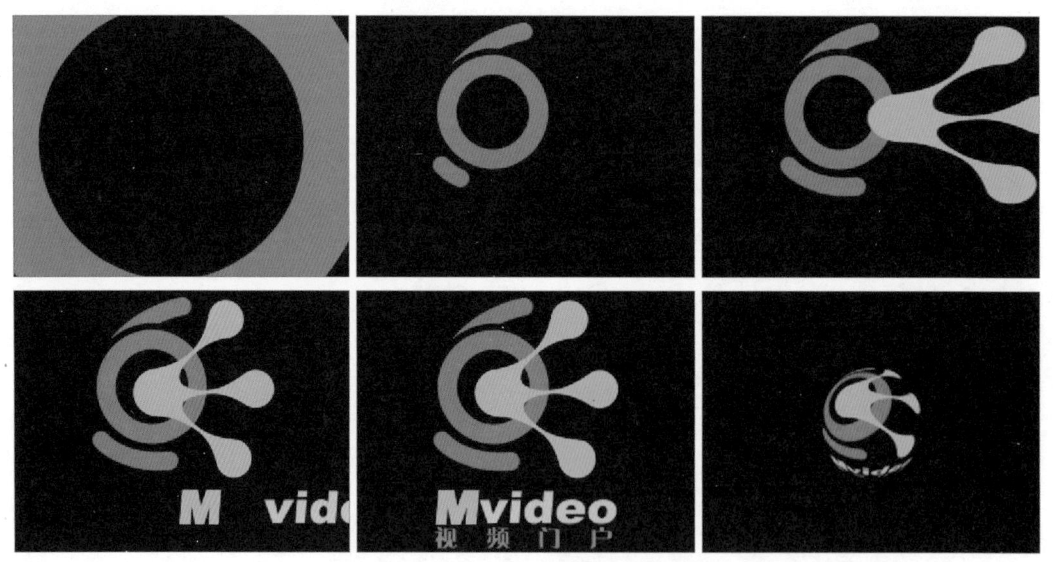


图18-1 实例效果

主要特效：Corner Pin，Optics Compensation，Stroke。

技术要点：拆分Logo制作各部分的独立动画。

### 18.1.2 实例步骤

#### 1. 导入素材

在新的项目面板中导入准备制作的素材。在Project（项目）面板中的空白处双击鼠标左键，打开Import File（导入文件）对话框，从中选择本例中所需要的图片素材logo.jpg，单击“打开”按钮，将其导入到Project（项目）面板中。

### 2. 还原分层Logo

**步骤 01** 在项目面板中，将logo.jpg拖至项目面板下部的按钮上释放，建立一个与logo.jpg尺寸相同的合成。

**步骤 02** 选择菜单Layer→New→Solid，打开Solid Settings（固态层设置）对话框，从中设置如下：Name（名称）为“圆”，单击Make Comp Size（使用合成尺寸），使固态层的尺寸及像素比与当前合成的设置一致，颜色拾取logo图像中圆的颜色。再单击OK按钮。

**步骤 03** 暂时关闭“圆”层的显示，使用工具栏中的工具，参照logo.jpg中圆形的位置和大小，在“圆”层上建立一个大一点的圆形Mask 1，再复制一个Mask 2并缩小一些。显示“圆”层，将Mask 2的运算方式设为Subtract（相减），这样分离出logo图像中的圆形部分，如图18-2所示。

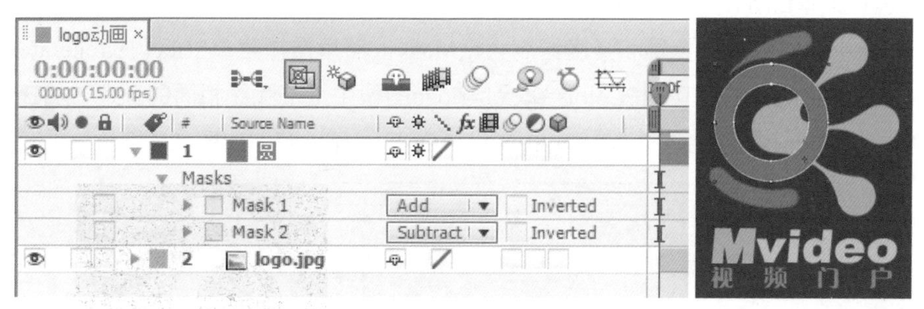


图18-2 建立圆形部分

**步骤 04** 选择菜单Layer→New→Solid，新建一个“弧线1”固态层。使用工具栏中的工具参照logo图像中上部弧线的位置和弧度绘制一个Mask，如图18-3所示。

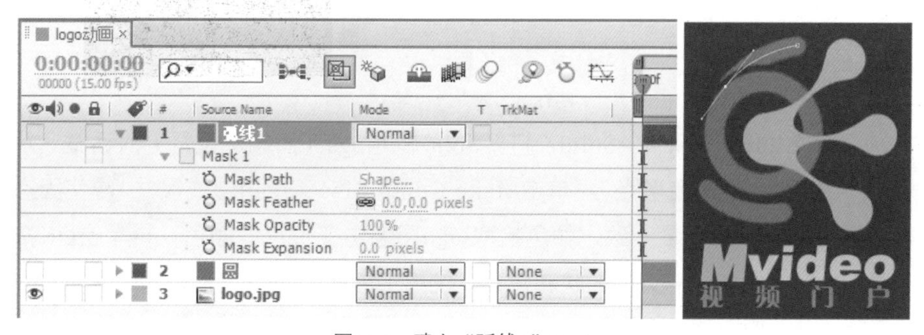


图18-3 建立“弧线1”Mask

**步骤 05** 选中“弧线1”固态层，选择菜单Effect→Generate→Stroke（特效→生成→描边），在其下将Color拾取到与logo图像中上部弧线相同的颜色，将Brush Size设为9，Brush Hardness为100%，Paint Style设为On Transparent，如图18-4所示。

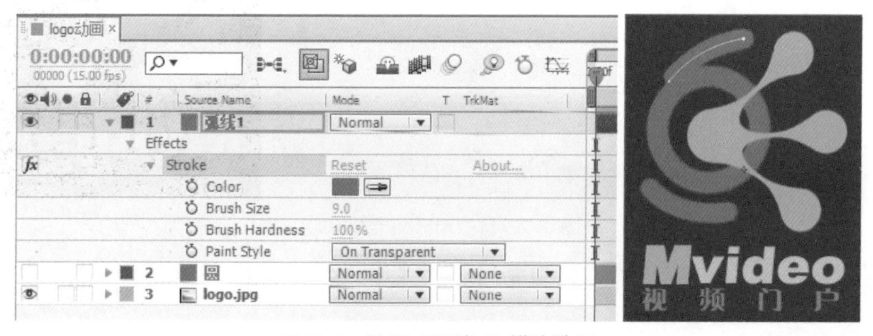


图18-4 设置“弧线1”描边效果

**步骤 06** 选择“圆”层，按Ctrl+D组合键创建一个副本，重命名为“弧线1matte”，移至“弧线1”层上面，将Mask 1下的Mask Expansion设为6，然后将“弧线1”层的TrkMat栏设为Alpha Inverted Matte方式，如图18-5所示。

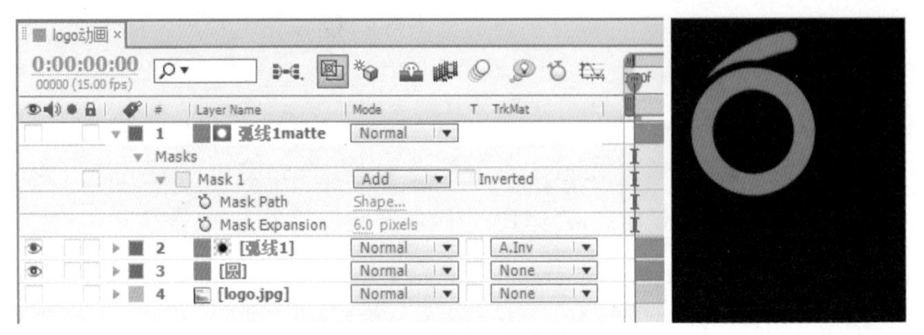


图18-5 设置图层蒙板

**步骤 07** 选择菜单Layer→New→Solid，再新建一个“弧线2”固态层。使用工具栏中的工具参照logo图像中下部弧线的位置和弧度绘制一个Mask，然后选择菜单Effect→Generate→Stroke（特效→生成→描边），在其下将Color拾取到与logo图像中上部弧线相同的颜色，将Brush Size设为9，Brush Hardness设为100%，Paint Style设为On Transparent，如图18-6所示。

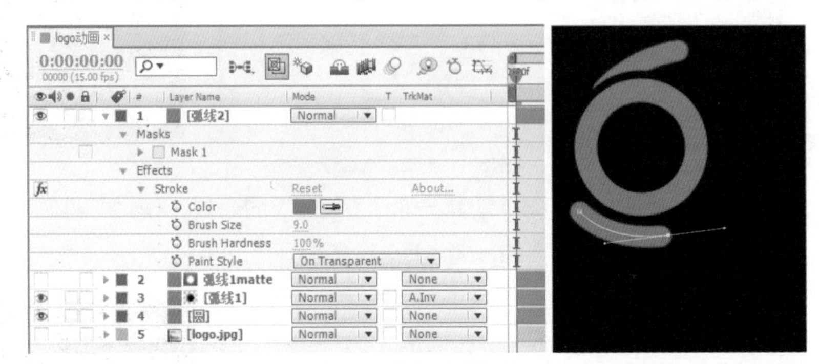


图18-6 建立“弧线2”

**步骤 08** 选择菜单Layer→New→Solid，打开Solid Settings（固态层设置）对话框，从中设置如下：Name（名称）为“变形点”，单击Make Comp Size（使用合成尺寸），使固态层的尺寸及像素比与当前合成的设置一致，颜色拾取logo图像中变形点的颜色。再单击OK按钮。

**步骤 09** 参照logo图像中变形点的形状和位置，使用工具栏中的工具，在“变形点”层上绘制Mask 1至Mask 4，如图18-7所示。

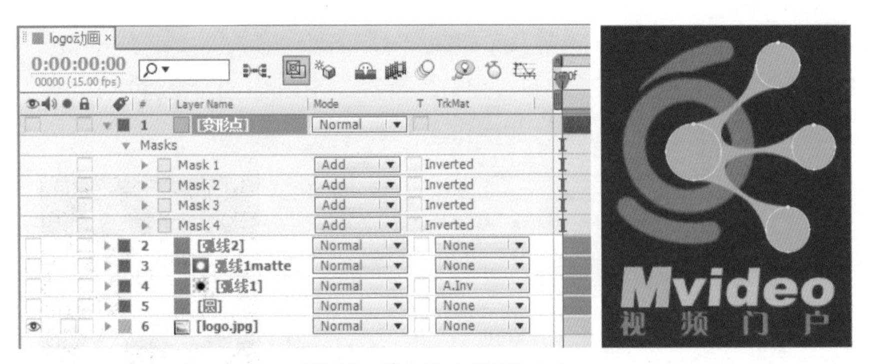


图18-7 建立Mask 1至Mask 4

**步骤 10** 继续使用工具栏中的工具绘制Mask 5至Mask 8，如图18-8所示。

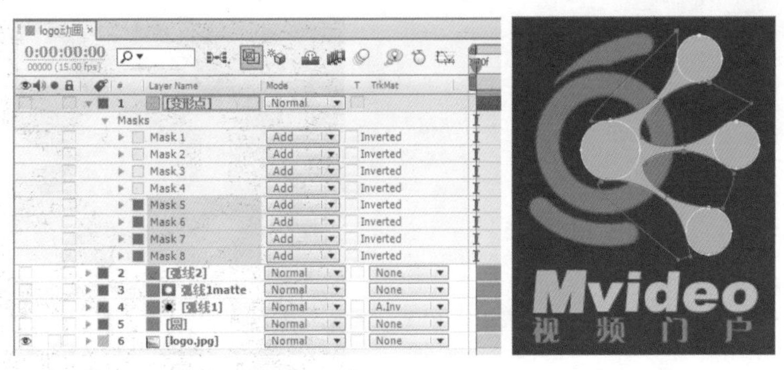

图18-8 建立Mask 5至Mask 8

步骤 11 继续使用工具栏中的工具绘制Mask 9，然后将Mask 9移至Mask 5上，并将Mask5至Mask 8的运算设为Subtract方式，如图18-9所示。

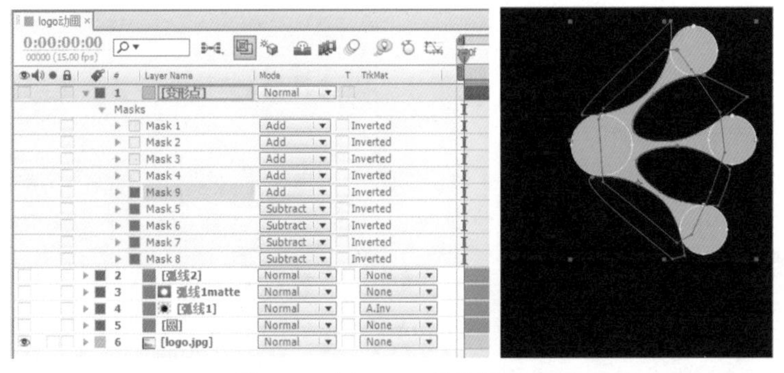

图18-9 建立Mask 9并设置Mask

步骤 12 建立logo图像中的文字，调整字体、大小、位置及倾斜角度与logo图像中的文字一致，如图18-10所示。

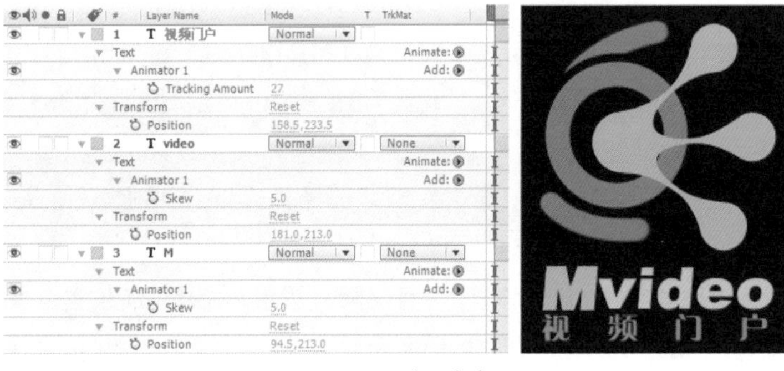

图18-10 建立文字

### 3. 设置分层Logo动画

步骤 13 选择菜单Composition→New Composition，打开Composition Settings（合成设置）对话框，从中设置如下：Composition Name（合成名称）为“Logo动画”，Preset（预置）为Web Video，320×240，Duration（持续时间）为5秒，其中帧速率为15。然后单击OK按钮。

步骤 14 从Logo合成时间线中，按Ctrl+A组合键全选图层，按Ctrl+C组合键复制，切换到“logo动画”合成的时间线中，按Ctrl+V组合键粘贴。然后选中所有图形层，将其Position（位置）的Reset均设为默认数值，即居中放置。然后参照logo.jpg图形中文字的位置，选中三个文字层，整体移动到合适的位置，调整好在新合成视图中的位置，如图18-11所示。

图18-11　复制图层到新的合成

**步骤 15**　对各层的图形设置变换动画。选中“圆”层，设置第0帧时Position（位置）为(310,290)，Scale（比例）为(500,500%)；第6帧时，Position（位置）为(160,120)，Scale（比例）为(100,100%)。

**步骤 16**　选中“弧线1matte”和“弧线1”层，入点移至第6帧处，设置“弧线1”层Stroke下的End第6帧为0%，第9帧为100%。

**步骤 17**　选中“弧线2”层，入点移至第9帧处，设置Stroke下的End第9帧为0%，第12帧为100%。

**步骤 18**　选中“变形点”层，入点移至第12帧处，设置Position（位置）第12帧为(370,120)，第1秒03帧为(160,120)。选择菜单Effect→Distort→Corner Pin（特效→扭曲→边角固定），设置第12帧Upper Right为(200,0)，Lower Right为(200,250)；第1秒03帧Upper Right为(280,0)，Lower Right为(280,250)；第1秒06帧Upper Right为(180,0)，Lower Right为(180,250)；第1秒09帧Upper Right为(200,0)，Lower Right为(200,250)。

**步骤 19**　选中M层，入点移至第1秒10帧处，设置第1秒10帧Position（位置）为(150,213)，Scale（比例）为(600,600%)；第2秒Position（位置）为(175,213)，Scale（比例）为(100,100%)。

**步骤 20**　选中video层，入点移至第2秒处，设置第2秒Position（位置）为(385,213)，第2秒10帧为(94.5,213)。再继续设置M层Position（位置）的关键帧，在第2秒06帧添加一个关键帧，数值与第2秒处相同；在第2秒处的关键帧上单击右键并选择Toggle Hold Keyframe为保持关键帧，在第2秒10帧处设置为(94.5,213)。

**步骤 21**　选中“视频门户”层，入点移至第2秒06帧，设置Position（位置）第2秒06帧为(-80,233.5)，第2秒10帧为(158.5,233.5)，如图18-12所示。

图18-12　调整图层动画

**步骤 22** 查看此时的效果，如图18-13所示。

图18-13 预览Logo动画效果

**步骤 23** 选择菜单Layer→New→Adjustment Layer（图层→新建→调节层），建立一个调节层，放置在顶层，入点移至第4秒处。选择菜单Effect→Distort→Optics Compensation（特效→扭曲→光学补偿），在其下设置Field Of View（FOV）（可视区域）第4秒为0，第4秒14帧为180，Logo在最后收缩成球状并消失。这样完成本例的制作，如图18-14所示。

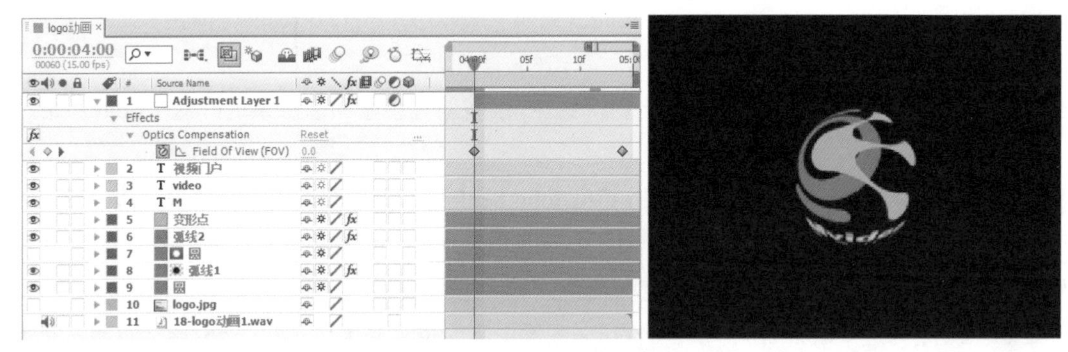


图18-14 设置Logo收缩动画

## 18.2 Logo动画2

### 18.2.1 实例简介

对于Logo动画的表现，除了直接的元素组合外，还有一种演变产生的方式，制作时，除了需要拆分和组合分体元素之外，还需要考虑为其添加合适的演变效果。本实例制作由点光移动产生Logo图形的动画效果，如图18-15所示。

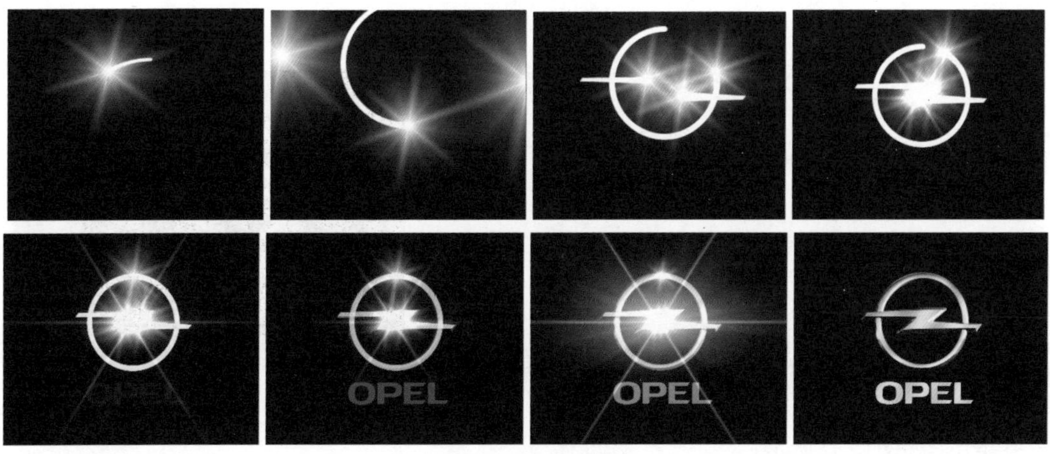


图18-15 实例效果

主要特效：Light Factory EZ，Stroke，Transform，Venetian Blinds。

技术要点：按Logo的形状制作点光运动轨迹点。

### 18.2.2 实例步骤

#### 1. 导入素材

在新的项目面板中导入准备制作的素材。在Project（项目）面板中的空白处双击鼠标左键，打开Import File（导入文件）对话框，从中选择本例中所需要的图片素材Opel.jpg，单击“打开”按钮，将其导入到Project（项目）面板中。

#### 2. 建立合成

**步骤 01** 选择菜单Composition→New Composition，打开Composition Settings（合成设置）对话框，从中设置如下：Composition Name（合成名称）为Opel，Preset（预置）为PAL D1/DV，Duration（持续时间）为6秒。然后单击OK按钮。

**步骤 02** 从项目面板中将Opel.jpg拖至时间线中，准备新建多个固态层来拆分这个Logo图形。

#### 3. 拆分Logo

**步骤 03** 选择菜单Layer→New→Solid，打开Solid Settings（固态层设置）对话框，从中设置如下：Name（名称）为Logo1，单击Make Comp Size（使用合成尺寸），使固态层的尺寸及像素比与当前合成的设置一致，颜色为白色。再单击OK按钮。

**步骤 04** 关闭并选中Logo1层，参照Opel.jpg图形中圆的位置和大小，在Logo1层上绘制一个大圆Mask 1和一个小圆Mask 2，设置Mask 2的运算为Subtract方式，这样建立Logo图形中的圆环，如图18-16所示。

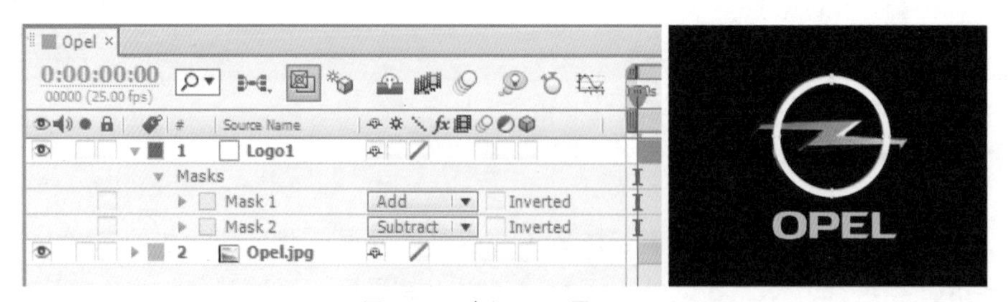


图18-16　建立Logo1层Mask

**步骤 05** 用同样的方式建立一个白色的Logo2固态层，在其上绘制一个Mask，建立闪电图形的左上部分，如图18-17所示。

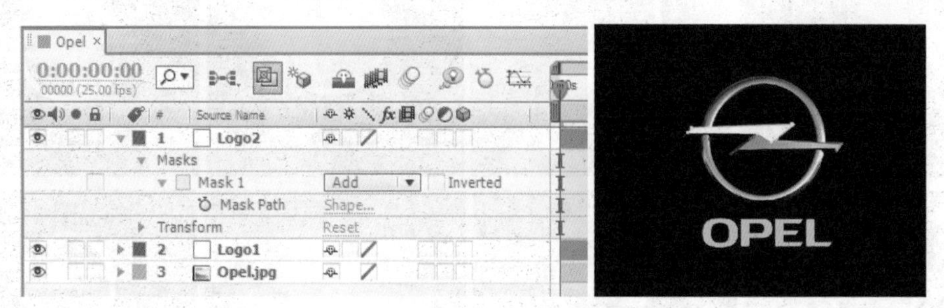


图18-17　建立Logo2层Mask

**步骤 06** 用同样的方式建立一个白色的Logo3固态层，在其上绘制一个Mask，建立闪电图形的右下部分，如图18-18所示。

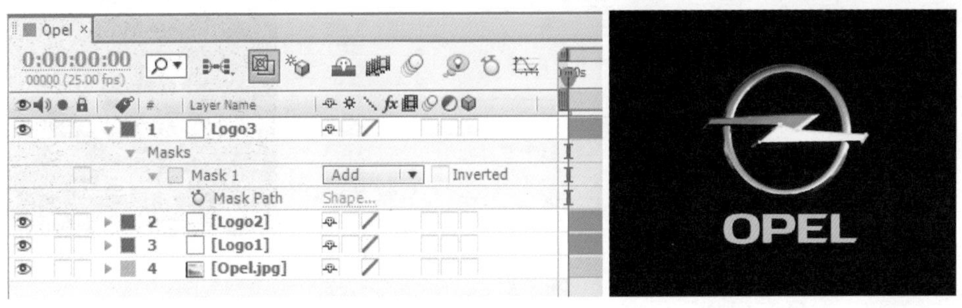


图18-18　建立Logo3层Mask

### 4. 设置Logo描绘动画

**步骤 07**　为Logo1设置一个路径描绘动画轨迹。选中Logo1层，按Ctrl+D组合键，在图层上方创建一个副本，按Enter键重命名为“Logo1描边”。删除图层的Mask 2，将Mask 1大小调整到圆环图形的内径与外径之间的中部。选择菜单Effect→Generate→Stroke（特效→生成→描边），为其添加描边特效，并设置第0帧时Brush Size为3，End为0%；第2秒时Brush Size为10，End为100%。将Paint Style设为On Transparent类型。然后将Logo 1图层的TrkMat栏设为Alpha Matte方式，如图18-19所示。

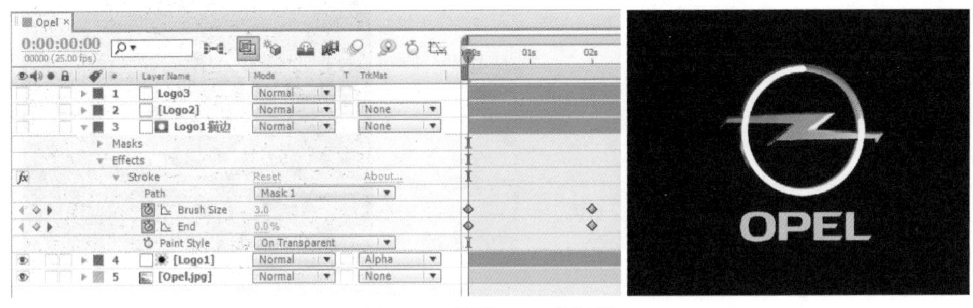


图18-19　设置Logo1层动画

**步骤 08**　为Logo2设置一个动画轨迹。选中Logo2层，在其上绘制一个矩形的Mask 2，运算设为Intersect方式，设置第1秒时Mask 2位于图形的左侧之外，第2秒时，右移将Logo2图形包括在内。设置Mask 1的Mask Expansion第1秒时为-5，第2秒时为0，如图18-20所示。

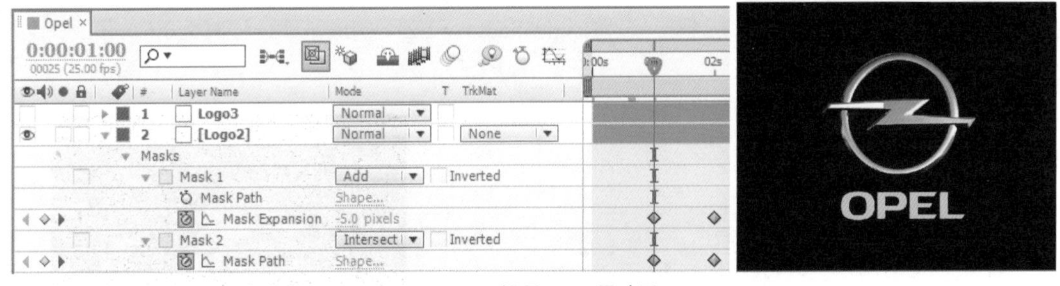


图18-20　设置Logo2层动画

**步骤 09**　为Logo3设置一个动画轨迹。选中Logo3层，在其上绘制一个矩形的Mask 2，运算设为Intersect方式，设置第1秒时Mask 2位于图形的右侧之外，第2秒时，左移将Logo3图形包括在内。设置Mask 1的Mask Expansion第1秒时为-5，第2秒时为0，如图18-21所示。

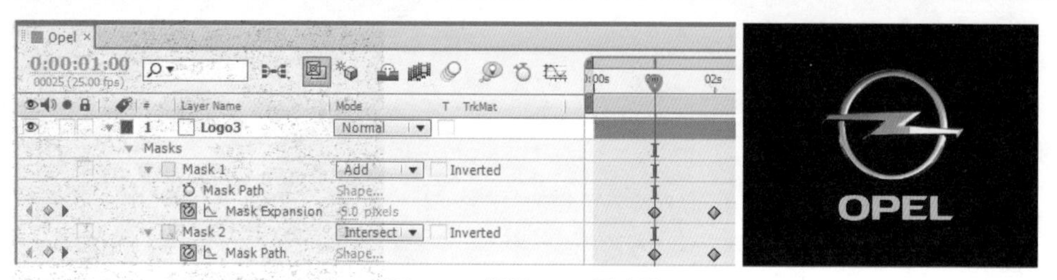


图18-21　设置Logo3层动画

### 5. 设置Logo点光动画

**步骤 10**　为Logo1设置一个路径描绘点光动画轨迹。选择菜单Layer→New→Solid，建立一个黑色的“Logo1点光”固态层，将Mode（图层模式）栏设为Add方式。

**步骤 11**　选择菜单Effect→Knoll Light Factory→Light Factory EZ，添加一个点光效果，设置Flare Type为Six Point Star 3，单击“Logo1描边”层Mask 1下的Mask Path，按Ctrl+C组合键复制，再单击“Logo1点光”层的Light Factory EZ下的Light Source Location，确认时间为第0帧处，按Ctrl+V组合键粘贴，这样在第0帧至第2秒之间为Light Source Location建立一个沿圆环移动的关键帧。再设置Light Factory EZ下的Scale第1秒时为0.6，第2秒时为0.1，如图18-22所示。

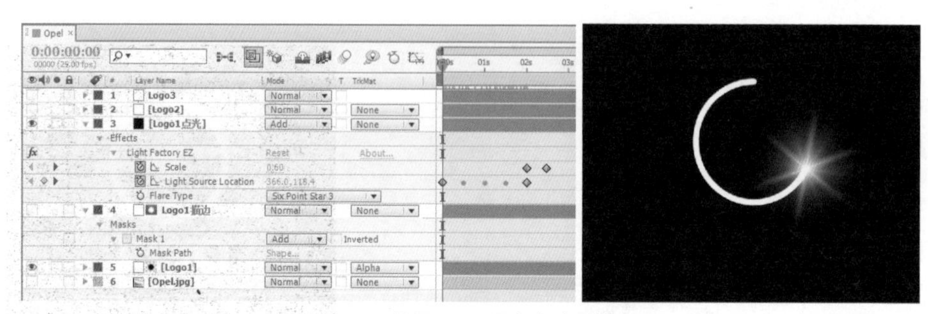


图18-22　设置Logo1层点光动画效果

**步骤 12**　为Logo2设置一个点光的动画轨迹。选择菜单Layer→New→Solid，建立一个黑色的“Logo2点光”固态层，将Mode（图层模式）栏设为Add方式。

**步骤 13**　选择菜单Effect→Knoll Light Factory→Light Factory EZ，添加一个点光效果，设置Flare Type为Six Point Star 3，设置Light Source Location第1秒时为(200,220)，第1秒20帧时为(390,220)，第2秒12帧时为(360,244)。设置Light Factory EZ下的Scale第1秒时为0.6，第2秒时为0.1，如图18-23所示。

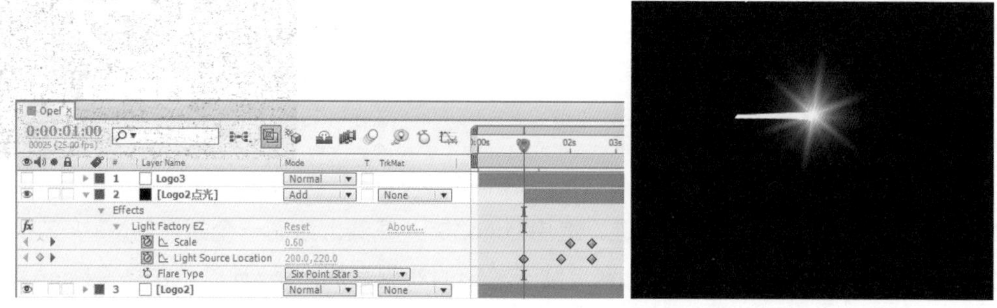


图18-23　设置Logo2层点光动画效果

**步骤 14**　为Logo2设置一个点光的动画轨迹。选择菜单Layer→New→Solid，建立一个黑色的“Logo2点光”固态层，将Mode（图层模式）栏设为Add方式。

**步骤 15**　选择菜单Effect→Knoll Light Factory→Light Factory EZ，添加一个点光效果，设置

Flare Type为Six Point Star 3，设置Light Source Location第1秒时为(535,250)，第1秒20帧时为(340,250)，第2秒12帧时为(360,244)。设置Light Factory EZ下的Scale第1秒时为0.6，第2秒时为0.1，如图18-24所示。

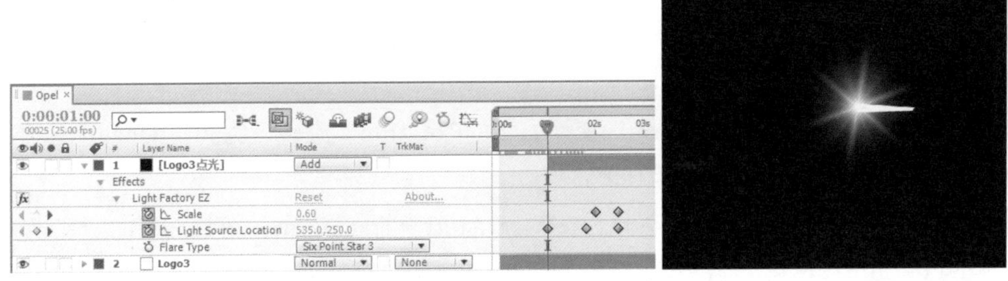


图18-24 设置Logo3层点光动画效果

**步骤 16** 为Logo设置一个闪光和叠画的效果。选择菜单Layer→New→Solid，建立一个黑色的“闪光”固态层，将Mode（图层模式）栏设为Add方式。

**步骤 17** 选择菜单Effect→Knoll Light Factory→Light Factory EZ，添加一个点光效果，设置Flare Type为Six Point Star，设置Light Source Location为(360,244)，设置Light Factory EZ下的Scale第1秒20帧时为0.3，第2秒时为1，第2秒04帧时为0.5，第2秒08帧时为2，第2秒12帧时为0.1。

**步骤 18** 在第2秒10帧处将所有固态层剪切出点，设置Logo1、Logo2和Logo3层的Opacity（不透明度）在第2秒时为100%，第2秒12帧时为0%。

**步骤 19** 在第2秒处剪切Opel.jpg的入点，设置Opacity（不透明度）第2秒时为0%，第2秒12帧时为100%，如图18-25所示。

图18-25 设置闪光和叠画效果

**步骤 20** 查看此时的动画，如图18-26所示。

图18-26 查看闪光和叠画效果

### 6. 设置Logo划光动画

**步骤 21** 为Opel.jpg图形设置一个表面划光的动画。选择菜单Layer→New→Solid，建立一个白色的“划光”固态层，将Mode（图层模式）栏设为Overlay方式，入点移至第2秒12帧处。

**步骤 22** 选中“划光”层，选择菜单Effect→Transition→Venetian Blinds（特效→切换→百页窗），添加切换特效，设置Transition Completion（切换完成量）为50%，Width（宽）为100，Feather（羽化）为50。

**步骤 23** 设置“划光”层Transform（变换）下的Rotation（旋转）为30°，Opacity（不透明度）第2秒12帧时为0%，第3秒时为100%。

**步骤 24** 选中“划光”层，选择菜单Effect→Distort→Transform（特效→扭曲→变换），设置其下的Position（位置）第2秒12帧时为(220,288)，第5秒24帧时为(400,288)，如图18-27所示。

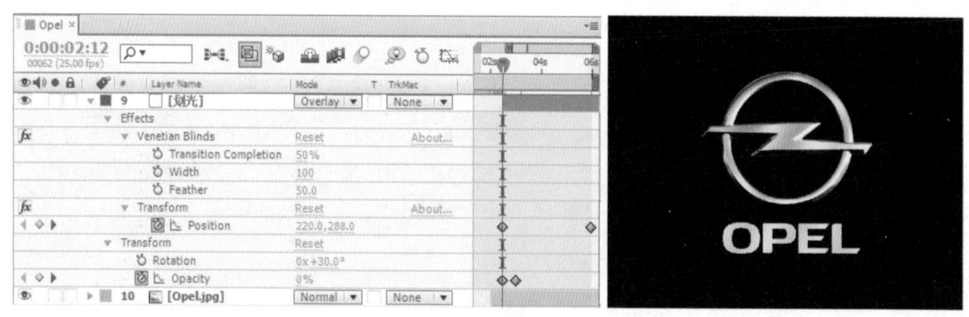


图18-27 设置划光效果

### 7. 设置Logo空间动画

**步骤 25** 打开第2至8层的三维开关，并在时间线中显示出Parent（父级层）栏，将“Logo1描边”和“Logo1点光”的父级层设为Logo1层，将“Logo2点光”的父级层设为Logo2层，将“Logo3点光”的父级层设为Logo3层。如图18-28所示。

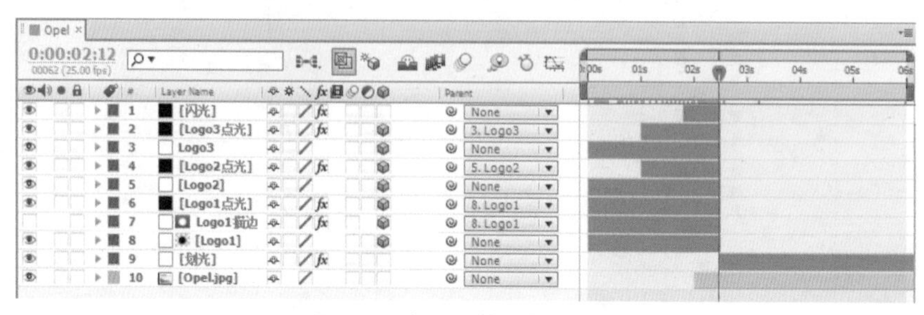


图18-28 设置三维层与父级层

**步骤 26** 设置Logo1层的Position（位置）第0帧时为(400,430,0)，第1秒时为(380,200,0)，第2秒时为(360,288,0)；Scale（比例）第0帧时为(200,200%)，第2秒时为(100,100%)；X Rotation第0帧时为-30°，第2秒时为0°。

**步骤 27** 设置Logo2层的Scale（比例）第0帧时为(200,200%)，第2秒时为(100,100%)；Y Rotation第0帧时为-30°，第2秒时为0°。

**步骤 28** 设置Logo3层的Scale（比例）第0帧时为(200,200%)，第2秒时为(100,100%)；Y Rotation第0帧时为30°，第2秒时为0°，如图18-29所示。

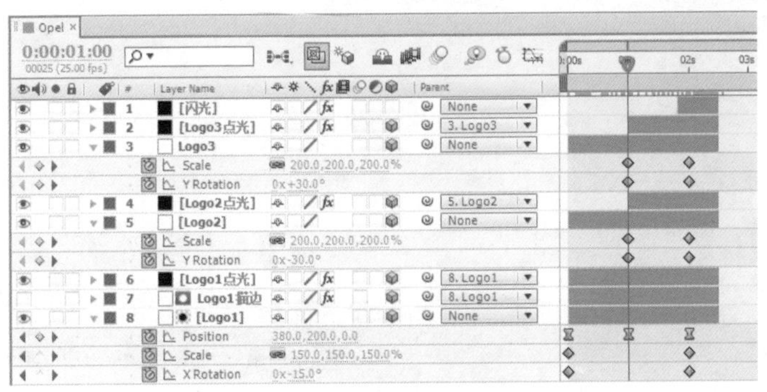


图18-29 设置开始部分的变换动画

**步骤 29** 查看此时的效果，这样完成本例的制作，如图18-30所示。

图18-30 查看开始部分的变换动画

# 思考与练习

1．Logo在日常制作中随处可见，练习为多种Logo设计动画方式，制作Logo动画。

# 第19章 影视广告综合实例

19 Chapter

## 19.1 实例简介

本实例制作寓意化的笔记本广告，通过对“极速”、“奢华”和“稀贵”等概念的提示，加深观众印象，突出笔记本的品质。整个广告由表现细节的描边特效、黑场过渡及局部放大等画面效果组成。效果如图19-1所示。

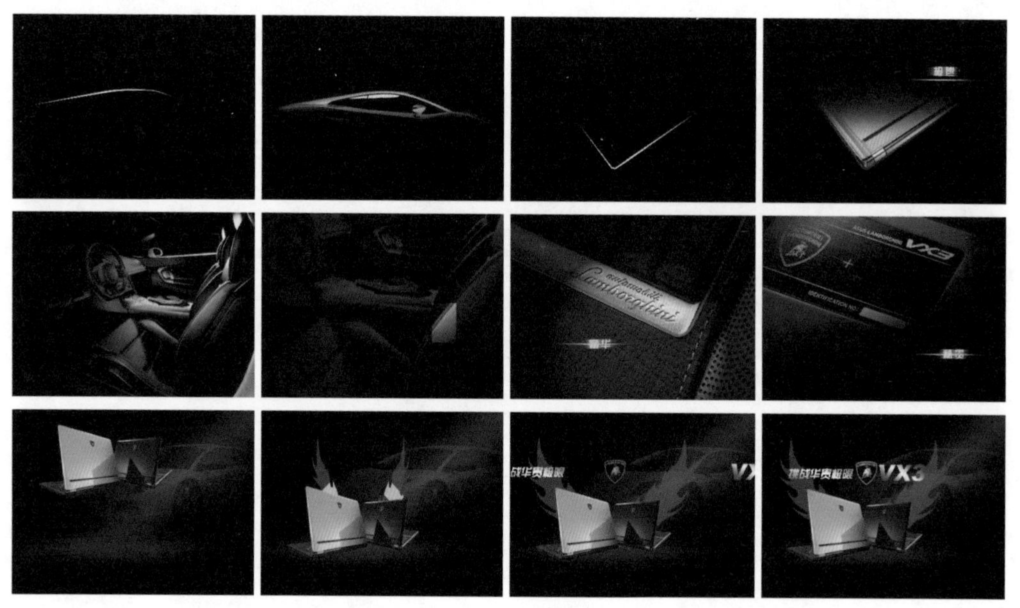

图19-1 实例效果

主要特效：3D Stroke，Directional Blur，Fill。

技术要点：设置产品的黑场过渡效果，使用3D Stroke制作产品轮廓效果。

## 19.2 实例步骤

### 1. 导入素材

在新的项目面板中导入准备制作的素材。在Project（项目）面板中的空白处双击鼠标左键，打开Import File（导入文件）对话框，从中选择本例中所需要的图片素材image01.jpg至image09.tga（如图19-2所示），单击“打开”按钮，将9个独立的图像文件导入到Project（项目）面板中。

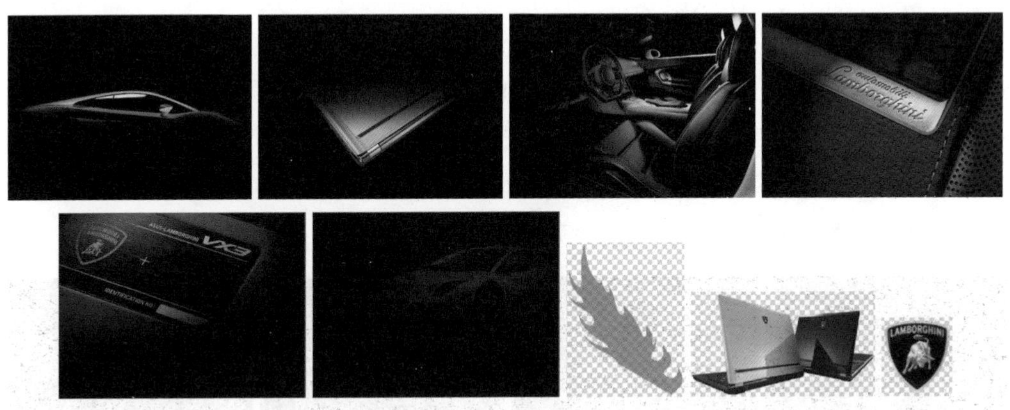

图19-2　素材图像

### 2. 建立合成

选择菜单Composition→New Composition，打开Composition Settings（合成设置）对话框，从中设置如下：Composition Name（合成名称）为“图像特效”，Preset（预置）为PAL D1/DV Square Pixel，Duration（持续时间）为20秒，如图19-3所示。然后单击OK按钮。

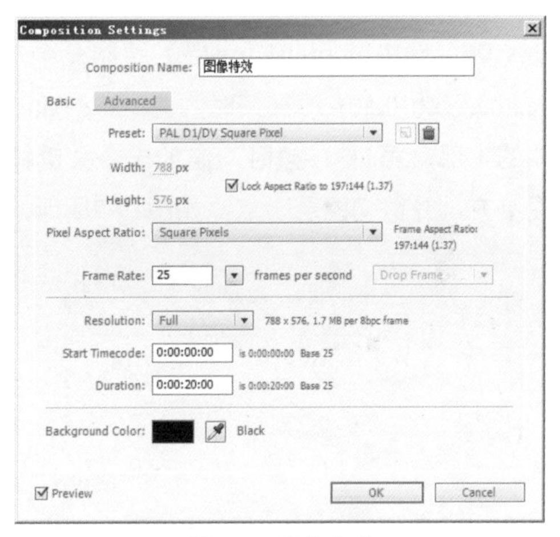


图19-3　建立合成

### 3. 制作image01.jpg特效

**步骤 01**　从项目面板中将image01.jpg拖至时间线中。

**步骤 02**　选择菜单Layer→New→Solid，打开Solid Settings（固态层设置）对话框，从中设置如下：Name（名称）为image01line，单击Make Comp Size（使用合成尺寸），使固态层的尺寸及像素比与当前合成的设置一致。再单击OK按钮。

**步骤 03**　暂时关闭image01line层的显示，参照image01.jpg图像中车体上面的轮廓，在image01line层上绘制一个Mask曲线，如图19-4所示。

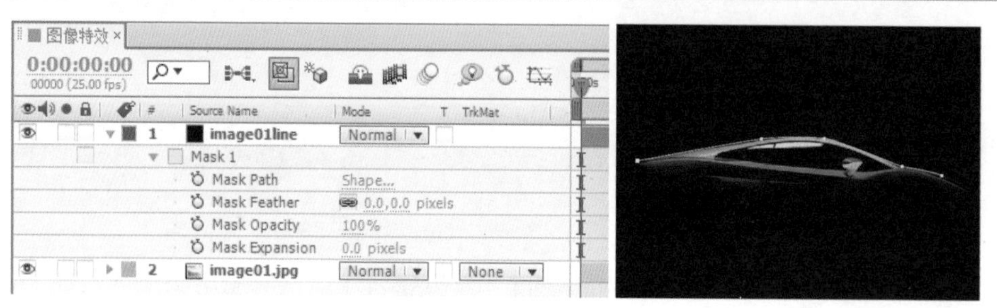


图19-4　建立车体轮廓Mask

**步骤 04**　选中image01line层，选择菜单Effect→Trapcode →3D Stroke，添加描边特效，设置如下：Thickness为3，End为75，Offset第0帧时为-70、第6帧时为0、第13帧时为75，Taper下的Enable为On，Transform（变换）下的Opacity（不透明度）第0帧与第13帧时为0%、第3帧和第8帧时为100%。在第13帧处按Alt+]组合键，剪辑出点，如图19-5所示。

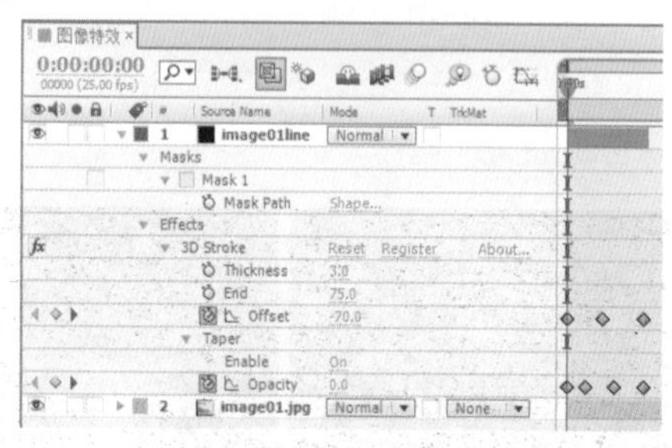


图19-5　设置描边特效

**步骤 05**　单独查看image01line层的动画效果，如图19-6所示。

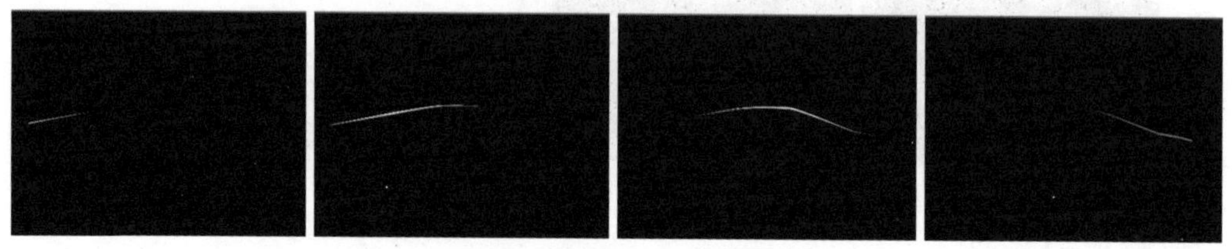

图19-6　描边特效动画效果

**步骤 06**　选中image01.jpg层，绘制一个矩形的Mask，将其移至车体之外的视图上方，Mask Feather设为(0,50)。第6帧时，为Mask Path添加一个关键帧，第1秒时，将Mask Path移至包含车体的中部，第1秒15帧时，添加一个关键帧，第2秒05帧时，将Mask Path再移回车体之外的视图上方，并剪切图层出点，如图19-7所示。

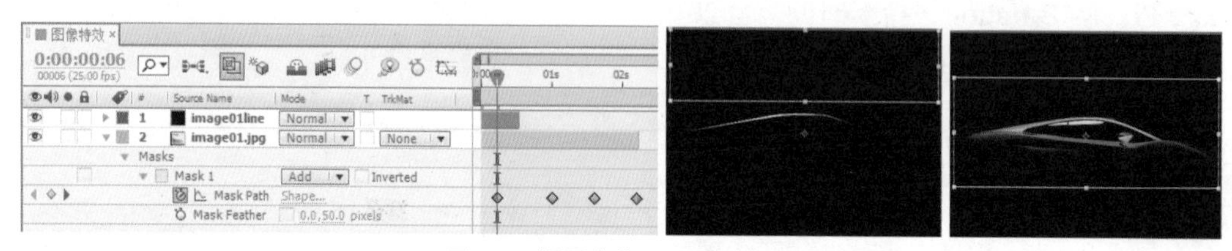


图19-7　设置车体Mask显示方式

**步骤 07**　查看此时的效果，如图19-8所示。

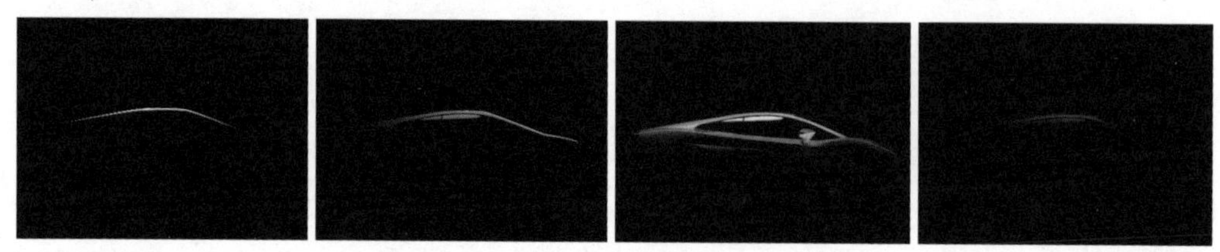

图19-8　车体的轮廓与图像显示效果

### 4. 制作image02.jpg特效

**步骤 08**　从项目面板中将image02.jpg拖至时间线中，入点移至第2秒10帧处，在第5秒10帧处剪切出点。

**步骤 09** 选择菜单Layer→New→Solid，打开Solid Settings（固态层设置）对话框，从中设置如下：Name（名称）为image02line，单击Make Comp Size（使用合成尺寸），使固态层的尺寸及像素比与当前合成的设置一致。再单击OK按钮。

**步骤 10** 选中image02line，入点移至第2秒10帧处，在第3秒05帧处剪切出点。同样，在其上参照图19-9轮廓绘制Mask。

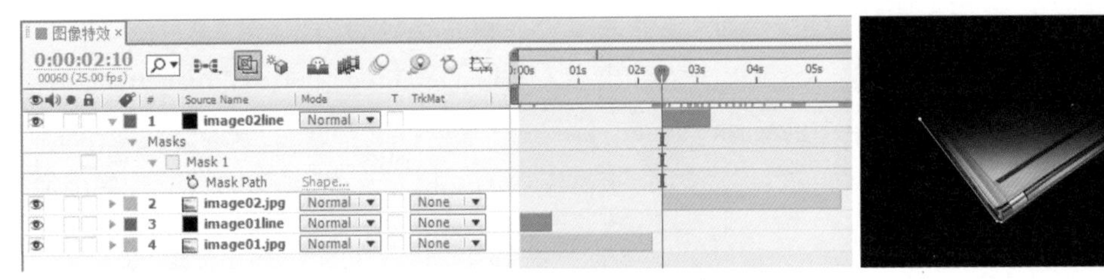

图19-9 建立笔记本轮廓Mask

**步骤 11** 选中image02line层，选择菜单Effect→Trapcode→3D Stroke，添加描边特效，设置如下：Thickness为3，End为75，Offset第2秒10帧时为-70、第2秒20帧时为0、第3秒05帧时为75，Taper下的Enable为On，Transform（变换）下的Opacity[%]第2秒10帧和第3秒05帧时为0、第2秒15帧和第3秒时为100，如图19-10所示。

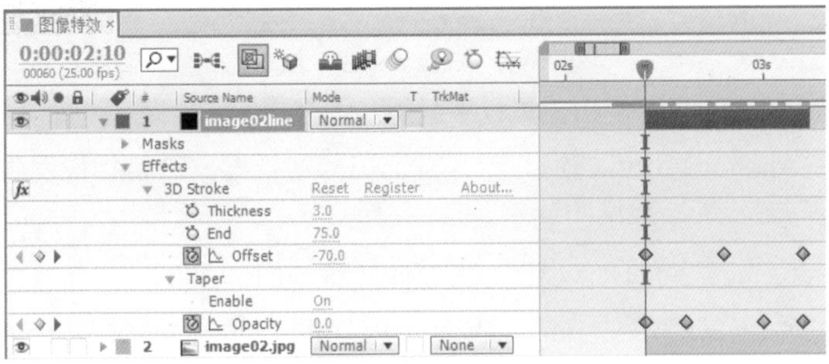

图19-10 设置描边特效

**步骤 12** 选中image02.jpg层，绘制一个矩形的Mask，将其移至笔记本之外的视图上方，Mask Feather设为(0,50)。第3秒时为Mask Path添加一个关键帧，第4秒05帧时将Mask Path移至包含笔记本的中部，第5秒10帧时将Mask Path再移回笔记本之外的视图上方。设置图层的Opacity（不透明度）第3秒和第5秒10帧时为0%、第3秒15帧和第4秒20帧时为100%，如图19-11所示。

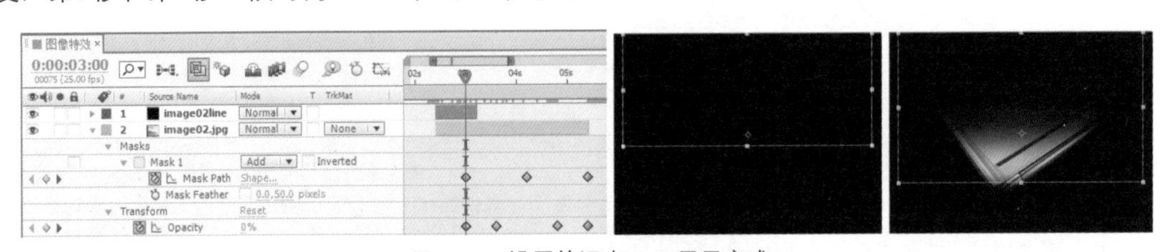

图19-11 设置笔记本Mask显示方式

**步骤 13** 查看此时的效果，如图19-12所示。

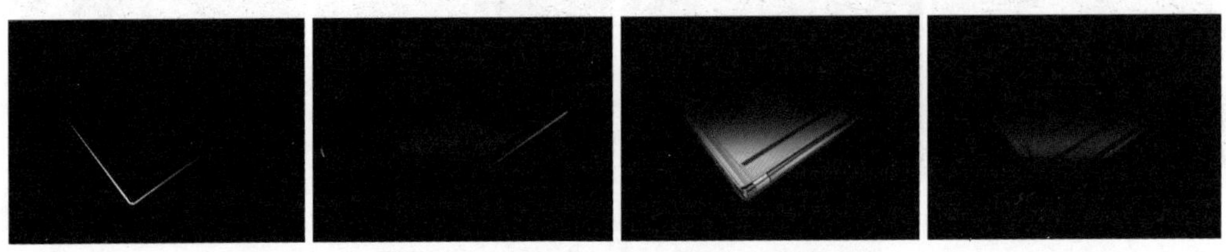

图19-12 笔记本的轮廓与图像显示效果

### 5. 制作image03.jpg特效

步骤 14 从项目面板中将image03.jpg拖至时间线中，入点移至第6秒处，在第9秒14帧处剪切出点。

步骤 15 选择菜单Layer→New→Solid，打开Solid Settings（固态层设置）对话框，从中设置如下：Name（名称）为image03matte，单击Make Comp Size（使用合成尺寸），使固态层的尺寸及像素比与当前合成的设置一致，颜色为黑色。再单击OK按钮。

步骤 16 选中image03matte层，设置其入点和出点，与image03.jpg相同。在image03matte层上单击鼠标右键，选择弹出菜单中的Mask→New Mask（遮罩→新遮罩），为其添加一个Mask 1，设置Mask Opacity（遮罩不透明度）为75%，运算设置为Subtract（相减）方式。在第6秒20帧处为Mask Path添加一个关键帧，在第7秒05帧处将Mask 1缩小移至视图右部车座图像的合适位置，如图19-13所示。

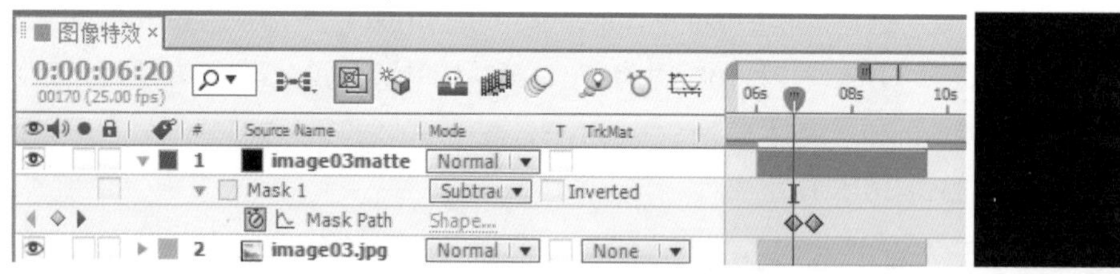

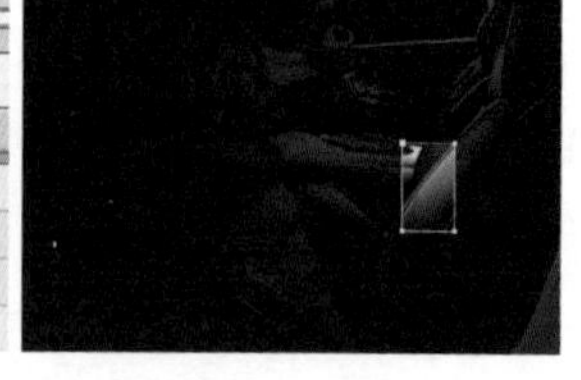

图19-13 设置Mask显示方式

步骤 17 选中image03.jpg层，使用工具栏中的工具将其轴心点移至Mask 1中心的位置，此时image03.jpg层的Anchor Point（轴心点）与Position（位置）数值相应发生变化，这里均为(593,338)。

步骤 18 设置image03.jpg层的Scale（比例）第7秒07帧时为(100,100%)，第7秒18帧时为180%。

步骤 19 在第6秒20帧与第8秒处为image03.jpg的Position（位置）添加两个关键帧，然后设置其第6秒时为(613,338)、第9秒时为(690,208)。

步骤 20 设置image03.jpg层的Opacity（不透明度）第6秒14帧和第9秒时为100%，第6秒和第9秒14帧时为0%，如图19-14所示。

图19-14 设置图像的变换动画

步骤 21 查看此时的效果，如图19-15所示。

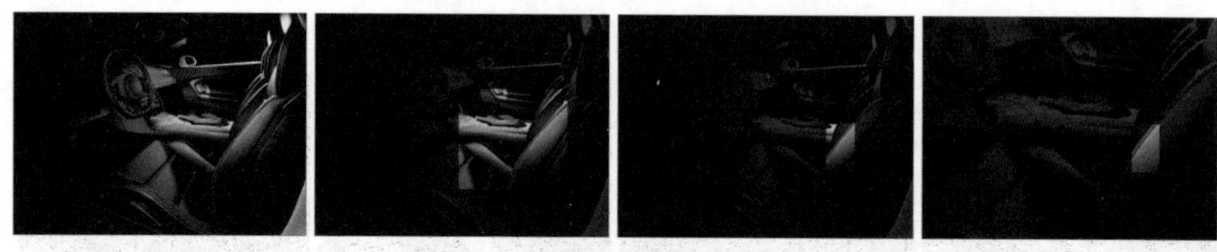

图19-15 图像局部细节显示动画

### 6. 制作其他图像特效

**步骤 22** 从项目面板中将image 04.jpg拖至时间线中，入点移至第9秒15帧处，在第2秒14帧处按Alt+]组合键，剪切出点。设置其Opacity（不透明度）第10秒10帧和第11秒20帧为100%、第9秒15帧和第2秒14帧为0%。

**步骤 23** 从项目面板中将image 05.jpg拖至时间线中，入点移至第12秒15帧处，在第15秒04帧处按Alt+]组合键，剪切出点。设置其Opacity（不透明度）第13秒10帧和第14秒10帧为100%、第12秒15帧和第15秒04帧为0%，如图19-16所示。

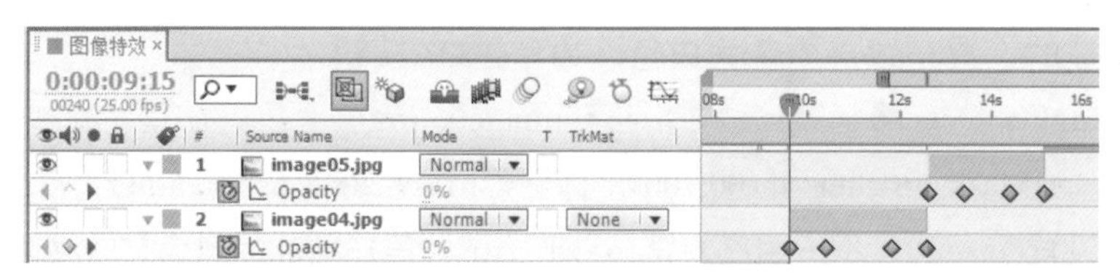


图19-16 设置image 04.jpg与image 05.jpg

**步骤 24** 查看此时的效果，如图19-17所示。

图19-17 查看image 04.jpg与image 05.jpg显示效果

**步骤 25** 从项目面板中将image06.jpg、image07.tga和image08.tga拖至时间线中，按从下至上顺序放置。image06.jpg的入点为15秒05帧，image07.tga的入点为17秒05帧，image08.tga的入点为16秒15帧。

**步骤 26** 设置image 06.jpg的Position（位置）第15秒05帧为屏幕右侧之外的(1000,288)，第16秒为(394,288)。

**步骤 27** 设置image07.tga的Position（位置）为(190,250)。然后按Ctrl+D组合键，创建一个副本，设置Scale（比例）为(-100,100%)，使其水平翻转显示，设置Position（位置）为(460,250)。

**步骤 28** 设置image08.tga的Position（位置）第16秒15帧为(300,-120)，第16秒20帧为(360,350)，使其从顶部落下。同时为image06.jpg层的Position（位置）在第16秒21帧和第17秒02帧处添加两个关键帧，在第16秒24帧处设为(394,270)，这样使image08.tga图像产生一个震动的效果，如图19-18所示。

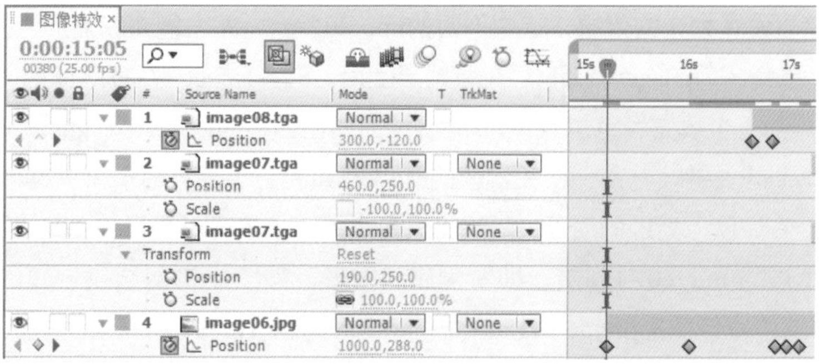

图19-18 设置image 06.jpg、image 07.jpg与image 08.jpg

**步骤 29** 查看此时的效果，如图19-19所示。

   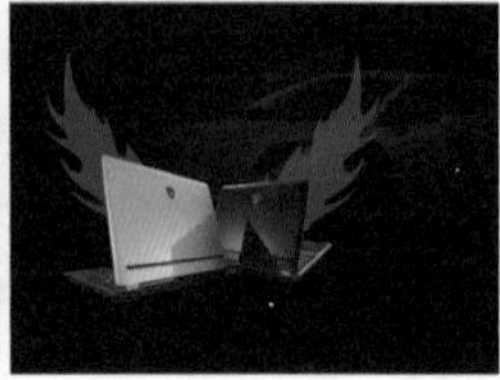

图19-19　预览当前的效果

**步骤 30**　选择菜单Layer→New→Solid，打开Solid Settings（固态层设置）对话框，从中设置如下：Name（名称）为Light，单击Make Comp Size（使用合成尺寸），使固态层的尺寸及像素比与当前合成的设置一致，颜色为白色。再单击OK按钮。

**步骤 31**　选中Light，入点移至第16秒处，移至image06.jpg层上面。在其上绘制一个Mask，并设置条形Mask 1的Mask Feather为(100,100)，椭圆形Mask 2的Mask Feather为(200,50)。将图层设为Add模式，设置Opacity（不透明度）第16秒时为0%、第16秒20帧时为15%，如图19-20所示。

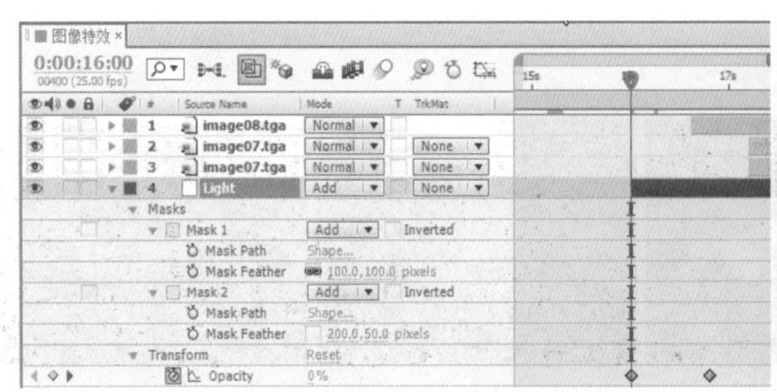

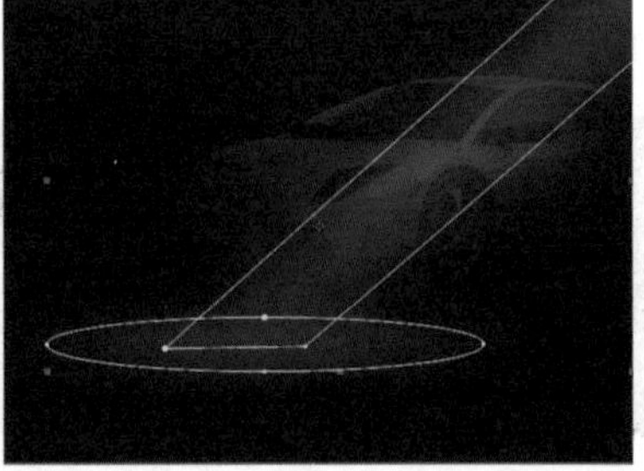

图19-20　设置光线效果

**步骤 32**　为image07.tga设置展开翅膀的动画，在第17秒20帧处为两个图层的Position（位置）和Scale（比例）添加关键帧。然后将时间移至入点处的17秒05帧处，设置下层Scale（比例）为(0,100%)、Position（位置）为(290,250)；设置上层Scale（比例）为(0,100%)、Position（位置）为(360,250)，如图19-21所示。

图19-21　设置展开翅膀的动画

**步骤 33**　为翅膀再设置划光的效果，选中下面的image07.tga，即左侧翅膀图形，按Ctrl+D组合键创建一个副本，重命名为image07Light，在原始层上面。选择Effect→Generate→Fill（特效→生成→填充），为其添加一个填充颜色的效果，Color设为白色。再为image07Light添加矩形的Mask，并设置两个Mask Path关键帧，前一个关键帧的Mask在翅膀右下部，后一个关键帧的Mask在翅膀左上部，产生一个在翅膀上划过的动画。然后将这两个关键帧依次移至第17秒05帧和17秒20帧处。

**步骤 34**　选中上层的image07.tga层，即右侧翅膀图形，按Ctrl+D组合键创建副本，重命名为image07Light。选中左侧图形image 07Light层的Mask 1和Fill，按Ctrl+C组合键复制，然后选中右侧图形image07Light层，确认时间为第17秒05帧，按Ctrl+V组合键粘贴，这样为右侧翅膀制作相同的划光效果，如图19-22所示。

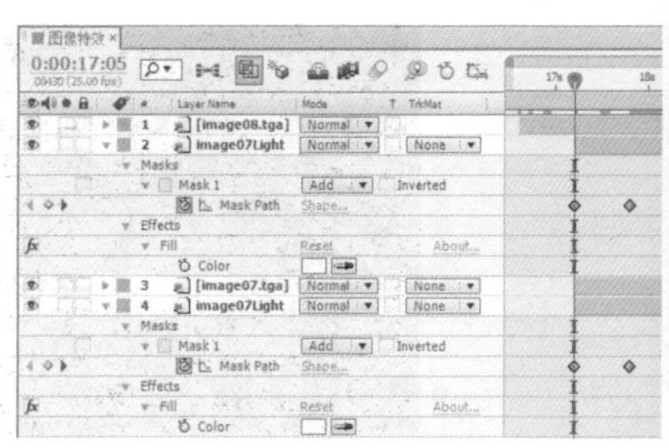

图19-22　设置翅膀划光效果

## 7. 建立“笔记本广告”合成

**步骤 35**　选择菜单Composition→New Composition，打开Composition Settings（合成设置）对话框，从中设置如下：Composition Name（合成名称）为“笔记本广告”，Preset（预置）为PAL D1/DV，Duration（持续时间）为20秒，如图19-23所示。然后单击OK按钮。

## 8. 字幕效果

**步骤 36**　从项目面板中将“图像特效”拖至时间线中。

**步骤 37**　选择菜单Layer→New→Text（图层→新建→文字），建立广告语文字，输入“极速”，设置字体为综艺体，颜色为RGB(255,210,0)，大小为32，字间距为200。将文字移至视图右上部，如图19-24所示。

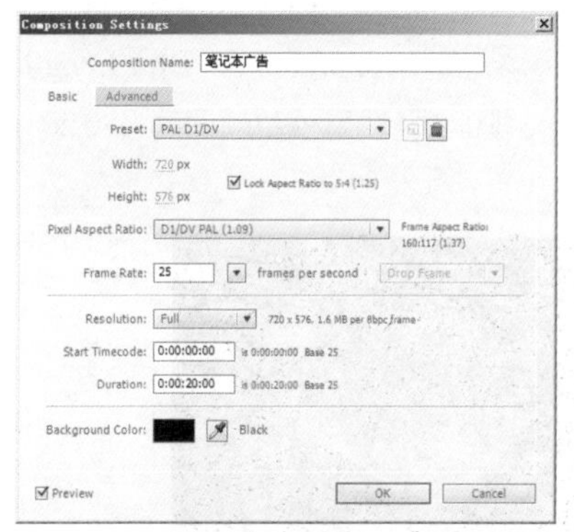


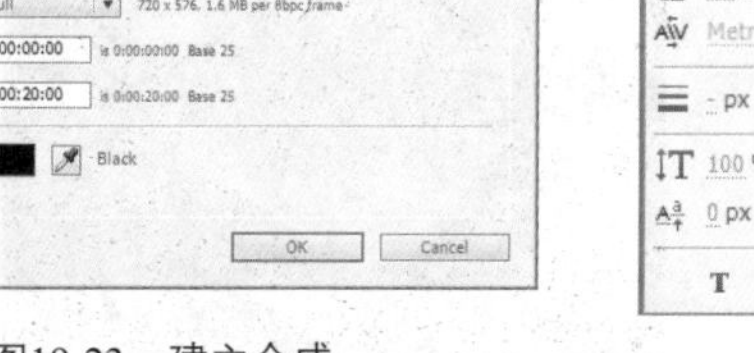

图19-23　建立合成

图19-24　建立文字“极速”

**步骤 38**　设置文字层的入点为第3秒05帧，出点为第5秒。设置Position（位置）第3秒05帧时为(720,175)，第4秒时为(500,1750)，第5秒时为(400,175)。然后单击时间线面板上部的按钮，切换到关键帧曲线编辑器面板，从中调整关键帧两端快，中间慢。这样文字从右侧移入画面中，然后缓慢左移，最后加速左移并消失，如图19-25所示。

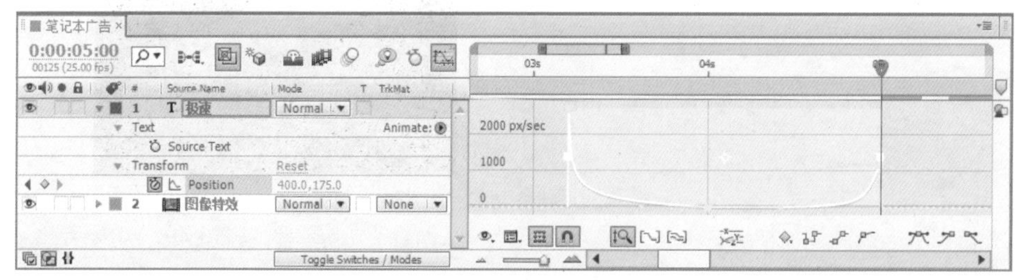


图19-25　调整关键帧曲线

**步骤 39**　为文字添加一个速度模糊的效果，选中文字层，按Ctrl+D组合键创建副本，并重命名为“极速模糊”，放置在原文字层下面。选择菜单Effect→Blur & Sharpen→Directional Blur（特效→模糊&锐化→方向模糊），设置Direction为90°，Blur Length为30，如图19-26所示。

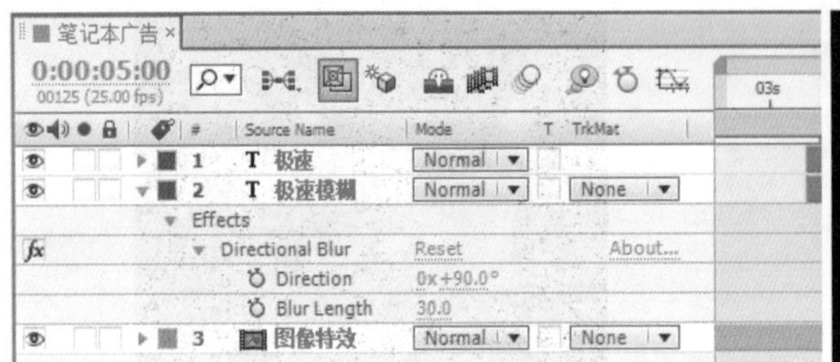

图19-26　设置模糊效果

**步骤 40**　为文字建立一个装饰线条。选择菜单Layer→New→Text（图层→新建→文字），输入“——”符号，然后设置颜色为白色，大小为50，将其移至文字的下方，如图19-27所示。

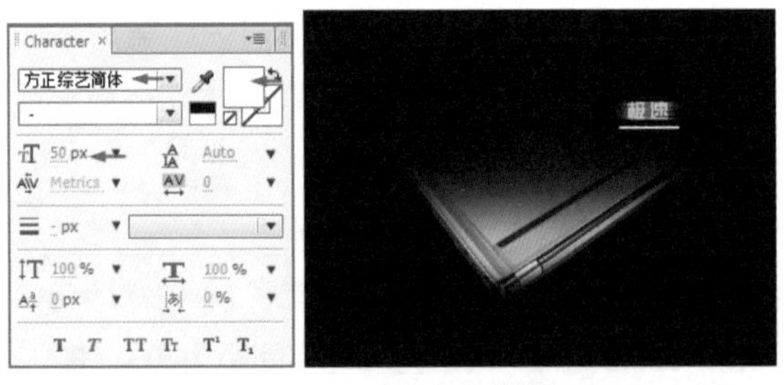


图19-27　建立白色横线

**步骤 41**　将新建的文字层重命名为“线条”，入点与出点与文字层相同，选择菜单Effect→Blur & Sharpen→Directional Blur（特效→模糊&锐化→方向模糊），设置Direction为90°，Blur Length为100。然后设置其Position（位置）第3秒05帧时为(300,208)，第3秒08帧与第3秒22帧时为(480,208)，第5秒时为(600,208)，如图19-28所示。

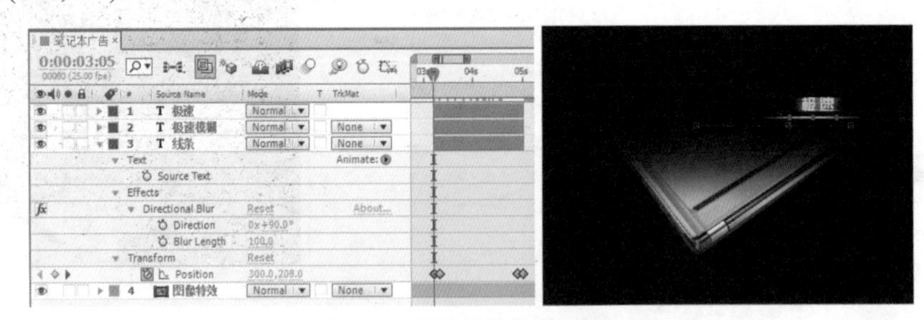

图19-28　设置横线的模糊效果

**步骤 42**　用同样的方法制作文字“奢华”，入点为10秒10帧，出点为12秒05帧，如图19-29所示。

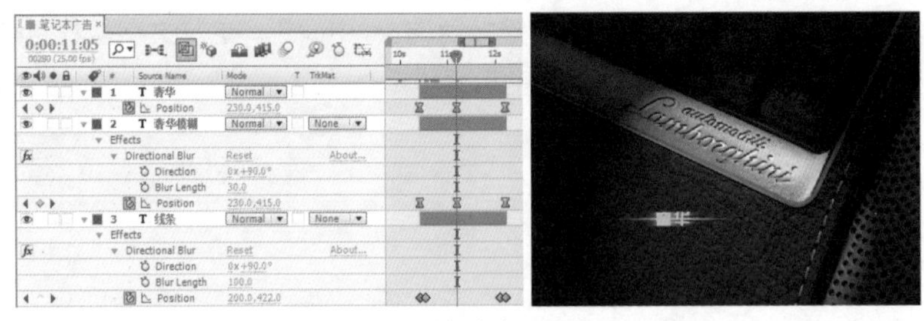

图19-29　建立文字“奢华”

**步骤 43**　用同样的方法制作文字“稀贵”，入点为13秒10帧，出点为15秒05帧，如图19-30所示。

**步骤 44**　从项目面板中将image09.tga拖至时间线中，入点移至第18秒处，设置Opacity（不透明度）第18秒时为0%，第18秒21帧时为100%。

**步骤 45**　选择菜单Layer→New→Text（图层→新建→文字），建立广告语文字，输入“挑战华贵极限”，设置字体为综艺体，颜色为RGB(128,128,128)，大小为35，字间距为200。将文字移至image09.tga图像的左侧。

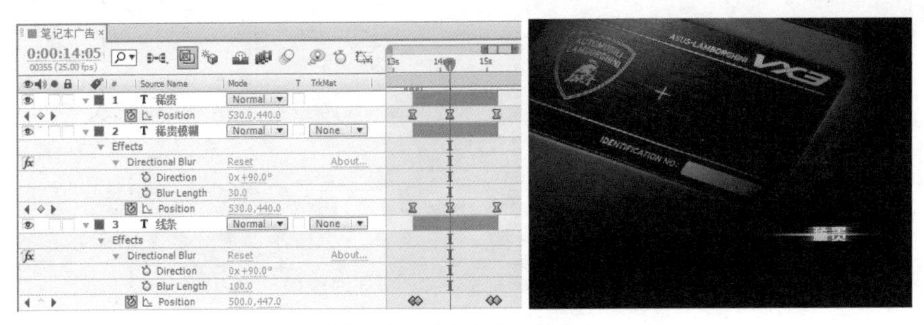


图19-30　建立文字“稀贵”

**步骤 46**　设置“挑战华贵极限”文字的入点为第18秒10帧。设置Position（位置）第18秒10帧时为(-200,200)，第18秒15帧时为(76,200)，第18秒18帧为(74,200)。

**步骤 47**　选中“挑战华贵极限”文字，按Ctrl+D组合键创建一个副本，将副本的文字颜色设为白色，然后添加一个倾斜的矩形Mask，设置Mask Feather为(300,300)，使文字具有渐变的金属质感。

**步骤 48**　同样，建立VX3文字，字体为Arial Black，大小为70，入点为18秒12帧，设置Position（位置）第18秒12帧为(700,208)，第18秒18帧为(333,208)，第18秒21帧为(335,208)，如图19-31所示。

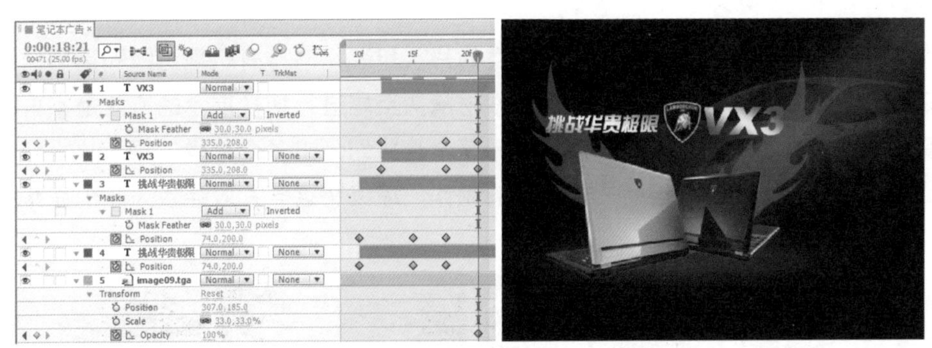


图19-31　放置图标和建立渐变文字

**步骤 49**　这样完成本实例的制作，最后可以配音、配乐、预览和输出。

# 思考与练习

1. 广告重在创意，尝试构想创意广告，组织素材进行制作。

# 第20章 栏目包装综合实例

## 20.1 新旅游片头

### 20.1.1 实例简介

本实例使用了大量的素材来制作旅游类的片头包装，怎样有机地组织和运用这些素材是对综合制作能力的考验，例如，将这些素材从头至尾进行切换展示的方法是不可取的。本例中根据片头表现的需要和配乐效果，将整个片头划分出多个片段，每个片段分配有不同的素材，然后为每个片段进行风格动画的制作，最终将这些片段连接为一个完整的片头效果，如图20-1所示。

图20-1 实例效果

主要特效：Bezier Warp，Drop Shadow，Fill，Hue/Saturation，Minimax，Stroke

技术要点：使用多合成将制作化繁为简。

### 20.1.2 实例步骤

#### 1. 准备工作

**步骤 01** 导入片头制作所准备好的素材，这里共有6组图片素材和1个音乐素材，这6组图片分别以文件名进行区分，图片素材的略图如图20-2所示。

图20-2 素材略图

**步骤 02** 选择菜单Composition→New Composition，打开Composition Settings（合成设置）对话框，从中设置如下：Composition Name（合成名称）为“片头与配乐”，Preset（预置）为PAL D1/DV Widescreen，Duration（持续时间）为10秒，如图20-3所示。然后单击OK按钮。

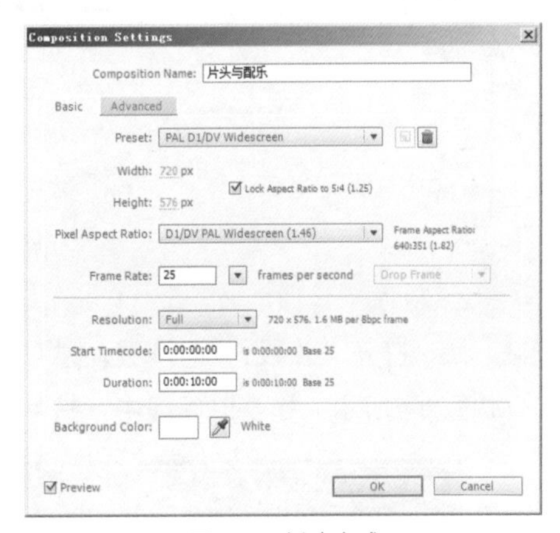


图20-3 新建合成

**步骤 03** 从项目面板中将Music.mp3拖至时间线中，展开显示其波形图，按小键盘的0键监听音频效果，并根据音乐节奏按小键盘的*键在时间线中添加标记点，分配为6个片段，标记点的位置分别为第1秒15帧、第3秒05帧、第4秒20帧、第6秒10帧和第8秒处，如图20-4所示。

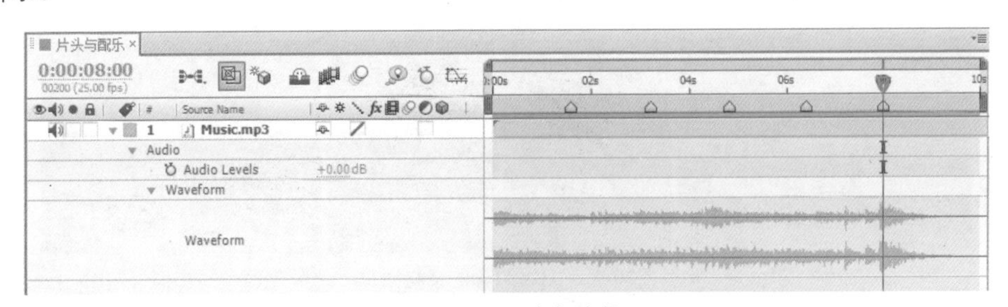


图20-4 标记音频片段

**步骤 04** 在项目面板中选中“片头与配乐”，按Ctrl+D组合键6次，然后分别重命名为“片段1”至“片段6”。打开“片段1”时间线，将工作区设为第1个片段的范围，选择菜单Composition→Trim Comp to Work Area（合成→剪切合成到工作区范围）。同样，为其他几个片段的时间线设置相应的合成长度，如图20-5所示。

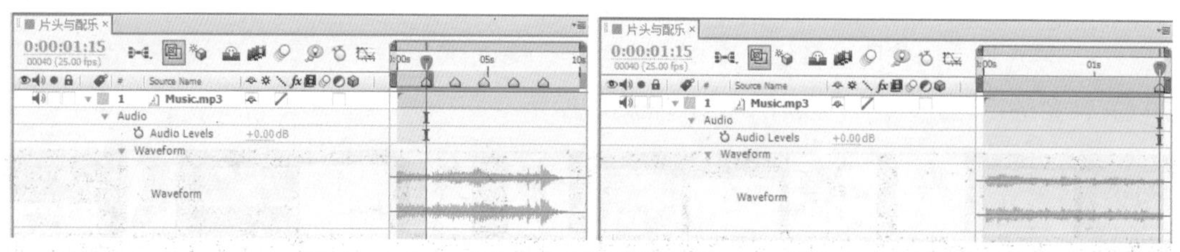

图20-5　创建片段合成

**步骤 05** 选择菜单Composition→New Composition，打开Composition Settings（合成设置）对话框，从中设置如下：Composition Name（合成名称）为“背景”，Preset（预置）为PAL D1/DV Widescreen，Duration（持续时间）为10秒。然后单击OK按钮。

**步骤 06** 选择菜单Layer→New→Solid，建立一个名为“底色”的固态层，设置其颜色为RGB (111,155,219)。

**步骤 07** 选择菜单Layer→New→Solid，建立一个名为“渐变”的白色固态层。选中该固态层，双击工具栏中的工具，在固态层中建立椭圆Mask，设置Mask Feather为(500,200)，Mask Expansion为-70，如图20-6所示。

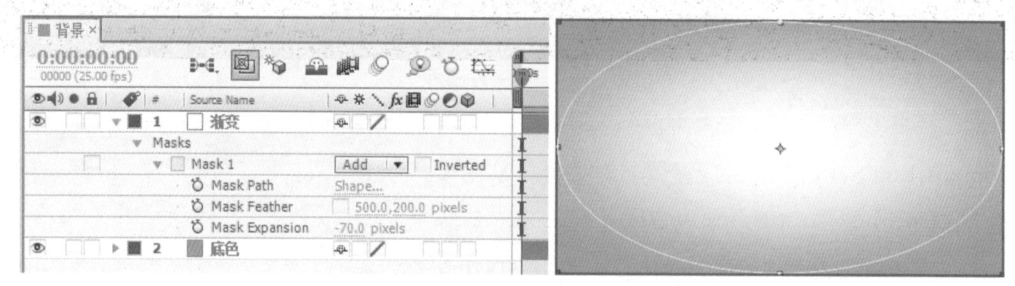

图20-6　建立“背景”合成

## 2. 制作“片段1”

**步骤 08** 打开“片段1”时间线，从项目面板中将“背景”以及Pic1-01.jpg至Pic1-09.png图片（如图20-7所示）拖至时间线中，按从下至上顺序放置。

图20-7　“片段1”的素材图片

**步骤 09** 为Pic1-01.jpg添加一个圆角矩形Mask，调整图像的大小比例，并选择菜单Effect→Generate→Stroke（特效→生成→描边），设置Brush Size为8，如图20-8所示。

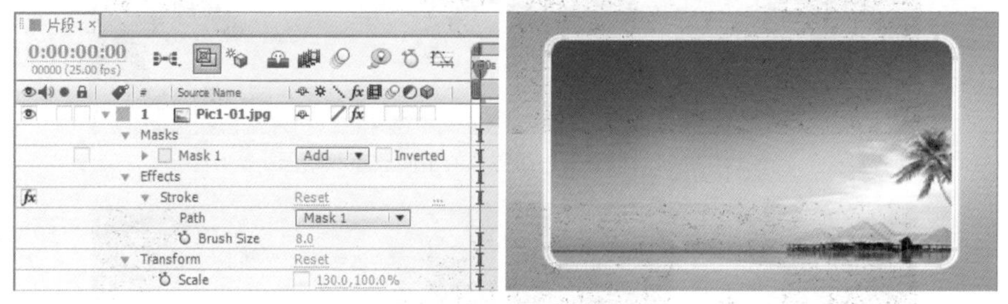

图20-8 设置圆角矩形

**步骤 10** 为Pic1-06.jpg做同样的设置，可以将Pic1-01.jpg的Mask（遮罩）、Scale（比例）设置和Stroke（描边）特效复制到Pic1-06.jpg之上。

**步骤 11** 打开全部图层的三维开关，选择菜单Layer→New→Null Object（图层→新建→空物体层），建立一个“Null 旋转1”图层，将其三维开关打开，设置Position（位置）的Z轴数值为500。

**步骤 12** 将Pic1-05.jpg至Pic1-09.png图层的Parent栏设为“Null旋转1”层，然后设置“Null旋转1”层的Y Rotation为-90°，将Pic1-05.jpg至Pic1-09.png的图像旋转到视图的左侧，与Pic1-01.jpg至Pic1-05.png的图像形成垂直夹角，如图20-9所示。

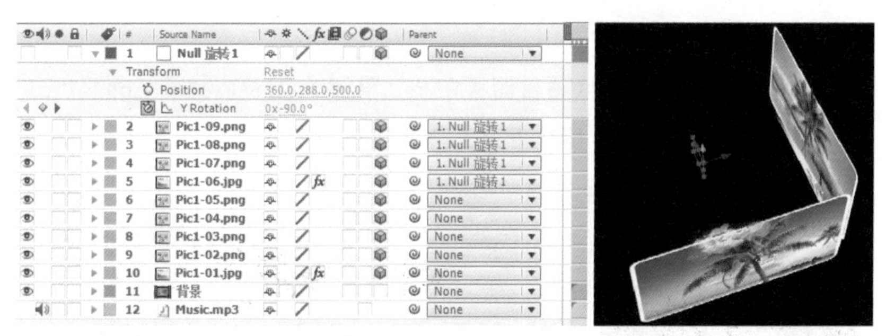

图20-9 设置两组图像空间关系

**步骤 13** 将Pic1-01.jpg至Pic1-05.png图层的Parent栏设为“Null旋转1”层，然后设置“Null旋转1”层的Y Rotation为第20帧时为-90°、第1秒时为0°。将Pic1-01至Pic1-05.jpg层在第24帧处剪切出点，将Pic1-05.jpg至Pic1-09.png的入点移至第21帧处。这样两组图像产生一个旋转切换的效果，如图20-10所示。

图20-10 设置两组图像旋转动画

**步骤 14** 结合自定义透视图查看，调整各图层的位置，使其各图像元素在立体的空间中分布放置，并适当设置其中可以运动的帆船与云朵元素略带位移的动画。Pic1-01.jpg至Pic1-05.png图层的空间放置和效果如图20-11所示。Pic1-06.jpg至Pic1-09.png图层的空间放置和效果如图20-12所示。

图20-11　调整前一组图像的空间放置和动画

图20-12　调整后一组图像的空间放置和动画

**步骤 15** 查看此时的动画效果，如图20-13所示。

图20-13　查看“片段1”动画效果

### 3. 制作“片段2”

**步骤 16** 打开“片段2”时间线，从项目面板中将“背景”以及Pic2-01.jpg至Pic1-09.png图片（如图20-14所示）拖至时间线中，按从下至上顺序放置。

图20-14　“片段2”的素材图片

**步骤 17** 与“片段1”的制作方法相同，制作“片段2”中两个场景的转换动画，其中第Pic2-01.jpg至Pic2-05.png为第一个场景，第Pic2-06.jpg至Pic2-08.png为第二个场景，并设置其中动态元素的动画效果，如图20-15所示。

图20-15　查看“片段2”动画效果

### 4. 制作“片段3”

**步骤 18** 打开“片段3”时间线，从项目面板中将“背景”以及Pic3-01. png至Pic3-03.png图片（如图20-16所示）拖至时间线中，按从下至上顺序放置。

图20-16 “片段3”的素材图片

**步骤 19** 打开3个素材图片层的三维开关，选择菜单Layer→New→Camera（图层→新建→摄像机），建立一个Preset为35mm的摄像机。设置其Position（位置）第20帧时为(360,400,-1021.1)，第1秒15帧时为(460,340,-950)。

**步骤 20** 为Pic3-03.png添加一个Mask，设置Mask Feather为(200,0)，为Mask Path在第0帧和第5帧设置两个关键帧，产生从左至右逐渐显示出来的效果。调整图像的大小，与视图等宽，位置移至视图下部。

**步骤 21** 为Pic3-02.png设置升起和淡入的动画。设置Position（位置）第5帧时为(360,545,0)，第20帧时为(360,300,-200)；设置Opacity（不透明度）第5帧时为0%、第20帧时为100%。

**步骤 22** 设置Pic3-03.png的Scale（比例）为(140,140%)，设置Opacity（不透明度）第5帧时为0%、第20帧时为100%，如图20-17所示。

图20-17 设置“片段3”动画

**步骤 23** 查看效果，如图20-18所示。

图20-18 查看“片段3”动画效果

### 5. 制作“片段4”

**步骤 24** 打开“片段4”时间线，从项目面板中将Pic4-01. jpg至Pic4-11.png图片（如图20-19所示）拖至时间线中，按从下至上顺序放置。

图20-19 “片段4”的素材图片

**步骤 25** 对这些素材进行剪辑和放置。将Pic4-05.png放大一些移至左侧，在第9帧剪切出点。将Pic4-04.png放大一些，移至左侧，为其添加一个椭圆的Mask，并设置Mask Feather为(50,50%)，设置入点为第3帧，出点为第9帧。

**步骤 26** 将Pic4-06.png放大一些，并将人物显示在视图中，设置入点为第10帧，出点为第19帧。将Pic4-01.jpg、Pic4-02.jpg和Pic4-03.jpg缩放至满屏显示，设置Pic4-01.jpg的入点和出点分别为第2帧和第12帧，设置Pic4-02.jpg的入点和出点分别为第13帧和第16帧，设置Pic4-03.jpg的入点和出点分别为第17帧和第22帧。

**步骤 27** 放大Pic4-08.png，放置到右下角，入点和出点分别为第20帧和第1秒04帧。将Pic4-07.jpg放大一些，入点和出点分别为第23帧和第1秒07帧。

**步骤 28** 将Pic4-11.png移至右侧，入点为第1秒05帧。将Pic4-09.jpg放大至满屏，入点为第1秒08帧。将Pic4-10.png左移一些，入点设为1秒10帧。

**步骤 29** 在最上层再添加Pic4-09.jpg和Pic4-10.png，制作一个相机屏幕中的画面。将图像适当缩小并移动到相机屏幕中的位置。设置Pic4-09.jpg入点为第1秒08帧，Pic4-10.png入点为第1秒10帧。然后将这两个图层的Parent栏设为Pic4-11.png层。

**步骤 30** 设置Pic4-11.png的Scale（比例）第1秒10帧时为(100,100%)，第1秒15帧时为400%；Position（位置）第1秒10帧时为(535,306)，第1秒15帧时为(740,306)。

**步骤 31** 为Pic4-02.jpg的图像进行调色，选择菜单Effect→Color Correction→Hue/Saturation（特效→色彩校正→色相/饱和度），设置Colorize为On，Colorize Hue为-128°，Colorize Saturation为15。时间线中的参数设置如图20-20所示。

**步骤 32** 动画效果如图20-21所示。

片段4 ×
0:00:01:10
00035 (25.00 fps)
0:00s 01s
Source Name | Parent
1 Pic4-10.png | 3. Pic4-11.png
Position 119.7,180.9
Scale 30.0,30.0%
2 Pic4-09.jpg | 3. Pic4-11.png
Masks
Mask 1 Add Inverted
Position 123.9,179.0
Scale 38.6,30.0%
3 Pic4-11.png | None
Position 535.0,306.0
Scale 100.0,100.0%
4 Pic4-10.png | None
Position 234.5,302.0
5 Pic4-09.jpg | None
Position 360.0,288.0
Scale 134.6,104.7%
6 Pic4-08.png | None
Position 575.3,372.0
Scale 150.0,150.0%
7 Pic4-07.jpg | None
Position 311.4,270.0
Scale 122.0,122.0%
8 Pic4-06.png | None
Position 457.3,288.0
Scale 170.0,170.0%
9 Pic4-05.png | None
Position 103.6,368.0
Scale 160.0,160.0%
10 Pic4-04.png | None
Masks
Mask 1 Add Inverted
Mask Feather 50.0,50.0 pixels
Position 216.0,314.0
Scale 135.0,135.0%
11 Pic4-03.jpg | None
Position 360.0,288.0
Scale 107.2,104.7%
12 Pic4-02.jpg | None
Effects
Hue/Saturation Reset
Channel Range
Colorize On
Colorize Hue 0x-128.0°
Colorize Saturation 15
Scale 133.3,109.7%
13 Pic4-01.jpg | None
Position 360.0,288.0
Scale 107.2,104.7%
14 Music.mp3 | None

图20-20　设置“片段4”动画

图20-21　查看“片段4”动画效果

### 6. 制作“片段5”

**步骤 33**　打开“片段5”时间线，从项目面板中将Pic5-01. jpg至Pic5-12.jpg，Pic5-祥云1.tga、Pic5-祥云2.tga图片（如图20-22所示）及“背景”拖至时间线中，按从上至下顺序放置。

图20-22　“片段5”的素材图片

**步骤 34** 选中Pic5-01. jpg至Pic5-12.jpg图层，选择菜单Layer→Pre-compose（图层→预合成，快捷键为Ctrl+Shift+C），命名为“Pre-片段5Pic”，单击OK按钮，转换成合并层，如图20-23所示。

图20-23 转换合并层

**步骤 35** 打开“Pre-片段5Pic”时间线，选中前 6个图层，将时间移至第3帧，按Alt+］组合键，剪切出点，再选中后6个图层，时间移至第2帧，按Alt+］组合键，剪切出点。然后全选这些图层，选择菜单Animation→Keyframe Assistant→Sequence Layers（动画→关键帧助手→序列层），在打开的对话框中取消Overlap框的勾选，单击OK按钮，将图层自动逐一前后连接，如图20-24所示。

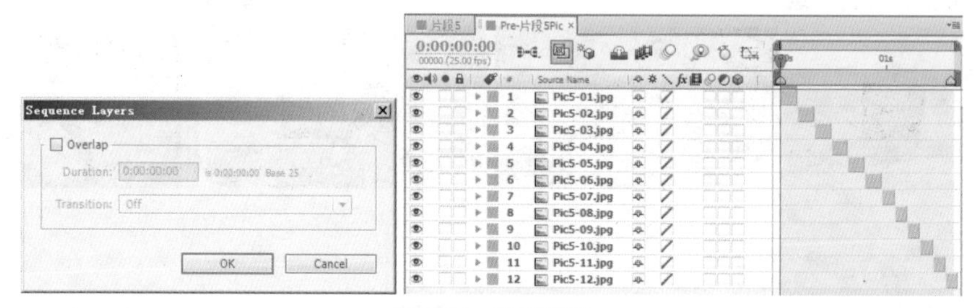

图20-24 连接图层

**步骤 36** 在“片段5”时间线中为“Pre-片段5Pic”添加与前面一样的圆角Mask并设置描边效果，将Scale（比例）设为(75,75%)，如图20-25所示。

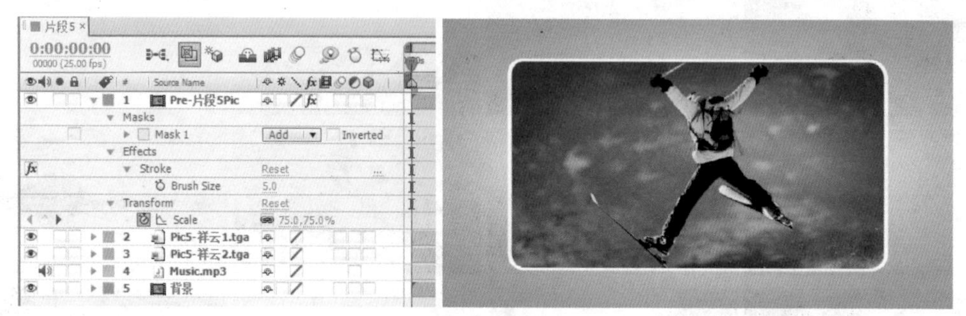

图20-25 设置圆角效果

**步骤 37** 选择菜单Layer→New→Solid，建立一个白色固态层。使用Mask工具在画面的一角位置建立一个L形的符号，复制3份，将图形符号放置到画面四个角的位置。再建立一个白色的固态层，使用Mask工具在中心建立一个十字形的符号，制作成相机拍摄时的参考标记效果。可以按前面的预合成操作，将这些固态层合并为一个“拍摄标记”层。

**步骤 38** 将“拍摄标记”层的Parent栏设为“Pre-片段5Pic”层，然后设置“Pre-片段5Pic”层第1秒时Scale（比例）为(75,75%)，第1秒15帧时Scale（比例）为(100,100%)，如图20-26所示。

图20-26 设置拍摄标记效果

**步骤 39** 选中两个祥云图层，按Ctrl+D组合键创建副本。将两个“Pic5-祥云1.tgaPic”放置在视图的左上角与左下角处，将两个“Pic5-祥云2.tgaPic”放置在视图的中部和右下角处，将中部的图形放大、右下角的图形缩小。将4个图层的Mode设为Overlay模式，Opacity（不透明度）均设为50%，然后设置轻微的位移动画，如图20-27所示。

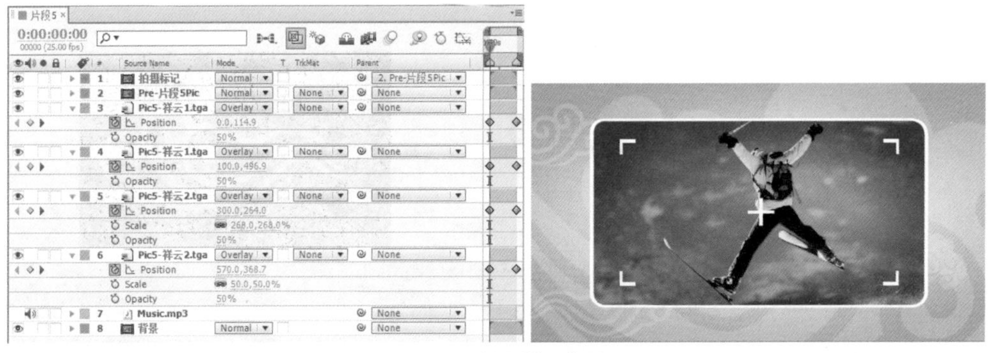

图20-27 设置祥云背景

**步骤 40** 动画效果如图20-28所示。

图20-28 查看“片段5”动画效果

### 7. 制作“片段6”

**步骤 41** 打开“片段6”时间线，从项目面板中将“Pic6-背景.png”、“Pic6-祥云.tga”和“Pic6-新旅游tga”(如图20-29所示）拖至时间线中，按从下至上顺序放置。

图20-29 “片段6”的素材图片

**步骤 42** 在时间线中将“Pic6-背景.png”的Scale（比例）设为(150,100%)，设置Position（位置）第0帧时为(300,288)、第1秒24帧时为(400,288)。

**步骤 43** 设置“Pic6-祥云.tga”的Position（位置）为(393,333)，Scale（比例）第0帧时为(200,200%)、第1秒15帧时为(160,160%)，Opacity（不透明度）第0帧时为0%、第1秒15帧时为100%。

**步骤 44** 设置“Pic6-新旅游.tga”的Scale（比例）第0帧时为(50,50%)、第1秒15帧时为(120,120%)，Opacity（不透明度）第0帧时为0%、第1秒15帧时为70%，如图20-30所示。

图20-30　设置图层变换动画

步骤 45　进一步改善标题效果。选择菜单Layer→New→Solid，建立一个名为“祥云Mask”的白色固态层，放在“Pic6-祥云.tga”层下。在时间线中单独显示“Pic6-祥云.tga”层，选中该固态层，参照祥云的外轮廓建立一个Mask。将“祥云Mask”层的Parent栏设为“Pic6-祥云.tga”层，如图20-31所示。

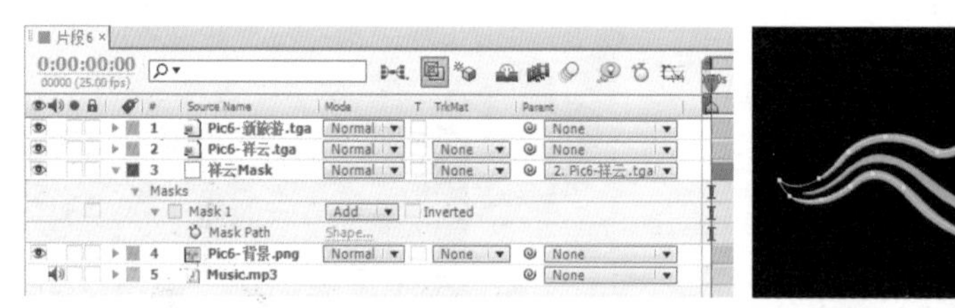

图20-31　建立固态层绘制Mask

步骤 46　选中“祥云Mask”层，选择菜单Effect→Generate→Stroke（特效→生成→描边），设置Color与“Pic6-祥云.tga”层图形的颜色相同，Brush Size为4。再选择菜单Effect→Perspective→Drop Shadow（特效→透视→投影），设置Distance为10。将“祥云Mask”层的Opacity（不透明度）设置与“Pic6-祥云.tga”层相同的从0%到100%的动画关键帧。这样改善祥云图形与其他元素的视觉搭配效果，如图20-32所示。

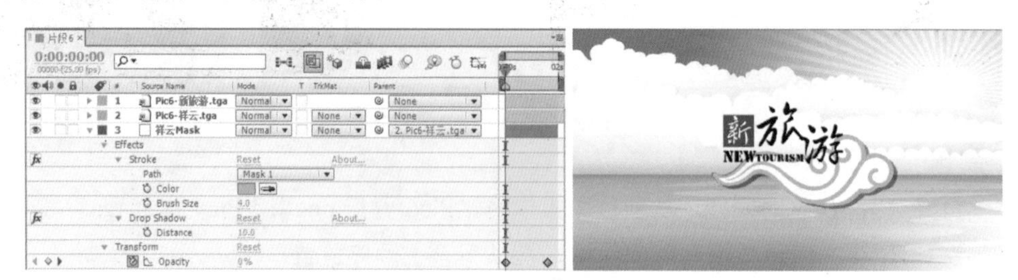

图20-32　设置祥云效果

步骤 47　选中“Pic6-新旅游.tga”层，按Ctrl+D组合键创建副本。选中下面的“Pic6-新旅游.tga”层，选择菜单Effect→Generate→Fill（特效→生成→填充），为其添加一个白色的填充。选择Effect→Channel→Minimax（特效→通道→极小极大），将Channel设为Alpha通道方式，将Radius设为4。再选择菜单Effect→Perspective→Drop Shadow（特效→透视→投影），设置Distance为10，如图20-33所示。

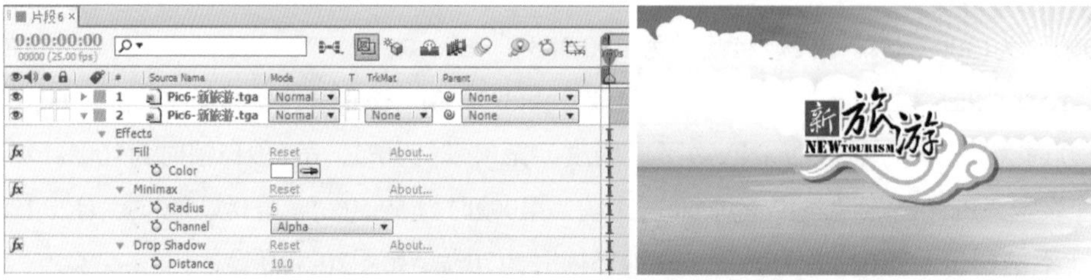

图20-33　设置标题文字效果

**步骤 48** 动画效果如图20-34所示。

图20-34 查看“片段6”动画效果

#### 8. 制作“片头与配乐”

**步骤 49** 从项目面板中将Music.mp3、“片段1”至“片段6”拖至时间线中，按从下至上顺序放置。选中“片段1”至“片段6”图层，在其中的某个标记点上单击鼠标右键，选择弹出菜单中的Delete All Makers，删除标记点。

**步骤 50** 关闭“片段1”至“片段6”层的音频开关，并首尾连接，完成本例的制作，如图20-35所示。

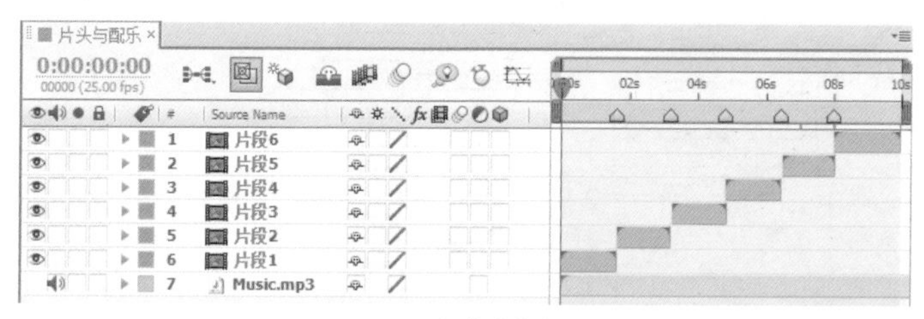


图20-35 合成片段与配乐

## 20.2 新旅游片花

### 20.2.1 实例简介

影视宣传中的“片花”一般为预告片，是为宣传而剪辑制作的精彩片段。而栏目包装中的片花则是指短小的片头。在一个较长的节目中适当插入片花可以调整节奏，缓解观众的视觉疲劳。如果节目中划分有几个子版块，可以使用片花来提示标题的作用。本实例制作了三维空间中的多个风景卡片，通过转换视角与翻转切换，显示出最终的标题画面。效果如图20-36所示。

图20-36 片花的实例效果

主要特效：Block Dissolve，Card Wipe，Drop Shadow，Fill，Minimax，Motion Tile，Stroke。

技术要点：使用Card Wipe制作空间卡片效果，使用Block Dissolve制作卡片翻转的效果；制作参考光盘中完整的项目文件，这里展示其流程图以供了解其合成情况，如图20-37所示。

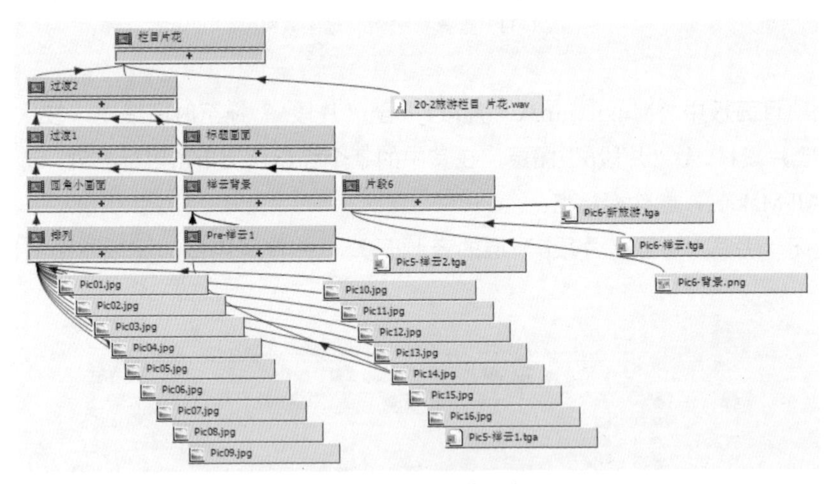


图20-37　片花实例制作的流程图

## 20.3 新旅游转场包装

### 20.3.1　实例简介

转场包装可以达到从节目一个内容转换到另一个内容的提醒作用，如介绍完前一地区风景后插入一个转场包装的变化，开始介绍下一地区的风景。本实例制作节目画面从满屏转换为圆角的画中画，在圆角画中画旋转和缩小的过程中，显示更多的画中画，在画中画旋转和放大至满屏的过程中，完成节目内容的转换。效果如图20-38所示。

图20-38　转场包装的实例效果

主要特效：Stroke。

技术要点：使用Stroke描边圆角画面，使用三维图层制作卡片旋转；制作参考光盘中完整的项目文件，这里展示其流程图以供了解其合成情况，如图20-39所示。

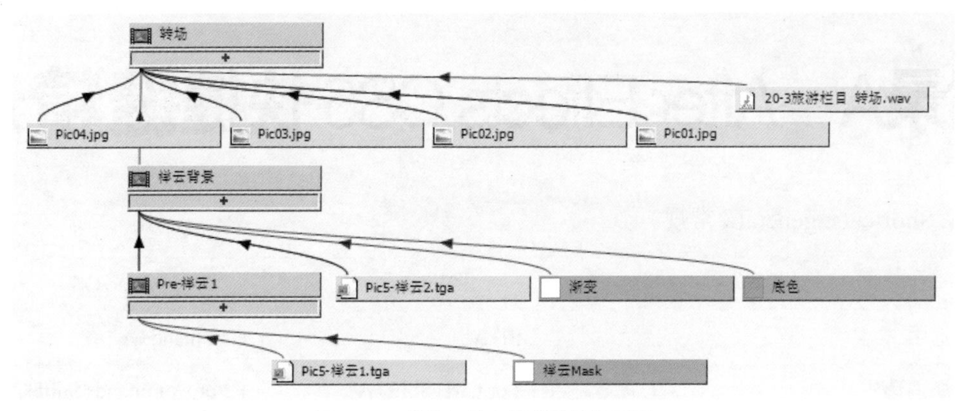


图20-39　转场包装实例制作的流程图

# 思考与练习

一、思考题：

1．阐述自己对片头制作中，根据配乐制作动画和制作完动画再配乐的看法。

2．面对大量的素材和复杂的合成制作，总结怎样才能使项目清晰明了、井井有条？

二、练习题：

1．对于一个节目的包装，有时需要提供多种制作方案，使用本章实例中的素材，请设计自己的包装方案进行制作。

2．设计其他类型的节目包装方案，组织素材进行制作。

# 附录A After Effects CS6 快捷键精选

1. Shortcuts: general（常规）

| 结果 | Windows | Mac OS |
|---|---|---|
| 全部选中 | Ctrl+A | Command+A |
| 全部取消选中 | F2 or Ctrl+Shift+A | F2 or Command+Shift+A |
| 重命名选中层，合成，文件夹，特效，组，或遮罩 | 主键盘上的Enter键 | Return |
| 打开选中层，合成，或素材项 | 数字小键盘上的Enter键 | 数字小键盘上的Enter键 |
| 复制选中的层，遮罩，特效，文字选择器，动画，木偶风格，形状，渲染项，输出模块或合成 | Ctrl+D | Command+D |

2. Shortcuts: preferences（参数）

| 结果 | Windows | Mac OS |
|---|---|---|
| 恢复默认参数设置 | 在启动After Effects时按住Ctrl+Alt+Shift键不放 | 在启动After Effects时按住Command+Option+Shift 键不放 |

3. Shortcuts: panels, viewers, workspaces, and windows（面板，视图，工作区，以及窗口）

| 结果 | Windows | Mac OS |
|---|---|---|
| 打开或关闭选中层的特效控制面板 | F3 or Ctrl+Shift+T | F3 or Command+Shift+T |
| 最大化或恢复鼠标指针下的面板 | \` (同～键) | \` (同～键) |
| 调整应用程序窗口或浮动窗口适应屏幕（重复快捷键会重设窗口尺寸使内容满屏显示） | Ctrl+\ (反斜杠) | Command+\ (反斜杠) |
| 移动应用程序窗口或浮动窗口到主显示器，调整窗口适应屏幕（重复快捷键会重设窗口尺寸使内容满屏显示） | Ctrl+Alt+\ (反斜杠) | Command+Option+\ (反斜杠) |

4. Shortcuts: activating tools（激活工具）

| 结果 | Windows | Mac OS |
|---|---|---|
| 循环显示工具 | 按住Alt键单击工具面板中的按钮 | 按住Option键单击工具面板中的按钮 |

续表

| 结果 | Windows | Mac OS |
|---|---|---|
| 激活选择工具 | V | V |
| 激活手掌工具 | H | H |
| 临时激活手掌工具 | 按住空格键或鼠标中键 | 按住空格键或鼠标中键 |
| 激活放大工具 | Z | Z |
| 激活缩小工具 | 同时按住Alt键（当放大工具激活时） | 同时按住Option键（当放大工具激活时） |
| 激活旋转工具 | W | W |
| 激活和循环显示摄像机工具（统一摄像机，轨道摄像机，*XY*轴轨道摄像机，*Z*轴轨道摄像机） | C | C |
| 激活轴心点工具 | Y | Y |
| 激活和循环显示遮罩与图形工具（矩形，圆角矩开，椭圆形，多边形，星形） | Q | Q |
| 激活和循环显示文字工具（横排和竖排） | Ctrl+T | Command+T |
| 激活和循环显示钢笔工具（钢笔，遮罩羽化工具） | G | G |
| 使用钢笔工具过程中临时激活为选择工具 | Ctrl | Command |
| 当使用选择工具将鼠标指针指向路径时临时激活为钢笔工具（当指向路径线段时变为添加锚点工具；当指向路径上的一个锚点时变为转换锚点工具） | Ctrl+Alt | Command+Option |
| 激活和循环显示画笔，图章和橡皮擦工具 | Ctrl+B | Command+B |
| 激活和循环显示木偶钉工具 | Ctrl+P | Command+P |
| （选中形状图层的某形状时）临时转换选择工具为图形复制工具 | Alt（在形状图层） | Option （在形状图层） |
| （选中形状图层时）临时转换选择工具为单选工具，这样可以直接选中形状图层中某个形状 | Ctrl（在形状图层） | Command（在形状图层） |

5. Shortcuts: compositions and the work area（合成和工作区）

| 结果 | Windows | Mac OS |
|---|---|---|
| 新建合成 | Ctrl+N | Command+N |
| 打开选中合成的合成设置对话框 | Ctrl+K | Command+K |
| 将当前时间设置为工作区的开始或结束点 | B or N | B or N |

6. Shortcuts: time navigation（时间导航）

| 结果 | Windows | Mac OS |
|---|---|---|
| 定位到精确时间 | Alt+Shift+J | Option+Shift+J |
| 定位到工作区的开始或结束点 | Shift+Home or Shift+End | Shift+Home or Shift+End |
| 在时间线中定位到前一个或后一个可见项位置（关键帧，标记点，工作区开始或结束点） | J or K | J or K |
| 向前移动1帧 | Page Down or Ctrl+Right Arrow | Page Down or Command+Right Arrow |
| 向前移动10帧 | Shift+Page Down or Ctrl+Shift+Right Arrow | Shift+Page Down or Command+Shift+Right Arrow |
| 向后移动1帧 | Page Up or Ctrl+Left Arrow | Page Up or Command+Left Arrow |
| 向后移动10帧 | Shift+Page Up or Ctrl+Shift+Left Arrow | Shift+Page Up or Command+Shift+Left Arrow |
| 定位到选中层的入点位置 | I | I |
| 定位到选中层的出点位置 | O | O |

7. Shortcuts: previews（预览）

| 结果 | Windows | Mac OS |
|---|---|---|
| 开始或停止标准预览 | Spacebar | spacebar |
| 内存预览 | 数字小键盘的0键 | 数字小键盘的0键 |
| 使用预先设置的内存预览 | Shift+数字小键盘的0键 | Shift+数字小键盘的0键 |
| 保存内存预览结果为指定文件 | 按住Ctrl键单击内存预览按钮或按 Ctrl+数字小键盘的0键 | 按住Command键单击内存预览按钮或按 Command +数字小键盘的0键 |
| 保存预先设置的内存预览结果为指定文件 | 按住Ctrl+Shift组合键单击内存预览按钮或按 Ctrl+Shift +数字小键盘的0键 | 按住Command +Shift组合键单击内存预览按钮或按 Command +Shift +数字小键盘的0键 |
| 从当前时间只预演音频 | 数字小键盘的“.”（小数点）键 | 数字小键盘的“.”（小数点）键 |
| 在工作区范围只预演音频 | Alt+数字小键盘的“.”（小数点）键 | Option+数字小键盘的“.”（小数点）键 |
| 手动粗略预览视频 | 拖动或按住Alt键拖动当前的时间指针，其中拖动时间指针依赖时间线上部的实时更新按钮的设置情况 | 拖动或按住Option键拖动当前的时间指针，其中拖动时间指针依赖时间线上部的实时更新按钮的设置情况 |

续表

| 结果 | Windows | Mac OS |
| --- | --- | --- |
| 手动粗略预演音频 | 按住Ctrl键拖动当前时间指针 | 按住Command键拖动当前时间指针 |
| 获取快照 | Shift+F5, Shift+F6, Shift+F7 or Shift+F8 | Shift+F5, Shift+F6, Shift+F7 or Shift+F8 |
| 在激活视图显示快照 | F5, F6, F7 or F8 | F5, F6, F7, or F8 |
| 清除快照 | Ctrl+Shift+F5, Ctrl+Shift+F6, Ctrl+Shift+F7 or Ctrl+Shift+F8 | Command+Shift+F5, Command+Shift+F6, Command+Shift+F7 or Command+Shift+F8 |

8. Shortcuts: views（查看）

| 结果 | Windows | Mac OS |
| --- | --- | --- |
| 重设合成视图为全部显示并在面板中居中 | 双击手掌工具 | 双击手掌工具 |
| 重设合成视图为100%并在面板中居中 | 双击放大镜工具 | 双击放大镜工具 |
| 在合成、层或素材面板中放大 | 主键盘上的. (句点) | 主键盘上的. (句点) |
| 在合成、层或素材面板中缩小 | , (逗号) | , (逗号) |
| 在合成、层或素材面板中放大到100% | / (主键盘上) | / (主键盘上) |
| 在合成、层或素材面板中适配缩放 | Shift+/ (主键盘上) | Shift+/ (主键盘上) |
| 放大时间线面板为单帧的单位显示或缩小到显示整个合成持续时间 | ; (分号) | ; (分号) |
| 放大时间显示 | =（等号，主键盘上） | =（等号，主键盘上） |
| 缩小时间显示 | -（连字号，主键盘上） | -（连字号，主键盘上） |
| 挂起（暂停）图像的更新 | Caps Lock | Caps Lock |

9. Shortcuts: footage（素材）

| 结果 | Windows | Mac OS |
| --- | --- | --- |
| 1次性导入文件或图像序列 | Ctrl+I | Command+I |
| 多次导入文件或图像序列 | Ctrl+Alt+I | Command+Option+I |
| 添加选择项到最近激活的合成 | Ctrl+/ (主键盘上) | Command+/ (主键盘上) |

续表

| 结果 | Windows | Mac OS |
|---|---|---|
| 替换选中层的来源 | 按住Alt键从项目面板将素材项拖至选中图层上释放 | 按住Option键从项目面板将素材项拖至选中图层上释放 |
| 打开选中素材项的素材解释对话框 | Ctrl+Alt+G | Command+Option+G |
| 以关联的应用程序来编辑所选中的素材（原始编辑） | Ctrl+E | Command+E |
| 替换选中素材项 | Ctrl+H | Command+H |

10. Shortcuts: layers（图层）

| 结果 | Windows | Mac OS |
|---|---|---|
| 新建固态层 | Ctrl+Y | Command+Y |
| 使用图层序号的数字选择图层1～999（两位或三位数字需要连续迅速地输入） | 数字小键盘上的0～9 | 数字小键盘上的0～9 |
| 在时间线中选中下一个层 | Ctrl+Down Arrow | Command+Down Arrow |
| 在时间线中选中上一个层 | Ctrl+Up Arrow | Command+Up Arrow |
| 将选中层滑动到时间线面板顶部（时间线中图层较多，只显示部分图层时有用） | X | X |
| 显示或隐藏父级层栏 | Shift+F4 | Shift+F4 |
| 显示或隐藏图层开关和模式栏 | F4 | F4 |
| 关闭其他层独奏开关，仅当前层独奏 | 按住Alt键单击独奏开关 | 按住Option键单击独奏开关 |
| 以当前时间为入点粘贴层 | Ctrl+Alt+V | Command+Option+V |
| 分割选中层（无层选中时分割全部层） | Ctrl+Shift+D | Command+Shift+D |
| 预合成选择的层 | Ctrl+Shift+C | Command+Shift+C |
| 打开层的图层面板显示（如果是预合成的层，将打开其源合成视图） | 双击一个层 | 双击一个层 |
| 打开层的素材面板显示（如果是预合成的层，将打开其图层视图） | 按住Alt键双击一个层 | 按住Alt键双击一个层 |
| 倒放选中层 | Ctrl+Alt+R | Command+Option+R |

续表

| 结果 | Windows | Mac OS |
| --- | --- | --- |
| 为选中层启用时间重映像 | Ctrl+Alt+T | Command+Option+T |
| 移动选中层的入点或出点到当前时间 | [ 键 或 ] 键 | [ 键 或 ] 键 |
| 剪切选中层的入点或出点到当前时间 | Alt+[ 键 或 Alt+] 键 | Option+[ 键 或 Option+] 键 |
| 用时间伸缩的方式设置入点或出点 | Ctrl+Shift+, (逗号) or Ctrl+Alt+, (逗号) | Command+Shift+, (逗号) or Command+Option+, (逗号) |
| 移动选中层入点到合成开始 | Alt+Home | Option+Home |
| 移动选中层出点到合成结尾 | Alt+End | Option+End |
| 锁定选中层 | Ctrl+L | Command+L |
| 为全部层解锁 | Ctrl+Shift+L | Command+Shift+L |

11. Shortcuts: showing properties and groups in the Timeline panel（在时间线面板中显示属性和组件）

| 结果 | Windows | Mac OS |
| --- | --- | --- |
| 仅显示轴心点属性（灯光和摄像机为目标点） | A | A |
| 仅显示音量属性 | L | L |
| 仅显示遮罩羽化属性 | F | F |
| 仅显示遮罩路径属性 | M | M |
| 仅显示遮罩的不透明度属性 | TT | TT |
| 仅显示不透明属性（灯光为强度） | T | T |
| 仅显示位置属性 | P | P |
| 仅显示旋转和方向属性 | R | R |
| 仅显示比例属性 | S | S |
| 仅显示时间映像属性 | RR | RR |
| 仅显示缺失的特效 | FF | FF |
| 仅显示特效属性组 | E | E |
| 仅显示遮罩属性组 | MM | MM |
| 仅显示材质选项属性组 | AA | AA |

续表

| 结果 | Windows | Mac OS |
| --- | --- | --- |
| 仅显示表达式 | EE | EE |
| 仅显示修改过的属性 | UU | UU |
| 仅显示画笔笔画和木偶钉 | PP | PP |
| 仅显示音频波形 | LL | LL |
| 仅显示关键帧或表达式属性 | U | U |
| 隐藏属性或组 | 按住Alt+Shift键单击属性或组的名称 | 按住Option +Shift键单击属性或组的名称 |

12. Shortcuts: modifying layer properties（修改层属性）

| 结果 | Windows | Mac OS |
| --- | --- | --- |
| 重设选中层的比例来适应合成画面的宽和高，使其满屏显示 | Ctrl+Alt+F | Command+Option+F |

13. Shortcuts: keyframes（关键帧）

| 结果 | Windows | Mac OS |
| --- | --- | --- |
| 选中一个属性的全部关键帧 | 单击属性名称 | 单击属性名称 |
| 将关键帧向后或向前移动1帧 | Alt+Right Arrow or Alt+Left Arrow | Option+Right Arrow or Option+Left Arrow |
| 将关键帧向后或向前移动10帧 | Alt+Shift+Right Arrow or Alt+Shift+Left Arrow | Option+Shift+Right Arrow or Option+Shift+Left Arrow |

14. Shortcuts: masks（遮罩）

| 结果 | Windows | Mac OS |
| --- | --- | --- |
| 全选遮罩锚点 | Alt-click mask | Option-click mask |
| 以自由变换模式中心点进行缩放 | Ctrl-drag | Command-drag |
| 在平滑与角点之间固定 | Ctrl+Alt-click vertex | Command+Option-click vertex |
| 重绘贝兹曲线手柄 | Ctrl+Alt-drag vertex | Command+Option-drag vertex |
| 反转选择的遮罩 | Ctrl+Shift+I | Command+Shift+I |

15. Shortcuts: paint tools（绘图工具）

| 结果 | Windows | Mac OS |
| --- | --- | --- |
| 交换画笔背景和前景颜色 | X | X |

续表

| 结果 | Windows | Mac OS |
|---|---|---|
| 设置画笔前景为黑色，背景为白色 | D | D |
| 设置前景颜色为当前画笔工具拾取点处的颜色 | 按住Alt单击 | 按住Alt单击 |
| 为画笔工具设置笔刷尺寸 | 按住Ctrl键拖动 | 按住Command键拖动 |
| 添加当前画笔的笔画到前一笔画 | 开始笔画时按住Shift键 | 开始笔画时按住Shift键 |
| 在当前图章工具指向的位置设置图章取样开始点 | 按住Alt单击 | 按住Option键单击 |

16. Shortcuts: shape layers（形状层）

| 结果 | Windows | Mac OS |
|---|---|---|
| 将选中形状转为群组 | Ctrl+G | Command+G |
| 将选中形状取消群组 | Ctrl+Shift+G | Command+Shift+G |
| 进入自由变换路径的编辑模式 | 在时间线面板选中路径属性按Ctrl+T | 在时间线面板选中路径属性按Command+T |

17.Shortcuts: markers（标记）

| 结果 | Windows | Mac OS |
|---|---|---|
| 在当前时间设置标记（包括在内存预览和仅音频预演期间） | *（乘号，数字小键盘上） | *（乘号，数字小键盘上） |
| 在当前时间设置标记并打开标记对话框 | Alt+*（乘号，数字小键盘上） | Option+*（乘号，数字小键盘上） |
| 在当前时间设置合成的序号标记（0～9） | Shift+0～9（主键盘上） | Shift+0～9（主键盘上） |
| 定位到一个合成标记（0～9） | 0～9（主键盘上） | 0～9（主键盘上） |
| 在信息面板中显示图层中两个标记或关键帧的间隔时间 | 按住Alt键单击标记点或关键帧 | 按住Option键单击标记点或关键帧 |
| 移除标记 | 按住Ctrl键单击标记 | 按住Command键单击标记 |

18. Shortcuts: saving, exporting, and rendering（保存，输出，渲染）

| 结果 | Windows | Mac OS |
|---|---|---|
| 保存项目 | Ctrl+S | Command+S |
| 增量保存项目文件 | Ctrl+Alt+Shift+S | Command+Option+Shift+S |
| 另存为 | Ctrl+Shift+S | Command+Shift+S |

| 结果 | Windows | Mac OS |
|---|---|---|
| 添加激活的或选中的项到渲染队列中 | Ctrl+Shift+/ (主键盘上) | Command+Shift+/ (主键盘上) |
| 添加当前帧到渲染队列中（渲染图片） | Ctrl+Alt+S | Command+Option+S |
| 复制渲染项，并与原输出名称相同 | Ctrl+Shift+D | Command+Shift+D |

注：

1. 以下常见的单词表格中将不再完全注明：
   Shortcuts：快捷键
   Windows：微软的Windows操作系统
   Mac OS：苹果的Mac操作系统
   Main Keyboard：主键盘
   Numeric Keypad：数字小键盘
   Arrow：方向键
2. Mac 操作系统快捷键包括F9～F12功能键，可能与系统所使用的快捷键有冲突，查看Mac操作系统的帮助说明，重新分配快捷键。
3. 一些快捷键在使用数字小键盘时应确认Num Lock键为打开状态。